建筑施工企业主要负责人、项目负责人、专职安全生产
管理人员安全生产培训考核及继续教育教材

建设工程安全生产技术

中国建筑业协会　组织编写

中国建筑工业出版社

图书在版编目（CIP）数据

建设工程安全生产技术/中国建筑业协会组织编写. —北京：中国建筑工业出版社，2019.4
建筑施工企业主要负责人、项目负责人、专职安全生产管理人员安全生产培训考核及继续教育教材
ISBN 978-7-112-23440-0

Ⅰ.①建… Ⅱ.①中… Ⅲ.①建筑工程-安全生产-技术培训-教材 Ⅳ.①TU714

中国版本图书馆CIP数据核字（2019）第044320号

本书共分两部分，第一部分有14章，分别是建筑施工安全技术概论，土石方工程，脚手架工程，模板工程，起重吊装，建筑施工机械，建筑起重机械，高处作业，临时用电，焊接工程，装配式建筑技术与安全生产，超高层施工技术与安全生产，信息化技术与安全生产，拆除工程；第二部分是安全技术试题。

本书基本覆盖了建筑施工过程中消除和控制易发和多发伤亡事故的技术，便于施工企业主要负责人、项目负责人和专职安全管理人员安全培训的需要，适用于土建、安装、市政及装修等专业施工人员使用。本书既可作为培训教材，也可供相关专业人员参考使用。

* * *

责任编辑：胡永旭 赵晓菲 张 磊 范业庶
　　　　　万 李 曾 威 杨 杰
责任校对：王雪竹

建筑施工企业主要负责人、项目负责人、专职安全生产管理人员安全生产培训考核及继续教育教材
建设工程安全生产技术
中国建筑业协会　组织编写
*
中国建筑工业出版社出版、发行（北京海淀三里河路9号）
各地新华书店、建筑书店经销
霸州市顺浩图文科技发展有限公司制版
北京富生印刷厂印刷
*
开本：787×1092毫米 1/16 印张：31 字数：715千字
2019年7月第一版　2019年7月第一次印刷
定价：**78.00**元
ISBN 978-7-112-23440-0
　　（33749）
版权所有　翻印必究
如有印装质量问题，可寄本社退换
（邮政编码　100037）

丛书编委会

主　　任：王铁宏

副主任：吴慧娟　刘锦章　吴　涛

委　　员：王秀兰　景　万　赵　峰　陈立军　尤　完
　　　　　张守健　方东平　赵正嘉　陈海昌　朱利闽

编写组成员：（以姓氏笔画排名）

马　记	马　俊	王群依	王超慧	尤　完	方东平	叶二全
成　军	朱利闽	任明忠	刘　春	刘　菁	刘　博	刘　辉
刘学之	关　婧	孙其珩	苏义坤	李　君	李　勇	李凤超
李欣函	李建生	佘强夫	张　柚	张　键	张立国	张守健
陈立军	陈海昌	罗卫东	祝国梁	赵正嘉	贾宏俊	夏　亮
柴海楼	徐长会	郭中华	诸国政	梁洁波	董　爱	董志健
董慧凝	曾　平	蔡俊兵	熊兴亮	滕勇强	薜海涛	

本书编委会

主　　编：陈海昌　陈立军
副主编：赵正嘉　朱利闽　王群依
成　　员：陈海昌　陈立军　赵正嘉　朱利闽　王群依
　　　　　李凤超　关　婧　夏　亮　孙其珩　马　俊
　　　　　熊兴亮　李建生　马　记　佘强夫　罗卫东
　　　　　成　军　诸国政　薛海涛　柴海楼　刘　辉

丛书前言

为贯彻落实党的十九大报告提出的"树立安全发展理念，弘扬生命至上、安全第一的思想，健全公共安全体系，完善安全生产责任制"的精神，按照《中共中央 国务院关于推进安全生产领域改革发展的意见》要求，依据《中华人民共和国安全生产法》、《建设工程安全生产管理条例》中关于建筑施工企业主要负责人、项目负责人、专职安全生产管理人员培训、考核的有关规定，为进一步强化安全生产责任制，有效减少生产安全事故总量，严格防控较大事故，坚决遏制重特大安全事故，我们组织编写了《建筑施工企业主要负责人、项目负责人、专职安全生产管理人员安全生产培训考核及继续教育教材》，期望通过对本套教材的学习和实践，提高住房城乡建设系统各级安全生产管理人员及广大从业人员的安全生产意识和安全生产管理水平，保障建筑施工企业的安全生产，推动建设工程领域安全生产形势持续稳定好转，促进建筑业高质量发展。

本套丛书的编写原则是立足安全生产实际，彰显建筑行业特色，全面贯彻落实新法规。根据当前国家对建设工程安全生产所出台的新政策、新法规、新标准，借鉴国际上的先进经验和方法，注重编写内容的系统性、前瞻性，反映安全生产的专业要求，突出可操作性。

《建设工程安全生产管理》编写的重点是明确工程总承包单位的安全生产责任，强化安全生产组织机构设置管理制度、危险源辨识管理制度、安全检查验收制度、安全生产费用管理制度等方面的管理要求以及临时设施、施工现场的卫生与防疫、五牌一图与两栏一报、警示标牌布置与悬挂、社区服务与环境保护、施工现场消防管理等方面的措施规定。《建设工程安全生产技术》依据近年来建设工程领域新技术、新工艺、新材料、新设备的推广使用情况，从提高建筑施工企业主要负责人、项目负责人、专职安全生产管理人员的安全管理能力和知识更新出发，增加装配式建筑技术、超高层施工技术、信息化技术与安全生产等方面的内容，并将职业卫生和现场防火内容进行重新梳理归类。《建设工程安全生产法律法规》依据国家出台的建设工程安全生产新法规、新政策、新标准，整理编排相应部分的内容，整体介绍有关建筑安全生产的法律法规要点，明晰了建设工程安全生产主要法律责任类型和内容；增加了有关建筑安全生产部门规章、规范性文件、国际公约等方面的规定。本套丛书根据正文内容提供了相应的测试度量。

本套丛书由中国建筑业协会和中国建筑业协会工程项目管理专业委员会具体组织建筑业企业、大专院校和行业协会的专家学者编写。本套丛书在编写过程中得到了江苏省住房和城乡建设厅、南京市城乡建设委员会、江苏省建筑行业协会建筑安全教育分会、哈尔滨工业大学、清华大学、北京建筑大学、北方工业大学、北京交通大学、中国科学院大学、东北林业大学、南京工业大学、南通大学、中国建筑股份有限公司、中国中铁股份有限公司、中国建筑一局（集团）公司、中铁建工集团有限公司、北京城建集团有限公司、中铁开发投资集团有限公司、中铁一局集团有限公司、中国建筑第八工程局有限公司、中建八局第三建设有限公司、中国二十冶集团有限公司、上海二十冶建设有限公司、江苏省工业设备安装集团有限公司、浙江环宇建设集团有限公司、南京大地建设集团有限公司、中建四局第四建筑工程有限公司等单位的大力支持和热情帮助。

由于我们水平有限，难免存在不少疏漏之处，真诚希望读者能够提出宝贵意见，予以赐教指正。

二〇一九年五月十八日

前　言

　　随着科学技术的进步，建设工程领域新技术、新工艺、新材料、新设备得到了广泛运用，为建筑行业的持续健康和高质量发展提供了新动力。《建设工程安全生产技术》是建筑施工企业主要负责人、项目负责人和专职安全生产管理人员安全生产培训考核及继续教育教材的重要组成部分，熟练掌握和准确应用安全生产技术对于预防、减少、消除建筑施工生产安全隐患和事故的发生具有重要的保障作用。

　　《建设工程安全生产技术》依据近年来建设工程领域新技术、新工艺、新材料、新设备的推广使用情况，从提高建筑施工企业主要负责人、项目负责人和专职安全生产管理人员的安全管理能力和知识更新出发，除反映建筑施工领域常规安全生产技术的前沿动态外，更加突出装配式建筑技术、超高层施工技术、信息化技术与安全生产等方面的内容，并将职业卫生和现场防火内容进行重新梳理归类。本教材的正文共有14章内容：第1章建筑施工安全技术概论；第2章土石方工程；第3章脚手架工程；第4章模板工程；第5章起重吊装；第6章建筑施工机械；第7章建筑起重机械；第8章高处作业；第9章临时用电；第10章焊接工程；第11章装配式建筑技术与安全生产；第12章超高层施工技术与安全生产；第13章信息化技术与安全生产；第14章拆除工程。附录内容为与正文相对应的建设工程安全生产技术考试题库。

　　在中国建筑业协会和中国建筑业协会工程项目管理委员会的组织指导下，本书在修编过程中得到了江苏省住房和城乡建设厅、南京市城乡建设委员会、江苏省建筑行业协会建筑安全教育分会、南京工业大学、南通大学、中国中铁股份有限公司、中铁开发投资集团有限公司、中铁一局集团有限公司、中建八局第三建设有限公司、江苏省工业设备安装集团有限公司、南京大地建设集团有限公司以及有关方面专家们的大力支持，并承担了具体的修编工作，在此一并致谢。

　　由于我们水平所限，难免存在疏漏和不当之处，诚请读者提出宝贵意见，以便于修正。

二〇一九年五月十八日

目 录

第1章 建筑施工安全技术概论 ········ 1
1.1 建筑施工安全技术 ········ 1
1.2 建筑施工安全技术对建筑施工安全保障的作用 ········ 1
1.3 国外建筑施工安全技术启示与借鉴 ········ 2

第2章 土石方工程 ········ 5
2.1 概述 ········ 5
2.2 土石的分类 ········ 5
2.2.1 土石的工程分类 ········ 5
2.2.2 土的野外鉴别 ········ 6
2.3 土方开挖 ········ 7
2.3.1 斜坡土挖方 ········ 7
2.3.2 滑坡地段挖方 ········ 8
2.3.3 湿土地区挖方 ········ 8
2.3.4 膨胀土地区挖方 ········ 8
2.3.5 可能发生冻胀地区挖方 ········ 9
2.3.6 基坑（槽）和管沟挖方 ········ 9
2.3.7 坑壁支撑 ········ 9
2.3.8 挖土的一般规定 ········ 10
2.4 基坑侧壁安全等级和基坑变形控制值 ········ 10
2.4.1 基坑侧壁的安全等级划分 ········ 10
2.4.2 基坑变形控制值 ········ 11
2.5 深基坑开挖 ········ 11
2.5.1 深基坑支护结构体系的方案选择 ········ 11
2.5.2 地下连续墙施工 ········ 12
2.5.3 钢支撑体系安装拆除 ········ 13
2.5.4 锚索施工 ········ 14
2.5.5 深基坑排水 ········ 14
2.6 土钉墙支护 ········ 15
2.7 基坑（槽）工程监测 ········ 16
2.8 基坑挖土安全措施 ········ 17
2.8.1 基坑挖土操作的安全重点 ········ 17
2.8.2 机械挖土安全措施 ········ 17

  2.8.3 基坑支护工程施工安全技术 ··· 19
 2.9 地下工程暗挖施工 ··· 19
  2.9.1 超前小导管与管棚施工 ··· 19
  2.9.2 超前地质预报 ·· 20
  2.9.3 暗挖安全要点 ·· 20
  2.9.4 地下工程通风 ·· 21
  2.9.5 格栅、型钢拱架及钢筋网片安装 ··· 21
  2.9.6 初期支护喷射混凝土 ·· 21
  2.9.7 监控量测安全要点 ··· 22
  2.9.8 防排水安全要点 ··· 22
  2.9.9 衬砌施工安全要点 ··· 22
 2.10 盾构施工 ·· 23
  2.10.1 盾构机 ·· 23
  2.10.2 盾构施工流程 ·· 23
  2.10.3 盾构施工策划 ·· 23
  2.10.4 盾构施工准备 ·· 24
  2.10.5 盾构机组安装与调试 ··· 24
  2.10.6 盾构机始发作业 ··· 24
  2.10.7 盾构机掘进作业 ··· 25
  2.10.8 盾构机特殊地段施工 ··· 26
  2.10.9 盾构机设备维护保养 ··· 26
  2.10.10 盾构机开仓换刀作业 ··· 26
  2.10.11 管片二次注浆作业 ··· 26
  2.10.12 垂直吊装作业 ·· 27
  2.10.13 电机车水平运输作业 ··· 27
  2.10.14 盾构机接收作业 ··· 27

第3章 脚手架工程 ··· 29
 3.1 脚手架分类及型式 ·· 29
  3.1.1 建筑施工脚手架的种类划分 ··· 29
  3.1.2 作业脚手架种类划分的方法 ··· 29
  3.1.3 承重支架的种类划分 ·· 29
 3.2 按照支承部位和型式划分 ··· 29
 3.3 建筑施工脚手架 ··· 30
  3.3.1 基本规定要求 ·· 30
  3.3.2 材料、构配件 ·· 31
  3.3.3 荷载的分类及标准值 ·· 33
  3.3.4 设计 ·· 34
  3.3.5 构造 ·· 36

3.4 脚手架工程安全管理 ………………………………………………… 41
　3.4.1 一般规定 …………………………………………………… 41
　3.4.2 现场控制措施 ……………………………………………… 41
　3.4.3 检查与验收 ………………………………………………… 42
　3.4.4 安全监控 …………………………………………………… 43
3.5 脚手架工程安全技术 ………………………………………………… 45
　3.5.1 扣件式钢管脚手架 ………………………………………… 45
　3.5.2 门式钢管脚手架 …………………………………………… 49
　3.5.3 碗扣式钢管脚手架 ………………………………………… 54
　3.5.4 承插型盘扣式脚手架 ……………………………………… 58
　3.5.5 悬挑式脚手架 ……………………………………………… 64
　3.5.6 附着式升降脚手架 ………………………………………… 68
　3.5.7 高处作业吊篮 ……………………………………………… 72

第4章 模板工程 …………………………………………………………… 76
4.1 模板工程的定义 ……………………………………………………… 76
4.2 模板工程的分类 ……………………………………………………… 76
　4.2.1 按材料性质分类 …………………………………………… 76
　4.2.2 按照施工工艺条件分类 …………………………………… 77
4.3 模板工程施工安全的一般规定 ……………………………………… 78
4.4 模板的安装 …………………………………………………………… 80
　4.4.1 一般规定 …………………………………………………… 80
　4.4.2 各类模板安装 ……………………………………………… 81
　4.4.3 特殊模板安装 ……………………………………………… 83
　4.4.4 模板拆除施工安全要求 …………………………………… 85
4.5 模板的检查与验收 …………………………………………………… 89
4.6 高大模板支撑工程安全监管 ………………………………………… 90
　4.6.1 高大模板支撑专项施工方案管理 ………………………… 91
　4.6.2 专项施工方案审批和专家论证 …………………………… 91
　4.6.3 专项施工方案专家论证要点 ……………………………… 91
　4.6.4 专家论证意见处理措施 …………………………………… 91
　4.6.5 实施过程的验收管理 ……………………………………… 92
　4.6.6 危大工程施工单位法律责任 ……………………………… 94
　4.6.7 监督管理 …………………………………………………… 94

第5章 起重吊装 …………………………………………………………… 95
5.1 起重机械的分类、适用范围、基本参数 …………………………… 95
　5.1.1 起重机械的分类 …………………………………………… 95
　5.1.2 常用起重机械的特点及适用范围 ………………………… 95
5.2 常用索具、辅助工具、吊具及其安全使用 ………………………… 96

5.2.1	麻绳	96
5.2.2	钢丝绳	97
5.2.3	绳夹	102
5.2.4	合成纤维吊带及其定型吊索	103
5.2.5	卸扣（卡环）	105
5.2.6	吊钩与吊环	105

5.3 常用起重机具及其安全使用 106
　5.3.1 千斤顶 106
　5.3.2 手拉葫芦 108
　5.3.3 电动卷扬机 109
　5.3.4 地锚 110
　5.3.5 滑车及滑车组 112
　5.3.6 桅杆 113
5.4 流动式起重机及其安全使用 115
　5.4.1 流动式起重机种类、性能和选择方法 115
　5.4.2 流动式起重机的安全使用 120
5.5 吊装安全技术 120
　5.5.1 设备的水平运输方法 120
　5.5.2 起重机吊装技术 122
　5.5.3 桅杆吊装 124
5.6 起重吊装的施工管理 124
　5.6.1 危险性较大的分部分项工程安全管理 124
　5.6.2 起重吊装专项施工方案 127

第6章 建筑施工机械 128

6.1 土方机械 128
　6.1.1 概述 128
　6.1.2 挖掘机 128
　6.1.3 推土机 130
　6.1.4 装载机 132
　6.1.5 平地机 133
　6.1.6 压路机 135
6.2 桩工机械 136
　6.2.1 概述 136
　6.2.2 桩架 137
　6.2.3 柴油打桩锤 137
　6.2.4 振动桩锤 138
　6.2.5 静力压桩机 139
　6.2.6 旋挖钻孔机 140

6.2.7	转盘钻孔机	141
6.2.8	成槽机	142
6.3	混凝土机械	143
6.3.1	混凝土搅拌机的分类	143
6.3.2	常用混凝土搅拌机	143
6.3.3	混凝土搅拌运输车	144
6.3.4	混凝土泵车	144
6.3.5	混凝土振捣器	145
6.3.6	混凝土布料机	146
6.3.7	一般规定	147
6.4	钢筋加工机械	147
6.4.1	钢筋加工机械的分类	147
6.4.2	钢筋调直切断机	147
6.4.3	钢筋切断机	148
6.4.4	钢筋弯曲机	149
6.4.5	钢筋冷拉机	149
6.4.6	钢筋冷拔机	150
6.4.7	一般规定	150
6.5	焊接机械	151
6.5.1	焊接机械的分类	151
6.5.2	交流电焊机	151
6.5.3	点焊机	151
6.5.4	对焊机	152
6.5.5	一般规定	152
6.6	木工机械	153
6.6.1	木工机械的分类	153
6.6.2	圆盘锯	153
6.6.3	带锯机	154
6.6.4	平面刨	154
6.6.5	一般规定	155
6.7	其他中小型机械	155
6.7.1	水磨石机	155
6.7.2	喷浆机	156
6.7.3	灰浆喷涂机械	156
6.7.4	水泵	157
6.7.5	一般规定	159

第7章 建筑起重机械 160

7.1 塔式起重机 160

- 7.1.1 塔式起重机的分类 ······················· 160
- 7.1.2 塔式起重机的性能参数及型号编制方法 ··· 160
- 7.1.3 塔式起重机的构造 ······················· 161
- 7.1.4 塔式起重机的工作机构 ··················· 162
- 7.1.5 塔式起重机的安全保护装置 ··············· 163
- 7.1.6 塔式起重机的安装拆卸 ··················· 165
- 7.1.7 塔式起重机的安全使用 ··················· 166
- 7.2 施工升降机 ···································· 168
  - 7.2.1 施工升降机的分类 ······················· 168
  - 7.2.2 施工升降机的性能参数 ··················· 168
  - 7.2.3 施工升降机的型号 ······················· 169
  - 7.2.4 施工升降机的构造 ······················· 169
  - 7.2.5 施工升降机的安装与拆卸 ················· 172
  - 7.2.6 施工升降机的安全使用 ··················· 172
- 7.3 物料提升机 ···································· 173
  - 7.3.1 物料提升机的分类 ······················· 174
  - 7.3.2 物料提升机的构造 ······················· 174
  - 7.3.3 物料提升机的安全保护装置 ··············· 175
  - 7.3.4 物料提升机的安装与拆卸 ················· 177
  - 7.3.5 井架和龙门架物料提升机的安全使用 ······· 177
- 7.4 建筑起重机械安全管理 ·························· 178
  - 7.4.1 建筑起重机械的管理单位与职责 ··········· 178
  - 7.4.2 建筑起重机械备案登记管理 ··············· 180
  - 7.4.3 禁止和限制使用的设备 ··················· 181
  - 7.4.4 建筑起重机械检验检测管理 ··············· 181

第8章 高处作业 ··································· 182

- 8.1 高处作业概述 ·································· 182
  - 8.1.1 高处作业相关名词解释 ··················· 182
  - 8.1.2 一般规定 ······························· 183
- 8.2 临边作业与洞口作业 ···························· 184
  - 8.2.1 临边作业 ······························· 184
  - 8.2.2 洞口作业 ······························· 184
  - 8.2.3 防护栏杆 ······························· 185
- 8.3 攀登与悬空作业 ································ 185
  - 8.3.1 攀登作业 ······························· 185
  - 8.3.2 悬空作业 ······························· 186
- 8.4 操作平台与交叉作业 ···························· 187
  - 8.4.1 一般规定 ······························· 187

8.4.2 移动操作平台 ······ 187
　　8.4.3 落地操作平台 ······ 188
　　8.4.4 悬挑式操作平台 ······ 188
　8.5 交叉作业 ······ 189
　　8.5.1 一般规定 ······ 189
　　8.5.2 安全措施 ······ 190
　8.6 建筑施工安全网 ······ 190
　　8.6.1 一般规定 ······ 190
　　8.6.2 安全网搭设 ······ 190

第9章 临时用电 ······ 192
　9.1 施工现场临时用电基本原则 ······ 192
　9.2 临时用电供配电系统基本结构 ······ 192
　　9.2.1 采用三级配电系统 ······ 192
　　9.2.2 采用两级漏电保护 ······ 194
　9.3 临时用电基本保护系统 ······ 194
　　9.3.1 TN-S接零保护系统 ······ 194
　　9.3.2 过载、短路保护系统 ······ 195
　　9.3.3 漏电保护系统 ······ 195
　9.4 供配电系统设置 ······ 196
　　9.4.1 配电室的设置 ······ 196
　　9.4.2 自备电源的设置 ······ 197
　9.5 供配电线路设置 ······ 198
　　9.5.1 供配电线的选择 ······ 198
　　9.5.2 架空线路的敷设 ······ 199
　　9.5.3 电缆线路的敷设 ······ 199
　　9.5.4 室内配线的敷设 ······ 199
　9.6 配电装置设置 ······ 200
　　9.6.1 配电装置的箱体结构 ······ 200
　　9.6.2 配电装置的使用与维护 ······ 201
　9.7 防雷与接地设置 ······ 201
　　9.7.1 防雷部位 ······ 202
　　9.7.2 防雷保护范围 ······ 202
　　9.7.3 防雷装置设置 ······ 202
　　9.7.4 接地装置设置 ······ 202
　9.8 外电防护 ······ 203
　　9.8.1 保证安全操作距离 ······ 203
　　9.8.2 架设安全防护设施 ······ 204
　9.9 用电设备 ······ 204

  9.9.1 电动建筑机械的选择和使用 …………………………………… 205
  9.9.2 手持式电动工具的选择和使用 …………………………………… 207
  9.9.3 照明器的选择和使用 …………………………………………… 208
 9.10 施工现场临时用电管理 ……………………………………………… 209
  9.10.1 施工现场用电组织设计 ………………………………………… 210
  9.10.2 电工及用电人员 ………………………………………………… 211
  9.10.3 临时用电规章制度 ……………………………………………… 211
  9.10.4 临时用电施工组织与管理 ……………………………………… 212
  9.10.5 应急预案 ………………………………………………………… 214
  9.10.6 安全技术档案 …………………………………………………… 217
 9.11 安全用电措施和电气防火措施 ……………………………………… 217
  9.11.1 安全用电措施 …………………………………………………… 217
  9.11.2 电气防火措施 …………………………………………………… 218

第10章 焊接工程 …………………………………………………………… 219
 10.1 焊接与切割的方法和分类 …………………………………………… 219
  10.1.1 焊接的方法 ……………………………………………………… 219
  10.1.2 热切割方法 ……………………………………………………… 224
 10.2 气焊与气割安全技术 ………………………………………………… 226
  10.2.1 气焊与气割 ……………………………………………………… 226
  10.2.2 气焊、气割的安全操作 ………………………………………… 233
 10.3 手工电弧焊安全技术 ………………………………………………… 235
  10.3.1 手工电弧焊的基本原理 ………………………………………… 235
  10.3.2 手工电弧焊设备及工具 ………………………………………… 236
  10.3.3 焊接材料 ………………………………………………………… 237
  10.3.4 焊接工艺 ………………………………………………………… 238
  10.3.5 焊接质量检验 …………………………………………………… 240
  10.3.6 手工电弧焊的安全操作 ………………………………………… 240
 10.4 焊接的安全防护 ……………………………………………………… 241
  10.4.1 用电安全技术 …………………………………………………… 242
  10.4.2 防止弧光灼伤及有害气体的安全知识 ………………………… 243
  10.4.3 焊接与气割现场安全技术 ……………………………………… 244
  10.4.4 焊工的个人防护 ………………………………………………… 245
 10.5 焊接的安全管理 ……………………………………………………… 247
  10.5.1 焊接机械使用安全技术 ………………………………………… 247
  10.5.2 通风 ……………………………………………………………… 248
  10.5.3 消防措施 ………………………………………………………… 248
  10.5.4 封闭空间内的安全要求 ………………………………………… 249

第11章 装配式建筑技术与安全生产 ……………………………………… 251

11.1 装配式建筑概述 ·· 251
　11.1.1 装配式混凝土建筑分类 ··· 251
　11.1.2 装配式混凝土建筑特点 ··· 251
　11.1.3 装配式建筑的基本构件 ··· 252
　11.1.4 预制构件的连接方式 ·· 252
11.2 装配式建筑的基本构件的生产 ··································· 253
　11.2.1 工艺流程 ·· 253
　11.2.2 各生产工序的操作要点 ··· 253
　11.2.3 生产厂区的安全管理 ·· 254
11.3 装配式建筑基本构件的安装 ······································ 255
　11.3.1 装配式建筑的施工基本流程 ··································· 255
　11.3.2 各基本构件安装流程及操作要点 ···························· 255
　11.3.3 安全要求 ·· 260

第12章 超高层施工技术与安全生产 ·································· 262
12.1 超高层建筑施工安全风险概述 ··································· 262
12.2 超高层建筑垂直运输安全技术 ··································· 263
　12.2.1 概述 ·· 263
　12.2.2 塔式起重机安全技术 ·· 263
　12.2.3 施工升降机安全技术 ·· 266
12.3 超高层建筑爬模施工安全技术 ··································· 269
　12.3.1 概述 ·· 269
　12.3.2 爬升模板安全技术 ··· 269
12.4 超高层建筑起重吊装安全技术 ··································· 274
　12.4.1 概述 ·· 274
　12.4.2 起重吊装安全技术 ··· 275
12.5 超高层建筑幕墙施工安全技术 ··································· 279
　12.5.1 概述 ·· 279
　12.5.2 超高层幕墙施工安全技术 ····································· 279
12.6 超高层建筑施工消防安全技术 ··································· 283
　12.6.1 概述 ·· 283
　12.6.2 超高层建筑施工消防安全技术 ······························· 283
12.7 超高层建筑施工安全防护技术 ··································· 288
　12.7.1 概述 ·· 288
　12.7.2 超高层建筑施工安全防护技术 ······························· 288

第13章 信息化技术与安全生产 ·· 293
13.1 信息化技术在安全生产中的运用概述 ························· 293
13.2 BIM技术在安全生产中的运用 ··································· 294
13.3 信息化技术在人员管理中的运用 ································ 294
　13.3.1 现场人员智能教育培训系统 ··································· 294
　13.3.2 现场人员智能定位系统 ··· 296

  13.3.3 现场人员健康监测系统 …………………………………………… 297
  13.3.4 现场人员门禁管理系统 …………………………………………… 297
  13.3.5 现场人员智能摄像监控系统 ……………………………………… 299
 13.4 信息化技术在设备、设施管理中的运用 …………………………………… 301
  13.4.1 塔式起重机防碰撞系统 …………………………………………… 301
  13.4.2 塔式起重机超载报警系统 ………………………………………… 303
  13.4.3 塔式起重机吊钩可视系统 ………………………………………… 303
  13.4.4 特种设备操作人员身份识别系统 ………………………………… 305
  13.4.5 卸料平台超载报警系统 …………………………………………… 306
  13.4.6 临边防护缺失报警系统 …………………………………………… 307
 13.5 信息化技术在日常管理中的运用 …………………………………………… 308
  13.5.1 施工现场扬尘监测系统 …………………………………………… 308
  13.5.2 深基坑监测预警系统 ……………………………………………… 309
  13.5.3 高支模监测预警系统 ……………………………………………… 311
  13.5.4 现场安全巡检系统 ………………………………………………… 311

第14章 拆除工程 ……………………………………………………………………… 315
 14.1 施工准备 ……………………………………………………………………… 315
 14.2 拆除工程安全施工管理 ……………………………………………………… 315
 14.3 人工拆除 ……………………………………………………………………… 316
 14.4 机械拆除 ……………………………………………………………………… 317
 14.5 爆破拆除 ……………………………………………………………………… 317
 14.6 静力破碎拆除 ………………………………………………………………… 318
 14.7 拆除工程文明施工管理 ……………………………………………………… 318

附录 试题 ……………………………………………………………………………… 319
 第1章 建筑施工安全技术概论 ………………………………………………… 319
 第2章 土石方工程 ……………………………………………………………… 323
 第3章 脚手架工程 ……………………………………………………………… 335
 第4章 模板工程 ………………………………………………………………… 354
 第5章 起重吊装 ………………………………………………………………… 368
 第6章 建筑施工机械 …………………………………………………………… 379
 第7章 建筑起重机械 …………………………………………………………… 395
 第8章 高处作业 ………………………………………………………………… 409
 第9章 临时用电 ………………………………………………………………… 417
 第10章 焊接工程 ………………………………………………………………… 434
 第11章 装配式建筑技术与安全生产 …………………………………………… 441
 第12章 超高层施工技术与安全生产 …………………………………………… 449
 第13章 信息化技术与安全生产 ………………………………………………… 461
 第14章 拆除工程 ………………………………………………………………… 474

17

第1章 建筑施工安全技术概论

1.1 建筑施工安全技术

科学是人类在与自然作斗争中形成的知识与智慧，通过长期发展和积累，是实践经验结晶。安全技术科学就是研究人和自然科学以及在生产活动中人与人的关系和人与物的关系；研究人类在改造自然中，自然界对人类的反作用带来的影响与造成的危害；研究防止这类危害的对策用于人类再改造自然。安全技术就是研究人们在劳动生产过程中的不安全、不卫生问题，采取科学的行之有效的技术措施，防止与消除有害因素，改善劳动条件，以保证劳动者的安全与健康。

随着国家现代化建设事业的蓬勃发展和科学技术的不断进步，建筑安全技术也有了日新月异的变化，国家制定并颁布了一系列重要的安全生产法规和安全技术标准，将建筑工地安全生产纳入标准化的轨道，使企业领导和职工的法制观念日益增强。由于技术先进，措施周密，不断发展的安全施工技术不仅确保了安全施工，而且提高了工效，改善了劳动条件，改善了工地安全文明生产面貌。

1.2 建筑施工安全技术对建筑施工安全保障的作用

安全施工技术是建筑行业全方位的一项综合性施工技术，它贯穿于一项工程任务的全过程。一项标准的制定或是一项措施的实施，都不是固定不变的，都需要在一定的时间和条件下，加以充实和完善使之更加合理、更加全面、更加科学化。随着建筑行业的逐步发展，我们的各项安全防护设施也要逐步地发展和完善，以适应施工安全的需要。因此依靠科技加强对现有各项防护设施的研究、改造和完善工作，是当前搞好安全生产的一项重要工作。对建筑行业各项防护设施的改进，需要全员参与，集思广益地挖掘革新潜力，才能使各项防护设施更加科学化、标准化，以保证安全生产。目前在一些地区8层以下的房屋建筑施工中，所使用的垂直运输设备主要还是卷扬机，建筑行业使用的卷扬机构造简单，操作人员经短期培训后就能开机操作。就因为卷扬机具有这种简便操作的特性，在施工现场中因开卷扬机造成的事故也较为突出，也是造成机械伤害事故的多发因素，是我们日常安全管理的一项重点工作。近年来在施工现场类似这种事故多有发生，从这些触目惊心的流血事故中，反映出加强施工现场各项防护设施的改造和完善工作，健全安全防护管理是控制各类事故发生的一项重要工作。

加强建筑安全技术防护水平的提高，对控制伤亡事故发生，达到本质安全化，同时也是做好安全生产预控管理的一项基础性工作。我国目前建筑行业在逐步向国际水平迈进，但应当看到我们现有的施工条件和技术水平还不是很先进，手工劳动强度仍然很大，建筑行业解放生产力，加速现代化建设的步伐还有待进一步的提高。建筑行业所涉及的工种较多、工序复杂，随着建筑行业的发展，建筑规模在日益提高。因此为了适应当前施工的需要，有效地控制和减少建筑行业的伤亡事故，还必须大力加强和提高建筑安全技术管理工作，认真贯彻执行国家有关法律法规以及标准规范，提高全员的安全技术素质，认真落实好各工种的安全技术操作规程，依靠科技，实行科学施工，加大对施工现场各项防护设施革新改造的力度，从而有效地保证安全生产。总之，控制伤亡事故发生，就要从基础抓起，认真落实好安全技术工作，制订周密系统的安全管理措施，使施工技术与安全技术紧密结合，落实到各操作岗位，从而确保施工任务的顺利完成。

1.3 国外建筑施工安全技术启示与借鉴

从世界范围来看，建筑行业从业人数众多，同时它又是一个与工作相关的事故和疾病发生比例较高的行业，在许多国家都是最危险的行业，带来了巨大的生命财产损失。从各国发布的数据来看，不管是发达国家还是发展中国家，建筑业都属于高危险行业，下面以美、英、日为例进一步阐述。

（1）美国的安全形势及控制措施

根据多方面收集得到的数据，美国建筑业的死亡人数和死亡人数占所有行业的比例一直居高不下，甚至不断增长。尤其是 2004 年，美国建筑业死亡人数累计达 1268 人，占所有行业死亡总人数的 22%，而美国建筑业雇用的劳动力仅占全美总劳动力的约 6.55%，相对之下可见死亡率极高。此外，据统计，各类伤亡事故造成的直接和间接损失，已经占到了美国新建的非住宅项目总成本的 7.9%～15%。

根据美国 1970 年颁布的《职业安全与健康法》，美国政府对安全的督促主要通过监察来实现。在美国每天约有 5000 名检察员在工作场所检查工作，其检查的时间安排可视伤害数量、员工投诉而定，也可随机抽查。如果在检查中发现违法行为，小型企业雇主和特殊检查的平均罚款额为 5000 美元；若发生一起死亡事故或发现故意违法行为，可罚款 7 万美元；若发现几起类似故意违法行为，最高罚款额可达 700 万美元。在保护生命安全方面，其采用风险共担式的制度设计。美国的雇员有权拒绝在有损健康的危险环境下工作，在这种情况下如果雇主出高薪让雇员出工，雇主违法；雇员收了钱出工，同样违法。

美国职业安全与健康局采取了一系列控制措施：加强直接干预来减少职业危害；通过有力的领导和协助促进企业改善安全和健康文化；加强基层执法机关的能力并最大限度地提高其效率和有效性。具体的工作重点落实到发展和完善职业安全与健康的指南和标准；与雇主和雇员一起定期检查雇佣工作场所；为中小型企业提供咨询；为雇主和雇员提供培训教育促进他们遵守标准；为州一级政府提供相应的许可并且批准其专门的职业安全和健康行动计划；和其他机构在职业安全和健康方面加强合作。

（2）英国安全形势及控制措施

据统计，英国所有行业的死亡事故中大约1/3发生在建筑业。2000年，英国所有行业的10万人中死亡率仅为0.8%，而建筑行业的10万人死亡率高达4.2%。此外，频频发生的建筑业事故也带来了巨大的损失。据统计，因建筑业事故而造成的直接损失和间接损失达到了项目总成本的8.5%。

英国健康与安全执行局（HealthandSafetyExecutive，HSE）在安全管理方面曾提出过包括44项行动要点的行动计划。这些行动要点包括：通过向雇主说明良好的健康安全制度对产业带来的好处以更大程度地调动他们的积极性；促进和扩展职业健康工作的覆盖面并强调康复规定的重要性；确保在教育课程中包含更多风险概念方面的内容等。在44项行动要点中，第19项、第20项和第21项是专门针对建筑业的：第19项为"在建筑业即将开始的新业主宪章运动中包含健康与安全方面的目标以提升行业健康安全标准"。第20项为"地方政府应考虑如何通过建筑采购更有效影响安全与健康"。第21项为"HSE编写指南，为政府部门和其他公共机构在他们参与的工程项目上更好的遵守相关健康安全标准提供指导"。

（3）日本安全形势及控制措施

尽管日本建筑业中发生事故死亡人员的绝对值在不断减少，可建筑业的死亡率和重伤率仍居日本所有行业之首。调查表明，日本建筑业的就业人口只占全部就业人口的10%，但是却有接近30%的事故和超过40%的死亡事故发生在建筑业。

由于建筑业事故高发，死亡人数多，日本政府的安全管理计划中采取了一系列措施，例如提高中小型工地专业施工人员的安全卫生管理能力，采取综合性战略措施促进工人领导的培训，由工人领导召集没有工作经验的工人学习；为了防止约占死亡事故10%的建筑机械事故发生，普及具备起重机功能的拖拉铲运机，促进检测危险系统等安全对策的实施；为了防止约占死亡事故40%的坠落、跌倒事故发生，要在脚手架工地普及栏杆的安装，使其成为操作标准。

建筑安全作为一个国际性的问题，受到了世界各国的广泛关注，除了生产实践方面，国内外有许多建筑安全方面的新理念也在不断推进发展。例如建筑安全管理投入的高效益理论。安全既是一种成本，也是一种投资，说是投资而不仅是投入是因为安全能够带来效益。一些发达国家的研究指出，合理的安全投入产生有效的价值，其投入产出比是1:6。我国有关课题研究表明，在20世纪90年代的经济条件下，我国生产安全的投入产出比是1:5.83。虽然这种收益比其损失更难界定，它并不能像利润一样明示在账目中，更多的是体现在损益表的其他支出（赔偿金）上的减少，从而相对地显示企业利润增加。相当多的企业正是忽视了安全收益和事故所带来的真实损失，而仅仅把安全投入视作一种沉没成本，才没有对安全投资产生足够的重视。

安全一般意义上讲是以追求人的生命安全与健康、生活的保障与社会安定为目的。为此人们需要付出成本，从这一意义上讲，安全投入无所谓投资的意义。但是作为企业，从安全生产的角度，安全则具有了投资的价值，即安全的目的有了追求经济利益的内涵。因此安全对企业的生产和经济效益的取得具有确定的作用，安全活动应被看成是一种有创造价值意义的活动，一种能带来经济效益的活动。所以把安全的投入也称作一种投资，就有了现实的基础。

此外，在建筑安全事故损失的计算方面，国外对事故损失内容和范围的划分主要采用美国海因里希提出的直接损失（医疗费和保险费）和间接损失（事故处置费用、工时损失和减停产损失等）。损失的估算方法主要是根据部分已知数据，利用已知的比值或系数，计算总损失或未知部分。但由于各国国情不同、工作环境不同，间接损失有很大的区别。其中巨大的间接损失常常被忽视，使得企业管理人员常常不能意识到一起伤亡事故给企业带来的真正损失。例如伤亡事故给工人带来的心理影响就不能包括在其中，但实际损失的计算也不需要多高的准确性，只要能给一个大概的量级引起管理者的注意就可以了。

综上所述，国际建筑安全的形势十分严峻，各国政府纷纷采取措施，加强对建筑安全的监管和促进。可以预见，建筑安全在未来的一段时间将得到逐步地改善，建筑安全水平得到极大的提高。此外，以上的研究也为建筑安全管理将来的发展提供了非常重要的方向，例如通过加强安全知识的培训和共享，促进建筑安全水平的提高，通过全面的控制和管理，可以全部消除建筑安全事故，政府对建筑安全的关注度会越来越高，政府在安全方面的责任也会逐渐加重，安全文化建设逐渐成为预防建筑安全事故的重要手段，建筑业事故损失的计算方式得到进一步的发展和广泛应用，同时安全管理高效益的观念逐渐得到普及，同时这些也都为我国建筑安全的发展提供了积极的建议。

第 2 章 土石方工程

本章包括地面和地下挖掘土石方两个部分。主要介绍了土石的分类，野外鉴别方法；不同情况的土石方挖掘规定，不同深度基坑（槽）的支护方法，土层锚杆和挡土墙的应用及基坑（槽）排水的方法与措施。地下挖掘土石方主要介绍了矿山法挖掘及盾构作业时的安全规定。

重点应掌握基坑边坡的支护与监控量测、地下施工的安全规定。

2.1 概述

随着城市建设的快速发展，高层超高层建筑、地下工程的数量越来越多，工程规模也越来越大、基坑越来越深，安全风险越来越高。为确保安全生产，必须掌握正确的施工安全技术和严格的安全管理。

基坑开挖土方工程的施工工艺一般有两种：一是放坡开挖（无支护开挖）；二是有支护开挖，在支护体系保护下开挖。

前者既简单又经济，在空旷地区或周围环境能保证边坡稳定的条件下应优先采用。在不具备放坡开挖的条件，只能采取后者，实施有支护开挖。对支护结构的要求，一方面是创造条件便于基坑土方的开挖，另一方面是保证基坑周边建（构）筑物、地下管线和道路设施的安全。

在地下水位较高的基坑开挖施工中，为了保证开挖过程中以及开挖完毕后基础施工过程中坑壁的稳定，降低地下水位又是一项必需的重要措施。同时还要监测周围建筑物、构筑物、管道工程等，保证其不受影响。

2.2 土石的分类

2.2.1 土石的工程分类

土石的种类繁多，其性质直接决定土石方工程的施工方法、安全保证措施。我国将土石按照坚硬程度（坚固系数）分为松软土、普通土、坚土、砂砾坚土、软石、次坚石、坚石、特坚石八类，根据相应土石的种类，确定开挖方法及使用工具。见表2-1。

土石的分类 表2-1

分类	土石级别	岩、土名称	重力密度（kN/m³）	抗压强度（MPa）	坚固系数 f
松软土	Ⅰ	略有黏性的砂土、粉土、腐殖土及疏松的种植土，泥炭（淤泥）	6～15	—	0.5～0.6
普通土	Ⅱ	潮湿的黏性土和黄土，软的盐土和碱土，含有建筑材料碎屑、碎石、11～16 卵石的堆积土和种植土	11～16	—	0.6～0.8
坚土	Ⅲ	中等密实的黏性土或黄土，含有碎石卵石或建筑材料碎屑的潮湿黏性土或黄土	18～19	—	0.8～1.0
砂砾坚土	Ⅳ	坚硬密实的黏性土或黄土，含有碎石、砾石（体积在 10%～30% 重量在 25kg 以下石块）的中等密实黏性土或黄土；硬化的重盐土；软泥灰岩	19	—	1～1.5
软石	Ⅴ～Ⅵ	硬的石炭纪黏土；胶结不紧的砾石；软石、节理多的石灰岩及页壳石灰岩；坚实的白垩；中等坚实的页岩、泥灰岩	12～27	20～40	1.5～4.0
次坚石	Ⅶ～Ⅸ	坚硬的泥质页岩；坚实的泥灰岩；角砾状花岗岩；泥灰质石灰岩；黏土质砂岩；云母页岩及砂质页岩；风化的花岗岩、片麻岩及正常岩；滑石质的蛇纹岩；密实的石灰岩；硅质胶结的砾岩；砂岩；砂质石灰页岩	22～29	40～80	4～10
坚石	Ⅹ～Ⅻ	白云岩；大理石；坚实的石灰岩、石灰质及石英质的砂岩；坚硬的砂质页岩；蛇纹岩；粗粒正长岩；有风化痕迹的安山岩及玄武岩；片麻岩；粗面岩；中粗花岗岩；坚实的片麻岩；粗面岩；辉绿岩；玢岩；中粗正长岩	25～31	80～160	10～18
特坚石	ⅩⅢ～ⅩⅥ	坚实的细花岗岩；花岗片麻岩；闪长岩；坚实的玢岩；角闪岩、辉长岩、石英岩、安山岩、玄武岩；最坚实的辉长岩、石灰岩及闪长岩；橄榄石质玄武岩；特别坚实的辉长岩、石英岩及玢岩	27～33	160 以上	18 以上

注：1. 土石的级别为相当于一般 16 级土石分类级别。
　　2. 坚固系数 f 为相当于普氏岩石强度系数。

2.2.2　土的野外鉴别

土方开挖后，为保证边坡稳定，需采用放坡或支护等方法，这些都与土的种类性质有关，需要了解在野外怎样鉴别土，下面介绍几种方法，见表2-2、表2-3。

土的野外鉴别方法 表 2-2

土的名称	湿润时用刀切	湿土用手捻摸时的感觉	土的状态		湿土搓条情况
			干土	湿土	
黏土	切面光滑,有黏刀阻力	有滑腻感,感觉不到有砂粒,水分较大时很黏手	土块坚硬,用锤才能打碎	易粘着物体,干燥后不易剥去	塑性大,能搓成直径小于0.5mm的长条(长度不短于手掌),手持一端不易断裂
粉质黏土	稍有光滑面,切面平整	稍有滑腻感,有黏滞感,感觉有少量砂粒	土块用力可压碎	能粘着物体,干燥后较易剥去	有塑性,能搓成直径0.5~2mm的土条
粉土	无光滑面,切面稍粗糙	有轻微黏滞感或无黏滞感,感觉到砂粒较多,粗糙	土块用手捏不易粘着,抛掷时易碎		塑性小,能搓成直径为2.3mm的短条
砂土	无光滑面,切面粗糙	无黏滞感,感觉到全是砂粒,粗糙	松散	不能粘着物体	无塑性,不能搓成土条

人工填土、淤泥、黄土、泥炭野外鉴别方法 表 2-3

土的名称	观察颜色	夹杂物质	形状(构造)	浸入水中的现象	湿土搓条情况
人工填土	无固定颜色	砖瓦碎块、垃圾、炉灰等	夹杂物显露于外,构造无规律	大部分变为稀软淤泥,其余部分为碎瓦、炉渣在水中单独出现	一般能搓成3mm土条,但易断,遇有杂质甚多时即不能搓成条
淤泥	灰黑色有臭味	池沼中有半腐朽的细小动植物遗体,如超根、小螺壳等	夹杂物经仔细观察可以发觉,构造常呈层状,但有时不明显	外观无显著变化,在水中出现气泡	一般淤质质土接近外观无显著变化,轻亚黏土,故能搓成3mm土条(长至少3mm)容易断裂
黄土	黄褐两色的混合色	有白色粉末出现在纹理中	夹杂物质常清晰显见。构造上有垂直大孔(肉眼可见)	即行崩散分成颗粒,在水面上出现很多白色液体	搓条情况与正常的亚黏土类似
泥炭	深灰或黑色	有伴腐朽动植物遗体,其含量超过60%	夹杂物有时可见,构造无规律	极易崩碎,变为稀软淤泥,其余部分为植物根、动植残体渣悬浮于水中	一般能搓成1~3mm泥条,但残渣甚多时,仅能搓成3mm以上土条

2.3 土方开挖

2.3.1 斜坡土挖方

土坡坡度要根据工程地质和土坡高度,结合当地同类土体的稳定坡度值确定。土方开挖应从上到下分层分段依次进行，并随时做成一定的坡势以利泄水，且不应在影响边坡稳定的范围内积水。

在斜坡上方弃土时，应保证挖方边坡的稳定。弃土堆应连续设置，其顶面应向外倾斜，以防止山坡水流入挖方场地。但坡度陡于1/5或在软土地区，禁止在挖方上侧弃土。在挖方下侧弃土时，要将弃土堆表面整平，并向外倾斜，弃土表面要低于挖方场地的设计标高，或在弃土堆与挖方场地间设置排水沟，防止地面水流入挖方场地。

2.3.2 滑坡地段挖方

在滑坡地段挖方时应符合下列规定：

(1) 施工前先了解工程地质勘察资料，地形地貌及滑坡迹象等情况；

(2) 不宜雨期施工，同时不应破坏挖方上坡的自然植被。并要事先做好地面和地下排水设施；

(3) 遵循先整治后开挖的施工顺序，在开挖时，须遵循由上到下的开挖顺序，严禁先切除坡脚；

(4) 爆破施工时，严防因爆破振动产生滑坡；

(5) 抗滑挡土墙要尽量在旱季施工，基槽开挖应分段进行，并加设支撑。开挖一段就要做好这段的挡土墙；

(6) 开挖过程中如发现滑坡迹象（如裂缝、滑动等）时，应暂停施工，必要时所有人员和机械要撤至安全地点。

2.3.3 湿土地区挖方

湿土地区开挖时要符合下列规定：

(1) 施工前需要做好地面排水和降低地下水位的工作，若为人工降水时，要降至坑底0.5～1.0m时，方可开挖，采用明排水时可不受此限；

(2) 相邻基坑和管沟开挖时，要先深后浅，并要及时做好基础；

(3) 挖出的土不要堆放在坡顶上，要立即转运至规定的距离以外。

2.3.4 膨胀土地区挖方

在膨胀土地区开挖时，要符合下列规定：

(1) 土方开挖前，完成地表水系导引措施，并按设计要求完成基坑四周坡顶防渗层、截流沟施工；

(2) 开挖过程中，必须采取有效防护措施减少大气环境的影响，分层、分段开挖，一次工作面开展不宜过大，分段长度宜为15～30m；

(3) 开挖与坡面防护分级跟进作业，本级边坡开挖完成后，及时进行边坡防护处理，单级边坡防护自下而上进行。在上一级边坡处理完成之前，严禁下一级边坡开挖；

(4) 土方开挖按照从上到下分层分段依次进行，开挖层一次不宜超过3.0m，严禁采用掏洞法挖土或将坡面挖成反坡；

(5) 土方开挖应按设计开挖轮廓线预留保护层，保护层厚度应根据不同基坑段的地质条件确定，弱膨胀土预留保护层厚度不小于 300mm，中强膨胀土预留保护层厚度不小于 500mm；

（6）对于中强膨胀土，在基坑设计开挖断面轮廓的坡脚处宜预留土墩，土墩宽度（底板宽度方向 2m，高度 2m），土墩边坡与开挖轮廓设计边坡相同；

（7）当开挖作业面接近支护层时，应根据开挖揭露的地层情况，监视膨胀土地层分布、膨胀特性的变化情况，发现地层情况与设计勘探成果差异较大时，应及时会同相关单位人员研究处置措施。

2.3.5 可能发生冻胀地区挖方

在可能发生冻胀土地区开挖时，要符合下列规定：

（1）冬期施工应以"快速开挖、快速施工"和"防坍塌、防冻、防滑"作为重点工作，加强对基坑顶部和底部等重点部位和重点环节的监控；

（2）对基坑侧壁为强冻胀土的基坑工程，宜采用保温措施和遮阳准备工作；

（3）对于设计深度位于多冰冻土或岩石中的基坑，寒季、暖季均可进行开挖施工；

（4）对于基坑底部可能出现的高含冰量冻土开挖，提前做好爆破施工准备；

（5）对于底部设计有隔温层的基坑，还应做好材料准备，一旦基坑开挖到位、检验合格后，及时进行基础施工及基坑回填。

2.3.6 基坑（槽）和管沟挖方

施工中应防止地面水流入坑沟内，以免边坡塌方。

挖方边坡要随挖随撑，并支撑牢固，且在施工过程中应经常检查，如有松动、变形等现象，要及时加固或更换。

钢（木）支撑的拆除，要按回填顺序依次进行。多层支撑应自下而上逐层拆除，随拆随填。

2.3.7 坑壁支撑

（1）采用钢板桩、钢筋混凝土预制桩、钢筋混凝土灌注桩做坑壁支撑时，要符合下列规定：

1）应尽量减少打桩对邻近建筑物和构筑物的影响；
2）当土质较差时，宜采用啮合式板桩；
3）采用钢筋混凝土灌注桩时，要在桩身混凝土达到设计强度后，方可开挖；
4）在桩身附近挖土时，不能伤及桩身。

（2）采用钢板桩、钢筋混凝土桩作坑壁支撑并设有锚杆时，要符合下列规定：

1）锚杆宜选用螺纹钢筋，使用前应清除油污和浮锈，以便增强粘结的握裹力；
2）锚固段应设置在稳定性较好土层或岩层中，长度应大于或等于计算规定；
3）钻孔时不应损坏已有管沟、电缆等地下埋设物；
4）施工前需测定锚杆的抗拔拉力，验证可靠后，方可施工；
5）锚杆段要用水泥砂浆灌注密实，并需经常检查锚头紧固性和锚杆周围土质情况。

2.3.8 挖土的一般规定

挖土时应遵守的规定:
(1) 人工开挖时,两个人操作间距离应保持 2~3m,并应自上而下逐层挖掘,严禁采用掏洞的挖掘操作方法;
(2) 挖土时要随时注意土壁变动的情况,如发现有裂纹或部分塌落现象,要及时进行支撑或改缓放坡,并注意支撑的稳固和边坡的变化;
(3) 上下坑沟应先挖好阶梯或设木梯,不应踩踏土壁其及支撑上下;
(4) 用挖土机施工时,在挖土机的工作范围内,不进行其他工作;且应至少留 0.3m 深,最后由工人修挖至设计标高;
(5) 在坑边堆放弃土、材料和移动施工机械,应与坑边保持安全距离。

2.4 基坑侧壁安全等级和基坑变形控制值

2.4.1 基坑侧壁的安全等级划分

基坑工程施工安全等级划分应按现行国家标准《建筑地基基础设计规范》GB 50007 规定的地基基础设计等级,结合基坑本体安全、工程桩基与地基施工安全、基坑侧壁土层与荷载条件、环境安全等,按表 2-4 规定划分。

基坑工程施工安全等级　　　　表 2-4

施工安全等级	划分条件
一级	1. 复杂地质条件及软土地区的二层及二层以上地下室的基坑工程。 2. 开挖深度大于 15m 的基坑工程。 3. 周边环境条件复杂。 4. 基坑采用支护结构与主体结构相结合的基坑工程。 5. 基坑工程设计使用年限超过 2 年。 6. 侧壁为填土或软土场地因开挖施工可能引起工程桩基发生倾斜、地基隆起等改变桩基、地铁隧道设计性能的工程。 7. 基坑侧壁受水浸湿可能性大或基坑工程降水深度大于 6m 或降水对周边环境有较大影响的工程。 8. 地基施工对基坑侧壁土体状态及地基产生挤土效应或超孔隙水压力较严重的工程。 9. 具有振动荷载作用且超载大于 50kPa 的工程。 10. 对支护结构变形控制要求严格的工程。 11. 基坑邻近有历史文物、近代优秀建筑、重要管线等严加保护的基坑
二级	1.《建筑地基基础设计规范》GB 50007 规定的地基基础设计等级为乙级的工程。 2. 开挖深度 7~15m 的基坑工程
三级	开挖深度小于 7m,且周围环境无特别要求的基坑

施工安全等级为一级的基坑工程,应按有关国家技术规范要求经过必要的设计计算,提出基坑变形与相关管线和建筑物沉降等控制指标;应进行基坑安全监测方案的评

审；对特别需要或特殊条件下应进行基坑安全风险评估；对设计文件中明确提出变形控制要求的基坑工程，监测单位应将编制的监测方案经过基坑工程设计单位审查后实施。

位于地铁、隧道等大型地下设施安全保护范围内的基坑工程以及对位移有特殊要求的精密仪器使用场所附近的基坑工程除外，这些基坑工程应遵照有关专门文件和规定执行。

基坑开挖过程中发现地质条件或环境条件与原地质报告、环境调查报告不相符合时，应停止施工，及时会同相关设计、勘察单位进行设计验算或设计修改后方可恢复施工。

2.4.2 基坑变形控制值

基坑、管沟土方工程验收必须确保支护结构安全和周围环境安全为前提。当设计有指标时，以设计要求为依据，如无设计指标时应按国家现行标准《建筑地基工程施工质量验收标准》GB 50202 的规定执行基坑变形的控制值，见表 2-5。

基坑变形的控制值（cm） 表 2-5

基坑类别	围护结构墙顶位移监控值	围护结构墙体最大位移监控值	地面最大沉降监控值
一级基坑	3	5	3
二级基坑	6	8	6
三级基坑	8	10	10

2.5 深基坑开挖

开挖深度不小于 5m 的基坑（槽）的土方开挖、支护、降水工程为深基坑开挖。

2.5.1 深基坑支护结构体系的方案选择

由于基坑的支护结构既要挡土又要挡水，为基坑土方开挖和地下结构施工创造条件，同时还要保护周围环境。在进行支护结构设计之前，需要对影响基坑支护结构设计和施工的基础资料进行全面的收集，并加以深入了解和分析（表 2-6）。这些资料包括：工程地质和水文地质资料调查；周围环境及地下管线状况调查；主体工程地下结构设计资料调查。

常用支护结构形式的选择 表 2-6

类型、名称	支护形式、特点	适用条件
挡土灌注排桩	挡土灌注排桩系以现场灌注进按队列式布置组成的支护结构。 特点：变形小，适用性强，需工作场地不大，振动小，噪声低；但不能止水	1. 基坑侧壁安全等级一、二、三级。 2. 在软土场地中深度不宜大于 5m。 3. 当地下水位高于基坑地面时，宜采用降水、排桩与水泥土桩组合截水帷幕。 4. 变形较大的基坑边可选用双排桩

续表

类型、名称	支护形式、特点	适用条件
排桩土层锚杆支护	在稳定土层钻孔,用水泥浆或水泥砂浆将钢筋与土体粘结在一起拉结排桩挡土。特点:能与土体结合承受很大拉力,变形小,适应性强,不用大型机械,需工作场地小,省钢材,费用低	1. 适于基坑侧壁安全等级一、二、三级。 2. 适用于难以采用支撑的大面积深基坑。 3. 不宜用于地下水大、含化学腐蚀物的土层
地下连续墙内支撑支护	地下连续墙系用机械施工方法成槽浇钢筋混凝土形成的地下墙体。特点:刚度大,抗弯强度高,变形小,能止水,但施工需较多机具设备	1. 基坑侧壁安全等级一、二、三级。 2. 当地下水位高于基坑地面时,宜采用降水。 3. 适用于逆作法施工
排桩内支撑支护	在排桩内侧设置型钢或钢筋混凝土水平支撑,用以支挡基坑侧壁进行挡土。特点:受力合理,易于控制变形,安全可靠;但需大量支撑材料	1. 适于基坑侧壁安全等级一、二、三级。 2. 适用于各种不易设置锚杆的较松软土层及软土地基。 3. 当地下水位高于基坑底面时,宜采用降水措施或采用止水结构
水泥土墙支护	采用水泥土桩相互搭接形成的格栅状、壁状等形式的连续重力式挡土止水墙体。特点:具有挡土、截水双重功能;施工机具设备相对简单,成墙速度快,适用材料单一,造价较低	1. 基坑侧壁安全等级宜为二、三级。 2. 水泥土墙施工范围内的地基土承载力不宜小于150kPa。 3. 基坑深度不宜大于6m。 4. 基坑周围具备水泥土墙的施工宽度
土钉墙或喷锚支护	采用土钉或预应力锚杆加固的基坑侧壁土体,与喷射钢筋混凝土护面组成的支护结构。特点:结构简单,承载力较高;可阻水,变形小,安全可靠适应性强;施工机具简单,施工灵活,污染小,噪声低,对周边环境影响小,支护费用低	1. 基坑侧壁安全等级宜为二、三级的非软土场地。 2. 土钉墙基坑深度不宜大于12m;喷锚支护适用于无流砂、含水量不高、不是淤泥等流塑土层的基坑,开挖深度不大于18m。 3. 当地下水位高于基坑底面时,应采取降水或截水措施
钢板桩	采用特制的型钢板桩,机械打入地下,构成一道连续的板墙,作为挡土、挡水围护结构。特点:承载力高,刚度大,整体性好,锁口紧密,水密性好,能适应各种平面形状和土质,施工快速,可回收使用,但需大量钢材,一次性投资较高	1. 基坑侧壁安全等级二、三级。 2. 基坑深度不宜大于10m。 3. 当地下水位高于基坑底面时,应采用降水或截水措施

2.5.2 地下连续墙施工

单元槽段长度应考虑槽壁的稳定性和钢筋笼的起吊能力划分,一般为4～8m。成槽施工前宜进行成槽试验,确定施工工艺流程和槽段长度、混凝土配合比、导管内初存混凝土量、导管内混凝土控制高度等施工参数。成槽机需由专业人员操作。成槽机作业过程中,回转半径内及在坑槽周边1.5m范围内不得有人员滞留,坑槽周边必须设有防护栏杆。

地下连续墙钢筋笼焊接场地应平整，开阔，便于钢筋笼起吊。在焊接过程中，焊接设备保护接零应可靠。对于需要进行孔口焊接作业的钢筋笼，焊接必须牢固，可靠，焊缝饱满，搭接长度须符合设计要求。钢筋笼的起吊和下放应符合：

（1）钢筋笼起吊环应采用 HPB300 级钢筋制作，严禁使用冷加工钢筋。

（2）吊环应焊接在钢筋笼受力钢筋上，埋入深度不应小于 $30d$，并与主筋钩牢，防止吊环焊点开裂发生起重伤害事故。

（3）钢筋笼起重吊装必须编制专项安全施工方案，并必须严格按方案实施。

（4）起重机操作、司索、指挥等特种作业人员必须具有相应的资格。

（5）在起吊前仔细检查吊具、钢丝绳的完好情况。对于吊具的检查重点是对滑轮及钢丝绳质量的检查，如发现钢丝绳有小股钢丝断裂或滑轮有裂纹现象，一律不得使用。

（6）起重机的变幅指示器、力矩限制器以及各种行程限位开关等安全保护装置必须齐全有效，灵敏可靠，不得随意调整和拆除。

（7）起重机作业时，钢筋笼下方及周边不得有人停留或通过。

（8）履带式起重机变幅应缓慢平稳，严禁在起重臂未停稳前变换挡位；起重机满荷载或接近荷载时严禁下落臂杆。

水下混凝土浇筑，导管吊装时，吊臂、吊钩运行范围，禁止人员入内；吊装中严禁超载；现场配合吊运的全体作业人员应站位于安全地方，待吊运的导管距吊运点上方 50cm 时，方可靠近作业，严禁位于起重臂下。混凝土浇筑过程中，必须连续、迅速，防止槽内出现坍塌；水下混凝土浇筑完毕，墙顶标高低于现状地面时，应设护栏和安全标识。

2.5.3 钢支撑体系安装拆除

钢支撑体系安装前，应在场地平整的地面上进行钢支撑拼接，确保各拼接段中心在同一直线上；钢支撑拼接采用扭矩扳手，保证法兰螺栓连接强度，拼接好的钢支撑应经支撑经专职质检员检查合格后方可安装。

（1）钢围檩在围护结构上固定时，下方应有可靠托架或上方有可靠拉结钢筋与围护结构主筋焊接牢固，保证钢围檩安装的可靠、平稳。

（2）钢支撑安装，钢支撑的架设必须在其相应位置的土方开挖之前进行，严格执行"先撑后挖"的施工顺序。

1）钢支撑架设施工应按照《危险性较大的分部分项工程安全管理规定》制订起重吊装方案；

2）钢支撑安装间距、预压轴力必须严格按设计要求进行；

3）千斤顶、压力表等加力设备定期校验，并制订严格的预加力操作规程，保证预加轴力准确；加力后对法兰螺栓逐一检查，进行复拧紧；

4）土方开挖过程中，应加强对钢支撑轴力值的观测，当发现支撑轴力超过警戒值时，立即停止开挖，加密支撑，并将有关数据反馈给设计部门，共同分析原因，制订对策。

（3）钢支撑拆除，钢支撑的拆除时间一般按设计要求进行，否则应进行替代支承结构的强度及稳定安全核算后确定。

1）钢支撑拆除前，先对上一层钢支撑进行一次预加轴力，达到设计要求以保证基坑安全；

2）逐级释放需拆除的钢管支撑轴力，拆除时应避免瞬间预加应力释放过大而导致结构局部变形、开裂；

3）轴力释放完后，取出所有楔块，采用龙门吊双吊点提升一定高度后，再拆除下方支架和托板，再将钢管支撑轻放至结构板上，钢管支撑在结构板上分节拆除后，再垂直提升到地面。

2.5.4 锚索施工

土层锚索（杆）由锚头、拉索（杆）、锚固体等组成，同时根据主动滑动面分为锚固段和非锚固段。土层锚索（杆）可与钢筋混凝土钻孔灌注桩、钢板桩、地下连接墙等支护桩与墙联合使用，但在有机质土，液限大于50%的黏土及松散的土层中不宜采用，基坑周围有地下管线或其他障碍也不能用。

锚索（杆）张拉与施加预应力（锁定）应符合以下规定：

(1) 锚固段强度大于15MPa并不小于设计强度等级的75%后可进行张拉。

(2) 锚索（杆）张拉顺序应考虑对邻近锚杆的影响。

(3) 锚索（杆）宜张拉至设计荷载的0.9～1.0倍后，再按设计要求锁定。

(4) 锚索（杆）张拉控制应力不应超过锚索（杆）强度标准值的0.75倍。

为减少对邻近锚索（杆）的影响，通常可采用"隔二张一"间隔张拉的方法；张拉宜采用分级加载，每级加载应稳定3min，最后一级加载应稳定5min；施工中应做好张拉记录。

2.5.5 深基坑排水

开挖底面低于地下水位基坑时，地下水会不断渗入坑内。当雨期施工时，地表水也会流入基坑内。如果坑内积水不及时排走，会使土被水泡软后，造成边坡塌方和坑底承载能力下降。因此，在基坑开挖前和开挖时，必须做好排水工作，保持土体干燥才能保障安全。

1. 明排水法

适用于粗粒土层，也可用于渗水量小的黏性土，但不适用于细砂和粉砂地质。

(1) 雨期施工时，应在基坑四周或水的上游，开挖截水沟或修筑土堤，以防地表水流入坑槽内；

(2) 基坑开挖过程中，在坑底设置集水井，并沿坑底的周围或中央开挖排水沟，使水流入集水井中，然后用水泵抽走，抽出的水应予以引开，严防倒流；

(3) 四周排水沟及集水井应设置在基础范围以外，地下水走向的上游，并根据地下水量大小，基坑平面形状及水泵能力，集水井每隔20～40m设置一个；

(4) 集水井的直径或宽度一般为0.6～0.8m，其深度随着挖土的加深而加深，随时保持低于挖土面0.7～1.0m；当基坑（槽）挖至设计标高后，井底应低于坑底1～2m，

并铺设碎石滤水层,以避免在抽水时间较长时,将泥砂抽出及防止井底的土被扰动;

(5) 但当土为细砂和粉砂时,抽出的地下水流会带走细粒而发生流砂现象,造成边坡坍塌、坑底隆起无法排水和难以施工,此时应改用人工降低地下水的方法。

2. 井点降水法

在基坑开挖前,预先在基坑四周埋设一定数量的滤水管(井),利用抽水设备从中抽水,使地下水位降落到基坑底 0.5~1m 以下;同时在基坑开挖过程中仍然继续不断的抽水,使所挖的土始终保持干燥状态(表 2-7)。

井点降水方法种类与选择 表 2-7

降水类型	适用条件	
	渗透系数(cm/s)	可能降低的水位深度(m)
轻型井点多层轻型井点	$10^{-2} \sim 10^{-5}$	3~6 6~12
喷射井点	$10^{-3} \sim 10^{-6}$	8~20
电渗井点	$<10^{-6}$	宜配合其他形式降水使用
深井井点	$\geqslant 10^{-5}$	>10

2.6 土钉墙支护

土钉墙支护,是在开挖边坡表面铺钢筋网喷射细石混凝土,并每隔一定距离埋设土钉,使与边坡土体形成复合体共同工作,从而有效提高边坡稳定的能力。

土钉墙支护为一种边坡稳定式支护结构,具有结构简单,可以阻水,施工方便、快速,节省材料,费用较低廉等优点。适用于淤泥、淤泥质土、黏土、粉质黏土、粉土等地基,地下水位较低,基坑开挖深度在 12m 以内采用。施工安全要点:

(1) 基坑开挖应分层分段开挖,分层开挖高度由设计要求土钉的竖向距离确定,超挖土钉向下不超过 0.5m。

(2) 钻孔方法与土层锚杆基本相同,可用螺栓钻、冲击钻、地质钻机和工程钻机,当土质较好,孔深度不大亦可用洛阳铲成孔。成孔的尺寸允许偏差为:孔深±50mm,孔径±5mm,孔距±100mm,成孔倾斜角±5%;钢筋保护层厚度不小于 25mm。

(3) 喷射混凝土面层,喷射混凝土的强度等级不宜低于 C20。喷射作业应分段进行,同一分段内喷射顺序应自下而上,一次喷射厚度不宜小于 40mm;喷射混凝土时,喷头与受喷面应保持垂直,距离宜为 0.6~1.0m。喷射表面应平整,呈湿润光泽,无干斑流淌现象。喷射混凝土终凝 2h 后,应喷水养护,养护时间宜为 3~7d。

(4) 喷射混凝土面层中的钢筋网应在喷射第一层混凝土后铺设,钢筋保护层厚度不宜小于 20mm;采用双层钢筋网时,第二层钢筋网应在第一层钢筋网被混凝土覆盖后铺设。每层钢筋网之间搭接长度应不小于 300mm。钢筋网用插入土中的钢筋固定,与土钉应连接牢固。

(5) 土钉注浆，材料宜选用水泥浆或水泥砂浆。水泥浆、水泥砂浆应拌和均匀，随拌随用，一次拌和的水泥浆、水泥砂浆应在初凝前用完。

(6) 注浆作业前应将孔内残留或松动的杂土清除干净；注浆开始或中途停止超过30min时，应用水或稀水泥浆润滑注浆泵及其管路；注浆时，注浆管应插至距孔底250～500mm处，孔口部位宜设置止浆塞及排气管。土钉钢筋插入孔内应设定位支架，间距2.5m，以保证土钉位于孔的中央。

(7) 土钉墙支护的质量检测：土钉采用抗拉试验检测承载力，同一条件下，试验数量不宜少于土钉总数的1%，且不少于3根；土钉抗拉力平均值应大于设计要求，且抗拔力最小值应不小于设计抗拔力的0.9倍；墙面喷射混凝土厚度应采用钻孔检测，钻孔数宜为每100m²墙面积一组，每组不应少于3点。

2.7 基坑（槽）工程监测

深基坑（槽）开挖需关注基坑（槽）支护结构的稳定与安全和基坑（槽）对周围环境的影响两个方面，如基坑（槽）周边相邻的建（构）筑物和地下管线沉降、位移等。基坑（槽）支护结构的计算理论和计算手段，近年来虽有很大提高，但由于影响支撑结构的因素很多，土质的物理力学性能，计算假定，土方开挖方式，降水质量及天气等都会产生影响，因此内力和变形的计算与实测值往往存在一定距离。

在基坑（槽）开挖及地下结构施工期间，应进行施工监测，如发现问题可提请施工单位及时采取措施，以保证基坑支护结构和周围环境的安全。

基坑（槽）开挖后，基坑（槽）内外的水土压力平衡就要依靠围护桩（墙）和支撑体系来实现。支护结构一般有下列三种破坏情况：

(1) 围护桩（墙）因本身强度不足而发生断裂破坏。

(2) 支撑失稳或强度破坏而引起围护结构破坏。

(3) 围护桩（墙）下端土体滑移造成围护结构整体倾覆。

上述这些破坏情况都有一个从量变到质变的渐变过程，在这个渐变过程中支护结构的位移、变形和受力以及土体的沉降位移和坑底土体的隆起都会发生变化，进行施工监测的目的就是要通过在围护桩（墙）、支撑和基坑（槽）内外土体内埋设相应的传感器，掌握基坑（槽）内外土体的变化情况。发现问题及时采取措施确保基坑（槽）开挖和地下结构施工的安全。

基坑（槽）开挖后，支护结构和基坑（槽）外面的土体都会发生些位移和变形，因此会引起周围建筑物和地下管线的位移和变形，特别是支护结构止水帷幕没有做好，造成坑外水土流失，对周围建筑物和地下管线的影响会更大，所以须对基坑（槽）周围的建筑物和地下管线进行监测，掌握其位移和变形情况，发现问题可及时采取措施，待恢复正常后，方可继续施工。

2.8 基坑挖土安全措施

2.8.1 基坑挖土操作的安全重点

(1) 基坑开挖深度超过 2.0m 时，必须在边沿设两道护身栏杆，夜间加设红色标志。人员上下基坑应设坡道或爬梯。

(2) 基坑边缘堆置土方或建筑材料或沿挖方边缘移动运输工具和机械，应按施工组织设计要求进行。

(3) 基坑开挖时，如发现边坡裂缝或不断掉土块时，施工人员应立即撤离操作地点，并应及时分析原因，采取有效措施处理。

(4) 深基坑上下应先挖好阶梯或支撑靠梯，或开斜坡道，采取防滑措施，禁止踩踏支撑上下。坑周边应设安全栏杆。

(5) 人工吊运土方时，应检查起吊工具、绳索是否牢靠。吊斗下面不得站人，卸土堆应离开坑边一定距离，以防造成坑壁塌方。

(6) 用胶轮车运土，应先平整好道路，并尽量采取单行道，以免来回碰撞；用翻斗车运土时，两车前后间距不得小于 10m；装土和卸土时，两车间距不得小于 1.0m。

(7) 已挖完或部分挖完的基坑，在雨后或冬期解冻前，应仔细观察水质和边坡情况，如发现异常情况，应及时处理或排除险情后方可继续施工。

(8) 基坑开挖后应对围护排桩的桩间土体，根据不同情况，采用砌砖、插板、挂网喷（或抹）细石混凝土等处理方法进行保护，防止桩间土方坍塌伤人。

2.8.2 机械挖土安全措施

(1) 大型土方工程施工前，应编制土方开挖方案，绘制土方开挖图，确定开挖方式、路线顺序、范围边坡坡度、土方运输路线、堆放地点以及安全技术措施等以保证挖掘、运输机械设备安全作业。

(2) 机械挖方前，应对现场周围环境进行普查，对临近设施在施工中要加强沉降和位移观测。

(3) 机械行驶道路应平整、坚实；必要时底部应铺设枕木、钢板或路基箱垫道，防止作业时下陷，在饱和软土地段开挖土方应先降低地下水位，防止设备下陷或基土产生侧移。

(4) 开挖边坡土方，严禁切割坡脚，防止边坡失稳；当坡度陡于 1/5，或在软土地段，不得在挖方上侧堆土。

(5) 机械挖土应分层进行，合理放坡，防止塌方、溜坡等造成机械倾翻、淹埋等事故。

(6) 多台挖掘机在同一作业面开挖，挖掘机间距应大于 10m；多台挖掘机械在不同台阶同时开挖，应验算边坡稳定，上下台阶挖掘机前后应相距 15m 以上，挖掘机离下部边坡应有一定的安全距离，以防造成翻车事故。

（7）对边坡上的孤石、孤立土柱、易滑动危险土石体，在挖坡前必须清除，以防开挖时滑塌；施工中应经常检查挖方边坡的稳定性，及时清除悬置的土包和孤石；削坡施工时，坡底不得有人员或机械停留。

（8）挖掘机工作前，应检查油路和传动系统是否良好，操纵杆应置于空挡位置；工作时应处于水平位置，并将行走机械制动，工作范围内不得有人行走。挖掘机回转及行走时，应待铲斗离开地面，并使用慢速运转。往汽车上装土时，应待汽车停稳，驾驶员离开驾驶室，并应先鸣号，后卸土。铲斗应尽量放低，不得碰撞汽车。挖掘机停止作业，应放在稳固地点，铲斗应落地，将操纵杆置于空挡位置，锁好车门。挖掘机转移工作地时，应使用平板拖车。

（9）推土机起动前，应先检查油路及运转机构是否正常，操纵杆是否置于空挡位置。作业时，应将工作范围内的障碍物先予清除，非工作人员应远离作业区，先鸣号，后作业。推土机上下坡应用低速行驶，上坡不得换挡，坡度不应超过25°；下坡不得脱挡滑行，坡度不应超过35°；在横坡上行驶时，横坡坡度不得超过10°，并不得在陡坡上转弯。填沟渠或驶近边坡时，推铲不得超出边坡边缘，并换好倒车挡后方可提升推铲进行倒车。推土机应停放在平坦稳固的安全地方，将操纵杆置于空挡位置，锁好车门。推土机转移时，应使用平板拖车。

（10）铲运机起动前应先检查油路和传动系统是否良好，操纵杆应置于空挡位置。铲运机的行驶道路应平坦，其宽度应大于机身2m以上。在坡地行走，上下坡度不得超过25°。横坡不得超过10°，铲斗与机身不正时，不得铲土。多台机在一个作业区作业时，前后距离不得小于10m，左右距离不得小于2m。铲运机上下坡道时，应低速行驶，不得中途换挡，下坡时严禁脱挡滑行。禁止在斜坡上转弯、倒车或停车。工作结束，应将铲运机停在平埋稳固地点，将操纵杆置于空挡位置，锁好车门。

（11）在有支撑的基坑中挖土时，必须防止碰坏支撑，在坑沟边使用机械挖土时，应计算支撑强度，危险地段应加强支撑。

（12）机械施工区域禁止无关人员进入场地内。挖掘机工作回转半径范围内不得站人或进行其他作业。土石方爆破时，人员及机械设备应撤离危险区域。挖掘机、装载机卸土时，应待整机停稳后进行，不得将铲斗从运输汽车驾驶室顶部越过；装土时任何人都不得停留在装土车上。

（13）挖掘机操作和汽车装土行驶要听从现场指挥；所有车辆必须严格按规定的行驶路线行驶，防止撞车。

（14）挖掘机行走和自卸汽车卸土时，必须注意上空电线。如在架空输电线一侧工作时，在110～220kV电压时，垂直安全距离为2.5m；水平安全距离为4～6m。

（15）夜间作业，机上及工作地点必须有充足的照明设施，在危险地段应设置明显的警示标志和护栏。

（16）冬期、雨期施工，运输机械和行驶道路应采取防滑措施，以保证行车安全。

（17）遇七级以上大风或雷雨、大雾天时，各种挖掘机应停止作业，并将臂杆降至30°～45°。

2.8.3　基坑支护工程施工安全技术

（1）基坑开挖应严格按支护设计要求进行。应熟悉围护结构撑锚系统的设计图样，包括围护墙的类型、撑锚位置、标高及设置方法、顺序等设计要求。

（2）混凝土灌柱桩、地下连续墙等支护应有28d以上龄期，达到设计要求时，方能进行基坑开挖。

（3）围护结构撑锚系统的安装和拆除顺序应与围护结构的设计工况相一致，以免出现变形过大、失稳、倒塌等风险。

（4）围护结构撑锚安装须遵循时空效应原理，根据地质条件采取相应的开挖、支护方式。一般竖向应严格遵守"分层开挖，先支撑后开挖。撑锚与挖土密切配合，严禁超挖"的原则。使土方挖到设计标高的区段内，能及时安装并发挥支撑作用。

（5）撑锚安装应采用开槽架设，钢结构支撑安装应施加预应力。预压力控制值一般不应小于支撑设计轴向力的50%，也不宜大于75%。采用现浇混凝土支撑必须在混凝土强度达到设计的80%以上，才能开挖支撑以下的土方。

（6）在基坑开挖时，应限制支护周围振动荷载的作用并做好机械上、下基坑坡道部位的支护。不得在挖土过程中，碰撞支护结构。

（7）支撑拆除前，应先安装好替代支撑系统。替代支撑的截面和布置应由设计计算确定。

（8）围护墙利用主体结构"换撑"时，主体结构的底板或楼板混凝土强度应达到设计强度的80%；在主体结构与围护墙之间应设置好可靠的换撑传力构造；在主体结构楼盖局部缺少部位，应在主体结构内的适当部位设置临时的支撑系统；支撑截面积应由计算确定；当主体结构的底板和楼板采取分块施工或设置后浇带时，应在分块或后浇带的适当部位设置传力构件。

（9）在挖土和撑锚过程中，应有专人监测，掌握围护结构的变形及变形速率以及其上边坡土体稳定情况，以及邻近建（构）筑物及管线的变形情况。发现异常现象，应查清原因，采取安全技术措施进行认真处理。

2.9　地下工程暗挖施工

在城市软弱围岩地层中修建地下工程，以改造地质条件为前提，以控制地表沉降为重点，以格栅（或其他钢结构）和锚喷作为初期支护手段，按照"十八字"原则（即管超前、严注浆、短开挖、强支护、快封闭、勤量测）进行施工，尽量减少围岩扰动。

2.9.1　超前小导管与管棚施工

（1）施工前检查作业台架及作业面的安全性能，在施工中台架应保持稳定。
（2）施工前应检查钻机、注浆机及配套设备的安全性能，施工过程中应确保钻机稳定牢靠，注浆管接头及高压风水管连接牢固。

（3）施工过程中应指定专人负责对开挖工作面进行安全观测。

（4）管棚和小导管施工作业中按作业程序和技术要求进行钻进、安装和注浆作业。

（5）管棚作业换钻杆及超前小导管作业顶进钢管时，应指定专人指挥，防止钻杆、钢管掉落伤人。

（6）管棚作业起吊钻杆及其他物件时，应指定专人指挥，起吊范围内任何人不得进入。

（7）在水压较高的隧道进行管棚钻孔作业时，应选择适合较高水压的钻孔设备，钻孔设备应采取防突水突泥冲出的反推或拴锚措施；应安装满足水压要求的带止水阀门的孔口管，孔口管应安装牢固；作业时作业人员不应站立在孔口正面，且应远离孔口。

（8）进行管棚施工时，应记录钻机钻进的各项技术参数，观察钻渣排出和孔内出水的情况，并与超前地质预报的结果核对，出现异常情况时，及时采取措施进行处理。

（9）管棚和小导管在运输过程中应根据运输机械、洞内临时存放场地大小、各类作业台架净空限界确定运输长度。

（10）管棚在作业平台上临时存放时，应根据平台设计载荷及安全性能确定存放数量和高度，同时要有防止滚落、滑下的防护措施。

2.9.2 超前地质预报

（1）地质预报工作必须在地下暗挖工程（以下）找顶作业结束后进行，开始工作前应检查工作面周围有无安全隐患，特别是钻孔开挖工作面附近是否存在危石。

（2）采用钻探法预报时，钻孔作业应符合下列规定：

1）孔口管必须安装牢固；

2）钻机使用的高压风、高压水的各种连接件应采用符合要求的高压配件，管路连接应安设牢固；

3）钻孔时，钻机前方应安设挡板，除操作人员外其他人员禁止进入工作区域。

（3）在可能发生突水、突泥地段，进行超前钻探时应符合下列规定：

1）当处于富水区时，超前钻探应做好钻孔突涌水处置方案；

2）钻孔孔口必须安装安全装置，并将孔口固定牢固，装上控制闸阀，进行耐压试验，达到要求后，方可开钻；

3）钻孔过程发生岩壁松软、掉块或钻孔中的水压、水量突然增大以及顶钻等异常状况，立即停止钻进，查找原因，妥善处置。

2.9.3 暗挖安全要点

（1）全断面开挖法，一般适用于Ⅰ、Ⅱ、Ⅲ级围岩，采用全断面开挖法开挖时，应采用光面爆破技术，光面爆破的硬岩炮眼痕迹保存率不应小于80%，中硬岩炮眼痕迹保存率不应小于60%，最大限度地减少对围岩的影响；当隧道地质条件发生变化时，必须根据情况及时变换适宜的开挖方法。

(2) 台阶开挖法，应根据围岩条件合理确定台阶长度，台阶高度应根据地质情况、隧道断面大小和施工机械设备情况确定；严格控制开挖进尺，边墙应交错开挖；及时施作初期支护和仰拱，尽早封闭成环。

(3) 环形开挖预留核心土法，每部开挖进尺宜为0.5～1m，预留核心土面积的大小应满足开挖面稳定的要求；上部弧形部，左、右侧墙部，中部核心土开挖错开3～5m进行平行作业。

(4) 双侧壁导坑开挖法，导坑宽度不应大于0.3倍的隧道宽度；侧壁导坑、中槽部开挖应采用短台阶，台阶长度宜为3～5m，必要时应预留核心土；侧壁导坑开挖应超前中槽部位10～15m；开挖完成后，应及时进行初期支护和临时支护，并尽早封闭成环；临时支护一次拆除长度不宜超过15m。

(5) 中隔壁开挖法，各部分开挖周边轮廓应尽量圆顺，减小应力集中；每一部的开挖高度应根据地质情况及隧道断面大小而定；严格控制同层左右两侧洞体开挖之间距离，也应控制同侧上下层工作面之间距离。在浇筑二衬混凝土前，应逐段拆除中隔临时支护，且一次拆除长度不宜超过15m。

2.9.4 地下工程通风

(1) 地下工程暗挖独头掘进长度超过150m时，必须采用机械通风。

(2) 通风的风速，全断面开挖时不应小于0.15m/s，在分部开挖的坑道中不应小于0.25m/s。

(3) 风机安装位置距洞口不宜小于30m；通风机进气口应设置铁箅；并应装有保险装置，当发生故障时应能自动停机；应配备专用检测设备及仪器，按规定时间测定粉尘浓度，若存有害气，还需定期检测有害气体浓度。

2.9.5 格栅、型钢拱架及钢筋网片安装

(1) 严格按照设计和施工规范要求，对钢架进行加工和安装；安装前检查作业面围岩稳定情况，清除危石等安全隐患。

(2) 拱架背后的空隙必须用喷射混凝土允填密实，严禁背后填充片石等其他材料；拱架安装应与隧道轴线、地面垂直；拱架之间应采用高强螺栓连接牢固，并及时施作锁脚锚杆（锚管）与之连接牢固，严禁拱架底脚悬空或置于虚渣上。严格按照设计，在拱架间及时焊接连接钢筋，并挂设钢筋网片。

(3) 当拱架侵入限界需要更换时，应采取逐榀更换，先立新钢架后拆除废钢架，严禁同时更换相邻的多榀拱架。

2.9.6 初期支护喷射混凝土

(1) 喷射混凝土应采用湿喷工艺，保障作业人员的职业健康和混凝土强度的正常增长。

(2) 喷射混凝土作业前，应检查输料管路、管路接头等有无松动现象，防止爆管伤人；喷射混凝土时，压力应保持在0.2MPa左右，严禁喷嘴前站人或通行。

(3) 喷射混凝土作业紧跟开挖作业面，应分层喷射混凝土，严格控制每层厚度；混凝土终凝到下一循环爆破作业间隔时间不小于 3h。

2.9.7 监控量测安全要点

(1) 隧道开工前，必须成立监控量测小组，在施工过程中应将监控量测纳入施工组织管理中，严格按照监控量测作业指导书的内容和规定进行监控量测工作。

(2) 监控量测点必须及时埋设，开挖 2h 内读取初始读数，保证量测数据的准确性和数据分析的及时性。

(3) 监控量测安全要点

1) 监控量测重点为隧道洞口和洞身浅埋、围岩破碎地段；洞外地表观察地表开裂和变形、洞口边坡与仰坡稳定状态等情况，同时对地面建（构）筑物进行观测；

2) 隧道穿过浅埋或偏压地段时，必须做好控制爆破设计和地表监控量测，并加强地表下沉观测和地面爆破振动观测；

3) 在富水隧道安装量测仪器时，发现岩壁松软、掉块、水量增大等危险情况时，必须立即撤出所有人员，并采取措施后进行处理；

4) 监控量测数据取得后，应及时整理、分析、总结监控量测数据的变化规律，指导施工生产。当隧道净空变化速度持续大于 5.0mm/d，围岩处于急剧变形状态，应加强初期支护；水平收敛速度小于 0.15mm/d，围岩基本达到稳定。

2.9.8 防排水安全要点

(1) 在有地下水排出的隧道，应设排水沟。当下坡开挖时，应根据涌水量的大小，设置大于 20％涌水量的抽水设备予以排出，并配备备用发电机和备用抽水机。

(2) 对隧道穿越涌水地段，应采用超前钻孔探水，查清含水层厚度、水量、水压等，做好防排水处理措施；对富水软弱破碎围岩段，在施工前应根据地质条件、埋深及地下水情况，选用地表注浆、超前帷幕注浆、降低地下水位等实施处理，做到先治水、后开挖；对含水砂层开挖段，应采用排水管或其他设施和过滤措施，将水引排至洞外，防止砂粒被排走引起坍塌。

(3) 施工过程中，如发现浑水、携带泥沙、高压喷水、水量增大时，应立即停止施工，采取措施进行处理。

(4) 挂设防水板前，应检查作业面支护稳定情况，喷混凝土基面有无变形、开裂、脱落、起壳等情况。

(5) 防水板施工时，防水板应牢固紧贴初期支护；采用热熔焊接防水板时，焊机不得长时间停留在防水板上。

2.9.9 衬砌施工安全要点

(1) 简易台架制作，应满足安设风、水管道等净空，预留洞内施工车辆安全通行空间，并挂设净空限界标识和安全标志；简易台架组装调试完成后，需经验收合格，方可投入使用。

（2）液压衬砌模板台车，宜在洞外宽敞、平坦的场地上对其组装、拆卸，当条件受限时，应选在围岩较好、洞身较宽阔的洞内地段实施；组装完毕后，应组织对支撑系统、驱动系统实施调试与验收；液压衬砌模板台车就位后，应设置防溜装置，并按设计高程及中线调整台车支撑系统，液压支撑应有锁定装置。

（3）衬砌施工，衬砌钢筋安装，应制订并落实环向钢筋防倾覆措施；混凝土浇筑时必须控制浇筑速度，并保证两侧对称浇筑；严格控制矮边墙纵向施工缝位置；泵送混凝土管道堵塞时，应逐节检查确定堵塞部位，及时组织处理堵管问题。一般地段隧道施作衬砌，应在围岩和初期支护变形稳定后实施；在浅埋、偏压、围岩松散破碎等特殊地段应及时施作衬砌。

2.10 盾构施工

2.10.1 盾构机

（1）盾构机是开挖土砂围岩的主要机械，由切口环、支承环及盾尾三部分组成，三部分总称为盾构机壳体。盾构机的基本构造包括盾构壳体、推进系统、拼装系统三大部分，盾构的推进系统由液压设备和盾构千斤顶组成。

（2）盾构的种类主要有手掘式盾构、挤压式盾构、半机械式盾构、机械式盾构等四大类。其中半机械式盾构分为局部气压型和全局气压型，机械式盾构分为开胸式切削盾构、气压式盾构、泥水加压盾构、土压平衡盾构、混合型盾构、异型盾构等。

2.10.2 盾构施工流程

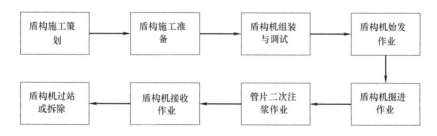

2.10.3 盾构施工策划

（1）对盾构施工组织设计进一步完善，根据区间隧道工程地质、水文地质以及线路条件、地层沉降、工期和环境保护、施工条件等，确定使用的盾构机、龙门吊、电机车的详细参数，合理选型；

（2）合理规划盾构机吊装使用的吊车类型、起重吊装参数，做好盾构机吊装场地合理布局，确保盾构机吊装安全；

（3）对施工场地进行合理布置，尽量减少施工期间交叉作业范围，降低施工风险；

（4）通过对周边环境调查、盾构区间地质补勘后进一步核实盾构施工中危险源的性质与等级，合理编制施工监测方案。

2.10.4　盾构施工准备

（1）盾构法施工的施工准备阶段是指为盾构正式推进施工所做的准备工作，包括施工场地的隔离围护、施工现场的平面布局、生活区临时设施的搭建、特种作业人员取证及人员教育交底、施工现场结构井的临边预留孔的防护、下井通道的安装、洞门加固、降水、不良地质加固、行车设备的安装等。

（2）在盾构法施工前，需进行地表环境调查、障碍物调查以及工程地质勘察，编制盾构施工组织设计。

（3）在盾构法施工前，应编制风险源清单，编制应急预案、组建应急救援队伍、配备必要的急救物品和设备、开展盾构施工应急救援演练。

（4）在盾构法施工前，应进行职业健康危害因素分析，建立健全职业健康管理制度和操作规程、职业病危害事故应急救援预案、职业健康管理档案，配备必要的防护物品，并督促劳动者正确佩戴使用。

（5）在盾构法施工前，应对洞口进行防护，范围包括行车轨道与结构井的临边缺口、拌浆施工区域的临边围护、结构井井口的防护、每一层结构井的临边围护、小型预留孔的围护、电机车运行区域的围护等。

（6）在盾构法施工前，应设置下井通道，下井通道应包含下井人员识别系统、下井梯笼。下井通道要采用定型化标准梯笼，人员识别系统能24h正常工作，具有回放和可追溯功能。

（7）在盾构法施工前，应对盾构区间洞门进行加固，加固施工时安全员要全程旁站，严禁无证人员擅自操作加固设备、起重设备；在架空输电线路下面工作应先将架空输电线路停电，不能停电时，应有隔离防护措施。

（8）在盾构法施工前，应对盾构洞门进行降水施工，洞门降水应按方案要求进行打井，安排专人抽排地下水。

2.10.5　盾构机组安装与调试

（1）盾构机组安装是盾构机始发的重要工序，包括安装使用的大型起重设备的进场，工作井内盾构基座的安装，盾构部件的安装、拼装就位、盾构安装完毕后的调试工作等，盾构机安装具有较高的施工风险，安装过程中要将安全对策和监控措施落实到位。

（2）盾构机调试分为空载调试和负载调试。空载调试包括对电气、液压、水循环、注浆、空气、后配套等系统的调试和校正。负载调试主要是检查各种管线及密封设备的负载能力，对空载调试不能完成的调试工作进一步完善。调试过程中，存在高压、高温、触电等风险，要加强安全监管，确保各项安全措施落实到位。

2.10.6　盾构机始发作业

（1）盾构机始发包括盾构反力架安装、洞门脚手架搭设、洞门凿除、洞门预留钢筋切割、洞门防水装置安装、洞门注浆封堵、大型混凝土块的吊运等。

（2）盾构机始发存在的安全风险包括起重吊装风险、盾构始发架变形、反力架位移或变形、洞门涌水涌砂、洞门密封失效或漏水、盾构机姿态突变、轴线偏移、盾构机滚转等，必须严格落实安全保障措施。

2.10.7 盾构机掘进作业

（1）盾构机掘进作业是盾构法施工中最重要的环节，主要包括负环管片安装、盾构机 100m 试掘进、盾构机掘进施工等环节。

（2）安装第一环负环拱部的管片时，由于管片支撑不足，要及时加固，防止管片掉落伤人。管片安装到位后，要及时伸出相应位置的推进油缸顶紧管片，整环管片全部安装完后，用风动扳手紧固所有螺栓。

（3）盾构机 100m 试掘进要记录、分析注浆压力与地层的关系，为工程的顺利进行提供技术依据。在试掘进段易出现洞门涌水涌砂、地表沉降、洞门密封失效或漏水、盾构机姿态突变等风险，要制订完善的试掘进方案，准备应急物资，落实安全保障措施。

（4）盾构机掘进施工包含盾构机掘进作业、螺旋输送机出土作业、同步注浆作业、管片安装作业等环节。

1）盾构机掘进作业

开始作业时应对盾构机液压、油箱、千斤顶、电压等仔细检查，严格执行锁荷"均匀运转"，盾构机操作只能由操作手进行操作。连续启动二台及以上电动机时必须在第一台电动机运转指示灯亮后，再启动下一台电动机。严格执行动火审批及动火监护制度，在气压盾构施工时严禁将易燃、易爆物品带入气压施工区，应保证备用空压机随时处于可启动状态，严禁机械设备超负荷作业。

2）螺旋输送机出土作业

螺旋输送机闸门的开、闭应无卡滞，开、闭限位应可靠，开、闭状态显示应正确，紧急关闭装置性能应可靠。严禁随意启动带故障设备，严禁启动危及附近设备和人员安全的设备。螺旋输送机进行出土作业时，要控制土方不喷涌、喷射，皮带输送机应定期清扫，专人操作，检修时必须停机停电。出土过程中，皮带输送机严禁人员靠近，皮带输送机应设置声、光报警系统及紧急停车装置。

3）同步注浆作业

注浆作业中如发生故障不能继续运转时，应立即切断电源，设专人在外监护，同时卸下熔断器并锁好电箱门，才能进入搅拌筒内进行检修。应定期对过滤器的指示器、油管、排放管等进行检查保养，严禁带压拆卸注浆管，要严格控制注浆压力，当发现注浆压力超标时，应停机后对注浆管路、注浆设备进行检修。注浆过程中，严禁在设备运行时将手或工具等物伸入搅拌筒内。

4）管片安装作业

管片安装作业过程中，要对举重臂的制动装置，拼装机的警示设备，运输管片的单轨葫芦、双轨梁限位装置、制动装置等要开展日常检查、维修、保养。举重臂旋转时，操作人员必须鸣号警示。拼装管片时，拼装人员应站在安全可靠的位置，严禁将手、脚放在环缝和千斤顶的顶部，举重臂必须在管片固定就位后方可复位，封顶块拼装就位未完之前严禁人员进入封顶块下方。

2.10.8 盾构机特殊地段施工

（1）盾构机特殊地段施工包含在喀斯特地貌、浅覆土地段、管线密布地段、临近建（构）筑物地段、有孤石、障碍物地段、软硬不均地段、煤层或有瓦斯地段等区域施工，在这些特殊地段施工，存在较大的安全风险。

（2）由于不可控因素太多，给盾构机维护保养作业带来风险，同时使盾构机刀具磨损加重，给开仓检查换刀作业带来极大风险。在该地段施工时应提前做好地质详勘，制订专项施工方案、应急处置方案，按方案施工，及时消除隐患。同时要加强巡查力度，加强领导带班，落实安全保障措施，杜绝安全事故。

2.10.9 盾构机设备维护保养

（1）盾构机设备维护保养必须对车架内电机车轨道的行程限位装置、电机车车身下部的防飞车滑行装置、车架上部的维护栏杆、高压电缆的隔离装置、皮带输送机的防护罩、浆液搅拌机、液压系统、电气系统等进行检查维护保养。

（2）盾构机设备维护保养工序繁多，涉及各个工作面，维护保养过程中要加强安全防护。

2.10.10 盾构机开仓换刀作业

（1）盾构机开仓换刀分为常压换刀和升压换刀，两种换刀方式均存在较大的安全风险，因此在开仓换刀前要做好充足的准备和应急措施，才能进行开仓换刀作业。

（2）开仓作业前，应对选定的开仓位置进行地质环境风险辨识，选择开仓作业方式，编制开仓作业专项方案，做好安全技术交底，准备好应急抢险设备及物资，确保土仓最上部的土压力传感器显示数据接近为0，并基本上没有渣土输出时，打开人闸内出气闸阀，同时检测土仓内是否有有害气体，并采取相应的措施。

（3）开仓后要对仓内持续通风、降温，条件许可后方能进仓。

（4）开仓作业时，应做好地面沉降、工作面的稳定性、地下水量及盾构姿态的监测和反馈；严禁仓外作业人员进行转动刀盘、出渣、泥浆循环等危及仓内作业人员安全的操作；如需转动刀盘，需将操作室内连锁开关锁上并到人闸内手动操作，转动刀盘前必须确认土仓内作业人员已全部撤出；仓内应设置临时的上下通道，并应保证进出土仓通道的畅通。

（5）为保证作业人员的安全，在进入压力仓之前，所有的工作人员应经过有关体检，体检单位出具的体检结果符合有关要求，并对所有工作人员进行相应的培训。

（6）撤离土仓时，应确认人员、工具全部撤出。

2.10.11 管片二次注浆作业

（1）管片二次注浆作业包括注浆设备安装、管片开孔、浆液搅拌、浆液注入等。

（2）二次注浆为多工序交叉作业，需要加强安全监管；除设置防护设施与安全标志外，要在操作平台处设置红灯警示标志，并派专人负责警戒。

（3）二次注浆过程中其他材料不得侵入道内，严禁占道作业。

（4）由于隧道内属于密闭空间，作业人员应做好安全防护，要加强气体检测，严禁作业人员长时间在粉尘环境内作业。

（5）注浆泵、注浆管均为高压装置，需具备制造厂商的产品合格证和测试报告。

2.10.12 垂直吊装作业

（1）行车垂直吊装作业主要包括用行车将盾构掘进所需的施工材料吊运至井下，将井下的渣土箱等重物吊至地面，是垂直吊装作业的重要工序。

（2）行车垂直吊装司机、指挥人员需经培训、考试，取得操作证，否则不得上岗作业。

（3）行车作业应做到"十不吊"；司机及指挥应为熟练工人，要有操作经验，能沉着应对突发事件的发生，并能在发生险情时做出最正确的选择。

（4）行车应取得安全使用证，要加强日常维护保养和检测，吊运重大物件时要先试吊。

（5）行车操作要按操作规程执行，要设置专人监视和指挥。

（6）司索工对钢丝绳、吊钩要经常检查，不得使用不合格的吊索具，严禁超负荷吊运。

2.10.13 电机车水平运输作业

（1）电机车作为盾构施工的重要工序之一，包括将施工材料运输到盾构作业面上、将盾构作业面上的渣土运送到井口。

（2）电机车轨道的轨距、枕木要经常进行检查，电机车要做好维护保养。

（3）电机车应由专人驾驶，驾驶员需经过训练和考试合格，并持有驾驶证，禁止无证人员动车；规范机车操作人员操作行为，应服从信号指挥，信号不明时，禁止擅自开车。

（4）司机离开机车，应将机车制动，切断电流，并用铁楔楔紧车轮。

（5）车辆牵引时应按照约定的哨声或警铃信号拖运。

（6）调车、扳道、安放铁楔等工作需由专人负责，禁止用其他任何物件代替联接销和铁楔。

（7）在后配套拖车上应增加防撞装置。

2.10.14 盾构机接收作业

（1）盾构机接收是指盾构机到贯通区间隧道进入车站被推上盾构接收基座的施工过程。

（2）施工前应编制专项施工方案，制订安全措施。

（3）严格按设计要求，对接收端头地面加固、接收基座安装等施工过程进行全过程检查和验收。严格按照接收工作要求实施洞门水平探孔作业，对接收区域地下水和地质进行比对和分析。

（4）盾构机接收过程中要密切监控盾构机姿态、土仓压力、注浆量以及接收井端头地面沉降，做好应急准备，确保盾构顺利出洞接收。

第3章 脚手架工程

脚手架是土木工程施工的重要设施,是为保证高处作业安全、顺利进行施工而搭设的工作平台或作业通道。在结构施工、装修施工和设备管道的安装施工中,都需要按照操作要求搭设脚手架,施工现场管理人员必须掌握脚手架安全技术常识。在建筑施工安全管理中,脚手架施工安全在整个施工安全生产管理中占有非常重要的地位。对脚手架施工事故得到有效控制,则建筑施工安全事故会大幅下降。

3.1 脚手架分类及型式

3.1.1 建筑施工脚手架的种类划分

一般是根据其用途和功能来划分,脚手架大的类别划分为三大类,即作业脚手架、承重支架和高处作业吊篮。脚手架总的分类采取这种方式划分,是考虑了我国多年来应用脚手架的习惯。实际上作业脚手架和承重支架在荷载、设计计算、构造等方面有不同之处,但又有更多的相同之处,并且搭设的材料相同,设计计算的基本理论方法相同,同时具有脚手架的功能和特点,因此将两者统一归类划分为脚手架。

3.1.2 作业脚手架种类划分的方法

根据搭设材料划分:钢管脚手架、木脚手架、竹脚手架等;根据节点连接方式划分:扣件式钢管脚手架、门式钢管脚手架、承插式盘扣钢管脚手架等;根据搭设方法划分:落地脚手架、悬挑脚手架、附着式升降脚手架、防护架等。

3.1.3 承重支架的种类划分

根据搭设材料划分:钢管承重支架、木承重支架等;根据节点连接方式划分:扣件式钢管承重支架、门式钢管承重支架、承插型盘扣式承重支架、碗扣式钢管承重支架等;根据用途划分:结构安装承重支架、混凝土模板(承重)支架、满堂脚手架等。

3.2 按照支承部位和型式划分

(1)落地式:搭设(支座)在地面、楼面、屋面或其他平台结构之上的脚手架。
(2)悬挑式:采用悬挑方式支固的脚手架,其挑支方式又有以下3种。

1）架设于专用悬挑梁上；
2）架设于专用悬挑三角桁架上；
3）架设于由撑拉杆件组合的支挑结构上。其支挑结构有斜撑式、斜拉式、拉撑式和顶固式等多种。
（3）附墙悬挂脚手架：在上部或中部挂设于墙体挑挂件上的定型脚手架。
（4）悬吊脚手架：悬吊于悬挑梁或工程结构之下的脚手架。
（5）附着升降脚手架：附着于工程结构依靠自身提升设备实现升降的悬空脚手架。
（6）水平移动脚手架：带行走装置的脚手架或操作平台架。

3.3 建筑施工脚手架

3.3.1 基本规定要求

（1）一般规定
1）在脚手架搭设和拆除作业前，应根据工程特点编制专项施工方案，并应经审批后组织实施。
2）脚手架的构造设计应能保证脚手架结构体系的稳定。
3）脚手架的设计、搭设、使用和维护应满足下列要求：
① 应能承受设计荷载；
② 结构应稳固，不得发生影响正常使用的变形；
③ 应满足使用要求，具有安全防护功能；
④ 在使用中，脚手架结构性能不得发生明显改变；
⑤ 当遇意外作用和偶然超载时，不得发生整体破坏；
⑥ 脚手架所依附、承受的工程结构不应受到损害。
4）脚手架应构造合理、连接牢固、搭设与拆除方便、使用安全可靠。
（2）安全等级和安全系数
脚手架结构设计应根据脚手架种类、搭设高度和荷载采用不同的安全等级。脚手架安全等级的划分应符合表3-1的规定。
（3）脚手架所使用的钢丝绳承载力应具有足够的安全储备，钢丝绳安全系数取值应符合下列规定：
1）重要结构用的钢丝绳安全系数不应小于9；
2）一般结构用的钢丝绳安全系数应为6；
3）用于手动起重设备的钢丝绳安全系数宜为4.5；用于机动起重设备的钢丝绳安全系数不应小于6；
4）用作吊索，无弯曲的钢丝绳安全系数不应小于6；有弯曲的钢丝绳安全系数不应小于8；
5）缆风绳用的钢丝绳安全系数应为3.5。

脚手架的安全等级　　　　　　　　　表 3-1

落地作业脚手架		悬挑脚手架		满堂支撑脚手架（作业）		支撑脚手架		安全等级
搭设高度(m)	荷载标准值(kN)	搭设高度(m)	荷载标准值(kN)	搭设高度(m)	荷载标准值(kN)	搭设高度(m)	荷载标准值(kN)	
≤40	—	≤20	—	≤16	—	≤8	≤15kN/m² 或≤20kN/m 或≤7kN/点	Ⅱ
>40	—	>20	—	>16	—	>8	>15kN/m² 或>20kN/m 或>7kN/点	Ⅰ

注：1. 支撑脚手架的搭设高度、荷载中任一项不满足安全等级为Ⅱ级的条件时，其安全等级应划为Ⅰ级；
　　2. 附着式升降脚手架安全等级均为Ⅰ级；
　　3. 竹、木脚手架搭设高度在其现行行业规范限值内，其安全等级均为Ⅱ级。

3.3.2 材料、构配件

（1）脚手架所用钢管宜采用现行国家标准《直缝电焊钢管》GB/T 13793 或《低压流体输送用焊接钢管》GB/T 3091 中规定的普通钢管，其材质应符合现行国家标准《碳素结构钢》GB/T 700 中 Q235 级钢或《低合金高强度结构钢》GB/T 1591 中 Q345 级钢的规定。钢管外径、壁厚、外形允许偏差应符合表 3-2 的规定。

钢管外径、壁厚、外形允许偏差　　　　　表 3-2

偏差项目 钢管直径(mm)	外径(mm)	壁厚	外形偏差		管截面
			弯曲度(mm/m)	椭圆度(mm)	
≤20	±0.3	±10%S	0.23		与轴线垂直、无毛刺
21～30			1.5		
31～40	±0.5		0.38		
41～50					
51～70	±1.0%		2	7.5/1000D	

注：S 为钢管壁厚；D 为钢管直径。

（2）脚手架所使用的型钢、钢板、圆钢应符合现行国家相关标准的规定，其材质应符合现行国家标准《碳素结构钢》GB/T 700 中 Q235B 级钢或《低合金高强度结构钢》GB/T 1591 中 Q345 级钢的规定。

（3）铸铁或铸钢制作的构配件材质应符合现行国家标准《可锻铸铁件》GB/T 9440 中 KTH-330-08 或《一般工程用铸造碳钢件》GB/T 11352 中 ZG270-500 的规定。

（4）木脚手架主要受力杆件应选用剥皮杉木或落叶松木，其材质应符合下列规定：

1）立杆、斜撑杆应符合现行国家标准《木结构设计规范》GB 50005 中承重结构原木Ⅲa 级的规定；

2）水平杆及连墙杆应符合现行国家标准《木结构设计规范》GB 50005 中承重结

原木Ⅱa级的规定。

(5) 竹脚手架主要受力杆件应选用生长期为3～4年的毛竹，竹竿应挺直、坚韧，不得使用枯脆、腐烂、虫蛀及裂纹连通两节以上的竹竿。

(6) 脚手板应满足强度、耐久性和重复使用要求，钢脚手板材质应符合现行国家标准《碳素结构钢》GB/T 700中Q235级钢的规定；冲压钢板脚手板的钢板厚度不宜小于1.5mm，板面冲孔内切圆直径应小于25mm。

(7) 底座和托座应经设计计算后加工制作，其材质应符合现行国家标准《碳素结构钢》GB/T 700中Q235级钢或《低合金高强度结构钢》GB/T 1591中Q345级钢的规定，并应符合下列要求：

1) 底座的钢板厚度不得小于6mm，托座U型钢板厚度不得小于5mm，钢板与螺杆应采用环焊，焊缝高度不应小于钢板厚度，并宜设置加劲板。

2) 可调底座和可调托座螺杆插入脚手架立杆钢管的配合公差应小于2.5mm；可调底座和可调托座螺杆与可调螺母啮合的承载力应高于可调底座和可调托座的承载力，应通过计算确定螺杆与调节螺母啮合的齿数，螺母厚度不得小于30mm。

(8) 材料、构配件几何参数的标准值，应采用设计规定的公称值；工厂化生产的构配件几何参数实测平均值应符合设计公称值。

(9) 钢筋吊环或预埋锚固螺栓材质应符合现行国家标准《混凝土结构设计规范》GB 50010的规定。

(10) 脚手架所用钢丝绳应符合现行国家标准《一般用途钢丝绳》GB/T 20118、《重要用途钢丝绳》GB 8918、《钢丝绳用普通套环》GB/T 5974.1和《钢丝绳夹》GB/T 5976的规定。

(11) 金属类脚手架的结构连接材料应符合下列规定：

1) 手工焊接所采用的焊条应符合现行国家标准《非合金钢及细晶粒钢焊条》GB/T 5117或《热强钢焊条》GB/T 5118的规定，选择的焊条型号应与所焊接金属物理性能相适应。

2) 自动焊接或半自动焊接所采用的焊丝应符合现行国家标准《熔化焊用钢丝》GB/T14957、《气体保护电弧焊用碳钢、低合金钢焊丝》GB/T 8110、《碳钢药芯焊丝》GB/T10045、《低合金钢药芯焊丝》GB/T 17493的要求，选择的焊丝和焊剂应与被焊金属物理性能相适应。

3) 普通螺栓应符合现行国家标准《六角头螺栓——C级》GB/T 5780的规定，其机械性能应符合现行国家标准《紧固件机械性能螺栓、螺钉和螺柱》GB/T 3098.1的规定。

(12) 脚手架挂扣式连接、承插式连接的连接件应有防止退出或防止脱落的措施。

(13) 周转使用的脚手架杆件、构配件应制订维修检验标准，每使用一个安装拆除周期后，应及时检查、分类、维护、保养，对不合格品应及时报废。

(14) 脚手架构配件应具有良好的互换性，且可重复使用。构配件出厂质量应符合相关产品标准的要求，杆件、构配件的外观质量应符合下列要求：

1) 不得使用带有裂纹、折痕、表面明显凹陷、严重锈蚀的钢管；

2）铸件表面应光滑，不得有砂眼、气孔、裂纹、浇冒口残余等缺陷，表面粘砂应清除干净；

3）冲压件不得有毛刺、裂纹、明显变形、氧化皮等缺陷；

4）焊接件的焊缝应饱满，焊渣应清除干净，不得有未焊透、夹渣、咬肉、裂纹等缺陷。

（15）工厂化制作的构配件应有生产厂的标志。

3.3.3 荷载的分类及标准值

（1）作用于脚手架的荷载应分为永久荷载和可变荷载。

（2）脚手架的永久荷载应包含下列内容：

1）脚手架结构件自重；

2）脚手板、安全网、栏杆等附件的自重；

3）支撑脚手架之上的支承体系自重；

4）支撑脚手架之上的建筑结构材料及堆放物的自重；

5）其他可按永久荷载计算的荷载。

（3）脚手架的可变荷载应包含下列内容：

1）施工荷载；

2）风荷载；

3）其他可变荷载。

（4）脚手架永久荷载标准值的取值应符合下列规定：

1）材料和构配件可按现行国家标准《建筑结构荷载规范》GB 50009 规定的自重值取为荷载标准值；

2）工具和机械设备等产品可按通用的理论重量及相关标准的规定取其荷载标准值；

3）可采取有代表性的抽样实测，并进行数理统计分析，可将实测平均值加上 2 倍的均方差作为其荷载标准值。

（5）脚手架可变荷载标准值的取值应符合下列规定：

1）作业脚手架作业层上的施工荷载标准值应根据实际情况确定，且不应低于表3-3的规定。

2）当作业脚手架上同时存在 2 个及以上作业层作业时，在同一跨距内各操作层的施工荷载标准值总和取值不得小于 4.0kN/m²。

作业脚手架施工荷载标准值　　　　　　　　　　　　　　表 3-3

序号	作业脚手架用途	施工荷载标准值（kN/m²）
1	砌筑工程作业	3.0
2	其他主体结构工程作业	2.0
3	装饰装修作业	2.0
4	防护	1.0

注：斜梯施工荷载标准值按其水平投影面积计算，取值不应低于 2.0kN/m²。

3）支撑脚手架作业层上的施工荷载标准值应根据实际情况确定，且不应低于表3-4的规定。

支撑脚手架施工荷载标准值　　　　　　表 3-4

	类别	施工荷载标准值（kN/m²）
混凝土结构 模板支撑脚手架	一般	2.0
	有水平泵管设置	4.0
钢结构安装 支撑脚手架	轻钢结构、轻钢空间网架结构	2.0
	普通钢结构	3.0
	重型钢结构	3.5
其他		≥2.0

4）支撑脚手架上移动的设备、工具等物品应按其自重计算可变荷载标准值。

（6）脚手架上振动、冲击物体应按物体自重乘以动力系数取值计入可变荷载标准值，动力系数可取值为1.35。

（7）高耸塔式结构、悬臂结构等特殊脚手架结构在水平风荷载标准值计算时，应计入风振系数。

3.3.4　设计

（1）脚手架设计应采用以概率理论为基础的极限状态设计方法，以分项系数设计表达式进行计算。

（2）脚手架承重结构应按承载能力极限状态和正常使用极限状态进行设计，并应符合下列规定：

1）当脚手架出现下列状态之一时，应判定为超过承载能力极限状态：

① 结构件或连接件因超过材料强度而破坏，或因连接节点产生滑移而失效，或因过度变形而不适于继续承载；

② 整个脚手架结构或其一部分失去平衡；

③ 脚手架结构转变为机动体系；

④ 脚手架结构整体或局部杆件失稳；

⑤ 地基失去继续承载的能力。

2）当脚手架出现下列状态之一时，应判定为超过正常使用极限状态：

① 影响正常使用的变形；

② 影响正常使用的其他状态。

（3）脚手架应按正常搭设和正常使用条件进行设计，可不计入短暂作用、偶然作用、地震荷载作用。

（4）脚手架应根据架体构造、搭设部位、使用功能、荷载等因素确定设计计算内容；落地作业脚手架和支撑脚手架计算应包括下列内容：

1）落地作业脚手架

① 水平杆件抗弯强度、挠度，节点连接强度；

② 立杆稳定承载力；
③ 地基承载力；
④ 连墙件强度、稳定承载力、连接强度；
⑤ 缆风绳承载力及连接强度。
2）支撑脚手架
① 水平杆件抗弯强度、挠度，节点连接强度；
② 立杆稳定承载力；
③ 架体抗倾覆能力；
④ 地基承载力；
⑤ 连墙件强度、稳定承载力、连接强度；
⑥ 缆风绳承载力及连接强度。

（5）脚手架结构设计时，应先对脚手架结构进行受力分析，明确荷载传递路径，选择具有代表性的最不利杆件或构配件作为计算单元。计算单元的选取应符合下列要求：

1）应选取受力最大的杆件、构配件；
2）应选取跨距、间距增大和几何形状、承载力特性改变部位的杆件、构配件；
3）应选取架体构造变化处或薄弱处的杆件、构配件。

（6）当脚手架上有集中荷载作用时，尚应选取集中荷载作用范围内受力最大的杆件、构配件。

（7）脚手架杆件连接节点的承载力设计值应符合下列规定：

1）立杆与水平杆连接节点的承载力设计值不应小于表 3-5 的规定。

立杆与水平杆连接节点的承载力设计值 表 3-5

节点类型	承载力设计值					
	转动刚度 (kN·m/rad)	水平向抗拉(压) (kN)	竖向抗压 (kN)		抗滑移 (kN)	
扣件	30	8	单扣件	8	单扣件	8
			双扣件	12	双扣件	12
碗扣	20	30	25		—	
盘扣	20	30	40		—	
其他	根据试验确定					

注：表中数据是根据 $\phi 48mm \times 3.5mm$ 钢管和标准节点连接件经试验确定。

2）立杆与立杆连接节点的承载力设计值不应小于表 3-6 的规定。

立杆与立杆连接节点的承载力设计值 表 3-6

节点连接形式	节点受力形式		承载力设计值(kN)
承插式连接	压力	强度	与立杆抗压强度相同
		稳定	大于 1.5 倍立杆稳定承载力设计值
	拉力		15

续表

节点连接形式	节点受力形式		承载力设计值(kN)
对接扣件连接	压力	强度稳定	大于1.5倍立杆稳定承载力设计值
	拉力		4

注：承插式连接锁销宜采用φ10以上钢筋。

(8) 钢管脚手架的钢材强度设计值等技术参数取值，应符合下列规定：

1) 型钢、钢构件应按现行国家标准《钢结构设计规范》GB 50017 的规定取用；

2) 焊接钢管、冷弯成型的厚度小于 6mm 的钢构件，应按现行国家标准《冷弯薄壁型钢结构技术规范》GB 50018 的规定取用；

3) 不应采用钢材冷加工效应的强度设计值，也不应采用钢材的塑性强度值。

(9) 木脚手架的木材设计强度值等技术参数取值，应按现行国家标准《木结构设计规范》GB 50005 的规定取用。

(10) 脚手架构配件强度应按构配件净截面计算；构配件稳定性和变形应按构配件毛截面计算。

(11) 荷载分项系数取值应符合表 3-7 的规定。

荷载分项系数 表 3-7

脚手架种类	验算项目	荷载分项系数			
		永久荷载 G		可变荷载 Q	
作业脚手架	强度、稳定承载力	1.2		1.4	
	地基承载力	1.2		1.4	
	挠度	1.0		0	
支撑脚手架	强度、稳定承载力	可变荷载控制组合	1.2	1.4	
		永久荷载控制组合	1.35		
	地基承载力	1.2		1.4	
	挠度	1.0		0	
	倾覆	有利	0.9	有利	0
		不利	1.35	不利	1.4

3.3.5 构造

(1) 一般规定

1) 脚手架的构造和组架工艺应能满足施工需求，并应保证架体牢固、稳定。

2) 脚手架杆件连接节点应满足其强度和转动刚度要求，确保架体在使用期内安全，节点无松动。

3) 脚手架所用杆件、节点连接件、构配件等应能配套使用，并应能满足各种组架方法和构造要求。

4) 脚手架的竖向和水平剪刀撑应根据其种类、荷载、结构和构造设置，剪刀撑斜杆应与相临立杆连接牢固；可采用斜撑杆、交叉拉杆代替剪刀撑。门式钢管脚手架设置的纵向交叉拉杆可替代纵向剪刀撑。

（2）作业脚手架

1）作业脚手架的宽度不应小于0.8m，且不宜大于1.2m。作业层高度不应小于1.7m，且不宜大于2.0m。

2）作业脚手架应按设计计算和构造要求设置连墙件，并应符合下列要求：

① 连墙件应采用能承受压力和拉力的构造，并应与建筑结构和架体连接牢固；

② 连墙点的水平间距不得超过3跨，竖向间距不得超过3步，连墙点之上架体的悬臂高度不应超过2步；

③ 在架体的转角处、开口型作业脚手架端部应增设连墙件，连墙件的垂直间距不应大于建筑物层高，且不应大于4.0m。

3）在作业脚手架的纵向外侧立面上应设置竖向剪刀撑，并应符合下列要求：

① 每道剪刀撑的宽度应为4~6跨，且不应小于6m，也不应大于9m；剪刀撑斜杆与水平面的倾角应在45°~60°之间；

② 搭设高度在24m以下时，应在架体两端、转角及中间每隔不超过15m各设置一道剪刀撑，并由底至顶连续设置；搭设高度在24m及以上时，应在全外侧立面上由底至顶连续设置；

③ 悬挑脚手架、附着式升降脚手架应在全外侧立面上由底至顶连续设置。

4）当采用竖向斜撑杆、竖向交叉拉杆替代作业脚手架竖向剪刀撑时，应符合下列规定：

① 在作业脚手架的端部、转角处应各设置一道；

② 搭设高度在24m以下时，应每隔5~7跨设置一道；搭设高度在24m及以上时，应每隔1~3跨设置一道；相邻竖向斜撑杆应朝向对称呈八字形设置（图3-1）；

③ 每道竖向斜撑杆、竖向交叉拉杆应在作业脚手架外侧相临纵向立杆间由底至顶按步连续设置。

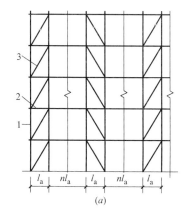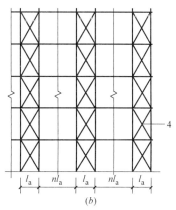

图3-1 作业脚手架竖向斜撑杆布置示意图

(a) 竖向斜撑杆布置图；(b) 竖向交叉拉杆布置图

1—立杆；2—水平杆；3—斜撑杆；4—交叉拉杆

5）作业脚手架底部立杆上应设置纵向和横向扫地杆。

6）悬挑脚手架立杆底部应与悬挑支承结构可靠连接；应在立杆底部设置纵向扫地杆，并应间断设置水平剪刀撑或水平斜撑杆。

7）附着式升降脚手架应符合下列要求：

① 竖向主框架、水平支承桁架应采用桁架或刚架结构，杆件应采用焊接或螺栓连接；

② 应设有防倾、防坠、超载、失载、同步升降控制装置，各类装置应灵敏可靠；

③ 在竖向主框架所覆盖的每个楼层均应设置一道附墙支座；每道附墙支座应能承担该机位的全部荷载；在使用工况时，竖向主框架应与附墙支座固定；

④ 当采用电动升降设备时，电动升降设备连续升降距离应大于一个楼层高度，并应有制动和定位功能；

⑤ 防坠落装置与升降设备的附着固定应分别设置，不得固定在同一附着支座上。

8）作业脚手架的作业层上应满铺脚手板，并应采取可靠的连接方式与水平杆固定。当作业层边缘与建筑物间隙大于150mm时，应采取防护措施。作业层外侧应设置栏杆和挡脚板。

（3）支撑脚手架

1）支撑脚手架的立杆间距和步距应按设计计算确定，且间距不宜大于1.5m，步距不应大于2.0m。

2）支撑脚手架独立架体高宽比不应大于3.0。

3）当有既有建筑结构时，支撑脚手架应与既有建筑结构可靠连接，连接点至架体主节点的距离不宜大于300mm，应与水平杆同层设置，并应符合下列规定：

① 连接点竖向间距不宜超过2步；

② 连接点水平向间距不宜大于8m。

4）支撑脚手架应设置竖向剪刀撑，并应符合下列规定：

① 安全等级为Ⅱ级的支撑脚手架应在架体周边、内部纵向和横向每隔不大于9m设置一道；

② 安全等级为Ⅰ级的支撑脚手架应在架体周边、内部纵向和横向每隔不大于6m设置一道；

③ 每道竖向剪刀撑的宽度宜为6~9m，剪刀撑斜杆与水平面的倾角应为45°~60°。

5）当采用竖向斜撑杆、竖向交叉拉杆代替支撑脚手架竖向剪刀撑时，应符合下列规定：

① 安全等级为Ⅱ级的支撑脚手架应在架体周边、内部纵向和横向每隔6~9m设置一道；安全等级为Ⅰ级的支撑脚手架应在架体周边、内部纵向和横向每隔4~6m设置一道。

每道竖向斜撑杆、竖向交叉拉杆可沿支撑脚手架纵向、横向每隔2跨在相临立杆间从底至顶连续设置（图3-2）；也可沿支撑脚手架竖向每隔2步距连续设置。斜撑杆可采用八字形对称布置（图3-3）。

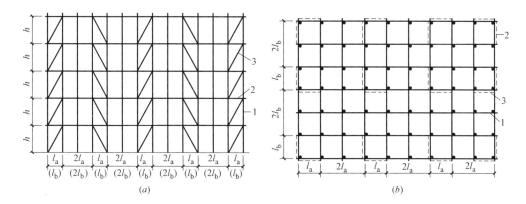

图 3-2 竖向斜撑杆布置示意图（一）
(a) 立面图；(b) 平面图
1—立杆；2—水平杆；3—斜撑杆

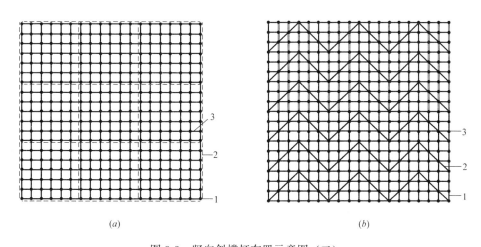

图 3-3 竖向斜撑杆布置示意图（二）
(a) 立面图；(b) 平面图
1—立杆；2—斜撑杆；3—水平杆

② 被支撑荷载标准值大于 30kN/m² 的支撑脚手架可采用塔型桁架矩阵式布置，塔型桁架的水平截面形状及布局，可根据荷载等因素选择（图 3-4）。

6) 支撑脚手架应设置水平剪刀撑，并应符合下列规定：

① 安全等级为Ⅱ级的支撑脚手架宜在架顶处设置一道水平剪刀撑；

② 安全等级为Ⅰ级的支撑脚手架应在架顶、竖向每隔不大于 8m 各设置一道水平剪刀撑；

③ 每道水平剪刀撑应连续设置，剪刀撑的宽度宜为 6～9m。

7) 当采用水平斜撑杆、水平交叉拉杆代替支撑脚手架每层的水平剪刀撑时，应符合下列规定（图 3-3）：

① 安全等级为Ⅱ级的支撑脚手架应在架体水平面的周边、内部纵向和横向每隔不大于 12m 设置一道；

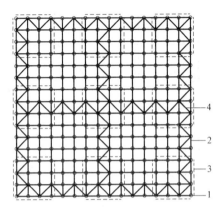

图 3-4 竖向塔型桁架、水平斜撑杆布置示意图
1—立杆；2—水平杆；3—竖向塔型桁架；4—水平斜撑杆

② 安全等级为Ⅰ级的支撑脚手架宜在架体水平面的周边、内部纵向和横向每隔不大于 8m 设置一道；

③ 水平斜撑杆、水平交叉拉杆应在相临立杆间连续设置。

8）支撑脚手架剪刀撑或斜撑杆、交叉拉杆的布置应均匀、对称。

9）支撑脚手架的水平杆应按步距沿纵向和横向通长连续设置，不得缺失。在支撑脚手架立杆底部应设置纵向和横向扫地杆，水平杆和扫地杆应与相临立杆连接牢固。

10）安全等级为Ⅰ级的支撑脚手架顶层两步距范围内架体的纵向和横向水平杆宜按减小步距加密设置。

11）当支撑脚手架顶层水平杆承受荷载时，应经计算确定其杆端悬臂长度，并应小于 150mm。

12）当支撑脚手架局部所受的荷载较大，立杆需加密设置时，加密区的水平杆应向非加密区延伸不少于一跨；非加密区立杆的水平间距应与加密区立杆的水平间距互为倍数。

13）支撑脚手架的可调底座和可调托座插入立杆的长度不应小于 150mm，其可调螺杆的外伸长度不宜大于 300mm。当可调托座调节螺杆的外伸长度较大时，宜在水平方向设有限位措施，其可调螺杆的外伸长度应按计算确定。

14）当支撑脚手架同时满足下列条件时，可不设置竖向、水平剪刀撑：

① 搭设高度小于 5m，架体高宽比小于 1.5；

② 被支承结构自重面荷载不大于 5kN/m²；线荷载不大于 8kN/m；

③ 杆件连接节点的转动刚度应符合本标准要求；

④ 架体结构与既有建筑结构应按规定要求进行可靠连接；

⑤ 立杆基础均匀，满足承载力要求。

15）满堂支撑脚手架应在外侧立面、内部纵向和横向每隔 6～9m 由底至顶连续设置一道竖向剪刀撑，在顶层和竖向间隔不超过 8m 处设置一道水平剪刀撑，并应在底层立杆上设纵向和横向扫地杆。

16）可移动的满堂支撑脚手架搭设高度不应超过 12m，高宽比不应大于 1.5。应在外侧立面、内部纵向和横向间隔不大于 4m 由底至顶连续设置一道竖向剪刀撑。应在顶层、扫地杆设置层和竖向间隔不超过 2 步分别设置一道水平剪刀撑。并应在底层立杆上设置纵向和横向扫地杆。

17）可移动的满堂支撑脚手架应有同步移动控制措施。

3.4 脚手架工程安全管理

3.4.1 一般规定

（1）施工人员要求

1）建筑架子工属于建筑施工特种作业人员，必须经建设行政主管部门考核合格，取得建筑施工特种作业人员操作资格证书，方可上岗从事脚手架的搭设与拆除作业。

2）建筑架子工的用人单位应当履行下列职责：

① 与持有效执业资格证书的建筑架子工订立劳动合同；

② 制定并落实本单位特种作业安全操作规程和安全管理制度；

③ 书面告知建筑架子工违章操作的危害；

④ 向建筑架子工提供齐全、合格的安全防护用品和安全的作业条件；

⑤ 组织或者委托有能力的培训机构对本单位建筑架子工进行年度安全生产教育培训或者继续教育，培训时间不少于 24h；

⑥ 建立本单位建筑架子工管理档案；

⑦ 查处本单位建筑架子工的违章行为并记录在档；

⑧ 法律法规及有关规定明确的其他职责。

（2）施工技术要求

1）脚手架搭设前应编制施工方案。应根据工程特点、现场情况及住房城乡建设部《危险性较大的分部分项工程安全管理规定》（部令第 37 号），由施工单位组织编制专项施工方案，并按规定要求进行审核、论证。

2）钢管和扣件应有质量合格证明，项目部应对进场材料进行验收，未经验收或验收不合格的不得使用。

3）临街搭设脚手架时，外侧应有防止坠物伤人的防护措施。

4）在脚手架上进行电、气焊作业时，应有防火措施和专人操作。

5）工地临时用电线路的架设及脚手架接地、避雷措施等，应按现行行业标准《施工现场临时用电安全技术规范》JGJ 46 的有关规定执行。

6）脚手架工程，严禁与物料提升机、施工升降机、塔式起重机等起重设备机身及其附着设施、物料周转平台等架体相连接。

3.4.2 现场控制措施

（1）从事脚手架搭设、维修、拆除作业的人员必须持证上岗，上岗人员应定期体检，操作时必须戴安全帽、系安全带、穿防滑鞋。

（2）脚手架工程施工时，应首先由脚手架工程技术负责人，向架子班组作业人员进行安全技术交底，并有交底书，交底后双方应签字注明交底日期。

（3）临街搭拆作业时，外侧应有防坠物伤人的防护措施，当遇有六级以上强风和雨、雾、雪天气时，应停止搭拆作业活动，雪、雨后上架作业应有防滑措施，并扫除积雪，每搭设完10m高度后，应组织验收，对长期停用的脚手架在恢复使用前或拆除前应进行检查，确保作业人员安全。脚手架在使用过程中应经常进行检查，特别是在大风、暴雨后更要进行，发现问题应及时处理。

（4）作业层上的施工荷载应满足设计要求，不得超载，不得将模板支架、缆风绳、泵送混凝土和砂浆输送管等固定在脚手架上，严禁悬挂起重设备。

（5）脚手架拆除须经项目技术负责人签字确认可拆除通知书，方准进行拆除。作业前应制定拆除方案，保证拆除过程中脚手架的稳定性，拆除作业应从上而下逐层进行，严禁上下同时作业，拆除的杆件严禁抛扔，应滑下或用绳系下，分类堆放及时整理运走，在拆除作业区周围设置围栏，警告标志，拆除作业时地面要有专人监护，严禁非作业人员闯入作业区。

（6）架体拆除应符合现行国家标准《混凝土结构工程施工质量验收规范》GB 50204、《混凝土结构工程施工规范》GB 50666中混凝土强度的规定，预应力混凝土构件架体拆除应在预应力施工完成后进行；架体拆除顺序、工艺应符合设计文件和专项施工方案的要求。

3.4.3 检查与验收

（1）施工单位对脚手架工程实行分包的要审查分包单位有关安全生产条件

1）资质等级证书、营业执照、安全生产许可证；

2）审查分包单位项目负责人安全生产考核考核证、专职安全生产管理人员安全生产考核考核证；

3）审查架子工特种作业人员资格证书，并进行人证对照，做到人证相符；

4）审查安全生产管理机构的设置情况；

5）审查安全生产责任制、安全生产规章制度等；

6）施工人员办理意外伤害保险的档案资料。

（2）钢管、扣件、安全网等的审查、审批工作

钢管、扣件应具有产品合格证、性能检测报告等质保资料，并按规定抽样检验，检验合格方可使用。

（3）在脚手架使用期间，严禁拆除下列杆件

1）主节点处的纵、横向水平杆，纵、横向扫地杆；

2）连墙件。

（4）脚手架及其地基基础应在下列阶段进行检查与验收：

1）基础完工后及脚手架搭设前；

2）作业层上施加荷载前；

3) 每搭设完 6～8m 高度后；
4) 达到设计高度后；
5) 遇有六级强风及以上风或大雨后；冻结地区解冻后；
6) 停用超过一个月。

（5）脚手架使用中，应定期检查下列要求内容
1) 杆件的设置和连接，连墙件、支撑、门洞桁架等的构造应符合相关规范和专项施工方案要求；
2) 地基应无积水，底座应无松动，立杆应无悬空；
3) 扣件螺栓应无松动；
4) 应无超载使用。

（6）附着式升降脚手架应在下列阶段进行检查与验收
1) 首次安装完毕；
2) 提升或下降前；
3) 提升、下降到位，投入使用前。

（7）在附着式升降脚手架使用、提升和下降阶段均应对防坠、防倾覆装置进行检查，合格后方可作业。

（8）附着式升降脚手架、高处作业吊篮所使用的电气设施和线路应符合现行行业标准《施工现场临时用电安全技术规范》JGJ 46 的要求。

（9）高处作业吊篮应按规定逐台逐项验收，并应经空载运行实验合格后，方可使用。

3.4.4 安全监控

（1）安全监控一般包括：安全监测和安全防控。安全监测包括施工阶段监测和使用阶段监测。安全监测内容一般包括变形监测、应变（力）监测、沉降监测、环境监测等。对于结构形式、荷载条件、现场环境复杂的情况，宜根据实际情况增设相关监测项（如支座反力监测、振动监测、碰撞监测等）。

（2）安全监测方法：变形监测点应根据结构计算结果布设在变形最大或较大位置或关键位置（如立杆底座等），建议选用位移计、倾角仪、卫星定位系统、全站仪等进行位移监控。变形监测应符合下列要求：

1) 变形监测前宜建立局部高程网或平面网，亦可建立三维测网，并以此作为后续监测的基准。
2) 变形监测过程中，当监测数据与计算数据偏差较大时，应分析产生原因，并对后续变形给出预测。

（3）应变（力）监测点应根据结构计算结果布设在应力幅最大或较大、应力水平最高或较高的部位，宜选用电阻应变传感器、振弦应变传感器、光纤光栅应变传感器等进行应变（力）监测。

（4）沉降监测点应以能全面反映支架基础变形特征，并结合地质情况及脚手架结构特点确定，宜选用位移计、卫星定位系统、全站仪等进行位移监控。变形监测应符合下

列要求：
   1）脚手架的四角、大转角及重要立柱的基础位置可设置沉降监测点。
   2）沉降是否进入稳定阶段，应由沉降量与时间关系曲线判定，一般情况下，若沉降速度不大于2mm/12h，可认为已进入稳定阶段。
   （5）环境监测点宜布设在环境条件参数变化敏感的部位，可包括温度（差）、湿度（差）、风力、降雨等。
   （6）支座反力监测、振动监测、碰撞监测等应单独设计，根据脚手架的结构特点和使用需求确定适宜的监测周期和测点布设位置。
   （7）监测数据分析包括统计分析和特殊分析，统计分析包括最大值、最小值、平均值、均方根值、累计值等统计值；特殊分析包括荷载谱分析、荷载参数分析等。
   （8）施工阶段监测对于场地特殊、结构复杂等危险性较大的支架工程，应编制专项监测方案进行监测。架体监测内容包括：
   1）基础沉降变形。
   2）支架竖向位移。
   3）支架顶面水平位移。
   4）梁柱式支架纵、横梁的挠度。
   5）应变（力）监测。
   6）临近结构物的变形。
   （9）支架沉降监测宜采用水准仪，测量精度应符合三等水准测量要求。支架平面位移宜采用全站仪进行观测。使用阶段检测内容包括：
   1）变形监测的周期在使用阶段宜不少于3次/荷载步，在使用条件变化较大时，应缩小监测周期直至数据稳定。
   2）沉降监测应随荷载步的进度及时进行，在每个荷载步的沉降监测次数不少于2次，重要测点的监测周期可加密，直至沉降进入稳定阶段。
   3）环境监测周期应不小于1次/状态或荷载步。
   （10）安全防控
   1）支架安全防控应依据结构计算结果，确定相应的阈值或预警条件。
   2）安全防控的响应可分为黄色和红色两级。黄色预警提醒施工单位应对位移、应变（力）、沉降及环境等测试数据进行连续密切关注，并进行跟踪观察；红色预警是警示施工单位应对位移等测试数据连续密切关注，查明报警原因，采取适当检查、应急管理措施以确保支架结构安全。必要时，应采取人员疏散、停工、专业机构检测评定等措施。
   3）安全防控应坚持数据导向性，尽量将防控措施的响应条件予以量化，并结合监控系统设置阈值。
   4）施工现场所选用的安全防控措施，应不予影响正常的施工过程。
   5）对于结构、荷载、环境复杂的支架结构，应制订专门的安全防控方案。
   6）安全防控措施应以人为本，最大限度地避免人员伤亡。

3.5 脚手架工程安全技术

门式、碗扣式、承插盘扣式钢管支撑架其安全管理应分别符合现行国家标准《建筑施工碗扣式钢管脚手架安全技术规范》JGJ 166、《建筑施工门式钢管脚手架安全技术规范》JGJ 128、《建筑施工承插盘扣式钢管支架安全技术规程》JGJ 231 和《建筑施工扣件式钢管脚手架安全技术规范》JGJ 130 等的规定。

3.5.1 扣件式钢管脚手架

（1）扣件式满堂支撑架材料

1）脚手架钢管应采用现行国家标准《直缝电焊钢管》GB/T 13793 或《低压流体输送用焊接钢管》GB/T 3091 中规定的 Q235 普通钢管；钢管的钢材质量应符合现行国家标准《碳素结构钢》GB/T 700 中 Q235 级钢的规定。

2）脚手架钢管宜采用 $\phi 48.3 \times 3.6$ 钢管。每根钢管的最大质量不应大于 25.8kg。

3）扣件应采用可锻铸铁或铸钢制作，其质量和性能应符合现行国家标准《钢管脚手架扣件》GB 15831 的规定。采用其他材料制作的扣件，应经试验证明其质量符合该标准的规定后方可使用。

4）扣件在螺栓拧紧扭力矩达到 65N·m 时，不得发生破坏。

5）可调托撑螺杆外径不得小于 36mm，直径与螺距应符合现行国家标准《梯型螺纹》GB/T 5796.2、GB/T 5796.3 的规定。

6）可调托撑的螺杆与支托板焊接应牢固，焊缝高度不得小于 6mm；可调托撑螺杆与螺母旋合长度不得少于 5 扣，螺母厚度不得小于 30mm。

7）可调托撑抗压承载力设计值不应小于 40kN，支托板厚不应小于 5mm。

（2）满堂支撑架的构造应符合下列要求：

1）纵向水平杆的构造应符合下列规定：

① 纵向水平杆应设置在立杆内侧，单根杆长度不应小于 3 跨；

② 纵向水平杆接长应采用对接扣件连接或搭接，并应符合下列规定：

a. 两根相邻纵向水平杆的接头不应设置在同步或同跨内；不同步或不同跨两个相邻接头在水平方向错开的距离不应小于 500mm；各接头中心至最近主节点的距离不应大于纵距的 1/3（图 3-5）。

b. 搭接长度不应小于 1m，应等间距设置 3 个旋转扣件固定；端部扣件盖板边缘至搭接纵向水平杆杆端的距离不应小于 100mm。

2）横向水平杆的构造应符合下列规定：

① 作业层上非主节点处的横向水平杆，宜根据支承脚手板的需要等间距设置，最大间距不应大于纵距的 1/2。

② 当使用冲压钢脚手板、木脚手板、竹串片脚手板时，双排脚手架的横向水平杆两端均应采用直角扣件固定在纵向水平杆上；单排脚手架的横向水平杆的一端应用直角

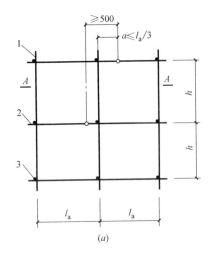
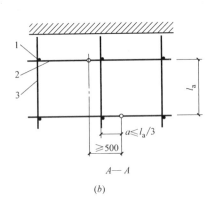

图 3-5 纵向水平杆接头示意图
(a) 接头不在同步内(立面);(b) 接头不在同跨内(平面)纵向水平杆对接接头布置
1—立杆;2—纵向水平杆;3—横向水平杆

扣件固定在纵向水平杆上,另一端应插入墙内,插入长度不应小于180mm。

③ 当使用竹笆脚手板时,双排脚手架的横向水平杆两端,应用直角扣件固定在立杆上;单排脚手架的横向水平杆的一端,应用直角扣件固定在立杆上,另一端应插入墙内,插入长度亦不应小于180mm。

3) 满堂支撑架根据剪刀撑的设置不同分为普通型构造与加强型构造,其构造设置应符合下列规定:

① 普通型在架体外侧周边及内部纵、横向每5~8m,应由底至顶设置连续竖向剪刀撑,剪刀撑宽度应为5~8m。

② 普通型在竖向剪刀撑顶部交点平面应设置连续水平剪刀撑。当支撑高度超过8m,或施工总荷载大于15kN/m²,或集中线荷载大于20kN/m的支撑架,扫地杆的设置层应设置水平剪刀撑。水平剪刀撑至架体底平面距离与水平剪刀撑间距不宜超过8m(图3-6)。

③ 加强型当立杆纵、横间距为0.9m×0.9m~1.2m×1.2m时,在架体外侧周边及内部纵、横向每4跨(且不大于5m),应由底至顶设置连续竖向剪刀撑,剪刀撑宽度应为4跨。

④ 加强型当立杆纵、横间距为0.6m×0.6m~0.9m×0.9m(含0.6m×0.6m、0.9m×0.9m)时,在架体外侧周边及内部纵、横向每5跨(且不小于3m),应由底至顶设置连续竖向剪刀撑,剪刀撑宽度应为5跨。

⑤ 加强型当立杆纵、横间距为0.4m×0.4m~0.6m×0.6m(含0.4m×0.4m)时,在架体外侧周边及内部纵、横向每3~3.2m应由底至顶设置连续竖向剪刀撑,剪刀撑宽度应为3~3.2m。

⑥ 加强型在竖向剪刀撑顶部交点平面应设置水平剪刀撑,水平剪刀撑至架体底平面距离与水平剪刀撑间距不宜超过6m,剪刀撑宽度应为3~5m(图3-7)。

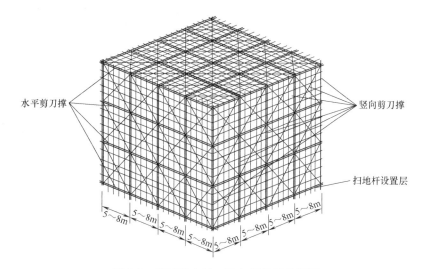

图 3-6 普通型水平、竖向剪刀撑布置图

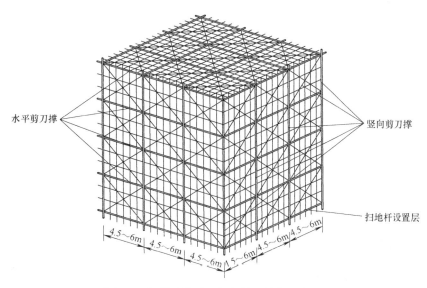

图 3-7 加强型水平、竖向剪刀撑构造布置图

4)竖向剪刀撑斜杆与地面的倾角应为 45°～60°,水平剪刀撑与支架纵(或横)向夹角应为 45°～60°。

5)满堂支撑架的可调底座、可调托撑螺杆伸出长度不宜超过 300mm,插入立杆内的长度不得小于 150mm。

6)在无结构柱部位应采取预埋钢管等措施与建筑结构进行刚性连接,在有空间部位,满堂支撑架宜超出顶部加载区投影范围向外延伸布置 2～3 跨。支撑架高宽比不应大于 3。

(3)搭设满堂支撑架检查与验收

1)满堂支撑架搭设高度不宜超过 30m。

2）满堂支撑架在使用过程中，应设有专人监护施工，当出现异常情况时，应立即停止施工，并应迅速撤离作业面上人员。应在采取确保安全的措施后，查明原因、做出判断和处理。

3）满堂支撑架顶部的实际荷载不得超过设计值。

满堂支撑使用过程中及混凝土浇筑时应按表 3-8 进行检查。

满堂支撑使用过程中及混凝土浇筑时检查表　　　　表 3-8

序号	检查项目	检查内容	是/否
1	安全技术交底	混凝土浇筑前是否对所有参与作业人员进行安全技术交底，并留有相关记录	
2	支架状态牌	支架状态改变后是否及时更新并经监理工程师签字确认	
3	地基及基础	满堂支架地基是否积水，垫层是否存在开裂情况，基础排水是否顺畅；遇洪水或大雨浸泡后，是否重新检验支架基础承载力	
4	构配件检查	满堂支架锁臂、挂扣件、扣件螺栓等构件是否存在松动现象	
5	支架构造	满堂支架构造是否符合专项施工方案的要求	
6	特殊情况检查	遇有 6 级以上大风或大雨过后；冻结的地基土解冻后；或停用超过 1 个月；架体遭受外力撞击等作用；架体部分拆除；其他特殊情况等。发生上述情况后是否重新进行检查	
7	安全防护	安全防护设施是否符合高空作业规范要求	
8	支架临时堆载	支架上临时堆载是否符合专项施工方案要求；架体上的杂物是否及时清理	
9	施工设备固定	是否存在混凝土泵管、卸料平台等违规固定在支架上	
10	浇筑时的检查	浇筑顺序是否符合专项施工方案要求；浇筑时是否设专人负责检查，发现异常情况是否及时处理	
11	杆件观测	混凝土浇筑过程中是否存在杆件弯曲、移位等变形情况	

4）安装后的扣件螺栓拧紧扭力矩应采用扭力扳手检查，抽样方法应按随机分布原则进行。抽样检查数目与质量判定标准应符合（表 3-9）规定要求，不合格的应重新拧紧至合格（表 3-10）。

扣件拧紧抽样检查数目及质量判定标准　　　　表 3-9

项次	检查项目	安装扣件数量（个）	抽检数量（个）	允许的不合格数（个）
1	连接立杆与纵（横）向水平杆或剪刀撑的扣件；接长立杆、纵向水平杆或剪刀撑的扣件	51～90	5	0
		91～150	8	1
		151～280	13	1
		281～500	20	2
		501～1200	32	3
		1201～3200	50	5

续表

项次	检查项目	安装扣件数量（个）	抽检数量（个）	允许的不合格数（个）
2	连接横向水平杆与纵向水平杆的扣件（非主节点处）	51～90	5	1
		91～150	8	2
		151～280	13	3
		281～500	20	5
		501～1200	32	7
		1201～3200	50	10

满堂支撑架拆除前检查验收表　　表3-10

序号	检查项目	检查内容	是/否
1	混凝土强度	支架的拆除期限和混凝土强度是否符合施工图设计及规范要求	
2	安全技术交底	是否按规定进行安全技术交底，并留有相关记录	
3	拆除作业计划	是否按已审批的专项施工方案进行	
4	应急预案	应急预案是否已经审批及演练	
5	支架状态牌	支架状态改变后是否及时更新并经监理工程师签字确认	
6	机械设备	拆除所需机械设备数量和规格能否满足拆除作业要求	
7	持证上岗	作业人员是否按规定持证上岗	
	防护用品	作业人员防护用品是否齐全、佩戴是否正确	
	作业人员数量	人员数量是否满足要求	
	管理人员	管理人员及专职安全员是否已就位	
8	拆除场地	拆除场地是否满足拆除施工要求，安全区是否已按要求划分	
	警戒标志	相关警戒标志是否已设置	
9	临时用电	临时用电是否安全	
10	架体的检查、局部加固	是否按已审批的专项施工方案进行	
11	架体清理	架体上的施工机具、材料、杂物及作业面的障碍物是否已清除干净	
	临时防护	拆除作业的临时防护是否已完成	

3.5.2 门式钢管脚手架

（1）门式支撑架材料

1）门架是门式支架的主要构件，其受力杆件为焊接钢管，由立杆、水平杆及加强杆等相互焊接组成（图3-8）。其他构件包括连接棒、锁臂、交叉支撑、挂扣式脚手板、底座、托座等。

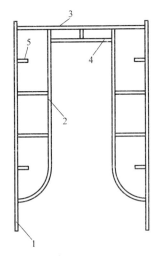

图 3-8 门架构成图
1—立杆；2—立杆加强杆；
3—水平杆；4—水平杆加强杆；
5—锁销

2) 门架与配件及加固杆的钢管应采用《低压流体输送用焊接钢管》GB/T 3091 中规定的钢管，其材质应符合《碳素结构钢》GB/T 700 中 Q235 级钢的规定。门架与配件的性能、质量及型号的表述方法应符合《建筑施工门式钢管脚手架安全技术规范》JGJ 128 的规定。加固杆宜采用直径 $\phi 42\times 2.5$mm 的钢管，也可采用直径 $\phi 48\times 3.5$mm 的钢管；相应的扣件规格应分别为 $\phi 42$、$\phi 48$ 或 $\phi 42/\phi 48$。

3) 门架立杆加强杆的长度不应小于门架高度的 70%；门架宽度不得小于 800mm，且不宜大于 1200mm。

4) 钢管平直度允许偏差不应大于管长的 1/500。门架立杆、水平杆钢管壁厚的负偏差不应超过 0.2mm。钢管壁厚存在负偏差时，宜选用热镀锌钢管。

5) 底座、托座及其可调螺母应采用可锻铸铁或碳素铸钢制作，其材质应分别符合现行国家标准《可锻铸铁件》GB/T 9440 中 KTH330-08 和《一般工程用铸造碳钢件》GB/T 11352 中 ZG230-450 的规定。

6) 扣件应采用可锻铸铁或碳素铸钢制作，其质量和性能应符合现行国家标准《钢管脚手架扣件》GB 15831 的要求。连接 $\phi 42/\phi 48$ 钢管的扣件应有明显标记。

(2) 门式支撑架（图 3-9）构造要求

1) 门架支架构造应符合下列规定：

2) 门架应能配套使用，在不同组合情况下，均应保证连接方便、可靠，且应具有良好的互换性。上下榀门架立杆应在同一轴线位置上，门架立杆轴线的对接偏差不应大于 2mm。

3) 门架的跨距与间距应根据支架的高度和支架所承受的荷载通过设计计算确定，并满足构造要求及利于支架安装、拆除作业。

4) 在门架立杆上宜设置托座和托梁，使门架立杆直接传递荷载，托梁应具有足够的抗弯强度和刚度。托座和托梁宜采用调节架、可调托座调整高度，可调托座调节螺杆的高度不宜超过 300mm。底座和托座与门架立杆轴线的偏差不应大于 2.0mm。

5) 门架可平行或垂直于梁轴线的布置方式如图 3-10 所示，跨距按 0.19m、0.225m、0.465m、0.93m、1.21m 和 1.4m 选取。

6) 当支架高度较高或荷载较大时，门架应采用复式（重迭）的布置方式如图 3-11 所示。

7) 应按现行国家标准《建筑施工模板安全技术规范》JGJ 162 的规定在支架的四周和内部纵、横向与结构物柱进行刚性连接，连接点应设在水平剪刀撑或水平加固杆设置层，并应与水平杆连接。

8) 门架配件设置应符合下列规定：

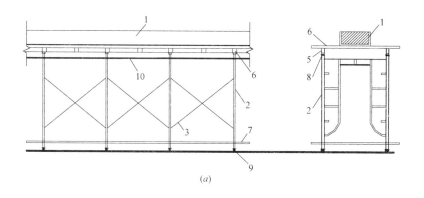

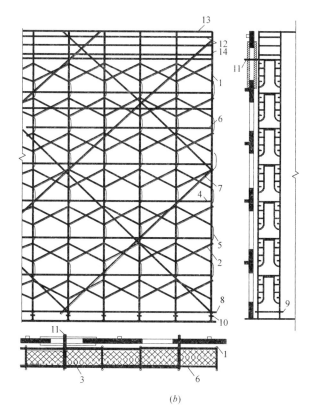

图 3-9 门式支撑架组成图
1—门架；2—交叉支撑；3—挂扣式脚手板；4—连接棒；5—锁臂；6—水平加固杆；
7—剪刀撑；8—纵向扫地杆；9—横向扫地杆；10—底座；11—连接件；
12—栏杆；13—扶手；14—挡脚板

① 配件应与门架配套，并应与门架连接可靠；
② 每步每列门架的两侧应连续设置交叉杆，并应与门架立杆上的锁销连接牢固；
③ 上下榀门架的组装必须设置连接棒，连接棒与门架立杆配合间隙不应大于 2mm；

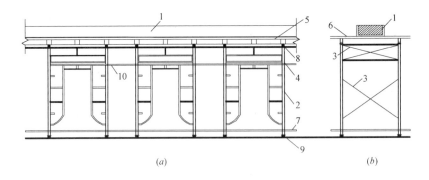

图 3-10 模板支架布置方式（一）
(a) 门架垂直于梁轴线布置；(b) 门架平行于梁轴线布置
1—混凝土梁；2—门架；3—交叉支撑；4—调节架；5—托梁；6—小楞；
7—扫地杆；8—可调托座；9—可调底座；10—水平加固杆

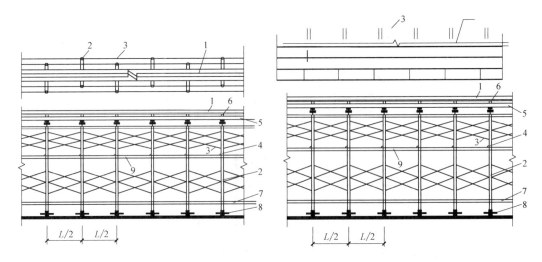

图 3-11 模板支架布置方式（二）
1—混凝土梁；2—门架；3—交叉支撑；4—调节架；5—托梁；
6—小楞；7—扫地杆；8—可调底座；9—水平加固杆

④ 门式支架上下榀门架间应设置锁臂，当采用插销式或弹销式连接棒时，可不设锁臂；

⑤ 底部门架的立杆下端宜设置固定底座或可调底座；

⑥ 可调底座和可调托座的调节螺杆直径不应小于 35mm，可调底座的调节螺杆伸出长度不应大于 150mm；

⑦ 交叉支撑、锁臂、连接棒等配件与门架相连时，应有防止退出的止退机构，当连接棒与锁臂一起应用时，连接棒可不受此限。脚手板、钢梯与门架相连的挂扣，应有防止脱落的扣紧机构。

9) 纵、横向水平加固杆设置应符合下列规定：

① 水平加固杆应在每步门架上纵、横向连续设置，并采用扣件固定在门架立杆下端扣接点距门架接头不得大于150mm；

② 水平加固杆应采用与门架立杆相同规格的扣件式钢管；

③ 水平加固杆应采用搭接接长，搭接长度应大于1000mm；搭接处应等间距设置3个选择扣件扣紧，扣件边缘至杆端的距离应大于150mm；

④ 支架底层应设置纵、横向扫地杆，扫地杆距地面高度不应大于350mm。

（3）门式支撑架搭设应符合下列规定

1) 搭设顺序应符合下列规定：

① 支架的搭设应与施工进度同步，一次搭设自由高度不应大于4m；

② 支架应采用逐列、逐排和逐层的方法搭设；

③ 门架的组装应自一端向另一端延伸，应自下而上按步架设，并应逐层改变搭设方向；不应自两端相向搭设或自中间向两端搭设；

④ 每搭设完两步门架后，应校验门架的水平度及立杆的垂直度。

2) 门式支架立杆钢管直径不小于48mm，立杆的纵横距离不应大于1200mm。

3) 构配件搭设应符合下列要求

① 交叉支撑、脚手板应与门架同时安装；

② 连接门架的锁臂、挂钩必须处于锁住状态；

③ 水平加固杆、剪刀撑等加固杆件必须与门架同步搭设。

4) 水平加固杆应设于门架立杆内侧，剪刀撑应设于门架立杆外侧。

5) 加固杆等杆件与门架采用扣件连接时，要保证扣件规格应与所连接钢管的外径相匹配、扣件螺栓拧紧扭力矩值应为40～65N·m、杆件端头伸出扣件盖板边缘长度不应小于100mm。

6) 门式支架通道口的搭设应符合规定要求，斜撑杆、托架梁及通道口两侧的门架立杆加强杆件应与门架同步搭设，严禁滞后安装。

7) 门式支架的可调底座、可调托座宜采取有效措施，防止砂浆、水泥浆等污物填塞螺纹。

（4）搭设检查与验收

门式支架搭设质量检查验收，见表3-11。

门式支架搭设质量检查验收表　　　　表3-11

序号	检查项目		质量要求	检验方法	检查数量
1	底座与垫木、垫木与地基接触面		无松动或脱空	查看	全部
2	可调底座	插入立杆长度	≥150mm	尺量、查看	全部
		伸出杆长度	≤150mm		
3	可调顶托	插入立杆长度	≥150mm	尺量、查看	全部
		伸出杆长度	≤300mm且≥100mm		

续表

序号	检查项目		质量要求	检验方法	检查数量
4	门架	间距	符合设计要求	尺量、查看	全部
		垂直度	2m高度内偏差小于5mm		
		纵横向轴线	偏差小于间距的1/200		
		接头连接	连接棒和锁骨齐全、紧固		
		交叉杆	齐全、紧固		
5	水平杆	步距	符合设计	尺量、查看	全部
		水平度	相邻水平杆高差小于5mm		
		扫地杆距地面距离	≤350mm		
6	剪刀撑	位置和间距	符合设计要求	尺量、查看	全部
		与地面交角	45°~60°		
		搭接长度扣件数量	搭接长度≥1000mm，搭接处扣件不小于3个		
		与立杆(水平)扣接	每步扣件，与节点距离≤100mm		
		扣件拧紧力	不小于40N·m，且不大于65N·m		
7	顶托与纵(横)梁接触面		对中，不允许脱空或线接触	查看	全部
8	纵(横)梁	间距	误差小于20mm	查看	全部
		下层纵(横)梁接头	置于顶托上，交错布置		
		上层纵(横)梁接头	交错搭接在下层纵(梁)上		
9	支架全高垂直度		≤H/600，且<35mm	测量	四周每面不少于4根杆
10	梯步	宽度	≥90mm	尺量、查看	全部
		坡度	≤1:1		
		防滑措施	符合规定		
		脚手板材质、规格和安装	符合设计要求		
		安全网	牢固、连续		
		防护栏杆高度、水平杆位置、连接	符合设计要求		

注：H为支架总高度

3.5.3 碗扣式钢管脚手架

（1）碗扣式支撑架材料

1）立杆的碗扣节点应由上碗扣、下碗扣、立杆、水平杆接头和上碗扣限位销等构成（图3-12）。

2）立杆碗扣节点间距，对Q235级材质钢管立杆宜按0.6m模数设置；对Q345级

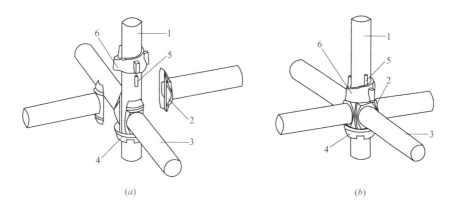

图 3-12 碗扣节点构成图
(a) 组装前；(b) 组装后
1—立杆；2—水平杆接头；3—水平杆；4—下碗扣；5—限位销；6—上碗扣

材质钢管立杆宜按 0.5m 模数设置。水平杆长度宜按 0.3m 模数设置。

3) 碗扣式钢管支架用钢管应符合现行国家标准《低压流体输送用焊接钢管》GB/T 3091 中的 Q235、Q345 的规定，其材质性能应符合以下规定：

① 水平杆和斜杆钢管材质应符合现行国家标准《碳素结构钢》GB/T 700 中 Q235 级钢的规定。

② 当碗扣节点间距采取 0.6m 模数设置时，立杆钢管材质应符合现行国家标准《碳素结构钢》GB/T 700 中 Q235 级钢的规定。

③ 当碗扣节点间距采取 0.5m 模数设置时，立杆钢管材质应符合现行国家标准《碳素结构钢》GB/T700 及《低合金高强度结构钢》GB/T 1591 中 Q345 级钢的规定。

4) 上碗扣应采用可锻铸铁或碳素铸钢制造，其材质应分别符合现行国家标准《可锻铸铁件》GB/T 9440 中 KTH350-10 牌号和《一般工程铸造碳钢件》GB/T 11352 中 ZG270-500 牌号的规定；采用锻造成型时，其材质不应低于《碳素结构钢》GB/T 700 中 Q235 级钢的规定。

5) 可调底座及可调顶托螺母应采用可锻铸铁或铸钢制造，其材质应符合现行国家标准《可锻铸铁件》GB/T 9440 中 KTH330-08 牌号及《一般工程铸造碳钢件》GB/T 11352 中 ZG230-450 牌号的规定。

6) 对可调顶托及可调底座，当采用实心螺杆时，其材质应符合现行国家标准《碳素结构钢》GB/T 700 中 Q235 级钢的规定；当采用空心螺杆时，其材质应符合现行国家标准《结构用无缝钢管》GB/T 8162 中 20 号无缝钢管的规定。

7) 水平杆接头、斜杆接头应采用碳素铸钢制造，其材料机械性能应符合现行国家标准《一般工程用铸造碳钢件》GB/T 11352 中 ZG270-500 牌号铸钢的规定。当水平杆接头采用锻造成型时，其材质不应低于《碳素结构钢》GB/T 700 中 Q235 级钢的规定。

8) 上碗扣和水平杆接头不得采用钢板冲压成型。当下碗扣采用碳素铸钢制造时，其材料机械性能应符合现行国家标准《一般工程用铸造碳钢件》GB/T 11352 中 ZG270-500 牌号铸钢的规定；采用钢板冲压整体成型时，钢板应符合现行国家标准《碳素结构钢》GB/T 700 中 Q235 级钢的要求，板材厚度不得小于 4mm。严禁利用废旧锈蚀钢板改制。

9）立杆接长当采用外插套时，外插套管壁厚度不应小于 3.5mm；当采用内插套时，内插套管壁厚度不应小于 3.0mm。插套长度不应小于 160mm，焊接端插入长度不应小于 60mm，外伸长度不得小于 110mm，插套与立杆钢管的间隙不应大于 2mm。

10）钢管弯曲度允许偏差应为 2mm/m。

11）立杆碗扣节点间距允许偏差应为 ±1.0mm。

12）水平杆曲板接头弧面轴心线与水平杆轴心线的垂直度允许偏差应为 1.0mm。下碗扣碗口平面与立杆轴线的垂直度允许偏差应为 1.0mm。

13）碗扣支架材料应具有良好的互换性，应能满足各种施工工况下的组装要求，并应符合下列规定：

① 立杆的上碗扣应能上下串动、转动灵活，不得有卡滞现象。

② 立杆与立杆的连接孔处应能插入 ϕ10mm 连接销。

③ 碗扣节点上在安装 1～4 个水平杆时，上碗扣应均能锁紧。

④ 当搭设不少于二步三跨 1.8m×1.8m×1.2m（步距×纵距×横距）的整体支架，每一框架内立杆的垂直度偏差应小于 5mm。

14）可调顶托及可调底座的质量应符合下列规定：

① 调节螺母厚度不得小于 30mm。

② 螺杆外径不得小于 38mm，空心螺杆壁厚不得小于 5mm，螺杆直径与螺距应符合规范的规定。

③ 螺杆与调节螺母啮合长度不得小于 5 扣。

④ 可调顶托 U 型托板厚度不得小于 5mm，弯曲变形不应大于 1mm，可调底座垫板厚度不得小于 6mm，螺杆与托板或垫板应焊接牢固，焊脚尺寸不应小于钢板厚度，并宜设置加劲板。

15）主要材料承载力性能指标应符合下列要求：

① 上碗扣沿水平方向受拉承载力不应小于 30kN。

② 下碗扣组焊后沿立杆方向剪切承载力不应小于 60kN。

③ 水平杆接头沿立杆方向剪切承载力不应小于 50kN。

④ 水平杆接头焊接剪切承载力不应小于 25kN。

⑤ 可调底座、可调顶托受压承载力不应小于 100kN。

（2）碗扣式支撑架构造要求

1）立杆间距和水平杆步距应根据支架所承受的荷载通过设计计算确定，并利于支架安装、拆除作业。

2）每根立杆应设置 U 形可调顶托，顶托上设置方木或型钢承受梁体荷载。严禁用水平杆直接承受梁体荷载。可调顶托伸出顶层水平杆的长度不得大于 650mm，螺杆插入立杆的长度不得小于 150mm；可调顶托伸出立杆的长度不宜大于 300mm；安装时其螺杆应与立杆钢管上下同心，且螺杆外径与立杆钢管内径的间隙不应大于 3mm（图 3-13）。

3）可调顶托上主楞支撑梁应居中设置，接头宜设置在 U 型托板上，同一断面上主楞支撑梁接头数量不应超过50%。

4）每根立杆的底部应设置可调底座，底座螺杆插入立杆内的长度不得小于150mm，伸出立杆的长度不应大于150mm；底座下宜设置垫木，垫木长度应大于2跨。

5）水平杆步距应通过设计计算确定，并应符合下列规定：

① 步距应通过立杆碗扣节点间距均匀设置；

② 当立杆采用Q235级材质钢管时，水平杆步距应按0.6m或1.2m选取；

③ 当立杆采用Q345级材质钢管时，步距不应大于2.0m；

④ 对安全等级为Ⅰ级的支架，架体顶层两步距应比标准步距缩小至少一个节点间距，但立杆稳定性计算时的立杆计算长度应采用标准步距。

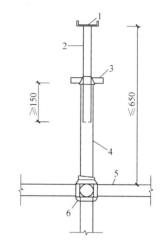

图3-13 立杆可调顶托伸出顶层水平杆的悬臂长度图（单位：mm）
1—托座；2—螺杆；3—调节螺母；
4—立杆；5—顶层水平杆；6—碗扣节点

6）立杆底端和顶端的碗扣节点应设置纵、横向水平杆；底层纵、横向水平杆作为扫地杆，距地面高度应小于或等于350mm。

7）立杆间距应通过设计计算确定，并应符合下列规定：

① 当立杆采用Q235级材质钢管时，立杆间距应按0.3m的倍数选取，且不得大于1.2m；

② 当立杆采用Q345级材质钢管时，立杆间距不应大于1.8m；

③ 立杆纵向间距应根据梁体高度分段设置，横向间距对应梁体腹板、底板、翼缘板等不同部位分别设置。

（3）碗扣式支架搭设应符合下列规定

1）搭设顺序应符合下列规定：

① 支架安装应从一端向另一端或从跨中向两端延伸，按照垫木、底座、立杆、水平杆（水平加固杆）、剪刀撑的顺序自下而上逐层搭设，每层高度不宜大于3m。

② 支架首层应采用不同长度的立杆交错布置，使相邻立杆的接头设置在不同步距内。

③ 支架立杆在1.8m高度内的垂直度偏差不得大于5mm；支架全高的垂直度偏差应小于支架高度的1/600，且不得大于35mm。

2）构配件搭设应符合下列要求

① 水平杆安装时应控制直线度和水平度；各层水平框架的纵、横向直线度应小于立杆间距的1/200，相邻水平杆的高差应小于±5mm。

② 剪刀撑、交叉支撑等加固件应与立杆和水平杆等同步安装，扣件应安装齐全并及时拧紧，扣件螺栓的拧紧扭力矩不应小于40~65Nm。

（4）搭设检查与验收

碗扣支架搭设质量检查验收见表3-12。

碗扣支架搭设质量检查验收表　　　　表 3-12

序号	检查项目		质量要求	检验方法	检验数量
1		底座与垫木、垫木与地基接触面	无松动或脱空	查看	全部
2	可调底座	插入立杆长度	≥150mm	尺量、查看	全部
		伸出立杆长度	≤150mm		
3	可调顶托	插入立杆长度	≥350mm	尺量、查看	全部
		伸出立杆长度	≤300mm 且≥100mm		
4	立杆	间距接头	符合设计要求相邻立杆接头不在相同步距内	尺量、查看	全部
		垂直度	1.8m 高度内偏差小于 5mm		
		纵、横向轴线	偏差小于间距 1/200		
5	水平杆	步距水平度	符合设计要求 相邻水平杆高差小于 5mm	查看、尺量	全部
		扫地杆距地面距离	≤350mm		
6	碗扣	水平杆端头未插入碗扣	不允许	查看	全部
		上碗扣未旋转锁紧	不允许		
7	剪刀撑	位置和距离与地面交角	符合设计要求 45°～60°	尺量、查看	全部
		搭接长度及扣件数量	搭接长度大于 1000mm,搭接处扣件不小于 3 个		
		与立杆(水平杆)扣接	每步扣接,与节点距≤100mm		
		扣件拧紧力	不小于 40N·m,且不大于 65N·m		
8	顶托与纵(横)梁接触面		对中不允许脱空或线接触	查看	全部
9	纵(横)梁	间距	偏差小于 20mm	查看	全部
		下层纵(横)梁接头	置于顶托上,交错布置		
		上层纵(横)梁接头	交错搭接在下层纵(横)梁上		
10	支架全高垂直度		≤$H/600$,且<35mm	测量	四周每面不少于 4 根杆
11	梯步	宽度	≥90mm	尺量、查看	全部
		坡度	≤1:1		
		防滑措施	符合规定		
		脚手板材质、规格和安装	符合设计要求		
		安全网	牢固、连续		
		防护栏杆高度、水平杆位置、连接	符合设计要求		

注：H 为支架总高度

3.5.4 承插型盘扣式脚手架

（1）承插型盘扣式支撑架材料

1）盘扣节点构成由焊接于立杆上的连接盘、水平杆杆端扣接头和斜杆杆端扣接头组成（图3-14）。

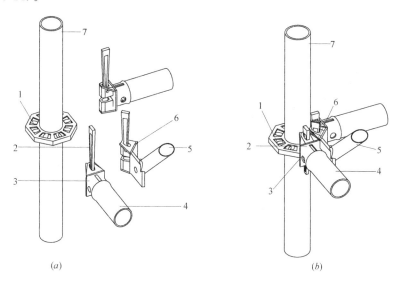

图3-14 盘扣节点
(a) 组装前；(b) 组装后

1—连接盘；2—扣接头插销；3—水平杆杆端扣接头；4—水平杆；5—斜杆；6—斜杆杆端扣接头；7—立杆

2）插销外表面应与水平杆和斜杆杆端扣接内表面吻合，插销连接应保证锤击自锁后不拔脱，抗拔力不得小于3kN。

3）插销应具有可靠防拔脱构造措施，且应设置便于目视检查楔入深度的刻痕或颜色标记。

4）立杆盘扣节点间距宜按0.5m模数设置；水平杆长度宜按0.3m模数设置。

5）承插型盘扣式钢管支架的构配件除有特殊要求外，其材质应符合现行国家标准《低合金高强度结构钢》GB/T 1591、《碳素结构钢》GB/T 700、《结构用无缝钢管》GB/T 8162以及《一般工程用铸造碳钢件》GB/T 11352的规定，各类支架主要构配件材质及允许偏差应符合表3-13、表3-14的规定。

承插型盘扣式钢管支架主要构配件材质　　　　表3-13

立杆	水平杆	竖向斜杆	水平斜杆	扣接头	立杆连接套管	可调底座、可调托座	可调螺母	连接盘、插销
Q345A	Q235B	Q195	Q235B	ZG230-450	ZG230-450或20号无缝钢管	Q235B	ZG270-500	ZG230-450或Q235B

注：钢管壁厚允许偏差±0.1mm。

钢管外径允许偏差（mm）　　　　表3-14

外径D	外径允许偏差	外径D	外径允许偏差
33.7、38、42.4、48.3	+0.2 −0.1	60.3	+0.3 −0.1

6) 连接盘、扣接头、插销以及可调螺母的调节手柄采用碳素铸钢制造时，其材料机械性能不得低于现行国家标准《一般工程用铸造碳钢件》GB/T 11352 中牌号为 ZG230-450 的屈服强度、抗拉强度、延伸率的要求。

7) 杆件焊接制作应在专用工艺装备上进行，各焊接部位应牢固可靠。焊丝宜采用符合现行国家标准《气体保护电弧焊用碳钢、低合金钢焊丝》GB/T 8110 中气体保护电弧焊用碳钢、低合金钢焊丝的要求，有效焊缝高度不应小于 3.5mm。

8) 铸钢或钢板热锻制作的连接盘的厚度不应小于 8mm，允许尺寸偏差应为 ±0.5mm；钢板冲压制作的连接盘厚度不应小于 10mm，允许尺寸偏差应为 ±0.5mm。

9) 铸钢制作的杆端和接头应与立杆钢管外表面形成良好的弧面接触，并应有不小于 500mm² 的接触面积。

10) 楔形插销的斜度应确保楔形插销楔入连接盘后能自锁。铸钢、钢板热锻或钢板冲压制作的插销厚度不应小于 8mm，允许尺寸偏差应为 ±0.1mm。

11) 立杆连接套管有铸钢套管和无缝钢管套管两种形式。对于铸钢套管形式，立杆连接套长度不应小于 90mm，可插入长度不应小于 75mm；对于无缝钢管套管形式，立杆连接套长度不应小于 160mm，可插入长度不应小于 110mm。套管内径与立杆钢管外径间隙不应大于 2mm。

12) 立杆与立杆连接套管应设置固定立杆连接件的防拔出销孔，销孔孔径不应大于 14mm，允许尺寸偏差应为 ±0.1mm；立杆连接直径宜为 12mm，允许尺寸偏差应为 ±0.1mm。

13) 连接盘与立杆焊接固定时，连接盘盘心与立杆轴心的不同轴度不应大于 0.3mm；以单侧边连接盘外边缘处为测点，盘面与立杆纵轴线正交的垂直度偏差不应大于 0.3mm。

14) 可调底座和可调托座的丝杆宜采用梯形牙，A 型立杆宜配置 φ48 丝杆和调节手柄，丝杆外径不应小于 46mm；B 型立杆宜配置 φ38 丝杆和调节手柄，丝杆外径不应小于 36mm。

15) 可调底座的底板和可调托座托板宜采用 Q235 钢板制作，厚度不应小于 5mm，允许尺寸偏差应为 ±0.2mm，承力面钢板长度和宽度均不应小于 150mm；承力面钢板与丝杆应采用环焊，并应设置加劲片或加劲拱度；可调托座托板应设置开口挡板，挡板高度不应小于 40mm。

16) 可调底座、可调托座丝杆与螺母旋合长度不得小于 5 扣，螺母厚度不得小于 30mm。

（2）承插型盘扣式支撑架构造要求

1) 支架应根据计算得出的立杆排架尺寸选用定长的水平杆，并根据支撑高度确定组合套插的立杆段、可调托座和可调底座。

2) 支架的斜杆或剪刀撑设置应符合下列要求：

① 当搭设高度不超过 8m 时，步距不宜超过 1.5m，支架架体四周外立面向内的第一跨每层均应设置竖向斜杆，架体整体底层以及顶层均应设置竖向斜杆，并应在架体内部区域每隔 5 跨由底至顶纵、横向均设置竖向斜杆（图 3-15）或采用扣件钢管搭设的剪

刀撑（图 3-16）。当支架的架体高度不超过 4 个步距时，可不设置顶层水平斜杆；当架体高度超过 4 个步距时，应设置顶层水平斜杆或扣件钢管水平剪刀撑。

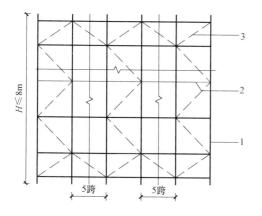

图 3-15　高度不大于 8m 斜杆设置立面图
1—立杆；2—水平杆；3—斜杆

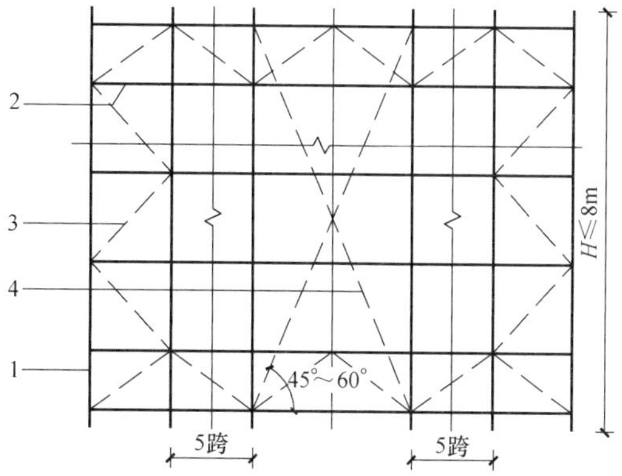

图 3-16　高度不大于 8m 剪刀撑设置立面图
1—立杆；2—水平杆；3—斜杆；4—扣件钢管剪刀撑

② 当搭设高度超过 8m 时，竖向斜杆应满布设置，水平杆的步距不得大于 1.5m，沿高度每隔 4～6 个标准步距应设置水平层斜杆或扣件钢管剪刀撑（图 3-17），周边有结构物时，宜与周边结构形成可靠拉结。

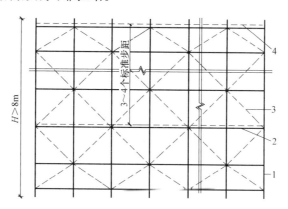

图 3-17　高度大于 8m 水平斜杆设置立面图
1—立杆；2—水平杆；3—斜杆；4—水平层斜杆或扣件钢管剪刀撑

③ 当支架搭设成无侧向拉结的独立塔状支架时，架体每个侧面每步距均应设竖向斜杆。当有防扭转要求时，在顶层及每隔 3～4 步距增设水平层斜杆或钢管水平剪刀撑（图 3-18）。

3）对长条状的独立高支架，架体总高度与架体的宽度之比 H/B 不宜大于 3。

4）支架可调托座伸出顶层水平杆或双槽钢托梁的悬臂长度（图 3-19）严禁超过 650mm，且丝杆外露长度严禁超过 400mm，可调托座插入立杆或双槽钢托梁长度不得小于 150mm。

5）高大模板支架最顶层的水平杆步距应比标准步距缩小一个盘扣间距。

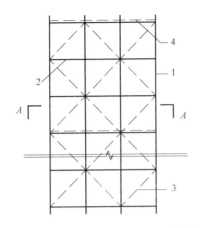
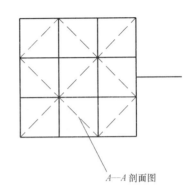

图 3-18 无侧向拉结塔状支模架
1—立杆；2—水平杆；3—斜杆；4—水平层斜杆

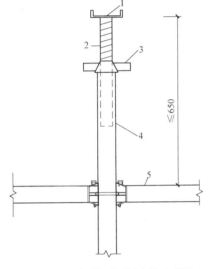

图 3-19 立杆带可调托座伸出顶层水平杆的悬臂长度图（单位：mm）
1—可调托座；2—螺杆；3—调节螺母；4—立杆；5—水平杆

6）支架可调底座调节丝杆外露长度不应大于 300mm，作为扫地杆的最底层水平杆离地高度不应大于 550mm。当单肢立杆荷载设计值不大于 40kN 时，底层的水平杆步距可按标准步距设置，且应设置竖向斜杆；当单肢立杆荷载设计值大于 40kN 时，底层的水平杆应比标准步距缩小一个盘扣间距，且应设置竖向斜杆。

7）支架宜与已建成的墩台等结构物进行可靠连接。

（3）承插型盘扣式支撑架搭设应符合下列规定：

1）搭设顺序，支架搭设应根据立杆放置可调底座，应按先立杆后水平杆再斜杆的顺序搭设，形成基本的架体单元，应以此扩展搭设成整体支架体系。

2）立杆应通过立杆连接套管连接，在同一水平高度内相邻立杆连接套管接头的位置应错开，且错开高度不宜小于 75mm。模板支架高度大于 8m 时，错开高度不宜小于 500mm。立杆的垂直偏差不应大于模板支架总高度的 1/500，且不得大于 50mm。

3）构配件搭设应符合下列要求：

① 水平杆扣接头与连接盘的插销应用铁锤击紧至规定插入深度的刻度线。

② 每搭完一步支架后，应及时校正水平杆步距、立杆的纵横距、立杆的垂直偏差与水平杆的水平偏差。

③ 加固件、斜杆应同步搭设。采用扣件钢管加固件、斜撑时应符合现行行业标准《建筑扣件式钢管脚手架安全技术规范》JGJ 130 的有关规定。剪刀撑的一根斜杆扣在

立柱上,另一根斜杆扣在横向水平杆伸出的端头上,两端分别用旋转扣件固定,扣件螺栓的拧紧扭力矩应为40~65N/m。

(4)搭设检查与验收见表3-15。

承插型盘扣式支架搭设质量检查验收表 表3-15

序号	检查项目		质量要求	检验方法	检验数量
1	底座与垫木、垫木与地基接触面		无松动或脱空	查看	全部
2	可调底座	插入立杆深度≥150mm	−5mm	尺量、查看	全部
		垂直度	±5mm		
3	可调顶托	插入立杆深度≥100mm	−5mm	尺量、查看	全部
		垂直度	±5mm		
4	立杆	竖向接长位置	符合设计要求	尺量、查看	全部
		间距	符合设计要求		
		垂直度	≤L/500mm且±50mm		
		组合对角线长度	±6mm		
5	水平杆	步距	符合设计要求	尺量、查看	全部
		水平度	±5mm		
		插销销紧情况	符合规定	查看	全部
		纵、横水平杆设置	符合规定	查看	全部
		扫地杆距地面距离	≤550mm	尺量、查看	全部
6	竖向斜杆	最底层步距处设置情况	符合规定	查看	全部
		最顶层步距处设置情况	符合规定		
		其他部位	符合规定		
7	剪刀撑	垂直纵、横向设置情况	符合规定	查看	全部
		水平向	符合规定		
8	顶托与纵(横)梁接触面		对中不允许脱空或线接触	查看	全部
9	纵(横)梁	间距	偏差小于20mm	查看	全部
		下层纵(横)梁接头	置于顶托上,交错布置		
		上层纵(横)梁接头	交错搭接在下层纵(横)梁上		
10	支架全高垂直度		≤H/600,且<35mm	测量	四周每面不少于4根杆
11	梯步	宽度	≥90mm	尺量、查看	全部
		坡度	≤1:1		
		防滑措施	符合规定		
		脚手板材质、规格和安装	符合设计要求		
		安全网	牢固、连续		
		防护栏杆高度、水平杆位置、连接	符合设计要求		

注:H为支架总高度

3.5.5 悬挑式脚手架

（1）悬挑式钢管脚手架结构规定

1）一次悬挑脚手架高度不宜超过20m。

2）型钢悬挑梁宜采用双轴对称截面的型钢。悬挑钢梁型号及锚固件应按设计确定，钢梁截面高度不应小于160mm。悬挑梁尾端应在两处及以上固定于钢筋混凝土梁板结构上。锚固型钢悬挑梁的U形钢筋拉环或锚固螺栓直径不宜小于16mm（图3-20）。

3）用于锚固的U型钢筋拉环或螺栓应采用冷弯成型。U型钢筋拉环、锚固螺栓与型钢间隙应用钢楔或硬木楔楔紧。

4）每个型钢悬挑梁外端宜设置钢丝绳或钢拉杆与上一层建筑结构斜拉结。钢丝绳、钢拉杆不参与悬挑钢梁受力计算；钢丝绳与建筑结构拉结的吊环应使用HPB235级钢筋，其直径不宜小于20mm，吊环预埋锚固长度应符合现行国家标准《混凝土结构设计规范》GB 50010中钢筋锚固的规定。

5）悬挑钢梁悬挑长度应按设计确定，固定段长度不应小于悬挑段长度的1.25倍。型钢悬挑梁固定端应采用2个（对）及以上U形钢筋拉环或锚固螺栓与建筑结构梁板固定，U形钢筋拉环或锚固螺栓应预埋至混凝土梁、板底层钢筋位置，并应与混凝土梁、板底层钢筋焊接或绑扎牢固，其锚固长度应符合现行国家标准《混凝土结构设计规范》GB 50010中钢筋锚固的规定（图3-21~图3-23）。

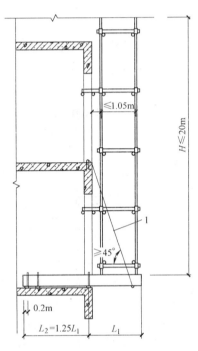

图3-20 型钢悬挑脚手架结构图

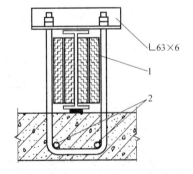

图3-21 悬挑钢梁U形螺栓固定构造
1—木楔侧向楔紧；
2—两根1.5m长直径18mmHRB335钢筋

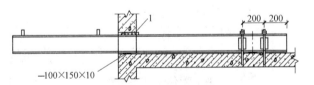

图3-22 悬挑钢梁穿墙构造
1—木楔楔紧

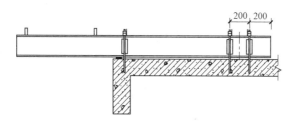

图 3-23 悬挑钢梁楼面构造

6)当型钢悬挑梁与建筑结构采用螺栓钢压板连接固定时,钢压板尺寸不应小于 100mm×10mm(宽×厚);当采用螺栓角钢压板连接时,角钢的规格不应小于 63mm×63mm×6mm。

7)型钢悬挑梁悬挑端应设置能使脚手架立杆与钢梁可靠固定的定位点,定位点离悬挑梁端部不应小于 100mm。

8)锚固位置设置在楼板上时,楼板的厚度不宜小于 120mm。如果楼板的厚度小于 120mm 应采取加固措施。

9)悬挑梁间距应按悬挑架体立杆纵距设置,每一纵距设置一根。

10)锚固型钢的主体结构混凝土强度等级不得低于 C20。

(2)门架式钢管脚手架结构规定

1)悬挑脚手架的悬挑支承结构应根据施工方案布设,其位置应与门架立杆位置对应,每一跨距宜设置一根型钢悬挑梁,并应按确定的位置设置预埋件。

2)型钢悬挑梁锚固段长度应不小于悬挑段长度的 1.25 倍,悬挑支承点应设置在建筑结构的梁板上,不得设置在外伸阳台或悬挑楼板上(有加固措施的除外)。

3)型钢悬挑梁宜采用双轴对称截面的型钢。

4)型钢悬挑梁的锚固段压点应采用不少于 2 个(对)的预埋 U 形钢筋拉环或螺栓固定;锚固位置的楼板厚度不应小于 100mm,混凝土强度不应低于 20MPa。U 形钢筋拉环或螺栓应埋设在梁板下排钢筋的上边,并与结构钢筋焊接或绑扎牢固,锚固长度应符合现行国家标准《混凝土结构设计规范》GB 50010 中钢筋锚固的规定(图 3-24)。

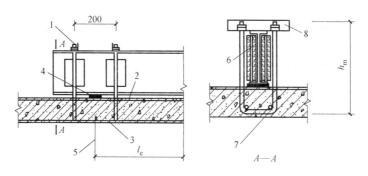

图 3-24 型钢悬挑梁与楼板固定
1—锚固螺栓;2—负弯矩钢筋;3—建筑结构楼板;4—钢板;5—锚固螺栓中心;
6—木模;7—锚固钢筋(2#18 长 1500mm);8—角钢

5）用于锚固的 U 形钢筋拉环或螺栓应采用冷弯成型，钢筋直径不应小于 16mm。

6）当型钢悬挑梁与建筑结构采用螺栓钢压板连接固定时，钢压板尺寸不应小于 100mm×10mm（宽×厚）；当采用螺栓角钢压板连接固定时，角钢的规格不应小于 63mm×63mm×6mm。

7）型钢悬挑梁与 U 形钢筋拉环或螺栓连接应紧固。当采用钢筋拉环连接时，应采用钢楔或硬木楔塞紧；当采用螺栓钢压板连接时，应采用双螺母拧紧。严禁型钢悬挑梁晃动。

8）悬挑脚手架底层门架立杆与型钢悬挑梁应可靠连接，不得滑动或窜动。型钢梁上应设置固定连接棒与门架立杆连接，连接棒的直径不应小于 25mm，长度不应小于 100mm，应与型钢梁焊接牢固。

9）悬挑脚手架的底层门架两侧立杆应设置纵向扫地杆，并应在脚手架的转角处、两端和中间间隔不超过 15m 的底层门架上各设置一道单跨距的水平剪刀撑，剪刀撑斜杆应与门架立杆底部扣紧。

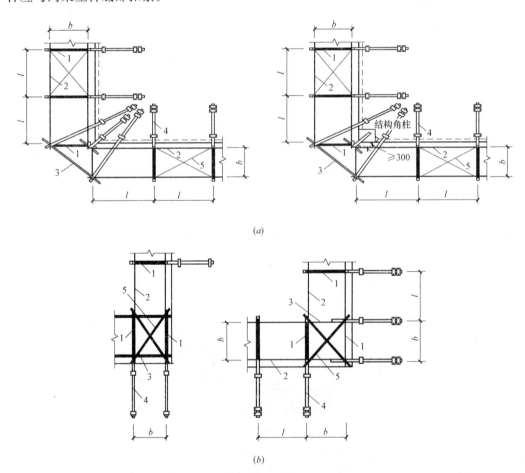

图 3-25 建筑平面转角处型钢悬挑梁设置
（a）型钢悬挑梁在阳角处设置；（b）型钢悬挑梁在阴角处设置
1—门架；2—水平加固杆；3—连接杆；4—型钢悬挑梁；5—水平剪刀撑

10) 在建筑平面转角处（图 3-25），型钢悬挑梁应经单独计算设置；架体应按步设置水平连接杆，并应与门架立杆或水平加固杆扣紧。

11) 每个型钢悬挑梁外端宜设置钢丝绳或钢拉杆与上一层建筑结构斜拉结（图 3-26），钢丝绳、钢拉杆不得作为悬挑支撑结构的受力构件。

12) 悬挑脚手架在底层应满铺脚手板，并应将脚手板与型钢梁连接牢固。

13) 连墙件的设置应符合下列规定：

① 应靠近主节点设置，偏离主节点的距离不应大于 300mm。

② 应从底层第一步纵向水平杆处开始设置，当该处设置有困难时，应采用其他可靠措施固定。

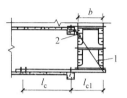

图 3-26 钢丝绳拉结
1—钢丝绳；2—花篮螺栓

③ 应优先采用菱形布置，或采用方形、矩形布置。

④ 开口型脚手架的两端必须设置连墙件，连墙件的垂直间距不应大于建筑物的层高，并不应大于 4m。

⑤ 连墙件中的连墙杆应呈水平设置，当不能水平设置时，应向脚手架一端下斜连接。

⑥ 连墙件必须采用可承受拉力和压力的构造。对高度 24m 以上的双排脚手架，应采用刚性连墙件与建筑物连接。

⑦ 当脚手架下部暂不能设连墙件时应采取防倾覆措施。当搭设抛撑时，抛撑应采用通长杆件，并用旋转扣件固定在脚手架上，与地面的倾角应在 45°～60°之间；连接点中心至主节点的距离不应大于 300mm。抛撑应在连墙件搭设后方可拆除。

⑧ 架高超过 40m 且有风涡流作用时，应采取抗上升翻流作用的连墙措施。

连墙件布置的距离见表 3-16。

连墙件布置最大间距　　　　　　　　　　　　　　　　　　　表 3-16

搭设方法	高度	竖向间距（h）	水平间距（la）	每根连件覆盖面积（m²）
双排落地	≤50m	3	3	≤40
双排悬挑	>50m	2	3	≤27
单排	≤24m	3	3	≤40

注：h——步距；l_a——纵距。

14) 剪刀撑与横向斜撑设置应符合下列规定：

① 高度在 24m 及以上的双排脚手架应在外侧立面连续设置剪刀撑；高度在 24m 以下的单、双排脚手架，均必须在外侧立面两端、转角及中间间隔不超过 15m 的立面上，各设置一道剪刀撑，并应由底至顶连续设置。

② 单、双排脚手架剪刀撑的设置应符合下列规定：

a. 每道剪刀撑跨越立杆的根数应按表 3-17 的规定确定。每道剪刀撑宽度不应小于 4 跨，且不应小于 6m，斜杆与地面的倾角应在 45°～60°之间；

剪刀撑跨越立杆的最多根数   表3-17

剪刀撑斜杆与地面的倾角 a	45°	50°	60°
剪刀撑跨越立杆的最多根数 n	7	6	5

b. 剪刀撑斜杆的接长应采用搭接或对接，搭接应符合规范的规定；

c. 剪刀撑斜杆应用旋转扣件固定在与之相交的横向水平杆的伸出端或立杆上，旋转扣件中心线至主节点的距离不应大于150mm。

3.5.6 附着式升降脚手架

（1）一般规定

附着升降脚手架利用已浇筑的混凝土结构将脚手架和提升机构分别固定（附着）在结构上，在升降操作前解除结构对脚手架的约束，通过提升机构升降脚手架到位。利用附墙支座将脚手架固定在结构上，下次升降前解除结构对升降机构的约束，将其安装在下次升降需要的位置，将提升机构和脚手架连接，解除结构对脚手架的约束完成升降。使用状态下，脚手架依靠附墙支座的固定和提升机构的连接保证安全。升降状态时，脚手架依靠提升机构和防坠装置保证安全（图3-27）。

（2）安全装置

在使用、升降工况下必须配置可靠的防倾覆、防坠落和同步升降控制等安全防护装置。防倾覆装置必须有可靠的刚度和足够的强度，其导向件应通过螺栓连接固定在附墙支座上，不能前后左右移动；为了保证防坠落装置的高度可靠性，因此必须使用机械式的全自动装置，严禁使用手动装置；同步控制装置是用来控制多个升降设备在同时升降时，防止升降设备因荷载不均衡而造成不同步或超载等情况的发生。

1）附着式升降脚手架必须具有防倾覆、防坠落和同步升降控制的安全装置。

2）防倾覆装置应符合下列规定：

① 防倾覆装置中应包括导轨和两个以上与导轨连接的可滑动的导向件；

② 在防倾导向件的范围内应设置防倾覆导轨，且应与竖向主框架可靠连接；

③ 在升降和使用两种工况下，最上和最下两个导向件之间的最小间距不得小于2.8m或架体高度的1/4；

④ 应具有防止竖向主框架倾斜的功能；

⑤ 应采用螺栓与附墙支座连接，其装置与导轨之间的间隙应小于5mm。

3）防坠落装置必须符合下列规定：

① 防坠落装置应设置在竖向主框架处并附着在建筑结构上，每一升降点不得少于一个防坠落装置，防坠落置在使用和升降工况下都必须起作用；

② 防坠落装置必须用机械式的全自动装置，严禁使用每次升降都需重组的手动装置；

③ 防坠落装置技术性能除应满足承载能力要求外，还应符合表3-18的规定。

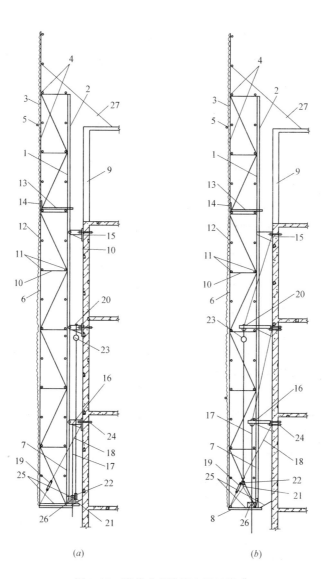

图 3-27 附着式升降脚手架的组成
(a) 竖向主框架为单片式;(b) 竖向主框架为空间桁架式

1—竖向主框架;2—导轨;3—密目安全网;4—架体;5—剪刀撑(45°~60°);6—立杆;
7—水平支承桁架;8—竖向主框架底座托盘;9—正在施工层;10—架体横向水平杆;
11—架体纵向水平杆;12—防护栏杆;13—脚手板;14—作业层挡脚板;
15—附墙支座(含导向、防倾装置);16—吊拉杆(定位);17—花篮螺栓;18—升降上吊挂点;
19—升降下吊挂点;20—荷载传感器;21—同步控制装置;22—电动葫芦;23—锚固螺栓;
24—底部脚手板及密封翻板;25—定位装置;26—升降钢丝绳;27—临时拉结

防坠落装置技术性能 表 3-18

脚手架类别	制动距离(mm)
整体式升降脚手架	≤80
单片式升降脚手架	≤150

④ 防坠落装置应具有防尘、防污染的措施,并应灵敏可靠和运转自如;
⑤ 防坠落装置与升降设备必须分别独立固定在建筑结构上;
⑥ 钢吊杆式防坠落装置,钢吊杆规格应由计算确定,且不应小于 $\phi25mm$。

4) 同步控制装置应符合下列规定:

① 附着式升降脚手架升降时,必须配备有限制荷载或水平高差的同步控制系统。连续式水平支承桁架,应采用限制荷载自控系统;简支静定水平支承桁架,应采用水平高差同步自控系统;当设备受限时,可选择限制荷载自控系统。

② 限制荷载自控系统应具有下列功能:

a. 当某一机位的荷载超过设计值的 15% 时,应采用声光形式自动报警和显示报警机位;当超过 30% 时,应能使该升降设备自动停机;

b. 应具有超载、失载、报警和停机的功能。宜增设显示记忆和储存功能;

c. 应具有自身故障报警功能,并应能适应施工现场环境;

d. 性能应可靠、稳定,控制精度应在 5% 以内。

5) 水平高差同步控制系统应具有下列功能。

① 当水平支承桁架两端高差达到 30mm 时,应能自动停机;

② 应具有显示各提升点的实际升高和超高的数据,并应有记忆和储存的功能;

③ 不得采用附加重量的措施控制同步。

(3) 架体构造

附着式升降脚手架架体的整体性能要求较高,安装附着式升降脚手架时应同时控制高度和跨度,确保控制荷载和安全使用。

1) 附着式升降脚手架结构构造的尺寸应符合下列规定:

① 架体高度不得大于 5 倍楼层高;

② 架体宽度不得大于 1.2m;

③ 直线布置的架体支承跨度不得大于 7m,折线或曲线布置的架体,相邻两框架支撑点处的架体外侧距离不得大于 5.4m;

④ 架体的水平悬挑长度不得大于 2m,且不得大于跨度的 1/2;

⑤ 架体全高与支承跨度的乘积不得大于 110m²。

2) 架体悬臂高度不得大于架体高度的 2/5,且不得大于 6m。

(4) 附着支座

附着支座是承受架体所有荷载并将其传递给建筑结构的构件,应于竖向主框架所覆盖的每一楼层处设置一道支座;使用工况时主要是保证主框架的荷载能直接有效地传递给各附墙支座;附墙支座还应具有防倾覆和升降导向功能;附墙支座与建筑物连接,要考虑受拉端的螺母止退要求。

1) 附着支承结构应包括附墙支座、悬臂梁及斜拉杆,其构造应符合下列规定:

① 竖向主框架所覆盖的每个楼层处应设置一道附墙支座;

② 在使用工况时,应将竖向主框架固定于附墙支座上;

③ 在升降工况时,附墙支座上应设有防倾覆和导向的结构装置;

④ 附墙支座应采用锚固螺栓与建筑物连接,受拉螺栓的螺母不得少于两个或应采

用弹簧垫圈加单螺母，螺杆露出螺母端部的长度不应少于 3 扣，并不得小于 10mm，垫板尺寸应由设计确定，且不得小于 100mm×100mm×10mm。

（5）架体安装

1）附着式升降脚手架应在附有支承结构部位设置与架体高度相等的与墙面垂直的定型竖向主框架，竖向主框架应是桁架或刚架结构，其杆件连接的点应采用焊接或螺栓连接，并应与水平支承桁架和架体构架构成有足够强度和支撑刚度的空间几何不可变体系的稳定结构。

2）在竖向主框架的底部应设置水平支承桁架，其宽度应与主框架相同，平行于墙面，其高度不宜小于 1.8m，水平支承桁架结构构造应符合下列规定：

① 桁架各杆件的轴线应相交于节点上，并宜用节点板构造连接，节点板的厚度不得小于 6mm；

② 桁架上下弦应采用整根通长杆件或设置刚性接头。腹杆上下弦连接应采用焊接或螺栓连接；

③ 桁架与主框架连接处的斜腹杆宜设计成拉杆；

④ 架体构架的立杆底端应放置在上弦节点各轴线的交汇处；

⑤ 内外两片水平桁架的上弦和下弦之间应设置水平支撑杆件，各节点应采用焊接或螺栓连接；

⑥ 水平支承桁架的两端与主框架的连接，可采用杆件轴线交汇于一点，且能活动的铰接点；或可将水平支承桁架放在竖向主框架底端的桁架底框中。

3）架体构架宜采用扣件式钢管脚手架，其结构构造应符合现行行业标准《建筑施工扣件式钢管脚手架安全技术规范》JGJ 130 的规定。架体构架应设置在两竖向主框架之间，并应以纵向水平杆相连，其立杆应设置在水平支承桁架的节点上。

4）架体外立面应沿全高连续设置剪刀撑，并应将竖向主框架、水平支承桁架和架体构架连成一体，剪刀撑斜杆水平夹角应为 45°～60°；应与所覆盖架体构架上每个主节点的立杆或横向水平杆伸出端扣紧；悬挑端应以竖向主框架为中心成对设置对称斜拉杆，其水平夹角不应小于 45°。

（6）架体升降

1）附着式升降脚手架可采用手动、电动或液压三种升降形式，并应符合下列规定：

① 单跨架体升降时，可采用手动、电动或液压三种升降形式；

② 当两跨以上的架体同时整体升降时，应采用电动或液压设备。

2）附墙支座支承在建筑物上连接处混凝土的强度应按设计要求确定，且不得小于 C10。

3）附着式升降脚手架的升降操作应符合下列规定：

① 应按升降作业程序和操作规程进行作业；

② 操作人员不得停留在架体上；

③ 升降过程中不得有施工荷载；

④ 所有妨碍升降的障碍物应已拆除；

⑤ 所有影响升降作业的约束已经拆开；

⑥ 各相邻提升点间的高差不得大于30mm，整体架最大升降差不得大于80mm。

3.5.7 高处作业吊篮

（1）一般规定

1）产权单位所购置的吊篮应符合现行国家标准《高处作业吊篮》GB/T 19155的有关规定，且经过检测机构进行产品型式检验合格的产品。有下列情形之一的吊篮不得购置：

① 未经过检测机构进行产品型式检验的；

② 型式检验达不到现行国家标准《高处作业吊篮》GB/T 19155有关规定的；

③ 在提升机和安全锁外壳上，原制造厂商未标明出厂日期钢印的；

④ 超过规定使用年限，且未通过安全评估的；

⑤ 没有完整设备安全技术档案的；

⑥ 安全保护装置配备不齐全的；

⑦ 采购吊篮重要部件，自行制造结构件拼装吊篮整机的。

2）产权单位应建立吊篮安全技术档案。安全技术档案至少应包括以下内容：

① 原始资料：包括购机合同及发票、产品使用说明书、出厂检验合格证书、产品型式检验报告、安全锁标定证书和主要配件质量合格证等；

② 设备履历书：包括吊篮重要部件历次维修保养记录、累计运转时间记录、日常使用状况记录及日常维护保养记录、定期检验/标定记录和安全事故记录等。

3）吊篮部件的报废应符合下列规定：

① 对出厂年限超过6年的提升机，每年应进行一次安全评估。评估合格的，可继续使用；评估不合格的，应予以报废；

② 重要结构件不含涂镀层的壁厚达到以下程度的，应予以报废；

a. 悬挂装置横梁和前后支架壁厚尺寸小于3.6mm；

b. 安装架主框架壁厚尺寸小于2.5mm；

c. 悬吊平台底板和护栏主框架壁厚尺寸小于1.8mm。

③ 厚度符合标准规定的结构件，其锈蚀或磨损超过原构件厚度10%的。

④ 出厂年限超过3年的安全锁。

⑤ 主要配件技术性能达不到有关规定的。

4）报废的吊篮各部件不得进行转让、继续使用或翻新再用。

（2）安装与拆除

1）吊篮的安装与拆卸应由具有相应资质的安装单位承担。使用单位不得擅自安装、移位、拆卸吊篮。

2）在吊篮安装与拆卸作业前，安装单位应编制专项施工方案。

3）在吊篮安装与拆卸作业前，应由专业技术人员向作业人员进行安全技术交底，并由双方签字确认。

4）施工现场应设置统一的指挥人员和专职安全监护人员；各施工工序应定岗、定员、定责；安装与拆卸工应持有建设行政管理部门颁发的《建筑施工特种作业人员操作资格证书》(高处作业吊篮安装拆卸工);作业人员应严格按照专项施工方案进行安装、拆卸。

5) 在吊篮安装与拆卸作业时,应设置警戒区,禁止无关人员进入警戒区。

6) 不得采用不同制造厂商的零部构件混装吊篮整机。

7) 悬挂装置应安装在具有足够强度的水平支承面上,且与支承面垂直,脚轮不得受力。

8) 受工程施工条件限制,悬挂装置需放置在女儿墙或建筑结构挑檐边缘时,应校核支承结构的承载能力,且设有防止其倾翻或移动的安全措施;对前支架设置在外侧无凸起或止挡的建筑结构处的悬挂装置,应设置防止其向外侧滑移的有效措施。

9) 悬挂装置的支撑立柱与前支架应安装在同一铅垂线上。

10) 预紧悬挂装置的钢丝绳应使用 OO 型索具螺旋扣。

11) 悬挂装置的横梁应水平设置,其偏差不应超过横梁长度的 4%,且不应前低后高。

12) 悬挂装置吊点安装后的水平间距与悬吊平台吊点间距的尺寸偏差不应大于 100mm。

13) 相邻安装的吊篮,其悬吊平台端部的水平间距应大于 0.5m。

14) 配重应稳定地固定在配重架上,且应有防止随意移动的措施。

15) 工作钢丝绳与安全钢丝绳应分别安装在独立的悬挂点上。

16) 提升机/安全锁与悬吊平台的连接,以及工作钢丝绳/安全钢丝绳与吊点的连接,均应采用原厂配套的专用螺栓或销轴。销轴尾部应进行有效锁止。

17) 安全钢丝绳下端应安装重量不小于 5.0kg 的重锤,其底部距地面 100~200mm。

18) 安装在钢丝绳上端的限位触发元件与钢丝绳吊点处的安全距离应大于 0.5m,且应安装牢固。

19) 垂放钢丝绳时,作业人员应有防坠落安全措施。钢丝绳应沿建筑结构立面缓慢放至地面,不得抛掷。

20) 安全绳应固定在建筑物的可承载结构件上,且应采取防松脱措施;在转角处应设有保护措施。不得以吊篮的任何部位作为安全绳的拴结点。

21) 对悬挂高度超过 100m 的电源电缆,应有辅助抗拉措施。

22) 在吊篮安装及运行范围 10m 内,应无高压输电线路或采取有效隔离措施。

23) 对于特殊建筑结构或者特制吊篮的安装、移位、拆卸,应由工程总承包单位或使用单位委托本行业的专家对专项施工方案和特制吊篮制造厂商的专项设计计算书进行审查或论证。应重点对设计计算书及施工方案的安全性、可靠性和可操作性进行审查与论证。

24) 吊篮安装完毕后,安装单位应进行自检,并保存自检记录。

25) 吊篮在向使用单位移交前,应委托具有资质的检测机构进行检测。检测合格后,工程总承包单位应组织安装单位、使用单位和监理单位对吊篮进行验收。检测/验收应按照现行团体标准《高处作业吊篮检测与安全评估规程》T/JSDL002 规定的项目进行。

26) 在吊篮安装检测及验收合格后,应在显著位置设置检测验收合格标牌。标牌上应标明检测单位、验收单位和专业维修人员的联系电话等信息,并明确标注吊篮限载重量和人数。凡未经安装检测验收或检测验收不合格的吊篮,不得投入使用。

（3）吊篮使用

1) 高处作业吊篮应设置作业人员专用的挂设安全带的安全绳及安全锁扣。

2) 在每班作业前,使用单位应组织操作人员对各自使用的吊篮的安全状况进行检查;对配重、重锤、悬挂装置、制动器、安全锁、限位和手动滑降装置等关键部件进行核查;进行空载运行试验;做好检查记录,确保吊篮处于安全状态。

3) 使用单位应在吊篮下方可能造成坠物伤害的范围,设置安全隔离区或明显的安全警示标志或设专人负责安全管理。不得在吊篮垂直运行区域内进行交叉作业。

4) 操作人员应严格按照有关标准规范和安全操作规程进行操作,并严格遵守下列规定:

① 进入悬吊平台的人员应系安全带,并将自锁器正确扣牢在独立悬挂的安全绳上;
② 吊篮内的作业人员不应超过 2 人。
③ 任何人员不得直接从建筑物窗口、孔洞等位置进出悬吊平台,不得超载使用吊篮;
④ 不得将吊篮作为垂直运输设备使用,不得在悬吊平台内用梯子或垫脚物;
⑤ 不得歪拉斜拽悬吊平台,不得在悬吊平台内猛烈晃动或做危险动作;
⑥ 不得人为使安全锁失效;
⑦ 不得在吊篮内放置易燃、易爆物或电焊机等;
⑧ 不得利用吊篮任何部位作为电焊接线回路;在吊篮内进行焊接作业时,应杜绝焊钳及焊条触碰吊篮任何部位,且应采取防止灼伤钢丝绳及发生火灾的措施;
⑨ 不得擅自改装或加长悬吊平台;
⑩ 遇 5 级以上大风或雷雨、大雪、浓雾等恶劣天气时,不得进行吊篮作业。

5) 提升机发生卡绳故障时,应立即停机,不得反复按动升降按钮强行排险。

6) 发现运转异常或者出现故障时,操作人员应立即切断电源并停止操作,在保证安全的情况下撤离现场,并及时向施工现场安全管理人员和单位负责人报告。

7) 吊篮故障应由专业维修人员进行修复或排除。在排除故障、消除事故隐患并经试运行合格后,方可重新投入使用。安全锁应由制造厂商进行检修,并经检测机构重新标定合格后,方可投入使用。

8) 操作人员应如实填写吊篮运转、日常检查、维护保养和交接班记录。使用单位应妥善保管原始记录备查,且在租赁期满后移交产权单位保管。

9) 在运行过程中,不得对吊篮进行保养、调整和检修工作。检修时,应先将悬吊平台放置地面,切断电源,并在电源附近、明显位置设置"禁止合闸"的警示牌或指派专人值守。确因特殊情况不能将悬吊平台放置地面时,检修人员应按高处作业标准规定系好安全带，并采取有效防护措施，方可进行检修。

10）在使用过程中，对悬挂装置需跨楼层移位的或停工超过3个月的吊篮在投入使用前，应按规定工序进行检测和验收，合格后方可投入使用。

11）吊篮的使用单位应对在用吊篮进行以下维护保养与检查：

① 每日进行一次日常维护保养，并记录；

② 每月至少进行一次定期检查，并记录；

③ 对安全保护装置进行巡回检查，并记录。

12）吊篮产权单位应按照现行国家标准《高处作业吊篮》GB/T 19155规定的安全锁标定期限，委托具有检验资质的检测机构对安全锁进行标定。负责标定的检测机构应出具《安全锁标定证书》和标定铭牌，注明标定有效期，对标定质量负责。标定铭牌应设置在安全锁的明显位置上，并且具有防伪标志和网上查询功能。

13）吊篮使用单位不得使用超过有效标定期或未进行标定的安全锁。

（4）检验与检收

1）吊篮产品型式检验、安全锁标定、提升机评估和整机安装验收检测，应委托具有资质的检测机构进行。

2）检测机构和检测人员应客观、公正、及时地出具检测或评估报告。检测或评估报告应经检测人员签字，并由检测机构负责人审核、批准并签字。

3）检测机构和检测人员应对检测或评估报告负责。

4）在施工现场对吊篮进行安装质量检测时，检测机构应在查验相关资料原件符合规定后，对实物进行逐台、逐项检测，并绘制吊篮平面布置图、编制检测原始记录，保证检验报告与实际情况的一致性；在检测中发现被检设备存在质量缺陷或安全隐患时，应出具《整改通知书》。

5）吊篮的使用单位应对在用吊篮进行以下维护保养与检查：

① 每日进行一次日常维护保养，并记录；

② 每月至少进行一次定期检查，并记录；

③ 对安全保护装置进行巡回检查，并记录。

6）吊篮产权单位应按照现行国家标准《高处作业吊篮》GB/T 19155规定的安全锁标定期限，委托具有检验资质的检测机构对安全锁进行标定。负责标定的检测机构应出具《安全锁标定证书》和标定铭牌，注明标定有效期，对标定质量负责。标定铭牌应设置在安全锁的明显位置上，并且具有防伪标志和网上查询功能。

7）吊篮使用单位不得使用超过有效标定期或未进行标定的安全锁。

第4章 模板工程

4.1 模板工程的定义

模板工程指新浇混凝土成型的模板以及支承模板的一整套构造体系,其中接触混凝土并控制预定尺寸、形状、位置的构造部分称为模板,支撑和固定模板的杆件、桁架、连结件、金属附件、工作便桥等构成支承体系。对于滑动模板,自升模板则增设提升动力以及提升架、平台等构成。

4.2 模板工程的分类

4.2.1 按材料性质分类

模板是混凝土浇筑成形的模壳和支架。按材料的性质可分为木模板、钢模板、塑料模板等。

1. 木模板

混凝土工程开始出现时,都是使用木材来做模板。木材被加工成木板、木方,然后经过组合构成所需的模板。

施工现场常用的木模板多为多层胶合板,国家制订了《混凝土模板用胶合板》GB/T 17656 的专业标准,它对模板的尺寸、材质、加工提出了规定。用胶合板制作模板,加工成形比较省力,材质坚韧,不透水,自重轻,浇筑出的混凝土外观比较清晰美观。

2. 钢模板

国内使用的钢模板大致可分为两类:一类为小块钢模,它是以一定尺寸模板做成不同大小的单块钢模,最大尺寸是 300mm×1500mm×50mm,在施工时拼装成构件所需的尺寸,也称为小块组合钢模,组合拼装时采用 U 形卡将板缝卡紧形成一体;另一类是大模板,它用于墙体的支模,多用在剪力墙结构中,模板的大小按设计的墙身大小而定型制作。

钢质建筑模板一般均做成定型建筑模板,用连接构件拼装成各种形状和尺寸,适用于多种结构形式,在现浇钢筋混凝土结构施工中广泛应用。钢质建筑模板一次投资最大,但周转率高,在使用过程中应注意保管和维护、防止生锈以延长钢质建筑模板的使用寿命。

3. 塑料模板

塑料模板是随着钢筋混凝土预应力现浇密肋楼盖的出现而研制出来的。其形状如一个方的大盆，支模时倒扣在支架上，底面朝上，称为塑壳定型模板。在壳模四侧形成十字交叉的楼盖肋梁。这种模板的优点是拆模快，容易周转，它的不足之处是仅能用在钢筋混凝土结构的楼盖施工中。

4. 其他模板

20世纪80年代中期以来，现浇结构模板趋向多样化，发展更为迅速。主要有铝合金模板、玻璃钢模板、压型钢模、钢木（竹）组合模板、装饰混凝土模板以及复合材料模板等。

4.2.2 按照施工工艺条件分类

1. 大模板

大模板为一大尺寸的工具式模板，一般是一块墙面用一块大模板。大模板由面板、加劲肋、支撑桁架、稳定机构等组成。面板多为钢板或胶合板，亦可用小钢模组拼；加劲肋多用槽钢或角钢；支撑桁架用槽钢和角钢组成。

大模板之间的连接：内墙相对的两块平模用穿墙螺栓拉紧，顶部用卡具固定。外墙的内外模板，多是在外模板的竖向加劲肋上焊一槽钢横梁，用其将外模板悬挂在内模板上。用大模板浇筑墙体，待浇筑的混凝土强度达到1MPa就可拆除大模板，待混凝土强度达到4MPa及以上时才能在其上吊装楼板。

2. 爬模

爬模是爬升模板的简称，国外也叫跳模。它由爬升模板、爬架（也有的爬模没有爬架）和爬升设备三部分组成，在施工剪力墙体系、筒体体系和桥墩等高耸结构中是一种有效的工具。由于具备自爬的能力，因此不需起重机械的吊运，这减少了施工中运输机械的吊运工作量。在自爬的模板上悬挂脚手架可省去施工过程中的外脚手架，爬升模板能减少起重机械数量、加快施工速度，因此经济效益较好。

3. 飞模

飞模可以借助起重机械从已浇筑完混凝土的楼板下吊运飞出转移到上层重复使用，故称飞模。飞模主要由平台板、支撑系统（包括梁、支架、支撑、支腿等）和其他配件（如升降和行走机构等）组成，适用于大开间、大柱网、大进深的现浇钢筋混凝土楼盖施工，尤其适用于现浇板柱结构（无柱帽）楼盖的施工。采用飞模用于现浇钢筋混凝土结构标准层楼盖的施工，楼盖模板一次组装，重复使用，从而减少了逐层组装、支拆模板的工序，简化了模板支拆工艺，节约了模板支拆用工，加快了施工进度。由于模板可以采取起重机械整体吊运，逐层周转使用，不再落地，从而减少了临时堆放模板场地的设置。

4. 隧道模

隧道模是一种组合式定型模板，用以在现场同时浇筑墙体和楼板的混凝土，因为这种模板的外形像隧道，故称之为隧道模。与常用的组合钢模板相比，可节省一半的劳动力，工期缩短1/2以上。采用隧道模施工对建筑结构布局和房间的开间、层高等尺寸要求较严格。

5. 滑动模板

液压滑升模板施工方法是现浇混凝土工程工业化施工的一种方法。这种施工方法的特点是：在地面上按照建筑物或构筑物的平面图形，一次组装一米多高的模板、提升架、操作平台和一套液压提升设备，分层浇灌混凝土，不断滑升模板连续成型，直到所需要的高度为止。由于不必重复支模，并取消了浇灌混凝土的脚手架，使施工条件得到改善，加快了施工速度，提高了工程质量。

4.3 模板工程施工安全的一般规定

（1）模板安装前必须做好下列安全技术准备工作：

1）应审查模板结构设计与施工说明书中的荷载、计算方法、节点构造和安全措施，设计审批手续应齐全。

2）应进行全面的安全技术交底，操作班组应熟悉设计与施工说明书，并应做好模板安装作业的分工准备。采用爬模、飞模、隧道模等特殊模板施工时，所有参加作业人员必须经过专门技术培训，考核合格后方可上岗。

3）应对模板和配件进行挑选、检测，并应运至工地指定地点堆放。

4）备齐操作所需的一切安全防护设施和器具。

（2）模板安装构造应遵守下列规定：

1）模板安装应按设计与施工说明书顺序拼装。木杆、钢管、门架及碗扣式等支架立柱不得混用。

2）竖向模板和支架立柱支承部分安装在基土上时，应加设垫板，垫板应有足够强度和支承面积，且应中心承载。基土应坚实，并应有排水措施。对湿陷性黄土应有防水措施；对特别重要的结构工程可采用混凝土、打桩等措施防止支架柱下沉，对冻胀性土应有防冻融措施。

3）当满堂或共享空间模板支架立柱高度超过8m时，若地基土达不到承载要求，无法防止立柱下沉，则应先施工地面下的工程，再分层回填夯实基土，浇筑地面混凝土垫层，达到强度后方可支模。

4）模板及其支架在安装过程中，必须设置有效防倾覆的临时固定设施。

5）现浇钢筋混凝土梁、板，当跨度大于4m时，模板应起拱；当设计无具体要求时，起拱高度宜为全跨长度的1/1000～3/1000。

6）现浇多层或高层房屋和构筑物，安装上层模板及其支架应符合下列规定：

① 下层楼板应具有承受上层施工荷载的承载能力，否则应加设支撑支架；

② 上层支架立柱应对准下层支架立柱，并应在立柱底铺设垫板；

③ 当采用悬臂吊模板、桁架支模方法时，其支撑结构的承载能力和刚度必须符合设计构造要求。

7）当层间高度大于5m时，应选用桁架支模或钢管立柱支模。当层间高度小于或等于5m时，可采用木立柱支模。

（3）安装模板应保证工程结构和构件各部分形状、尺寸和相互位置的正确，构造应符合模板设计要求。

模板应具有足够的承载能力、刚度和稳定性，应能可靠承受新浇混凝土自重和侧压力以及施工过程中所产生的荷载。

（4）拼装高度为2m以上的竖向模板，不得站在下层模板上拼装上层模板。安装过程中应设置临时固定设施。

（5）当承重焊接钢筋骨架和模板一起安装时，应符合下列规定：

1）梁的侧模、底模必须固定在承重焊接钢筋骨架的节点上。

2）安装钢筋模板组合体时，吊索应按模板设计的吊点位置绑扎。

（6）当支架立柱成一定角度倾斜，或其支架立柱的顶表面倾斜时，应采取可靠措施确保支点稳定，支撑底脚必须有防滑移的可靠措施。

（7）除设计图另有规定外，所有垂直支架柱应保证其垂直。

（8）对梁和板安装二次支撑前，其上不得有施工荷载，支撑的位置必须正确。安装后所传给支撑或连接件的荷载不应超过其允许值。

（9）支撑梁、板的支架立柱安装构造应符合下列规定：

1）梁和板的立柱，纵横向间距应相等或成倍数。

2）木立柱底部应设垫木，顶部应设支撑头。钢管立柱底部应设垫木和底座，顶部应设可调支托，U型支托与楞梁两侧间如有间隙，必须楔紧，其螺杆伸出钢管顶部不得大于200mm，螺杆外径与立柱钢管内径的间隙不得大于3mm，安装时应保证上下同心。

3）在立柱底距地面200mm高处，沿纵横水平方向应按纵下横上的程序设扫地杆。可调支托底部的立柱顶端应沿纵横向设置一道水平拉杆。扫地杆与顶部水平拉杆之间的间距，在满足模板设计所确定的水平拉杆步距要求条件下，进行平均分配确定步距后，在每一步距处纵横向应各设一道水平拉杆。当层高在8～20m时，在最顶步距两水平拉杆中间应加设一道水平拉杆；当层高大于20m时，在最顶两步距水平拉杆中间应分别增加 道水平拉杆。所有水平拉杆的端部均应与四周建筑物顶紧顶牢。无处可顶时，应于水平拉杆端部和中部沿竖向设置连续式剪刀撑。

4）木立柱的扫地杆、水平拉杆、剪刀撑应采用40mm×50mm木条或25mm×80mm的木板条与木立柱钉牢。钢管立柱的扫地杆、水平拉杆、剪刀撑应采用φ48.3×3.6mm钢管，用扣件与钢管立柱扣牢。木扫地杆、水平拉杆、剪刀撑应采用搭接，并应用铁钉钉牢。钢管扫地杆、水平拉杆应采用对接，剪刀撑应采用搭接，搭接长度不得小于500mm，用两个旋转扣件分别在离杆端不小于100mm处进行固定。

（10）施工时，在已安装好的模板上的实际荷载不得超过设计值。已承受荷载的支架和附件，不得随意拆除或移动。

（11）组合钢模板、滑升模板等的安装构造，尚应符合国家现行标准《组合钢模板技术规范》GB/T 50214和《滑动模板工程技术规范》GB 50113的相应规定。

（12）安装模板时，安装所需各种配件应置于工具箱或工具袋内，严禁散放在模板或脚手板上；安装所用工具应系挂在作业人员身上或置于所佩戴的工具袋中，不得掉落。

（13）当模板安装高度超过 3.0m 时，必须搭设脚手架，除操作人员外，脚手架下不得站其他人。

（14）吊运模板时，必须符合下列规定：

1）作业前应检查绳索、卡具、模板上的吊环，必须完整有效，在升降过程中应设专人指挥，统一信号，密切配合。

2）吊运大块或整体模板时，竖向吊运不应少于两个吊点，水平吊运不应少于四个吊点。吊运必须使用卡环连接，并应稳起稳落，待模板就位连接牢固后，方可摘除卡环。

3）吊运散装模板时，必须码放整齐，待捆绑牢固后方可起吊。

4）严禁起重机在架空输电线路下面工作。

5）5 级风及其以上应停止一切吊运作业。

（15）木料应堆放于下风向，离火源不得小于 30m，且料场四周应设置灭火器材。

4.4 模板的安装

4.4.1 一般规定

1）模板及其支架应根据工程结构形式、荷载大小、地基土类别、施工设备和材料供应等条件进行设计。模板及其支架应具有足够的承载能力、刚度和稳定性，能可靠地承受浇筑混凝土的重量、侧压力以及施工荷载，模板配置时应统一编号，安装时应对号入座。

2）在浇筑混凝土之前，应对模板工程进行验收。模板安装和浇筑混凝土时，应对模板及其支架进行观察和维护。发生异常情况时，应按施工技术方案及时进行处理。

3）针对混凝土的施工工艺（如采用混凝土喷射机、混凝土泵送设备、塔式起重机浇注罐、小推车运送等）和季节施工特点（如冬期施工保温措施等）制订出安全、防火措施，一并纳入施工方案之中。

4）安装、拆除模板以及浇筑混凝土作业人员的作业区域内，应按高处作业的有关规定，设置临边防护和孔洞封严措施。

5）模板及其支架拆除的顺序及安全措施应按施工技术方案执行。

模板上堆料和施工设备应合理分散堆放，不应造成荷载的过多集中。尤其是滑模、爬模等模板的施工，应使每个提升设备的荷载相差不大，保持模板平稳上升。

6）交叉作业避免在同一垂直作业面进行，否则应按规定设置隔离防护措施。

7）模板各部位标高尺寸、轴线位置是否符合图样设计要求，特别有高、低落差部位标高应重点检查。

8）柱模板外抱箍沿层高间距不得大于 500mm。

9）现浇楼面板的支撑间距控制在1.2m左右。

10）梁、现浇平板的模板支撑应结实牢固，中间用水平拉杆和剪刀撑加固连接，并考虑不同跨度的起拱要求，平面模板应拼缝严密，防止漏浆。

11）模板安装前应清理杂物，并适量涂抹隔离剂。

12）模板安装后要仔细检查各部位是否牢靠，在浇混凝土中要经常检查，主要部位要重点检查。

13）模板拆模时结构混凝土的强度应达到规范要求，拆除方法应正确，拆模时不得损坏构件。

4.4.2 各类模板安装

（1）梁式或桁架式支架的安装构造要求

1）同一桥跨的支架宜采用相同类型的基础、立柱和承重梁结构。

2）支架立柱底面应根据其基础的承压强度设置钢垫板，钢垫板与立柱及基础应密贴并连接牢固。

3）立柱顶端构造应考虑局部应力采取加强措施，保证立柱顶部受压的整体均匀性。

4）应根据支架结构型式、承受荷载大小及需要的落架量，在支架的适当部位设置落架装置。

5）立柱钢管应符合下列构造要求：

① 钢管的外径与壁厚之比不得超过100。

② 立柱钢管顶部应加焊肋板和桩帽来加强刚度。钢管底部与法兰盘连接位置也应加焊加劲板，数量和形式根据设计图样要求确定，接头强度不得小于钢管自身强度。

③ 当钢管的长细比大于150时，应采用连接系形成格构式框架柱；连接系与钢管之间通过节点板进行连接，连接强度不得小于连接系自身强度。

④ 邻近墩身的单排钢管宜采用刚性结构将钢管与墩身进行可靠连接。

⑤ 立柱钢管与平联、斜撑管之间连接时，开口曲线设置在水平连接系或斜撑上，不得在立柱钢管上开口焊接，严禁平联穿过立柱钢管。

（2）采用贝雷梁桁架作支架纵梁时，应符合下列构造要求：

1）应根据贝雷梁的跨度和结构特点，设置通长横向连接系将同跨内全部纵梁连接成整体；贝雷梁两端及支承位置均应设置通长横向连接系，且其间距不应大于9m。

2）当贝雷梁支承位置不在其主节点上时，应设置加强竖杆或V形斜杆对桁架进行加强。

3）应在贝雷梁支承位置设置侧向限位装置，不宜将贝雷梁直接焊接在其支承结构上。

4）贝雷梁顶、底面应保证整洁、平整，不得有凹凸变形等。

5）分配梁与贝雷梁之间应可靠连接，严禁出现悬空现象。

6）分配梁与砂箱间应紧密连接，严禁出现悬空现象。

7）承重梁安装时应严格控制侧向弯曲，侧向弯曲矢高应小于跨度的1/1000且不大于20mm。

8）立柱横向承重梁应加长，以便于支架纵横梁拆除。

（3）木立柱支撑的安装构造应符合下列规定：

1）木立柱宜选用整料，当不能满足要求时，立柱的接头不宜超过1个，并应采用对接夹板接头方式。立柱底部可采用垫块垫高，但不得采用单码砖垫高，垫高高度不得超过300mm。

2）木立柱底部与垫木之间应设置硬木对角楔调整标高，并应用铁钉将其固定于垫木上。

3）木立柱间距、扫地杆、水平拉杆剪刀撑的设置应符合现行国家标准《建筑施工模板安全技术规范》JGJ 162的规定，严禁使用板皮替代规定的拉杆。

4）所有单立柱支撑应位于底垫木和梁底模板的中心，并应与底部垫木和顶部梁底模板紧密接触，且不得承受偏心荷载。

5）当仅为单排立柱时，应于单排立柱的两边每隔3m加设斜支撑，且每边不得少于两根，斜支撑与地面的夹角应为60°。

（4）普通模板安装构造要求

1）基础及地下工程模板应符合下列规定：

① 地面以下支模应先检查土壁的稳定情况，当有裂纹及塌方危险迹象时，应采取安全防范措施后，方可下人作业。当深度超过2m时，操作人员应设梯上下。

② 距基槽（坑）上口边缘1m内不得堆放模板。向基槽（坑）内运料应使用起重机、溜槽或绳索；运下的模板严禁立放于基槽（坑）土壁上。

③ 斜支撑与侧模的夹角不应小于45°，支于土壁的斜支撑应加设垫板，底部的对角楔木应与斜支撑连牢。高大长脖基础若采用分层支模时，其下层模板应经就位校正并支撑稳固后，方可进行上一层模板的安装。

④ 在有斜支撑的位置，应于两侧模间采用水平撑连成整体。

2）柱模板应符合下列规定：

① 现场拼装柱模时，应适时地按设临时支撑进行固定，斜撑与地面的倾角宜为60°，严禁将大片模板系于柱子钢筋上。

② 待四片柱模就位组拼经对角线校正无误后，应立即自下而上安装柱箍。

③ 若为整体预组合柱模，吊装时应采用卡环和柱模连接，不得用钢筋钩代替。

④ 柱模校正（用四根斜支撑或用连接在柱模顶四角带花篮螺丝的缆风绳，底端与楼板钢筋拉环固定进行校正）后，应采用斜撑或水平撑进行四周支撑，以确保整体稳定。当高度超过4m时，应群体或成列同时支模，并应将支撑连成一体，形成整体框架体系。当需单根支模时，柱宽大于500mm应每边在同一标高上设不得少于两根斜撑或水平撑。斜撑与地面的夹角宜为45°～60°，下端尚应有防滑移的措施。

⑤ 角柱模板的支撑，除满足上款要求外，还应在里侧设置能承受拉、压力的斜撑。

3）墙模板应符合下列规定：

① 当用散拼定型模板支模时，应自下而上进行，必须在下一层模板全部紧固后，方可进行上一层安装。当下层不能独立安设支撑件时，应采取临时固定措施。

② 当采用预拼装的大块墙模板进行支模安装时，严禁同时起吊两块模板，并应边就位、边校正、边连接，固定后方可摘钩。

③ 安装电梯井内墙模前，必须于板底下 200mm 处牢固地满铺一层脚手板。

④ 模板未安装对拉螺栓前，板面应向后倾一定角度。安装过程应随时拆换支撑或增加支撑。

⑤ 当钢楞长度需接长时，接头处应增加相同数量和不小于原规格的钢楞，其搭接长度不得小于墙模板宽或高的 15%～20%。

⑥ 拼接时的 U 型卡应正反交替安装，间距不得大于 300mm；两块模板对接接缝处的 U 型卡应满装。

⑦ 对拉螺栓与墙模板应垂直，松紧应一致，墙厚尺寸应正确。

⑧ 墙模板内外支撑必须坚固、可靠，应确保模板的整体稳定。当墙模板外面无法设置支撑时，应于里面设置能承受拉和压的支撑。多排并列且间距不大的墙模板，当其支撑互成一体时，应有防止浇筑混凝土时引起临近模板变形的措施。

4) 独立梁和整体楼盖梁结构模板应符合下列规定：

① 安装独立梁模板时应设安全操作平台，并严禁操作人员站在独立梁底模或柱模支架上操作及上下通行。

② 底模与横楞应拉结好，横楞与支架、立柱应连接牢固。

③ 安装梁侧模时，应边安装边与底模连接，当侧模高度多于两块时，应采取临时固定措施。

④ 起拱应在侧模内外楞连固前进行。

⑤ 单片预组合梁模，钢楞与板面的拉结应按设计规定制作，并应按设计吊点试吊无误后方可正式吊运安装，侧模与支架支撑稳定后可摘钩。

5) 楼板或平台板模板应符合下列规定：

① 当预组合模板采用桁架支模时，桁架与支点的连接应固定牢靠，桁架支承应采用平直通长的型钢或木方。

② 当预组合模板块较大时，应加钢楞后方可吊运。当组合模板为错缝拼配时，板下横楞应均匀布置，并应在模板端穿插销。

③ 单块模就位安装，必须待支架搭设稳固、板下横楞与支架连接牢固后进行。

④ U 型卡应按设计规定安装。

6) 其他结构模板应符合下列规定：

① 安装圈梁、阳台、雨篷及挑檐等模板时，其支撑应独立设置，不得支搭在施工脚手架上。

② 安装悬挑结构模板时，应搭设脚手架或悬挑工作台，并应设置防护栏杆和安全网。作业处的下方不得有人通行或停留。

③ 烟囱、水塔及其他高大构筑物的模板，应编制专项施工设计和安全技术措施，并应详细地向操作人员进行交底后方可安装。

④ 在危险部位进行作业时，操作人员应系好安全带。

4.4.3 特殊模板安装

(1) 爬升模板安装构造

1）进入施工现场的爬升模板系统中的大模板、爬升支架、爬升设备、脚手架及附件等，应按施工组织设计及有关图样验收，合格后方可使用。

2）爬升模板安装时，应统一指挥，设置警戒区与通信设施，做好原始记录。并应遵守下列规定：

① 检查工程结构上预埋螺栓孔的直径和位置应符合图样要求。

② 爬升模板的安装顺序应为底座、立柱、爬升设备、大模板、模板外侧吊脚手。

3）施工过程中爬升大模板及支架时，应遵守下列规定：

① 爬升前，应检查爬升设备的位置、牢固程度、吊钩及连接杆件等，确认无误后，拆除相邻大模板及脚手架间的连接杆件，使各个爬升模板单元彻底分开。

② 爬升时，应先收紧千斤钢丝绳，吊住大模板或支架，然后拆卸穿墙螺栓，并检查应无任何连接，卡环和安全钩应完好，调整好大模板或支架的重心，保持垂直，开始爬升。爬升时作业人员应站在固定件上，不得站在爬升件上爬升，爬升过程中应防止晃动与扭转。

③ 每个单元的爬升不宜中途交接班，不得隔夜再继续爬升。每单元爬升完毕应及时固定。

④ 大模板爬升时，新浇混凝土的强度应达到 $1.2N/mm^2$。支架爬升时的附墙架穿墙螺栓受力处的新浇混凝土强度应达到 $10N/mm^2$ 以上。

⑤ 爬升设备每次使用前均应检查，液压设备应由专人操作。

4）作业人员应背工具袋，以便存放工具和拆下的零件，防止物件跌落。且严禁从高空向下抛物。

5）每次爬升组合安装好的爬升模板、金属件应涂刷防锈漆，板面应涂刷脱模剂。

6）爬模的外附脚手架或悬挂脚手架应满铺脚手板，脚手架外侧应设防护栏杆和安全网。爬架底部亦应满铺脚手板和设置安全网。

7）每步脚手架间应设置爬梯，作业人员应由爬梯上下，进入爬架应在爬架内上下，严禁攀爬模板、脚手架和爬架外侧。

8）脚手架上不应堆放材料，脚手架上的垃圾应及时清除。如需临时堆放少量材料或机具，必须及时取走，且不得超过设计荷载的规定。

9）所有螺栓孔均应安装螺栓，螺栓应采用 50～60N·m 的扭矩紧固。

（2）飞模安装构造

1）飞模的制作组装必须全部按设计图进行，运到施工现场后，应按设计要求检查合格后方可使用安装。安装前应进行一次试压和试吊，检验确认各部件无隐患。对利用组合钢模板、门式脚手架、钢管脚手架组装的飞模，所用的材料、部件应符合国家现行标准《组合钢模板技术规范》GB 50214、《冷弯薄壁型钢结构技术规范》GB 50018 以及其他专业技术规范的要求。凡属采用铝合金型材、木、竹或塑胶合板组装的飞模，所用材料及部件应符合有关专业标准规定的要求。

2）飞模起吊时，应在吊离地面 0.5m 后停下，待飞模完全平衡后再起吊。吊装应使用安全卡环，不得使用吊钩。

3）飞模就位后，应立即在外侧设置防护栏，其高度不得小于 1.2m，外侧应另加设安全网,同时应设置楼层护栏。并应准确、牢固地搭设好出模操作平台。

4)当飞模在不同楼层转运时,上下层的信号人员应分工明确、统一指挥、统一信号,并应采用步话机联络。

5)当飞模转运采用地滚轮推出时,前滚轮应高出后滚轮10~20mm,并应将飞模重心标画于旁侧,严禁外侧吊点在未挂钩前将飞模向外倾斜。

6)飞模外推时,必须用多根安全绳一端牢固栓于飞模两侧,另一端围绕于飞模两侧建筑物的可靠部位上,并应设专人负责;缓慢推出飞模,并松放安全绳,飞模外端吊点的钢丝绳亦应逐渐收紧,待内外端吊钩挂牢后再转运起吊。

7)在飞模上操作的挂钩作业人员应穿防滑鞋,且应系好安全带,并应挂于上层的预埋铁环上。

8)吊运时,飞模上不得站人和存放物料,操作电动平衡吊具的作业人员应站在楼面上,并不得斜拉歪吊。

9)飞模出模时,下层应设安全网,且飞模每运转一次后应检查各部件的损坏情况,同时应对所有的连接螺栓重新进行紧固。

(3)隧道模安装构造

1)组装好的半隧道模应按模板编号顺序吊装就位。并应将两个半隧道模顶板边缘的角钢用连接板和螺栓进行连接。

2)合模后应采用千斤顶升降模板的底沿,按导墙上所确定的水准点调整到设计标高,并应采用斜支撑和垂直支撑调整模板的水平度和垂直度,再将连接螺栓拧紧。

3)支卸平台构架的支设,必须遵守下列规定:

① 支卸平台的设计应便于支卸平台吊装就位,平台的受力应合理。

② 平台桁架中立柱下面的垫板,必须落在楼板边缘以内400mm左右,并应在楼层下相应位置加设临时垂直支撑。

③ 支卸平台台面的顶面,必须和混凝土楼面齐平,并应紧贴楼面边缘。相邻支卸平台间的空隙不得过大。支卸平台外周边应设安全护栏和安全网。

4)山墙作业平台应遵守下列规定:

① 隧道模拆除吊离后,应将特制U型卡承托对准山墙的上排对拉螺栓孔,从外向内插入,并用螺帽紧固。U型卡承托的间距不得大于1.5m。

② 将作业平台吊至已埋设的U型卡位置就位,并将平台每根垂直杆件上的Φ30水平杆件落入U型卡内,平台下部靠墙的垂直支撑用穿墙螺栓紧固。

③ 每个山墙作业平台的长度不应超过7.5m,且不应小于2.5m,并应在端头分别增加外挑1.5m的三角平台。作业平台外周边应设安全护栏和安全网。

4.4.4 模板拆除施工安全要求

(1)模板拆除一般规定

1)模板的拆除应经项目技术负责人批准,拆除模板的时间可按现行国家标准《混凝土结构工程施工及验收规范》GB 50010的有关规定执行。冬期施工的拆模应遵守专门规定。

2) 当混凝土未达到规定强度或已达到设计规定强度时，如需提前拆模或承受部分超设计荷载时，必须经过计算和技术主管确认其强度能足够承受此荷载后，方可拆除。

3) 在承重焊接钢筋骨架作配筋的结构中，承受混凝土重量的模板，应在混凝土达到设计强度的25％后方可拆除承重模板。如在已拆除模板的结构上加置荷载时，应另行核算。

4) 大体积混凝土的拆模时间除应满足混凝土强度要求外，还应使混凝土内外温差降低到25℃以下时方可拆模。否则应采取有效措施防止产生温度裂缝。

5) 后张预应力混凝土结构的侧模宜在施加预应力前拆除，底模应在施加预应力后拆除。设计有规定时，应按规定执行。

6) 拆模前应检查所使用的工具应有效和可靠，扳手等工具必须装入工具袋或系挂在身上，并应检查拆模场所范围内的安全措施。

7) 模板的拆除工作应设专人指挥。作业区应设围栏，其内不得有其他工种作业，并应设专人负责监护。拆下的模板、零配件严禁抛掷。

8) 拆模的顺序和方法应按模板的设计规定进行。当设计无规定时，可采取先支的后拆、后支的先拆、先拆非承重模板、后拆承重模板，并应从上而下进行拆除。拆下的模板不得抛扔，应按指定地点堆放。

9) 多人同时操作时，应明确分工、统一信号或行动，应具有足够的操作面，人员应站于安全处。

10) 高处拆除模板时，应遵守有关高处作业的规定，严禁使用大锤和撬棍。操作层上临时拆下的模板堆放不能超过3层。

11) 在提前拆除互相搭连并涉及其他后拆模板的支撑时，应补设临时支撑。拆模时应逐块拆卸，不得成片撬落或拉倒。

12) 拆模如遇中途停歇，应将已拆松动、悬空、浮吊的模板或支架进行临时支撑牢固或相互连接稳固。对活动部件必须一次拆除。

13) 已拆除了模板的结构，应在混凝土强度达到设计强度值后方可承受全部设计荷载。若在未达到设计强度以前，需在结构上加置施工荷载时，应另行核算，强度不足时，应加设临时支撑。

14) 遇6级或6级以上大风时，应暂停室外的高处作业。雨、雪、霜后应先清扫施工现场，方可进行工作。

15) 拆除有洞口模板时，应采取防止操作人员坠落的措施。洞口模板拆除后，应按现行行业标准《建筑施工高处作业安全技术规范》JGJ 80的有关规定及时进行防护。

(2) 支架立柱拆除要求

1) 当拆除钢楞、木楞、钢桁架时，应在其下面临时搭设防护支架，使所拆楞梁及桁架先落于临时防护支架上。

2) 当立柱的水平拉杆超出2层时，应首先拆除2层以上的拉杆。当拆除最后一道水平拉杆时，应和拆除立柱同时进行。

3) 当拆除4～8m跨度的梁下立柱时，应先从跨中开始，对称地分别向两端拆除。拆除时，严禁采用连梁底板向旁侧一片拉倒的拆除方法。

4) 对于多层楼板模板的立柱，当上层及以上楼板正在浇筑混凝土时，下层楼板立柱的拆除，应根据下层楼板结构混凝土强度的实际情况，经过计算确定。

5) 拆除平台、楼板下的立柱时，作业人员应站在安全处拉拆。

6) 对已拆下的钢楞、木楞、桁架、立柱及其他零配件应及时运到指定地点。对有芯钢管立柱运出前应先将芯管抽出或用销卡固定。

(3) 普通模板拆除要求

1) 拆除条形基础、杯形基础、独立基础或设备基础的模板时，应遵守下列规定：

① 拆除前应先检查基槽（坑）土壁的安全状况，发现有松软、龟裂等不安全因素时，应在采取安全防范措施后，方可进行作业。

② 模板和支撑杆件等应随拆随运，不得在离槽（坑）上口边缘1m以内堆放。

③ 拆除模板时，施工人员必须站在安全地方。应先拆内外木楞、再拆木面板；钢模板应先拆钩头螺栓和内外钢楞，后拆U型卡和L型插销，拆下的钢模板应妥善传递或用绳钩放置地面，不得抛掷。拆下的小型零配件应装入工具袋内或小型箱笼内，不得随处乱扔。

2) 拆除柱模应遵守下列规定：

① 柱模拆除应分别采用分散拆和分片拆两种方法。其分散拆除的顺序应为：拆除拉杆或斜撑、自上而下拆除柱箍或横楞、拆除竖楞，自上而下拆除配件及模板、运走分类堆放、清理、拔钉、钢模维修、刷防锈油或脱模剂、入库备用。

分片拆除的顺序应为：拆除全部支撑系统、自上而下拆除柱箍及横楞、拆掉柱角U型卡、分二片或四片拆除模板、原地清理、刷防锈油或脱模剂、分片运至新支模地点备用。

② 柱子拆下的模板及配件不得向地面抛掷。

3) 拆除墙模应遵守下列规定：

① 墙模分散拆除顺序应为：拆除斜撑或斜拉杆、自上而下拆除外楞及对拉螺栓、分层自上而下拆除木楞或钢楞及零配件和模板、运走分类堆放、拔钉清理或清理检修后刷防锈油或脱模剂、入库备用。

② 预组拼大块墙模拆除顺序应为：拆除全部支撑系统、拆卸大块墙模接缝处的连接型钢及零配件、拧去固定埋设件的螺栓及大部分对拉螺栓、挂上吊装绳扣并略拉紧吊绳后，拧下剩余对拉螺栓，用方木均匀敲击大块墙模立楞及钢模板，使其脱离墙体用撬棍轻轻外撬大块墙模板使全部脱离，指挥起吊、运走、清理、刷防锈油或脱模剂备用。

③ 拆除每一大块墙模的最后两个对拉螺栓后，作业人员应撤离大模板下侧，以后的操作均应在上部进行。个别大块模板拆除后产生局部变形者应及时整修好。

④ 大块模板起吊时，速度要慢，应保持垂直，严禁模板碰撞墙体。

4) 拆除梁、板模板应遵守下列规定：

① 梁、板模板应先拆梁侧模，再拆板底模，最后拆除梁底模，并应分段分片进行，严禁成片撬落或成片拉拆。

② 拆除时，作业人员应站在安全的地方进行操作，严禁站在已拆或松动的模板上进行拆除作业。

③ 拆除模板时，严禁用铁棍或铁锤乱砸，已拆下的模板应妥善传递或用绳钩放至地面。

④ 严禁作业人员站在悬臂结构边缘敲拆下面的底模。

⑤ 待分片、分段的模板全部拆除后，方允许将模板、支架、零配件等按指定地点运出堆放，并进行拔钉、清理、整修、刷防锈油或脱模剂，入库备用。

（4）特殊模板拆除要求

1）对于拱、薄壳、圆穹屋顶和跨度大于 8m 的梁式结构，应按设计规定的程序和方式从中心沿环圈对称向外或从跨中对称向两边均匀放松模板支架立柱。

2）拆除圆形屋顶、筒仓下漏斗模板时，应从结构中心处的支架立柱开始，按同心圆层次对称地拆向结构的周边。

3）拆除带有拉杆拱的模板时，应在拆除前先将拉杆拉紧。

（5）爬升模板拆除要求

1）拆除爬模应有拆除方案，且应由技术负责人签署意见，拆除前应向有关人员进行安全技术交底后，方可实施。

2）拆除时应先清除脚手架上的垃圾杂物，并应设置警戒区由专人监护。

3）拆除时应设专人指挥，严禁交叉作业。拆除顺序应为：悬挂脚手架和模板、爬升设备、爬升支架。

4）已拆除的物件应及时清理、整修和保养，并运至指定地点备用。

5）遇 5 级以上大风应停止拆除作业。

（6）飞模拆除要求

1）梁、板混凝土强度等级不小于设计强度的 75% 时，方准脱模。

2）飞模的拆除顺序、行走路线和运到下一个支模地点的位置，均应按照台模设计的有关规定进行。

3）拆除时应先用千斤顶顶住下部水平连接管，再拆去木楔或砖墩（或拔出钢套管连接螺栓，提起钢套管）。推入可任意转向的四轮台车，松千斤顶使飞模落于台车上，随后推运至主楼板外侧搭设的平台上，用塔式起重机吊至上层重复使用。若不需重复使用时，应按普通模板的方法拆除。

4）飞模拆除必须有专人统一指挥，飞模尾部应绑安全绳，安全绳的另一端应套在坚固的建筑结构上，且在推运时应徐徐放松。

5）飞模推出后，楼层外边缘应立即绑好护身栏。

（7）隧道模拆除要求

1）拆除前应对作业人员进行安全技术交底。

2）拆除导墙模板应在新浇混凝土强度达到 $1.0N/mm^2$ 后，方准拆模。

3）拆除隧道模应按下列顺序进行：

① 新浇混凝土强度应在达到承重模板拆模要求后，方准拆模。

② 应用长柄手摇螺帽杆将连接顶板的连接板上的螺栓松开，并应将隧道模分成两个半隧道模。

③ 拔除穿墙螺栓，并旋转垂直支撑杆和墙体模板的螺旋千斤顶，让滚轮落地，使

隧道模脱离顶板和墙面。

④ 放下支卸平台防护栏杆，先将一边的半隧道模推移至支卸平台上，然后再推另一边半隧道模。

⑤ 为使顶板不超过设计允许荷载，经设计核算后，若不够应加设临时支撑柱。

4) 半隧道模的吊运方法，应根据具体情况采用。

4.5 模板的检查与验收

混凝土在浇筑时呈可塑状态，模板与混凝土直接接触，使混凝土具有设计所要求的形状；支架系统起支撑模板，保持其位置正确并承受模板、混凝土以及施工荷载的作用。模板及其支架系统的质量，将直接影响到施工过程的安全。

1) 安装现浇结构的上层模板及其支架时，下层楼板应具有承受上层荷载的承载能力，或加设支架；上、下层支架的立柱应对准，并铺设垫板，检查检验时，对照模板设计文件和施工技术方案观察。

2) 在涂刷模板隔离剂时，全数检查不得沾污钢筋和混凝土接槎处。

3) 检查检验模板的接缝不应漏浆；在浇筑混凝土前，木模板应浇水湿润，但模板内不应有积水。

4) 检查检验模板与混凝土的接触面应清理干净并涂刷隔离剂，但不得采用影响结构性能或妨碍装饰工程施工的隔离剂。

5) 检查检验浇筑混凝土前，模板内的杂物应清理干净。

6) 检查检验对清水混凝土工程及装饰混凝土工程，应使用能达到设计效果的模板。

7) 检查检验用作模板的地坪、胎模等应平整光洁，不得产生影响构件质量的下沉、裂缝、起砂或起鼓。

8) 检查检验对跨度不小于 4m 的现浇钢筋混凝土梁、板，其模板应按设计要求起拱；当设计无具体要求时，起拱高度宜为跨度的 1/1000～3/1000。

检查数量：在同一检验批内，对梁应抽查构件数量的 10%，且不少于 3 件；对板应按有代表性的自然间抽查 10%，且不少于 3 间；对大空间结构，板可按纵、横轴线划分检查面，抽查 10%，且不少于 3 面。

检验方法：水准仪或拉线、钢尺检查。

9) 固定在模板上的预埋件、预留孔和预留洞均不得遗漏，且应安装牢固，其偏差应符合表 4-1 的规定。

检查数量：在同一检验批内，对梁、柱和独立基础，应抽查构件数量的 10%，且不少于 3 件；对墙和板，应按有代表性的自然间抽查 10%，且不少于 3 间；对大空间结构，墙可按相邻轴线间高度 5m 左右划分检查面，板可按纵、横轴线划分检查面，抽查 10%，且不少于 3 面。

预埋件和预留孔洞的允许偏差　　　　　　　表 4-1

项　目		允许偏差(mm)
预埋钢板中心位置		3
预埋管、预留孔中心线位置		3
插筋	中心线位置	5
	外露长度	+10,0
预埋螺栓	中心线位置	2
	外露长度	+10,0
预留洞	中心线位置	10
	尺寸	+10,0

注：检查中心线位置时，应沿纵、横两个方向量测，并取其中的较大值。

检验方法：钢尺检查。

10）现浇结构模板安装的偏差应符合表 4-2 的规定。

现浇结构模板安装的允许偏差及检验方法　　　表 4-2

项　目		允许偏差(mm)	检查方法
轴线位置		5	钢尺检查
底模上表面标高		±5	水准仪或拉线、钢尺检查
截面内部尺寸	基础	±10	钢尺检查
	柱、墙、梁	+4,-5	钢尺检查
层高垂直度	不大于 5m	6	经纬仪或吊线、钢尺检查
	大于 5m	8	经纬仪或吊线、钢尺检查
相邻两板表面高低差		2	钢尺检查
表面平整度		5	2m 靠尺和塞尺检查

注：检查轴线位置时，应沿纵、横两个方向量测，并取其中的较大值。

检查数量：在同一检验批内，对梁、柱和独立基础，应抽查构件数量的 10%，且不少于 3 件；对墙和板，应对有代表性的自然间抽查 10%，且不少于 3 间；对大空间结构，墙可按相邻轴线间高度 5m 左右划分检查面，板可按纵、横轴线划分检查面，抽查 10%，且不少于 3 面。

4.6 高大模板支撑工程安全监管

高大模板支撑体系为危险性较大工程。所称危险性较大的分部分项工程（以下简称"危大工程"），是指房屋建筑和市政基础设施工程在施工过程中，容易导致人员群死群伤或者造成重大经济损失的分部分项工程。按照现行的管理体系，根据住房和城乡建设部颁布的《建筑施工安全专项整治工作方案》、《危险性较大的分部分项工程安全管理规定》和《建设工程高大模板支撑系统施工安全监督管理导则》，提出了管理办法。

4.6.1 高大模板支撑专项施工方案管理

（1）超过一定规模的模板工程及支撑体系范围

1）各类工具式模板工程：包括滑模、爬模、飞模、隧道模等工程。

2）混凝土模板支撑工程：搭设高度8m及以上，或搭设跨度18m及以上，或施工总荷载（设计值）15kN/m² 及以上，或集中线荷载（设计值）20kN/m 及以上。

3）承重支撑体系：用于钢结构安装等满堂支撑体系，承受单点集中荷载7kN及以上。

（2）危大工程专项施工方案的内容

1）工程概况：危大工程概况和特点、施工平面布置、施工要求和技术保证条件；

2）编制依据：相关法律、法规、规范性文件、标准、规范及施工图设计文件、施工组织设计等；

3）施工计划：包括施工进度计划、材料与设备计划；

4）施工工艺技术：技术参数、工艺流程、施工方法、操作要求、检查要求等；

5）施工安全保证措施：组织保障措施、技术措施、监测监控措施等；

6）施工管理及作业人员配备和分工：施工管理人员、专职安全生产管理人员、特种作业人员、其他作业人员等；

7）验收要求：验收标准、验收程序、验收内容、验收人员等；

8）应急处置措施；

9）计算书及相关施工图样。

4.6.2 专项施工方案审批和专家论证

高大模板支撑体系专项施工方案，应先由施工单位技术部门组织本单位施工技术、安全、质量等部门的专业技术人员进行审核，施工方案实行施工总承包的，专项施工方案应当由施工总承包单位组织编制。危大工程实行分包的，专项施工方案可以由相关专业分包单位组织编制。分包单位编制专项施工方案，应当由总承包单位技术负责人及分包单位技术负责人共同审核签字并加盖单位公章。并由总监理工程师审查签字、加盖执业印章后方可实施。再按照相关规定组织专家论证，专家应当从当地建设主管部门公布的专家库中选取。与本工程有利害关系的人员不得以专家身份参加专家论证会。

专家论证会后，应当形成论证报告，对专项施工方案提出通过、修改后通过或者不通过的一致意见。专家对论证报告负责并签字确认。

4.6.3 专项施工方案专家论证要点

专项施工方案专家论证要点见表4-3。

4.6.4 专家论证意见处理措施

施工单位专项施工方案经论证需修改后通过的，施工单位应当根据论证报告修改完善后，重新履行规定的程序。专项施工方案经论证不通过的，施工单位修改后应当按照规定的要求重新组织专家论证。

专项施工方案专家论证要点 表 4-3

序号	论证项目	论证内容	论证意见	备注
1	专项施工方案内容的完整性	工程概况		
		编制依据		
		施工计划		
		施工工艺技术		
		施工安全保证措施		
		施工管理		
		作业人员配备和分工		
		验收要求		
		应急处置措施		
		计算书及相关施工图样		
2	主要材料参数取值的真实性	钢管直径和壁厚是否符合实际情况		
		方木及面板参数取值是否符合实际情况		
3	构造措施的完备性和正确性	竖向剪刀撑设置情况		
		水平剪刀撑设置情况		
		立杆伸出顶层水平杆长度是否大于规范规定的最大值		
		立杆步距是否大于规范规定的最大值		
		支撑体系与主体结构墙柱拉接情况		
4	设计验算的正确性	模板的抗弯和变形验算		
		次龙骨和主龙骨的抗弯、抗剪和变形验算		
		连接扣件的抗滑验算		
		支架的稳定性验算		
		立杆地基的承载力验算		
5	设计图样的完整性	支模区域立杆、纵横水平杆平面布置图		
		支撑系统立面图和剖面图		
		水平剪刀撑布置平面图及竖向剪刀撑布置立面图		
		梁板支模大样图		
		支撑体系监测平面布置图		
		连墙件布置位置及节点大样图		

4.6.5 实施过程的验收管理

高大模板支撑系统搭设前，施工单位项目技术负责人或者方案编制人员应当根据专项施工方案和有关规范、标准的要求，对现场管理人员、操作班组作业人员进行安全技术交底，并履行签字手续。施工单位应当在施工现场显著位置公告危大工程名称、施工时间和具体责任人员，并在危险区域设置安全警示标志。由项目技术负责人组织对需要处理或者加固的地基、基础进行验收，并留存记录。

高大模板支撑系统应在搭设完成后，由施工单位项目负责人组织验收。验收人员应包括施工单位和项目部两级技术人员，项目安全、质量、施工人员，监理单位的总监和专业监理工程师。验收合格后，施工单位应当在施工现场明显位置设置验收标识牌，公示验收时间及责任人员，经施工单位项目技术负责人及项目总监理工程师签字后，方可进入后续工序的施工。

混凝土浇筑前，施工单位应当对施工作业人员进行登记，项目技术负责人、项目总监确认具备混凝土浇筑的安全生产条件后，签署混凝土浇筑令，方可浇筑混凝土。

混凝土浇筑过程中，项目负责人应当在施工现场履职，项目专职安全生产管理人员应当对专项施工方案实施情况进行现场监督，对未按照专项施工方案施工的，应当要求立即整改，并及时报告项目负责人，项目负责人应当及时组织限期整改。施工单位应当按照规定对危大工程进行施工监测和安全巡视，发现危及人身安全的紧急情况，应当立即组织作业人员撤离危险区域。

高大模板支撑系统拆除前，项目技术负责人、项目总监应当核查混凝土同条件试块强度报告，浇筑混凝土达到拆模强度后方可拆除，并履行拆模审批签字手续（表4-4）。

施工安全管理主要内容　　　　　　　　表4-4

序号	项目	主要内容	检查结论	备注
1	安全技术交底	必须有安全技术交底书		
		现场管理人员、操作班组和作业人员必须掌握安全交底书的内容		
		作业人员必须严格按规范、专项施工方案和安全技术交底书的要求进行操作		
2	作业人员的施工培训和技术资质	作业人员必须经过培训,并取得建筑施工脚手架特种作业操作资格证后方可上岗		
3	安全投入保证体系	作业面按有关规定设置安全防护设施		
		作业人员正确佩戴相应的劳动防护用品		
4	检查验收	项目负责人必须组织验收		
		验收报告必须合格		
		验收合格后,必须经施工单位项目技术负责人及项目总监理工程师签字后才能施工		
5	实际施工荷载	施工材料均匀放置,施工总荷载不得超过模板支撑系统设计荷载的要求		
6	混凝土浇筑和振捣	必须按照正确的方式和顺序浇筑和振捣混凝土		
		混凝土浇筑期的监控:浇筑过程必须有专人对支架进行观测,发现险情后,立即停止浇筑并采取应急措施		
7	模板支撑体系拆除	拆除前必须有混凝土试块报告,并在混凝土达到拆模强度后方可拆除,并履行拆模审批签字手续		
		拆除过程中,地面设置围栏和警戒标志,并派专人看守,同时严禁非操作人员进入作业范围		

4.6.6 危大工程施工单位法律责任

(1) 施工单位未按照规定编制并审核危大工程专项施工方案的,依照《建设工程安全生产管理条例》对单位进行处罚,并暂扣安全生产许可证 30 日;对直接负责的主管人员和其他直接责任人员处 1000 元以上 5000 元以下的罚款。

(2) 施工单位有下列行为之一的,依照《中华人民共和国安全生产法》、《建设工程安全生产管理条例》对单位和相关责任人员进行处罚:
  1) 未向施工现场管理人员和作业人员进行方案交底和安全技术交底的;
  2) 未在施工现场显著位置公告危大工程,并在危险区域设置安全警示标志的;
  3) 项目专职安全生产管理人员未对专项施工方案实施情况进行现场监督的。

(3) 施工单位有下列行为之一的,责令限期改正,处 1 万元以上 3 万元以下的罚款,并暂扣安全生产许可证 30 日;对直接负责的主管人员和其他直接责任人员处 1000 元以上 5000 元以下的罚款:
  1) 未对超过一定规模的危大工程专项施工方案进行专家论证的;
  2) 未根据专家论证报告对超过一定规模的危大工程专项施工方案进行修改,或者未按照本规定重新组织专家论证的;
  3) 未严格按照专项施工方案组织施工,或者擅自修改专项施工方案的。

(4) 施工单位有下列行为之一的,责令限期改正,并处 1 万元以上 3 万元以下的罚款;对直接负责的主管人员和其他直接责任人员处 1000 元以上 5000 元以下的罚款:
  1) 项目负责人未按照本规定现场履职或者组织限期整改的;
  2) 施工单位未按照本规定进行施工监测和安全巡视的;
  3) 未按照本规定组织危大工程验收的;
  4) 发生险情或者事故时,未采取应急处置措施的;
  5) 未按照本规定建立危大工程安全管理档案的。

4.6.7 监督管理

施工单位应严格按照专项施工方案组织施工。高大模板支撑系统搭设、拆除及混凝土浇筑过程中,应有专业技术人员进行现场指导,设专人负责安全检查,发现险情,立即停止施工并采取应急措施,排除险情后,方可继续施工。

监理单位对高大模板支撑系统的搭设、拆除及混凝土浇筑实施巡视检查,发现安全隐患应当责令整改,对施工单位拒不整改或者拒不停止施工的,应当及时向建设单位报告。

建设行政主管部门及监督机构应将高大模板支撑系统作为建设工程安全监督重点,加强对方案审核论证、验收、检查、监控程序的监督,发现施工单位未按照专项施工方案实施,建设主管部门应当将单位和个人的处罚信息纳入建筑施工安全生产不良信用记录。

第5章 起重吊装

起重是指垂直或者水平移动重物的一种机械行为,由起重机械完成。吊装是指利用起重机械将设备进行位移、就位行为的统称。起重、吊装的实质内容基本一致,没有严格的区别,为不同行业、不同年代的称呼。

5.1 起重机械的分类、适用范围、基本参数

5.1.1 起重机械的分类

按照现行国家标准《起重机械分类》GB/T 20776规定,常用的起重机械可分为轻小型起重设备、起重机等。

(1) 轻小型起重设备分类

1) 千斤顶:可分为机械千斤顶(包括螺旋千斤顶、齿条千斤顶)、油压千斤顶等;

2) 滑车:可分为吊钩型滑车、链环型滑车、吊环型滑车;

3) 起重葫芦:可分为手拉葫芦、手扳葫芦、电动葫芦、气动葫芦、液动葫芦等;

4) 卷扬机:可分为卷绕式卷扬机(包括单卷筒、双卷筒、多卷筒卷扬机)、摩擦式卷扬机。

(2) 起重机的分类。起重机可分为:桥架型起重机、臂架型起重机、缆索型起重机三大类。

1) 桥架型起重机类别主要有:梁式起重机、桥式起重机、门式起重机、半门式起重机、装卸桥等。

2) 臂架型起重机类别。臂架型起重机共分十一个类别,主要有:固定式起重机、门座起重机、半门座起重机、塔式起重机、流动式起重机、铁路起重机、桅杆起重机、悬臂起重机等。其中,起重吊装作业中应用最广泛的是流动式起重机。

3) 缆索起重机类别主要有:缆索起重机、门式缆索起重机。

5.1.2 常用起重机械的特点及适用范围

建筑工程中常用的起重机有桥式起重机、门式起重机、流动式起重机、塔式起重机、桅杆起重机等。起重吊装作业中常用的起重机有流动式起重机、桅杆起重机。它们的特点和适用范围各不相同。

(1) 流动式起重机。流动式起重机主要有履带起重机、汽车起重机、轮胎起重机、全地面起重机、随车起重机。

1)特点：适用范围广；起重量大，安全性高；机动性好，可以方便地转移场地，但对道路、场地要求较高，台班费较高。

2)适用范围：适用于场地符合起重机要求的各类设备、构件的吊装，作业安全、可靠、工期短。

(2)塔式起重机。按变幅方式，常见塔式起重机主要有动臂变幅塔式起重机、小车变幅式塔式起重机；按爬升方式，常见塔式起重机主要有内爬升式塔式起重机、附着式塔式起重机。

1)特点：吊装速度快，台班费低。

2)适用范围：适用于在某一范围内数量多，单件重量较小的设备、构件吊装，适合于作业周期长。

(3)桅杆起重机。常用桅杆式起重机有缆绳式桅杆起重机、单立柱式桅杆起重机、移动式桅杆起重机。随着流动式起重机、塔式起重机的普及应用，桅杆式起重机使用范围越来越小，一般用于条件受限、流动式起重机无法应用的项目上。

1)特点：属于非标准起重机，其结构简单，起重量大，对场地要求不高，使用成本低，但效率不高。

2)适用范围：主要适用于某些特重、特高和场地受到特殊限制的吊装。

(4)轻小型起重设备。轻小型起重设备种类多、小巧灵活、携带方便，在建筑工程中应用广泛。常用于中、小型设备的水平运输、垂直运输、位置的微量调整等。

5.2 常用索具、辅助工具、吊具及其安全使用

5.2.1 麻绳

(1)麻绳的性能和种类

1)麻绳的特点与用途。麻绳具有质地柔韧、轻便、易于捆绑、结扣及解脱方便等优点，但其强度较低，一般麻绳的强度，为相同直径钢丝绳的10%左右，而且易磨损、腐烂、霉变。

麻绳在起重作业中主要用于捆绑物体；起吊轻小物件；当起吊物件或重物时，麻绳主要用于受力不大的缆风、溜绳等，以保持被吊物体的稳定。

2)麻绳的种类。麻绳按使用的原料不同分为印尼棕绳、白棕绳、混合绳和线麻绳四种；按是否浸油分为油浸麻绳和非油浸麻绳两种。白棕绳是以剑麻纤维为原料制成的，在起重作业中应用普遍。

(2)麻绳的许用拉力。麻绳在起重吊装作业中主要受拉伸作用，因此选用麻绳时要进行抗拉能力计算。由于麻绳可能存在制造缺陷，容易磨损并考虑动力冲击因素的影响，白棕绳许用拉力应综合考虑各项因素，在破断拉力的基础上，增加安全保障。其计算公式如下：

$$P=\frac{S_b}{K} \tag{5-1}$$

式中 P——白棕绳许用拉力（N）；

S_b——白棕绳的破断拉力（N）；

K——白棕绳的安全系数，见表5-1。

白棕绳的安全系数 K 表5-1

使 用 情 况	安全系数 K
地面水平运输设备	3
高空系挂式吊装设备	5
慢速机械操作,环境温度在40~50℃和载人情况下	10

为施工方便，白棕绳的许用拉力也可以估算，其近似破断拉力为：

$$S_b=50d^2 \tag{5-2}$$

式中 d——白棕绳直径（mm）。

估算的许用拉力为：

$$P=\frac{50d^2}{K} \tag{5-3}$$

（3）麻绳的安全使用与管理

1）麻绳要存放在干燥的木板上和通风良好的地方，不能受潮或高温烘烤。

2）麻绳不能在有酸、碱的地方使用，并防止在沾染酸碱、降低强度后报废。

3）在使用前必须对麻绳仔细认真检查，对存在问题的要妥善处理。断丝、腐烂、割伤、变形严重时，严禁使用。

4）机动的起重机械或受力较大的地方不得使用麻绳。

5）麻绳用于吊装有棱角的构件或设备时，应用麻袋或其他软物包垫完善，以免伤割麻绳。

6）旧麻绳根据新旧程度按新绳的40%~60%破断拉力使用。

7）和麻绳配用的卷筒和滑车的直径，应大于麻绳直径的10倍。麻绳在轮槽中的偏角控制在3°范围内，否则容易脱槽割伤、割断麻绳发生事故。

8）打结的麻绳禁止在滑轮中使用。

5.2.2 钢丝绳

钢丝绳又称钢索或钢绳。其强度高、重量轻、弹性好、能承受冲击载荷；高速运行时，运行稳定，噪声小，挠性好，使用灵活；磨损后，外表会产生许多毛刺，易于检查；破断前有断丝的预兆，且整根钢丝绳一般不会同时断裂。钢丝绳是起重机的重要零部件之一，也是起重作业中最常用的绳索，用来捆绑、起吊、拖拉重物。

钢丝绳是至少有两层钢丝围绕一个中心钢丝或多股围绕一个绳芯旋转捻制而成的结构。分为多股钢丝绳和单捻钢丝绳。钢丝绳按照"钢丝绳—绳股—钢丝—绳芯"分解来看，钢丝绳组件如图 5-1 所示。

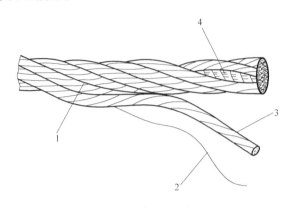

图 5-1　多股钢丝绳
1—钢丝绳；2—钢丝；3—股；4—芯

（1）钢丝绳的构造和种类

1）钢丝绳的构造

① 钢丝。钢丝是钢丝绳最基本的组成部分。用于承受荷载的钢丝称为承载钢丝；钢丝表面状态有光面（无镀层）、镀锌层、锌合金镀层或其他保护层等。

② 股及股的类型。股是钢丝绳组件之一，通常由一定形状和尺寸的钢丝绕一中心沿相同方向捻制一层或多层的螺旋状结构。股分为圆股、三角股、椭圆股、扁带股、单层钢丝股、平行捻股、西鲁式捻股、瓦林吞式捻股、填充式捻股等多种类型，其中最常见的是圆股、单层钢丝股等。

③ 芯及芯的类型。芯是圆钢丝绳的中心组件，多股钢丝绳的股或缆式钢丝绳的单元钢丝绳团绕中心组件螺旋捻制。芯分为纤维芯、钢芯、固态聚合物芯，其中最常见的是纤维芯（FC）。

纤维芯：代号 FC，是由天然纤维（NFC）、合成纤维（SFC）、天然纤维和合成纤维混合（CFC）组成的芯。

纤维芯为浸油的麻、棉纱或合成纤维，因此，纤维芯钢丝绳比较柔软，容易弯曲，同时浸过油的绳芯可以润滑钢丝，防止钢丝生锈，又能减少钢丝间的摩擦，故在起重作业中应用较广。金属芯钢丝绳可以在较高温度下工作，耐重负荷，但钢丝绳太硬，不易弯曲，在起重作业中一般不用。

④ 捻向和捻制类型

a. 股的捻向 z，s：外层钢丝沿股轴线捻制的方向，即右捻（z）或左捻（s），如图 5-2 所示。

b. 钢丝绳的捻向 Z，S：外层钢丝在单捻钢丝绳中、外层股在多股钢丝绳中或单元钢丝绳在缆式钢丝绳中沿钢丝绳轴线的捻制方向，即右捻（Z）或左捻（S）。

c. 交互捻 sZ，zS：钢丝在外层股中的捻制方向与外层股在钢丝绳中的捻制方向相反的多股钢丝绳，其中，第一个字母表示股的捻向，第二个字母表示钢丝绳的捻向，如图 5-3 所示。

d. 同向捻 zZ，sS：钢丝在外层股中的捻向与外层股在钢丝绳中的捻向相同的多股钢丝绳，其中，第一个字母表示股的捻向，第二个字母表示钢丝绳的捻向，如图 5-4 所示。

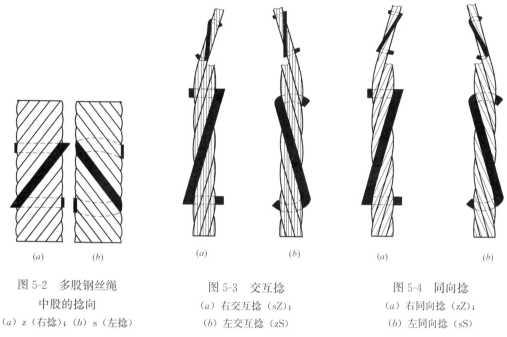

图 5-2　多股钢丝绳
　　　　中股的捻向
(a) z (右捻)；(b) s (左捻)

图 5-3　交互捻
(a) 右交互捻（sZ）；
(b) 左交互捻（zS）

图 5-4　同向捻
(a) 右同向捻（zZ）；
(b) 左同向捻（sS）

此外，钢丝绳还有混合捻、反向捻、弹性捻等捻制类型。

同向捻的钢丝绳比较柔软，表面平整，与滑轮接触面比较大，因此，磨损较轻，但容易松散和产生扭结卷曲，吊重时容易旋转，故在吊装中应用较少。交互捻钢丝绳，钢丝搓捻方向和钢丝股搓捻方向相反。因此，强度高，扭转卷曲的倾向小，吊装中应用较多。混合捻钢丝绳的相邻两股钢丝绳的捻法相反，即一半顺捻，一半反捻。混合捻钢丝绳的性能较好，但制造麻烦，成本较高，一般情况用得很少。

2) 常用钢丝绳。常见的钢丝绳为单层股钢丝绳。单层股钢丝绳全称为单层多股钢丝绳，是一层股围绕一个芯螺旋捻制而成的多股钢丝绳。通常，起重作业常用的钢丝绳为 6 股组成的单层圆股钢丝绳，由六股钢丝股围绕一根绳芯捻制而成，它具有较高的挠性和弹性，并能贮存一定的润滑油，当钢丝绳被拉伸时，油挤到钢丝之间起润滑作用，钢丝芯适用于高温或多层缠绕的场合；石棉芯适用于高温场合；有机芯适用于非高温场合。

常用钢丝绳有 6×19、6×37、6×61 等三种。按股数及每股中的钢丝数多少，分别为 6 股 19 丝；6 股 37 丝；6 股 61 丝等几种。日常工作中以 6×19+1，6×37+1，6×61+1 来表示。在钢丝绳直径相同的情况下，绳股中的钢丝数越多，钢丝的直径越细，钢丝越柔软，挠性也就越好。但细钢丝捻制的绳没有较粗钢丝捻制的钢丝绳耐磨损。因此，6×19+1 就较 6×37+1 的钢丝绳硬，耐磨损。

(2) 钢丝绳的许用拉力

1) 钢丝绳的破断拉力。钢丝绳的破断拉力是将整根钢丝绳拉断所需要的拉力，用 F_0 表示。钢丝绳的破断拉力可用查表法获取。

2) 钢丝绳的允许拉力和安全系数。为了确保吊装的安全，钢丝绳应根据使用时的受力情况，选择合理的安全系数，计算出允许拉力。

$$S \leqslant \frac{F_0}{K} \tag{5-4}$$

式中　S——钢丝绳最大工作静拉力（N）；
　　　F_0——所选钢丝绳的破断拉力（N）；
　　　K——安全系数，按表5-2选取。

钢丝绳的安全系数 K　　　　　表5-2

使用情况	K 值	使用情况	K 值
用于缆风绳	3.5	用作千斤绳，无弯曲时	6~7
用于手动起重设备	4.5	用作绑扎的千斤绳	8~10
用于机动起重设备	5~6	用于载人的提升机	14

(3) 钢丝绳破坏原因及报废标准

1) 钢丝绳的破坏原因。钢丝绳在使用过程中一直受到拉伸、弯曲，容易产生"金属疲劳"现象，多次弯曲造成的弯曲疲劳是钢丝绳破坏的主要原因之一。长时间使用后，钢丝绳之间、钢丝之间互相摩擦，钢丝绳表面磨损或发生断丝现象，而折断的钢丝数越多，未断的钢丝绳承担的拉力越大，断丝速度加快，断丝超过一定限度后，钢丝绳的安全性能将不能保证。另外，超载、意外损伤、化工腐蚀等，都能造成钢丝绳的锈蚀和破坏。

2) 钢丝绳的报废标准。根据现行国家标准《起重机　钢丝绳　保养、维护、检验和报废》GB/T 5972规定，钢丝绳报废基准应符合下列规定。

① 可见断丝。不同种类可见断丝的报废基准应符合表5-3、表5-4的规定。常见钢丝绳类别编号（RCN）及对应截面示例如图5-5所示。

可见断丝报废基准　　　　　表5-3

序号	可见断丝的种类	报废基准
1	断丝随机地分布在单层缠绕的钢丝绳经过一个或多个钢制滑轮的区段和进出卷筒的区段，或者多层缠绕的钢丝绳位于交叉重叠区域的区段	单层和平行捻密实钢丝绳见表5-4
2	在不进出卷筒的钢丝绳区段出现的呈局部聚集状态的断丝	如果局部聚集集中在一个或两个相邻的绳股，即使6d长度范围内的断丝数低于表5-4的规定值，可能也要报废钢丝绳
3	股沟断丝	在一个钢丝绳捻距（大约为6d的长度）内出现两个或更多断丝
4	绳端固定装置处的断丝	两个或更多断丝

表 5-4 常见单层股钢丝绳和平行捻密实钢丝绳中达到报废程度的最少可见断丝数

钢丝绳类别编号 RCN	外层股中承载钢丝的总数[a] n	可见外部断丝的数量[b]					
		在钢制滑轮上工作和/或单层缠绕在卷筒上的钢丝绳区段(钢丝断裂随机分布)				多层缠绕在卷筒上的钢丝绳区段[c]	
		工作级别 M1～M4 或未知级别[d]				所有工作级别	
		交互捻		同向捻		交互捻和同向捻	
		$6d$[e] 长度范围内	$30d$[e] 长度范围内	$6d$[e] 长度范围内	$30d$[e] 长度范围内	$6d$[e] 长度范围内	$30d$[e] 长度范围内
02	$51{\leqslant}n{\leqslant}75$	3	6	2	3	6	12
04	$101{\leqslant}n{\leqslant}120$	5	10	2	5	10	20
09	$201{\leqslant}n{\leqslant}220$	9	18	4	9	18	36
10	$221{\leqslant}n{\leqslant}240$	10	19	5	10	20	38
	$n>300$	$0.04n$	$0.08n$	$0.02n$	$0.04n$	$0.08n$	$0.16n$

注：1. 在本标准中，填充钢丝不作为承载钢丝，因而不包括在 n 值之中。
2. 一根断丝有两个断头（按一根断丝计数）。
3. 这些数值适用于交叉重叠区域和由于钢丝绳偏角影响的缠绕绳圈之间干涉引起的劣化（不适用于只在滑轮上工作而不在卷筒上缠绕的区段）。
4. 机构的工作级别为 M5～M8 时，断丝数可取表中数值的两倍。
5. d——钢丝绳公称直径。

RCN.02 6×19S-IWRC 单层股钢丝绳

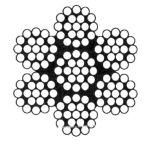

RCN.04 6×19M-WRC 单层股钢丝绳

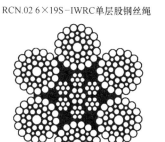

RCN.09 6×36WS-IWRC 单层股钢丝绳

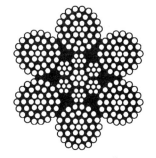

RCN.10 6×37M-IWRC 单层股钢丝绳

图 5-5 常见钢丝绳类别编号（RCN）及对应截面示例

② 钢丝绳直径的减小。若纤维芯单层股钢丝绳直径减小不超过 10%，允许降低拉力继续使用，但要折减；若直径减小超过 10% 时，钢丝绳应报废。钢芯单层股钢丝绳或平行捻密实钢丝绳直径减小不超过 7.5%，允许降低拉力继续使用，但要折减；若直径减小超过 7.5% 时，钢丝绳应报废。钢丝绳直径测量应采用带有宽钳口的游标卡尺测量，钳口的宽度要足以跨越两个相邻的股，如图 5-6 所示。

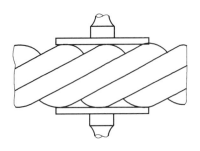

图 5-6 钢丝绳直径测量法

a. 局部减小。如果发现直径有明显的局部减小，如由绳芯或钢丝绳中心区损伤导致的直径局部减小，应报废该钢丝绳。

b. 断股。如果钢丝绳发生整股断裂，则应立即报废。

c. 腐蚀。当钢丝绳出现下列腐蚀状况，应予以报废。

（a）钢丝表面重度凹痕以及钢丝松弛；

（b）内部腐蚀的明显可见迹象，腐蚀碎屑从外绳股之间的股沟溢出；

（c）出现摩擦腐蚀，即干燥钢丝和绳股之间的持续摩擦产生钢质微粒的移动、氧化，并产生形态为干粉（类似红铁粉）状的内部腐蚀碎屑。

（d）畸形和损伤。当钢丝绳失去正常形状，而产生可见形状畸变时，应予以报废。如：波浪形、篮形或灯笼状畸形、绳芯或绳股突出或扭曲、钢丝的环状突出、绳径局部增大、局部扁平、扭结、折弯、热和电弧引起的损伤等。

（4）钢丝绳的安全使用与管理

1）根据使用条件，选用合适的钢丝绳，不准超负荷使用；

2）把新钢丝绳从绳卷上取下来时，应按照正确的操作方式进行，以免钢丝绳在取下过程中形成环圈，致使钢丝绳发生过度弯曲，降低寿命；

3）切断钢丝绳前应在切口处用细钢丝进行捆扎，以防切断后绳头松散；

4）使用中应尽量避免打死结，以免使钢丝绳产生永久变形降低承载能力和使用寿命；

5）钢丝绳在使用中应避免扭结。一旦发生扭结应立即抖直，因钢丝绳扭结受力后，会使扭结处产生很大的弯曲应力，致使钢丝绳的承载能力和使用寿命降低；

6）钢丝绳作捆绑使用时，应避免钢丝绳直接和物件的尖棱锐角直接接触，以免物件的尖棱锐角切断钢丝绳；

7）根据钢丝绳的磨损、腐蚀、断丝或变形情况，正确判断钢丝的新旧程度，合理使用钢丝绳；

8）钢丝绳在使用中不能与电线接触，避免电弧打坏钢丝绳或引起触电事故；

9）用钢丝绳吊运高温物件时，应采取隔热措施；

10）达到报废标准的应报废更新，严禁凑合使用。

5.2.3 绳夹

（1）绳夹的构造和种类

钢丝绳夹（又称绳夹）主要用来夹紧钢丝绳末端或将两根钢丝绳固定在一起。使用时将钢丝绳绳端弯成圆环状以后，在并列压紧的情况下，以箍卡的方式连接起来，承受拉力。常用的有标准绳夹（骑马式绳夹，如图5-7所示）、U型绳夹、L型绳夹等，其中标准绳夹（GB 5976）连接力强，应用广泛。绳夹应根据钢丝绳直径合理选用。

（2）绳夹的应用标准

在起重作业中，对于钢丝绳的末端要加以固定，通常使用绳夹来实现。用绳夹

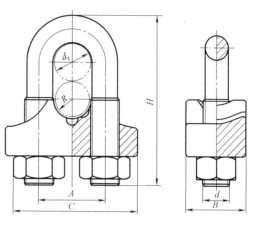

图 5-7　标准绳夹

固定时，其数量和间距与钢丝绳直径成正比，见表5-5。一般绳夹的间距最小为钢丝绳直径的6倍。绳夹的数量不得少于3个。

绳夹使用标准表　　　表 5-5

钢丝绳公称直径 d(mm)	$d \leqslant 18$	$18 < d \leqslant 26$	$26 < d \leqslant 36$	$36 < d \leqslant 44$	$44 < d \leqslant 60$
绳夹个数	3	4	5	6	7
绳夹间距(mm)	=6～7倍的钢丝绳直径				

（3）绳夹使用的要点

1）钢丝绳搭接使用时，所用绳夹的数量应按表5-5的数量增加一倍。

2）绕接的钢丝绳在不受力的状态下固定时，安装绳夹的顺序从近护绳环处开始，即第一个绳夹应靠近护绳环；绕接的钢丝绳在受力的状态下固定时，安装绳夹的顺序从近绳头处开始，即第一个绳夹应靠近绳头。绳头的长度宜为绳直径的10倍，不得小于200mm。绳夹的使用标准应符合表5-5的规定。

3）使用绳夹时，开口应朝一个方向排列，且U形螺栓扣在钢丝绳的末端绳股一侧，使马鞍座与主绳接触；只有当绳夹用于钢丝绳对接时，绳夹朝两个方向相对排列。

4）为保证安全，每个绳夹应拧紧至卡子内钢丝绳压扁1/3为标准。

5）钢丝绳受力后，要认真检查绳夹是否移动。如钢丝绳受力后产生变形时，要对绳夹进行二次拧紧。

5.2.4　合成纤维吊带及其定型吊索

（1）吊索

在起重作业中，常用钢丝绳做成一种吊具，通常称作"吊索"，也叫千斤绳。吊索的作用，一般用于把物体连接在吊钩、吊环上或用它来固定滑车、卷扬机等吊机具。吊索有封闭式和开口式两种。

（2）合成纤维吊带

合成纤维吊带主要有合成纤维扁平吊装带和合成纤维圆形吊装带两种。

1）合成纤维扁平吊装带。扁平吊装带，是由聚酰胺、聚酯和聚丙烯合成纤维材料制成的柔性吊装带，宽度为25～320mm，带或不带端配件，用于将载荷连接到起重机的吊钩或其他起重设备上。按照结构分为扁平吊装带（单层）、多层吊装带、组合多肢吊装带等。

2）合成纤维圆形吊装带。合成纤维圆形吊装带，是由聚酰胺、聚酯和聚丙烯合成纤维材料制成的圆形吊装带。最大极限工作载荷可达100t。

3）吊装带的标识

① 吊装带标识内容。吊装带应包括如下标识：

a. 垂直提升时的极限工作载荷。

b. 吊装带的材料，如聚酯（PA）、聚酰胺（PES）和聚丙烯（PP）。

c. 端配件等级。

d. 名义长度，单位为m。

e. 制造商名称、标志、商标或其他明确的标识。

f. 可查询记录（编码）。

g. 执行的标准号。

② 吊装带的标识。应在耐用的标签上（标签直接固定在吊装带上）清晰永久地标示出标识规定的信息。标签字体的高度应不小于1.5mm。应将标签的一部分缝入织带中。

织带的材料应通过标签的颜色进行标识，以下为吊装带材料及对应的标签颜色：

a. 聚酰胺：绿色。

b. 聚酯：蓝色。

c. 聚丙烯：棕色。

（3）合成纤维吊带及其定型吊索的安全使用与管理

1）吊带、吊索应力求简单，连接可靠、受力明确、传力直接，减少应力集中；

2）使用时，应考虑动载、磨损、温度、工作环境等因素对安全性能的影响；

3）表面应光滑平整、无扭股、划破、严重起毛等缺陷；

4）绳端固定，不允许用绳夹或打结方法；

5）化学纤维绳要远离明火和高温，不得在露天长期暴晒，严禁将烟头等明火扔在绳堆中，不准靠近纤维绳动用明火，应远离高温和明火点（区）；

6）当吊带出现下列情况之一时，应报废：

① 织带（含保护套）严重磨损、穿孔、切口、撕断；

② 承载接缝绽裂、缝线磨断；

③ 吊带纤维软化、老化、弹性变小、强度减弱；

④ 纤维表面粗糙易于剥落；

⑤ 吊带出现死结；

⑥ 吊带表面有过多的点状疏松、腐蚀，酸碱烧损以及热熔化或烧焦；

⑦ 带有红色警戒线吊带的警戒线裸露。

5.2.5 卸扣（卡环）

（1）卸扣的构造和种类

卸扣又叫卸甲、卡环，它是起重施工作业中，广泛应用的轻便、灵活的连接工具。用卸扣可连接起重滑轮和固定吊索等。卸扣的种类、构造和规格如下：

1）卸扣种类。卸扣种类较多，执行的制造标准不尽相同，形成了不同的系列。常见的有美标卸扣（执行国外标准）、国标卸扣（执行 GB/T 25854）、船用卸扣（执行船舶标准）等系列。起重吊装常用的是国标卸扣。

国标卸扣按照形状，分为 D 形卸扣和弓形卸扣，如图 5-8 所示。

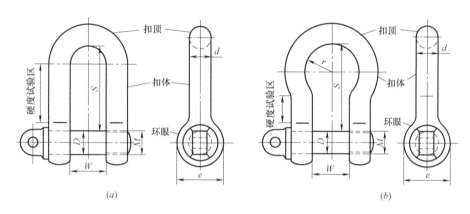

图 5-8 卸扣
(a) D形螺旋式卸扣；(b) 弓形螺旋式卸扣

2）卸扣的构造与规格。卸扣的构造比较简单，由扣体（大环圈）和销轴组成。常用 D 形卸扣和弓形卸扣的强度级别分为 4 级、6 级、8 级；极限工作载荷为 0.32~100t。

（2）卸扣的安全使用

1）使用卸扣时，不得超负荷使用；

2）在使用卸扣中，必须注意其受力方向。正确的安装方式是力的作用点在卸扣本体的弯曲部分和横销上。避免卸扣横向受力；

3）安装卸扣横销时，应在螺纹旋足后再向反方向旋半圈，以防止因螺纹旋得过紧而横销无法退出；

4）如发现卸扣有裂纹、磨损严重或横销弯曲现象时，应停止使用。

5）起重作业完成后，不允许在高空中将拆下的卸扣往下抛掷，以防卸扣变形及内部产生不易发觉的裂纹损伤。

6）不用卸扣时，应在其横销的螺纹部分涂以润滑油，存放在干燥处，以防生锈。

5.2.6 吊钩与吊环

（1）吊钩与吊环的构造和种类

吊钩有单钩、双钩两种型式，如图 5-9 所示。

1）单钩。比较常用的吊钩，它构造简单，使用方便。最大起重量一般不超过 80t。

2）双钩。起重量较大时，多用双钩直吊，它受力均匀对称，特点能充分利用。通常大于 80t 的起重设备，都采用双钩。

3）吊环。吊环其结构如图 5-10 所示，它的受力情况比吊钩的受力情况好得多，因此，当起重量相同时，吊环的自重比吊钩的自重小。但是，当使用吊环起吊设备时，其索具只能用穿入的方法系在吊环上。因此，用吊环吊装不如吊钩方便。

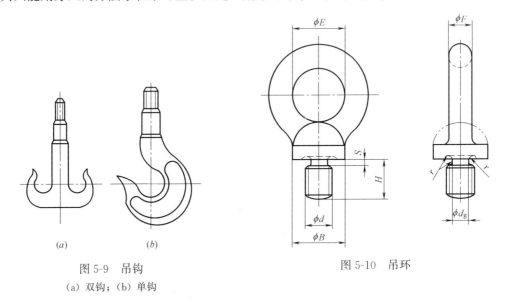

图 5-9　吊钩
（a）双钩；（b）单钩

图 5-10　吊环

（2）吊钩与吊环的安全使用

1）在起重吊装作业中作用吊钩、吊环，其表面要光滑，不能有破裂、刻痕、锐角、接缝和裂纹等缺陷，应经常检查吊钩开口度。吊环螺钉不得有变形、松动。

2）吊钩和吊环不准超负荷使用。

3）使用过程中要定期进行检查，如发现危险截面磨损超过 10% 时，就应立即降低负荷使用。

4）吊钩的连接部分应经常检查，检查连接是否可靠、润滑是否良好。

5）使用吊钩与重物吊环相连接时，必须保证吊钩的位置。

5.3　常用起重机具及其安全使用

5.3.1　千斤顶

（1）千斤顶的构造和种类

千斤顶是起重作业中常用的起重设备，它构造简单，使用轻便，工作时无振动与冲击，能保证把重物准确地停在一定的高度上。顶升重物时不需要电源、绳索、链条等，常用它作重物的短距离顶升或设备安装时用于校正位置。

千斤顶按照其结构形式和工作原理的不同,可以分为齿条式千斤顶、螺旋式千斤顶和液压式千斤顶。

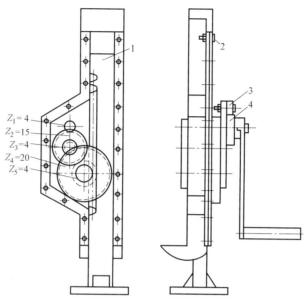

图 5-11 齿条式千斤顶
1—齿轮;2—齿条;3—棘爪;4—棘轮

1) 齿条式千斤顶。齿条式千斤顶是利用齿条的顶端顶起高处的重物,也可以利用齿条的下脚顶起下处的重物。它由金属外壳和装在外壳内的齿轮、齿条、棘爪及棘轮等组成,其结构如图 5-11 所示。齿条式千斤顶用于设备修理或机件的装配。

2) 螺旋千斤顶。LQ 型固定式螺旋千斤顶即锥齿轮式螺旋千斤顶,其结构如图 5-12 所示。这种螺旋千斤顶的起重量约为 3~50t,顶升高度可达 250~400mm。固定式螺旋式千斤顶与齿条千斤顶相比,具有使用方便,操作省力和上升速度快等优点。

3) 液压千斤顶。液压千斤顶是起重工作中用得较多的一种小型起重设备,常用来顶升较重的重物,它的起重高度为 10~25cm,起重量较大,大的液压千斤顶其起重能力可达 300t 以上。液压千斤顶工作平稳、安全可靠、操作简单省力。液压千斤顶的结构(图 5-13),主要由工作

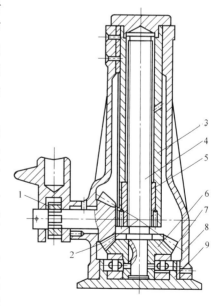

图 5-12 LQ 型固定式螺旋千斤顶
1—棘轮组;2—小锥齿轮;3—套筒;
4—螺杆;5—螺母;6—大锥齿轮;
7—轴承;8—主架;9—底座

液压缸、起重活塞、柱塞泵、手柄等几个部分组成。

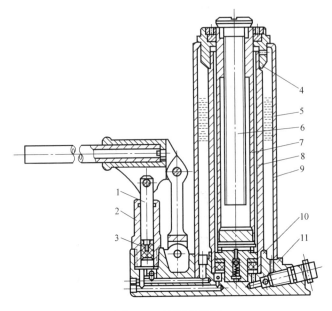

图 5-13 液压千斤顶
1—液压泵芯；2—液压泵缸；3—液压泵胶碗；4—顶帽；5—工作油；
6—调整螺杆；7—活塞杆；8—活塞缸；9—外套；10—活塞胶碗；11—底盘

由于制造水平的提高，液压千斤顶得到了长足发展，根据实际需要，逐步演变出各式各样的液压千斤顶。如：附爪式千斤顶、薄型千斤顶、电动大吨位单作用（单动式）千斤顶等。

(2) 千斤顶的安全使用

1) 千斤顶应定期维护保养，并在使用前进行性能检查。

2) 螺旋千斤顶及齿条千斤顶的螺杆、螺母的螺纹及齿条磨损超过20%时，不得继续使用。

3) 千斤顶应有足够的支承面积，并使作用力通过承压中心。

4) 使用千斤顶时，应随着工件的升降，随时调整保险垫块的高度。

5) 用多台千斤顶同时工作时，应采用规格型号相同的千斤顶，且应采取措施使载荷合理分布，每台千斤顶的荷载应不超过其额定起重量的80%；千斤顶的动作应相互协调，升降应平稳，不得倾斜及局部过载。

6) 特殊作业的千斤顶应按照产品使用说明书的规定使用。

5.3.2 手拉葫芦

(1) 手拉葫芦的构造和种类

手拉葫芦俗名链条滑车、倒链，是一种构造简单、携带方便、操作容易、适用范围广的起重机械。通常只要1~2人即可将重物吊运到所需要的地方，适用于小型设备和构件短距离吊装或运输，也可用在大型设备吊装中对桅杆缆风绳进行拉紧调节。手拉葫芦的起重能力一般不超过 10t，最大可达 20t，起升高度一般不超过 6m。其种类分蜗轮滑轮和齿轮滑轮。手拉葫芦由链轮及传动机构、手链、起重链、上下吊钩等部分组成，如图 5-14 所示。

（2）手拉葫芦的安全使用

1）手拉葫芦使用前应进行检查，转动部分应灵活，链条应完好无损，不得有卡链现象，制动器应有效，销子应牢固。

2）手拉葫芦的吊钩出现下列情况之一时应报废：

① 表面有裂纹。

② 危险断面磨损达 10%。

③ 扭转变形超过 10°。

④ 危险断面或吊钩颈部产生塑性变形。

⑤ 开口度比原尺寸增加 15%。

3）手拉葫芦链条磨损量超过链条直径的 15% 时，不得使用。

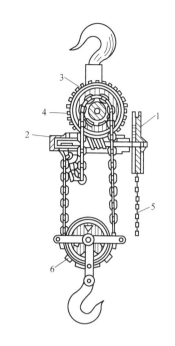

图 5-14 手拉葫芦
1—链轮；2—蜗杆；3—蜗轮；4—蜗轮轴；
5—手拉链条；6—动滑车

4）手拉葫芦吊挂点应牢固可靠，承载能力不得低于手拉葫芦额定载荷，并应符合下列规定：

① 两钩受力应在一条直线上。

② 不得超负荷使用。斜拉时悬挂位置应牢固，不得产生滑动。

5）吊钩挂绳扣时，应将绳扣挂至钩底。严禁将吊钩直接挂在工件上。

6）手拉葫芦起重作业暂停或将工件悬吊空中时，应将拉链封好。

7）手拉葫芦放松时，起重链条应保留 3 个以上扣环。

8）采用多个手拉葫芦同时作业时，手拉葫芦受力不应超过额定载荷的 70%，操作应同步。

9）设置手拉葫芦时，应防止泥沙、水及杂物进入转动部位。

5.3.3 电动卷扬机

（1）卷扬机的构造和种类

1）电动卷扬机是用电力来驱动的一种常用起重机具，它具有起重能力大、速度快、结构紧凑、体积小、操作方便安全等优点，是起重作业中广泛使用的一种牵引设备。

2）电动卷扬机主要由卷筒、减速器、电动机和控制器等组成，如图 5-15 所示。

3）按工作原理可分为摩擦卷扬机、可逆齿轮式卷扬机；按卷筒分为单筒和双筒两种；按起重量分有 0.5t、1t、2t、5t、10t、20t 等。在工作中最常用的是齿轮式卷扬机。

（2）卷扬机的安全使用

1）卷扬机使用时，应固定牢固，受力时不得向横向偏移。转动部件应润滑良好、

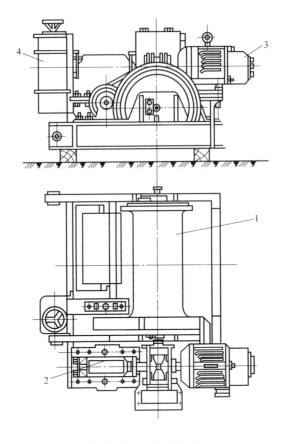

图 5-15 电动卷扬机
1—卷筒；2—减速器；3—电动机；4—控制器

制动可靠。电器设备和导线应绝缘良好、接地（接零）保护可靠。

2）卷扬机的电动机旋转方向应与操作盘标志一致。

3）钢丝绳在卷筒中间位置时，应与卷筒轴线成直角。卷筒与第一个导向滑轮的距离应大于卷筒长度的 20 倍，且不得小于 15m。卷筒内的钢丝绳最外一层应低于卷筒两端凸缘高度一个绳径。

4）卷扬机外露传动部分，应加防护罩，运转中不得拆除。

5）卷扬机操作人员、吊装指挥人员和拖、吊的工件三者之间，视线不得受阻，遇有不可清除的障碍物，应增设指挥点。

6）卷扬机作业中，严禁用手拉、脚踩运转的钢丝绳，且不得跨越钢丝绳。

7）卷筒上的钢丝绳应排列整齐，如发现重叠和斜绕时，应停机重新排列。钢丝绳不许完全放出，最少应保留三圈。

5.3.4 地锚

(1) 地锚的构造和种类

地锚可分为锚桩、锚点、锚锭、拖拉坑。起重作业中常用地锚来固定拖拉绳、缆风绳、卷扬机、导向滑轮等，地锚一般用钢丝绳、钢管、钢筋混凝土预制件、圆木等做埋件埋入地下做成。

地锚是固定卷扬机必需的装置，常用的形式有：桩式地锚、坑式地锚。

1) 桩式地锚。用直径 180～300mm 的圆木或钢管倾斜 10°～15°打入土层中，桩的长度 1.5～2m，打入土层深度为 1.2～1.5m，钢丝绳尽量靠近地面拴紧，不要超过 300mm。也可在桩木前方埋设一根直径与桩木相同，长度为 1m 的挡木，如载荷较大，可将多根桩连接在一起，形成联合桩锚，如图 5-16 所示。

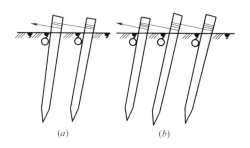

图 5-16 桩式地锚埋设示意图

2) 坑式地锚。将圆木或枕木倾斜放入先挖好的锚坑中，并横放圆木或枕木，作为上挡木和下挡木，将木桩卡住，然后填埋夯实，如图 5-17 所示。

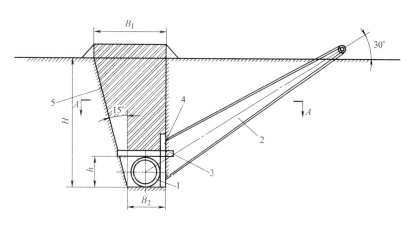

图 5-17 坑式地锚
1—地锚管；2—地锚索具；3—压木；4—挡木；5—回填土

（2）地锚制作的安全技术要求

1) 起重吊装使用的地锚，应严格按设计进行制作，并做好隐蔽工程记录，使用时不准超载；

2) 地锚坑宜挖成直角梯形状，坡度与垂线的夹角以 15°为宜。地锚深度根据现场综合情况决定；

3) 拖拉绳与水平面的夹角一般以 30°以下为宜，地锚基坑出线点（即钢丝绳穿过土层后露出地面处）前方坑深 2.5 倍范围及基坑两侧 2m 范围以内，不得有地沟、电缆、地下管道等构筑物以及临时挖沟等；

4）地锚周围不得积水；

5）地锚不允许沿埋件顺向设置。

5.3.5 滑车及滑车组

（1）滑车及滑车组的构造和种类

1）滑车。滑车一般是指由滑轮、滑轮轴、滑轮侧板、吊钩（吊环）和承重销轴组成的总成。滑车和滑车组是起重运输及吊装工作中常用的一种小型起重工具，用它和卷扬机配合进行吊装、牵引设备或重物。由于滑车的体积较小、重量较轻、使用方便，并且能够用它来多次变向和吊较大的重量，所以当施工现场狭窄或缺少其他起重机械时，常使用滑车或滑车组配合桅杆进行起重吊装作业。

① 滑车的分类

a. 按滑车的作用来分，可以分为定滑车、动滑车、导向滑车或平衡滑车。

b. 滑车按制作材料的不同，可以分为木制滑车和铁制滑车。

c. 按滑车中滑轮数量的多少来分，可以分为单门滑车、双门滑车、三门滑车，直至十二门滑车。

② 滑车的作用。作为定滑车、导向滑车或平衡滑车使用的滑车，其滑车中的滑轮就是定滑轮；作为动滑车使用的滑车，其滑车中的滑轮就是动滑轮。定滑轮只能改变拉力的方向，不能减少拉力；动滑轮能减少拉力，但不能改变拉力的方向。

2）滑车组。滑车组是由定滑车、动滑车以及穿绕过它们的绳索组成，如图5-18所示。滑车组具有定滑车和动滑车的所有优点，既能省力，又能改变力的方向。而且由多门滑车组成的滑车组，可以达到用较小的力起吊较重物体的目的。因此在起重吊装重型或大型设备时，多使用滑轮组来实现用较小的拉力起吊较重的重物。

（2）滑车及滑车组的安全使用

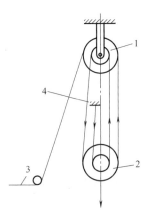

图5-18 滑车组示意图
1—定滑车；2—导向滑车；
3—跑绳；4—绳端固定

1）滑车使用前应进行清洗、检查、润滑。必要时重要部件（轴、吊环、吊钩）应进行无损检测，有下列情况之一时，不得使用：

① 滑车部件有裂纹或永久变形。

② 滑轮槽面磨损深度达到3mm。

③ 滑轮槽壁磨损达到壁厚的20%。

④ 吊钩的危险断面磨损达到10%；吊钩扭曲变形达到10%。

⑤ 轮轴磨损达到轴径的2%。

⑥ 轴套磨损达到壁厚的10%。

2）滑车组两滑车之间的净距不宜小于滑轮直径的5倍。滑车贴地面设置时应防止杂物进入滑轮槽内。

5.3.6 桅杆

(1) 桅杆的构造和种类

起重桅杆也称抱杆,是一种常用的起吊机具。它配合卷扬机、滑车组和钢丝绳等进行起吊作业。这种机具由于结构比较简单,安装和拆除方便,对安装地点要求不高、适应性强,在设备和大型构件安装中广泛使用。

起重桅杆按其材质不同,可分为木桅杆和金属桅杆。木桅杆起重高度一般在15m以内,起重量在20t以下。木桅杆又可分为独脚、人字和三脚式三种。金属桅杆可分为钢管式和格构式。钢管式桅杆起重高度在25m以内,起重量在20t以下。格构式桅杆起重高度可达70m,起重量高达100t以上。按形式可分为:独角桅杆、人字桅杆、三脚架等(图5-19～图5-22)。

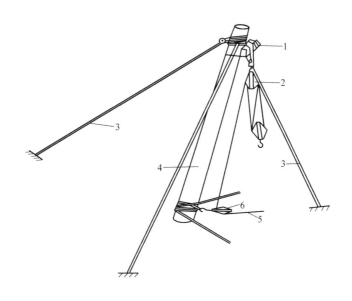

图5-19 独角桅杆
1—横支撑木;2—滑车组;3—缆风绳;4—木桅杆;
5—跑绳;6—导向滑车

(2) 桅杆的安全使用要求

1) 起重桅杆倾斜使用时,底部应加封绳,且倾斜角度不宜大于10°;

2) 现场组对桅杆时,其中心线偏差不得大于长度的1/1000,且总偏差不得大于20mm;

3) 单桅杆缆风绳的数量不得少于6根,且均匀分布。缆风绳不得与电线接触。在靠近电线的附近,应配置绝缘材料制作的护绳架;

4) 桅杆采用连续法移动时,使桅杆在缆风绳的控制下,保持前倾幅度应为桅杆高度的1/20～1/25;采用间歇法移动时,桅杆的前、后倾斜角度应控制在5°～10°。移动

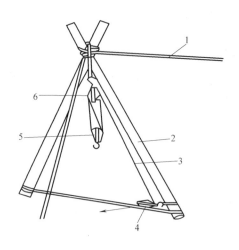

图 5-20 人字桅杆
1—缆风绳；2—桅杆；3—跑绳；4—导向滑车；5—动滑车；6—定滑车

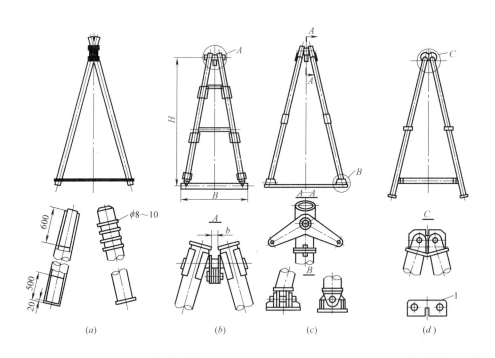

图 5-21 钢管人字桅杆

时，桅杆侧向倾斜幅度不得大于桅杆高度的 1/30。在调整缆风绳及底部牵引控制索具时应先松后紧，协调配合，使桅杆平稳移动；

5）作业时起重机的回转钢丝绳应处于拉紧状态，回转装置应有安全制动控制器。

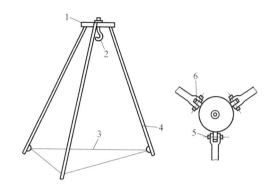

图 5-22 三脚架桅杆
1—圆盘；2—吊钩；3—固定绳；4—无缝管；5—轴销；6—吊耳

5.4 流动式起重机及其安全使用

5.4.1 流动式起重机种类、性能和选择方法

流动式起重机是汽车（全路面）起重机、轮胎起重机和履带起重机的统称，通常又简称为"吊车"，在起重吊装作业中经常使用。流动式起重机的结构主要由以下几个部分组成：行走机构，回转机构，起升机构，伸缩机构，变幅机构。流动式起重机的吊装能力主要取决于三个性能参数：额定起重量、幅度、起升高度。在起重吊装作业时，主要是根据设备的重量、吊装高度和作业幅度来选择流动式起重机。

（1）汽车（全路面）起重机

汽车（全路面）起重机是最常用的流动式起重机。汽车起重机，通常称之为"汽车吊"，是装配在通用汽车底盘上的起重设备；全路面起重机是装配在特制底盘上的起重设备。汽车（全路面）起重机主要有底盘、支承腿、回转装置、起重臂、变幅机构、起升机构等部分组成，如图 5-23 所示。

常见的汽车（全路面）起重机的最大额定总起重量等级有 8t、12t、16t、20t、25t、40t、50t、80t、120t、200t、300t、500t、650t 等。吊装作业时，可根据起重机的工作幅度、起升高度，在起重机性能表中查得额定起重量。

（2）轮胎起重机

轮胎起重机通常称为"轮胎吊"。轮胎起重机是装配在特制的运行底盘上的起重设备，车桥为刚性悬挂。它主要由底盘、支承腿、回转装置、起重臂、变幅机构、起升机构等部分组成，如图 5-24 所示。

常见的轮胎吊吨位等级有 16t、25t、50t、75t、125t 等。轮胎起重机额定起重量可以从轮胎起重机性能表中查出。

（3）履带起重机

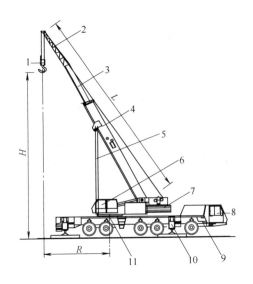

图 5-23 汽车（全路面）起重机
1—吊钩；2—副臂；3—伸缩臂；4—主臂；5—变幅机构；6—操作室；7—配重；8—驾驶室；
9—行走机构；10—支腿；11—旋转中心；L—扒杆长度；R—工作半径；H—起吊高度

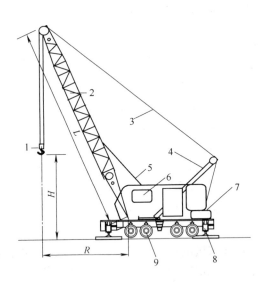

图 5-24 轮胎起重机
1—吊钩；2—起重臂；3—变幅机构；4—后背支架；5—变幅限位杆；6—操作驾驶室；
7—配重；8—支腿；9—行走机构；L—起重臂长度；R—工作半径；H—起吊高度

履带起重机通常称为"履带吊"。履带起重机是装配在标准或特制的履带行走底盘上的起重设备。它主要由履带行走底盘、回转装置、起重臂、变幅机构、起升机构等部分组成，如图 5-25 所示。

常见的履带吊吨位等级有 15t、27t、32t、40t、50t、100t、150t、250t、280t、300t、500t、800t、1250t、1350t、1600t、3200t 等。

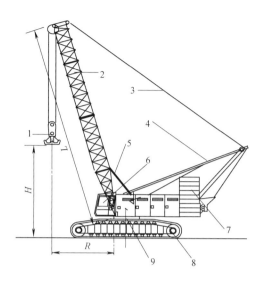

图 5-25 履带起重机
1—吊钩；2—起重臂；3—变幅机构；4—后背支架；5—变幅限位杆；6—驾驶操作室；
7—配重；8—履带行走机构；9—旋转中心；L—起重臂长度；R—工作半径；H—起吊高度

(4) 流动式起重机主要性能参数

1) 额定起重量。流动式起重机在各种工况下安全工作所允许起吊的最大质量称为额定起重量，单位为 t 或 kg。流动式起重机在不同臂长和不同工作幅度下的额定起重量是不同的。流动式起重机的额定起重量与臂长和幅度的关系，通常用起重量特性曲线或起重性能表反映。

2) 起升高度。起升高度是指地面至吊钩上极限位置的距离，单位为 m。

3) 工作幅度。工作幅度是指吊钩中心线至回转中心线间的距离，单位为 m。

QY-20 汽车起重机额定起重能力见表 5-6。

QY-20 汽车起重机额定起重能力表 表 5-6

臂杆长度	两侧及后方(m)					前方(m)				
工作半径(m)	9.8	13.45	17.1	20.75	24.4	9.8	13.45	17.1	20.75	24.4
3.0	20.0	14.0	12.0			20.0	14.0	12.0		
3.2	20.0	14.0	12.0			20.0	14.0	12.0		
3.5	19.5	13.8	11.2	9.45		19.5	13.8	11.2	9.45	
4.0	18.3	12.8	10.5	8.9	7.0	18.3	12.8	10.5	8.9	7.0
4.5	17.2	12.0	9.85	8.45	7.0	14.9	12.0	9.85	8.45	7.0
5.0	16.2	11.3	9.3	8.0	6.9	11.8	11.1	9.3	8.0	6.9
5.5	15.3	10.6	8.8	7.55	6.6	9.6	9.15	8.8	7.55	6.6
6.0	13.8	10.0	8.3	7.2	6.3	8.05	7.7	7.5	7.2	6.3
6.5	11.9	9.5	7.85	6.85	6.0	6.9	6.6	6.5	6.85	6.0

续表

臂杆长度	两侧及后方(m)					前方(m)				
工作半径(m)	9.8	13.45	17.1	20.75	24.4	9.8	13.45	17.1	20.75	24.4
7.0	10.5	8.95	7.5	6.5	5.7	5.9	5.8	5.7	5.45	5.0
8.0	8.25	8.1	6.75	5.9	5.2	4.4	4.4	4.5	4.35	4.1
9.0		6.55	6.1	5.35	4.8		3.55	3.6	3.55	3.4
10		6.5	5.55	4.9	4.4		2.9	2.6	2.95	2.85
11		4.65	4.75	4.5	4.05		2.35	2.45	2.45	2.4
12		4.0	4.1	4.15	3.7		1.9	2.05	2.1	2.05
13			3.6	3.65	3.4			1.7	1.75	1.75
14			3.15	3.2	3.15			1.4	1.5	1.5
15			2.75	2.85	2.9			1.15	1.25	1.25
17				2.25	2.3				0.85	0.9
19				1.65	1.85				0.55	0.6
21					1.45					0.39
23					1.15					

(5) 流动式起重机起重臂曲线图

在使用流动式起重机作业前,需要确定流动式起重机作业有关参数。流动式起重机起重臂曲线图表示了起重臂长度、工作幅度与允许吊装高度之间的关系,是选择起重机的重要参数。图 5-26 是履带起重机起重臂曲线图。

(6) 流动式起重机的选择和使用

1) 起重机的选择。在实际工作中应根据施工现场道路状况、使用频次,合理选择起重机类型。

现场为沙土地,且当地雨水较多时,优先选择履带起重机;施工场地较好、需经常进行短距离转场,且工期较长时,优先选择轮胎起重机;施工场地较好,需经常进行长距离转场,且工期较短时,优先选择汽车起重机。

如考虑费用问题,同吨位起重机中,履带起重机台班费最低,轮胎起重机较高,汽车起重机最高。

如考虑起重性能问题。一般情况下,同吨位起重机中,履带起重机最好;轮胎起重机较好;汽车起重机较差。其中同吨位、同类型起重机中,桁架臂起重机起重性能优于箱形臂起重机。

考虑行驶性能,转场的灵活性,汽车起重机独具优势。其具有可自行行驶、行驶速度快等优势。全液压汽车起重机吊臂不需组装,大吨位全液压汽车起重机也只需装配配重,更具有可自行行驶、行驶速度快、组装时间短、操作灵活、性能可靠等特点。在起重机使用市场上,推广迅速。

2) 起重机的选用。在起重机进场前,首先查看现场情况,确定需吊装设备构件的

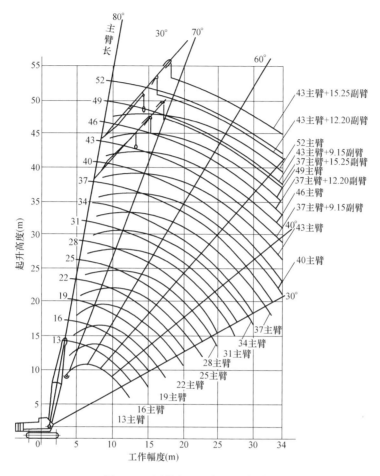

图 5-26 履带起重机起重臂曲线图

重量、外形尺寸、位置。

① 计算需吊装设备构件的总重量：

$$G = K(G_o + g) \tag{5-5}$$

式中 K——动载荷系数 $K=1.1\sim1.2$；

G_o——设备构件的重量（kN）；

g——起重机钩头、千斤绳、卸克等起重机具重量（kN）。

② 最大起升高度。起重机最大起重高度应满足下式要求：

$$H > h_1 + h_2 + h_3 + h_4 \tag{5-6}$$

式中 H——起重机起重高度（m）；

h_1——设备高度（m）；

h_2——索具高度（包括钢丝绳、平衡梁、卸扣等的高度）（m）；

h_3——设备吊装到位后底部高出地脚螺栓顶部的高度（m）；

h_4——基础或地脚螺栓高度（m）。

综合考虑起重机支腿外形尺寸、支腿的接地比压、行使通道、起重机回转范围内的障碍物等因素，初步确定起重机回转中心位置。

测量回转中心位置与需吊装设备构件之间的水平距离（即回转半径）、垂直距离（即起升高度），估算起重机臂长。

选择起重机臂长，计算在此回转半径、臂长情况下的起升高度，查起重性能表，求出此回转半径、臂长情况下的起重量。

将两组数据进行对比。当起重机回转半径、起升高度能满足实际要求，且对应额定起重量大于设备构件总重量时，说明起重机选择正确，否则应从新选择。

5.4.2 流动式起重机的安全使用

（1）起重指挥应由技术熟练，懂得起重机性能的持证人员担任，事先与司机按标准统一信号，在指挥过程中信号应准确、肯定，哨音、旗帜及用语应清楚洪亮。

（2）严禁超负荷吊装，满负荷吊装也要非常慎重，因为在变幅、回转和履带行走时都有可能造成不利因素而发生事故。

中型以上起重机均装有力矩限制装置、报警装置。使用时应密切注意超载报警装置的工作情况，如有异常，立即停止操作。

（3）起吊重物达到额定起重量的90％以上时，严禁下降起重臂，严禁同时进行两种及以上的操作动作。

（4）吊装时严禁斜吊和吊拔埋地的物体。

（5）双机和多机抬吊细高立式物件，应设置平衡装置，每个单机吊重不得超过其额定负荷的75％。

（6）履带起重机吊重物行走时，起重臂应在履带起重机正前方，重物离地面高度不大于300mm，回转、变幅和起升机构必须锁定。

（7）汽车式（全路面）起重机、轮胎式起重机作业前，支腿应全部伸出后，调整机体使回转支承面的倾斜度在无载荷时不大于1/1000。调整支腿应在无载荷时进行，并将起重臂转至正前方或正后方。

（8）起吊时起重臂下严禁站人和行走，严禁在吊物上站人。

（9）起吊物和起重臂必须与架空电线保持规定的安全距离。

5.5 吊装安全技术

5.5.1 设备的水平运输方法

（1）设备水平运输方法概述

由于被运输设备的数量、外形尺寸、重量的不同，运输道路、环境、运输距离以及人员、机具、安装现场环境的差异，设备在施工现场的水平运输方法也不一样。施工现场常用的水平运输方法有：

1）机械化运输：如对于中小型设备常用叉车、轮胎起重机直接搬运或用载重汽车来搬运，大重型设备采用大型平板车搬运。采用以上机械化运输方法，效率高，并可减轻劳动强度。

2）半机械化运输：有一些施工现场，由于道路狭窄，障碍物较多，不便采用机械化运输方法。在这种情况下，一般采用半机械化的水平运输方法。常用方法有：滚移法（利用拖排、滚杠，配以卷扬机、滑车组组成的水平运输方法）、气垫搬运法（利用气垫技术进行水平运输的方法）等。

3）人工运输：在起重设备无法使用的情况下，利用小型机具，配以人力，完成运输作业。常用小型机具有：手动液压车、重物移运器（地坦克）等。

本部分主要介绍最常用的滚移法。

（2）滚移法

1）在物件水平搬运中，当物件较笨重时，把物件放在滚杠上滚要比滑省力，这是因为滚动摩擦力远比滑动摩擦力小。滚杠搬运物件就是利用滚动摩擦的原理，达到省力的目的。滚杠搬运在起重作业中，特别在短距离的运输作业中应用较多。利用滚杠来搬运物件时需要的机具有滚杠、拖排、牵引设备和滑轮等。通常将物件放在拖排上，在拖排的下面铺设滚杠，如图5-27所示；

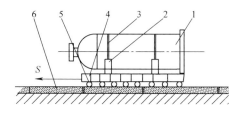

图5-27 滚杠搬运示意图
1—设备；2—鞍座；3—固定设备的拉紧带；4—拖排；5—滚杠；6—枕木

2）当物件搬运的沿线地面为平整的水泥路面，物件的底面为光滑、平整的金属面，而且在搬运过程中物件将不会产生变形时，可以将物件直接放在滚杠上，然后通过牵引物件，使物件在滚杠上向前滚运；

3）如果物件有包装箱，且包装箱底板有一定的强度，则可以将滚杠放置在包装箱与水泥路面之间进行滚运物件，如图5-28所示；

4）当路面不坚实时，可以在地面上铺上木板、枕木或钢板作为走板，防止滚杠陷入路面中影响滚运。无论是木板、枕木走板还是钢板走板，在两块走板的搭头处应交叉一部分，以免滚杠掉在走板的间隙中，如图5-29所示；

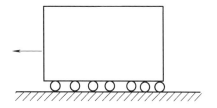

图5-28 滚杠直接放置在物件与水泥地面之间

5）当被搬运的物件底面虽然为金属面，但底面高低不平时，则应将物件放置在拖排上，物件与拖排绑扎固定在一起，拖排下面放置滚杠，牵引拖排，使物件向前滚运，如图5-30所示；

6）滚杠的选择应由被搬运物件的重量、外形尺寸等情况决定。滚杠的粗细、数量

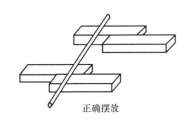
正确摆放

错误摆放

图 5-29 走板的摆放

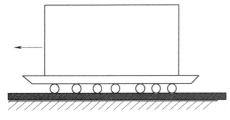

图 5-30 滚杠放置在物件与走板之间

以及间距与被搬运物件的重量有关。一般被搬运物件的重量较大，应选用较粗的滚杠。滚杠的长短应视被搬运物件的外形尺寸而定，一般滚杠的长短以其两端伸出物件底面 300mm 左右为宜，且滚杠的长短、粗细应基本一致。一般搬运质量杂 30t 以下物件选用 $\phi 76mm \times 10mm$ 的无缝钢管，搬运物件质量在 30～50t 时选用 $\phi 108mm \times 12mm$ 的无缝钢管，搬运物件质量在 50t 以上时要在 $\phi 108mm \times 12mm$ 的无缝钢管内灌满砂子，捣实后将管子的两端封住，或在钢管内灌满混凝土。

7）滚杠的摆设方向应与物件走向一致，滚杠的端头放整齐。当直线运动时，滚杠垂直于走向。当拐弯时，滚杠应摆成扇形，并随时改变移动的方向。转弯半径较大时，则滚杠间的夹角应小一些，转弯半径较小时，则滚杠间的夹角应大一些。在物件搬运过程中发现滚杠不正时，可以用大锤敲击滚杠以调整转弯角度，如图 5-31 所示。

（3）滚移法安全注意事项

1）选择的道路要平整、畅通，路上的障碍物要事先清除掉；

2）在运输过程中必须有一个人统一指挥，有专人放置滚杠。放置滚杠时不准戴手套，以防将手套绞入压伤手指。手拿滚杠时应把大拇指放在滚杠孔外，其余四指放在孔内，不能一把抓住滚杠，以免压伤手指。添放滚杠的人员应站在被滚运物件的两侧面，不准站在物件倾斜方向的一侧。滚杠应从侧面插入；

3）滚杠有弯曲、较大面积的凹陷必须经整形后方可投入使用，有裂纹的滚杠不得投入使用；

4）应加强对滚杠的维护与保养，滚杠使用完后应清除粘在滚杠外表面的泥砂，保持其清洁。不同规格的滚杠应分开堆放。对两端面有毛刺、卷边的滚杠应进行修整，以防扎伤手指；

5）牵引设备的绳索位置不要过高，为避免搬运高大设备时出现摇晃或倾倒，可适当增加几根拖拉绳来增加设备的稳定性；

6）搬运过程中遇有上下坡时，要用拖拉绳对设备加以牵制（图 5-31）。

5.5.2 起重机吊装技术

（1）吊装工艺

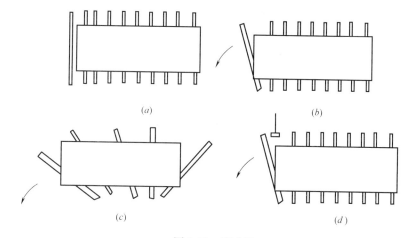

图 5-31 滚动法
(a) 直线行走；(b) 大转弯行走；(c) 小转弯行走；(d) 用大锤调整拐弯角度

随着我国起重机制造业的飞速发展，国产起重机类型、序列日益完善，起重量、起升高度得到了极大提升，基本能满足各类吊装作业的需要。目前，利用起重机进行吊装作业，成为吊装作业的主流。经过多年发展，起重机吊装有多种方法。

按起重机数量分，有单机吊装、双机抬吊、多机抬吊；

按施工工艺分，有直接提升法、回转法、滑移法、偏心夺吊法等。

1) 直接提升法。采用单主吊车、双主吊车或者多台吊车直接吊装设备、构件，通过提升、回转等动作，将设备、构件吊运到安装位置就位。

2) 扳转法。设备尾部铰接固定在基础上，利用单主吊车或双主吊车提升设备上部，使设备绕铰接点旋转，直至将设备扳转到安装位置就位。

3) 抬吊递送法。采用单主吊车或双主吊车提升卧置设备上部，同时采用单辅助吊车或双辅助吊车抬送设备下部。当设备仰角达到 70°~75°时，辅助吊车松吊钩，待设备竖直稳定后，主吊车继续提升或回转，将设备吊运到安装位置就位。

4) 吊车滑移法。采用单主吊车或双主吊车提升设备上部，同时采用尾排移送设备底部。当尾排对设备的支撑力为零时，设备脱离尾排，将设备竖立稳定后，主吊车继续提升或回转，将设备吊运到安装位置就位。

(2) 技术要求

1) 设备吊装重量不得大于吊车在该工况下的额定起重量。

2) 设备与吊臂之间的安全距离宜大于 500mm。

3) 当采用两台起重机作为主吊，抬吊高、细设备，起重机起重能力宜相同。每台起重机的吊装载荷不得超过其额定起重能力的 80%。当设有平衡装置或抬吊对偏载不敏感的粗矮或细长卧式设备，可按所分配的载荷选起重机。

4) 吊装过程中，吊钩侧偏角应小于 1°。

5) 立式设备吊装时，吊梁上部吊索与水平夹角宜大于等于 60°。

6) 吊装前应确定设备重心，并应符合下列规定：

① 立式设备吊点位置应设置在重心以上，且宜采用管轴式吊耳形式；

② 卧式设备吊点应对称设置在重心两侧，且宜采用兜捆形式。

7）设备吊装时应设置警戒区，无关人员不得入内。

8）起重机按规定位置组装站位后应由相关责任人员进行测量确认。

9）利用设备管口、法兰设置吊点时，应经该设备的设计单位确认同意。

10）吊装指挥及作业人员应职责明确，信号统一。

11）吊车司机应按吊车操作规程进行操作，且不宜同时进行两种及以上动作。

12）不得使用吊车在地面上直接拖拉设备。

5.5.3 桅杆吊装

(1) 吊装工艺

在起重机无法应用的状况下，如：厂房及建筑物室内的设备（结构）吊装、超高层建筑顶层设备吊装等，桅杆成为最佳选择。常用的桅杆有：单桅杆、人字桅杆等，常见的吊装方法有：直接提升法、滑移法等。

1）直接提升法。采用单桅杆、人字桅杆直接吊装设备、构件，通过提升、回转、变幅等动作，将设备、构件吊运到安装位置就位。直接提升法可应用于超高层建筑顶层设备吊装、通过预留吊装孔将设备提升或下放到设备层等。

2）滑移法。采用单桅杆、人字桅杆提升设备上部，同时采用尾排移送设备底部。当尾排对设备的支撑力为零时，设备脱离尾排，将设备竖立稳定后，桅杆继续提升或回转，将设备吊运到安装位置就位。

(2) 技术要求

桅杆滑移法吊装应符合下列工艺要求：

1）设备头部完全离开支座后应暂停，检查提升系统的导向滑车、索具、地锚、桅杆垂直度及设备前进方向。

2）尾排溜引速度应与设备提升速度相匹配，不得使提升滑车组形成过大的侧偏角。

3）设备脱排时，其仰角应小于临界角（差值为 5°～10°），且吊装系统索具应同时处于受力状态。

4）应提前设置设备就位的辅助机械索具。

5.6 起重吊装的施工管理

5.6.1 危险性较大的分部分项工程安全管理

(1) 概念

危险性较大的分部分项工程（以下简称"危大工程"），是指房屋建筑和市政基础设施工程在施工过程中，容易导致人员群死群伤或者造成重大经济损失的分部分项工程。

危大工程及超过一定规模的危大工程范围由国务院、住房和城乡建设主管部门制定。

省级住房和城乡建设主管部门可以结合本地区实际情况,补充本地区危大工程范围。

为加强危大工程的管理,住房和城乡建设部专门出台了《危险性较大的分部分项工程安全管理规定》住房和城乡建设部令第37号、《关于实施〈危险性较大的分部分项工程安全管理规定〉有关问题的通知》建办质〔2018〕31号等文件。

按照文件规定,起重吊装及起重机械安装拆卸工程属于危大工程,应严格执行文件管理规定。具体范围:

1) 属于危大工程的起重吊装

① 采用非常规起重设备、方法,且单件起吊重量在10kN及以上的起重吊装工程。

② 采用起重机械进行安装的工程。

③ 起重机械安装和拆卸工程。

2) 属于"超过一定规模的危险性较大的分部分项工程"的起重吊装

① 采用非常规起重设备、方法,且单件起吊重量在100kN及以上的起重吊装工程。

② 起重量300kN及以上,或搭设总高度200m及以上,或搭设基础标高在200m及以上的起重机械安装和拆卸工程。

(2) 安全管理

1) 前期保障

① 建设单位应当依法提供真实、准确、完整的工程地质、水文地质和工程周边环境等资料。

② 勘察单位应当根据工程实际及工程周边环境资料,在勘察文件中说明地质条件可能造成的工程风险。

设计单位应当在设计文件中注明涉及危大工程的重点部位和环节,提出保障工程周边环境安全和工程施工安全的意见,必要时进行专项设计。

③ 建设单位应当组织勘察、设计等单位在施工招标文件中列出危大工程清单,要求施工单位在投标时补充完善危大工程清单并明确相应的安全管理措施。

④ 建设单位应当按照施工合同约定及时支付危大工程施工技术措施费以及相应的安全防护文明施工措施费,保障危大工程施工安全。

⑤ 建设单位在申请办理安全监督手续时,应当提交危大工程清单及其安全管理措施等资料。

2) 起重吊装施工方案的管理

① 施工单位应当在施工前组织工程技术人员编制专项施工方案。

实行施工总承包的,专项施工方案应当由施工总承包单位组织编制。危大工程实行分包的,专项施工方案可以由相关专业分包单位组织编制。

② 专项施工方案应当由施工单位技术负责人审核签字、加盖单位公章,并由总监理工程师审查签字、加盖执业印章后方可实施。

危大工程实行分包并由分包单位编制专项施工方案的,专项施工方案应当由总承包单位技术负责人及分包单位技术负责人共同审核签字并加盖单位公章。

③ 对于超过一定规模的危大工程，施工单位应当组织召开专家论证会对专项施工方案进行论证。实行施工总承包的，由施工总承包单位组织召开专家论证会。专家论证前专项施工方案应当通过施工单位审核和总监理工程师审查。

专家应当从地方人民政府住房和城乡建设主管部门建立的专家库中选取，符合专业要求且人数不得少于 5 名。与本工程有利害关系的人员不得以专家身份参加专家论证会。

④ 专家论证会后，应当形成论证报告，对专项施工方案提出通过、修改后通过或者不通过的一致意见。专家对论证报告负责并签字确认。

专项施工方案经论证需修改后通过的，施工单位应当根据论证报告修改完善后，重新履行审批程序。

专项施工方案经论证不通过的，施工单位修改后应当按照本规定的要求重新组织专家论证。

3）现场安全管理

① 施工单位应当在吊装施工现场显著位置公告危大工程名称、施工时间和具体责任人员，并在危险区域设置安全警示标志。

② 专项施工方案实施前，编制人员或者项目技术负责人应当向施工现场管理人员进行方案交底。

③ 施工现场管理人员应当向作业人员进行安全技术交底，并由双方和项目专职安全生产管理人员共同签字确认。

④ 施工单位应当严格按照专项施工方案组织施工，不得擅自修改专项施工方案。

因规划调整、设计变更等原因确需调整的，修改后的专项施工方案应当按照本规定重新审核和论证。涉及资金或者工期调整的，建设单位应当按照约定予以调整。

⑤ 施工单位应当对危大工程施工作业人员进行登记，项目负责人应当在施工现场履职。

项目专职安全生产管理人员应当对专项施工方案实施情况进行现场监督，对未按照专项施工方案施工的，应当要求立即整改，并及时报告项目负责人，项目负责人应当及时组织限期整改。

施工单位应当按照规定对危大工程进行施工监测和安全巡视，发现危及人身安全的紧急情况，应当立即组织作业人员撤离危险区域。

① 监理单位应当结合危大工程专项施工方案编制监理实施细则，并对危大工程施工实施专项巡视检查。

② 监理单位发现施工单位未按照专项施工方案施工的，应当要求其进行整改；情节严重的，应当要求其暂停施工，并及时报告建设单位。施工单位拒不整改或者不停止施工的，监理单位应当及时报告建设单位和工程所在地住房和城乡建设主管部门。

③ 按照规定需要进行第三方监测的危大工程，建设单位应当委托具有相应勘察资质的单位进行监测。

监测单位应当编制监测方案。监测方案由监测单位技术负责人审核签字并加盖单位公章，报送监理单位后方可实施。

监测单位应当按照监测方案开展监测，及时向建设单位报送监测成果，并对监测成果负责；发现异常时，及时向建设、设计、施工、监理单位报告，建设单位应当立即组织相关单位采取处置措施。

① 起重机械安装结束后，施工单位、监理单位应当组织相关人员进行验收。验收合格的，经施工单位项目技术负责人及总监理工程师签字确认后，方可进入下一道工序。

起重机械收合格后，施工单位应当在施工现场明显位置设置验收标识牌，公示验收时间及责任人员。

② 发生险情或者事故时，施工单位应当立即采取应急处置措施，并报告工程所在地住房和城乡建设主管部门。建设、勘察、设计、监理等单位应当配合施工单位开展应急抢险工作。

③ 应急抢险结束后，建设单位应当组织勘察、设计、施工、监理等单位制定工程恢复方案，并对应急抢险工作进行后评估。

④ 施工、监理单位应当建立危大工程安全管理档案。

施工单位应当将专项施工方案及审核、专家论证、交底、现场检查、验收及整改等相关资料纳入档案管理。

监理单位应当将监理实施细则、专项施工方案审查、专项巡视检查、验收及整改等相关资料纳入档案管理。

5.6.2 起重吊装专项施工方案

（1）起重吊装专项施工方案的主要内容
1）工程概况：危大工程概况和特点、施工平面布置、施工要求和技术保证条件；
2）编制依据：相关法律、法规、规范性文件、标准、规范及施工图设计文件、施工组织设计等；
3）施工计划：包括施工进度计划、材料与设备计划；
4）施工工艺技术：技术参数、工艺流程、施工方法、操作要求、检查要求等；
5）施工安全保证措施：组织保障措施、技术措施、监测监控措施等；
6）施工管理及作业人员配备和分工：施工管理人员、专职安全生产管理人员、特种作业人员、其他作业人员等；
7）验收要求：验收标准、验收程序、验收内容、验收人员等；
8）应急处置措施；
9）计算书及相关施工图样。

（2）起重吊装专项施工方案的审批

专项施工方案应当由施工单位施工技术人员编制，企业技术负责人审核签字、加盖单位公章后，报项目总监理工程师审批。

第6章 建筑施工机械

6.1 土方机械

6.1.1 概述

土方机械在城市建设、交通运输、农田水利和国防建设中起着十分重要的作用,是国民经济建设不可缺少的技术装备。

土方机械种类较多,本篇选择挖掘机、推土机、装载机、平地机和压路机等机种,进行简单的介绍。作为施工组织者和有关专职管理人员都应熟悉它们的类型、性能、构造特点以及安全使用要求,合理选择施工机械和施工方法,发挥机械的效率。

6.1.2 挖掘机

挖掘机械在建筑、筑路、水利、电力、采矿、石油等工程以及天然气管道铺设和现代军事工程中,被广泛地使用。单斗液压挖掘机是工程机械的一个主要机种,也是各类工程施工中普遍采用的机械,可以挖掘Ⅵ级以下的土层和爆破后的岩石。

单斗液压挖掘机可以开挖基础、开挖沟渠和运河、挖掘土壤、修理边坡作业等,还可对碎石、煤炭等松散物料进行装载作业。更换工作装置后可进行起重、打桩、夯土和拔桩等工作。

1. 挖掘机的分类

按行走装置分履带式挖掘机、轮胎式挖掘机和汽车式挖掘机。

目前,除大型采矿挖掘机外,中小型挖掘机都是单斗液压挖掘机。

2. 单斗液压挖掘机的参数

单斗液压挖掘机的参数有斗容量、机重、额定功率、最大挖掘半径、最大挖掘深度、最大卸载高度、最小回转半径、回转速度和液压系统的工作压力等。其中主要参数有标准斗容量、机重和额定功率三项,用来作为液压挖掘机分级的标志性参数,反映液压挖掘机级别的大小。

3. 挖掘机型号表示方法

国产挖掘机型号第一个字母用 W 表示,后面的数字表示机械总重量(机重)。如 WY200 表示机重为 20t 的履带式液压挖掘机。目前,国内使用的单斗液压挖掘机大多数都是合资或独资产品,如 PC200、CAT320 等。

4. 单斗液压挖掘机的基本结构

单斗液压挖掘机主要由发动机、回转机构、回转平台、行走装置、工作装置、液压系统、电气系统和辅助系统等组成。

5. 挖掘机安全技术要求

（1）单斗挖掘机的作业和行走场地应平整坚实，松软地面应用枕木或垫板垫实，沼泽或淤泥场地应进行路基处理，或更换专用湿地履带。

（2）作业前应重点检查下列项目，并应符合相应要求：

1）照明、信号及报警装置等应齐全有效；

2）燃油、润滑油、液压油应符合规定；

3）各铰接部分应连接可靠；

4）液压系统不得有泄漏现象。

（3）启动前，应将主离合器分离，各操纵杆放在空挡位置，并应发出信号，确认安全后启动设备。

（4）启动后，应先使液压系统从低速到高速空载循环 10min～20min，不得有吸空等不正常噪声，并应检查各仪表指示值，运转正常后再接合主离合器，再进行空载运转，顺序操纵各工作机构并测试各制动器，确认正常后开始作业。

（5）作业时，挖掘机应保持水平位置，行走机构应制动。

（6）平整作业场地时，不得用铲斗进行横扫或用铲斗对地面进行夯实。

（7）挖掘岩石时，应先进行爆破。挖掘冻土时，应采用破冰锤或爆破法使冻土层破碎。不得用铲斗破碎石块、冻土，或用单边斗齿硬啃。

（8）挖掘机最大开挖高度和深度，不应超过机械本身性能规定。在拉铲或反铲作业时，履带式挖掘机的履带与工作面边缘距离应大于 1.0m。

（9）在坑边进行挖掘作业，当发现有塌方危险时，应立即处理险情，或将挖掘机撤至安全地带。坑边不得留有伞状边沿及松动的大块石。

（10）挖掘机应停稳后再进行挖土作业。当铲斗未离开工作面时，不得作回转、行走等动作。应使用回转制动器进行回转制动，不得用转向离合器反转制动。

（11）作业时，各操纵过程应平稳，不宜紧急制动。铲斗升降不得过猛，下降时，不得撞碰车架或履带。

（12）斗臂在抬高及回转时，不得碰到坑、沟侧壁或其他物体。

（13）挖掘机向运土车辆装车时，应降低卸落高度，不得偏装或砸坏车厢。回转时，铲斗不得从运输车辆驾驶室顶上越过。

（14）作业中，当液压缸伸缩将达到极限位时，应动作平稳，不得冲撞极限块。

（15）作业中，当需制动时，应将变速阀置于低速挡位置。

（16）作业中，当发现挖掘力突然变化，应停机检查，不得在未查明原因前调整分配阀压力。如确需调整分配阀压力，应由专业维修人员进行检查调整。

（17）作业中，不得打开压力表开关，且不得将工况选择阀的操纵手柄放在高速挡位置。

（18）挖掘机应停稳后再反铲作业，斗柄伸出长度应符合规定要求，提斗应平稳。

（19）作业中，履带式挖掘机短距离行走时，主动轮应在后面，斗臂应在正前方与履带平行，并应制动回转机构。坡道坡度不得超过机械本身允许的最大坡度。下坡时应慢速行驶。不得在坡道上变速和空挡滑行。

（20）挖掘机在坡道上行走时熄火，应立即制动，并应楔住履带，重新发动后，再继续行走。

（21）作业后，挖掘机不得停放在高边坡附近和填方区，应停放在坚实、平坦、安全的位置，并应将铲斗收回平放在地面上，所有操纵杆置于中位，关闭操纵室和机棚。

（22）履带式挖掘机转移工地应采用平板拖车装运。短距离自行转移时，应低速行走。

（23）保养或检修挖掘机时，应将发动机熄火，并将液压系统卸荷，铲斗落地。

（24）利用铲斗将底盘顶起进行检修时，应使用垫木将抬起的履带或轮胎垫稳，用木楔将落地履带或轮胎楔牢，然后再将液压系统卸荷，否则不得进入底盘下工作。

6.1.3 推土机

推土机是以履带式或轮式拖拉机牵引车为主机，配置悬式铲刀的工程机械，可进行铲土、填土、运土、平地、压实等多种作业，配置其他工作装置又可进行松土、清除杂物等作业。

1. 推土机的分类

按行走装置不同分为履带式推土机和轮胎式推土机。

履带式推土机牵引力大，接地比压低，爬坡能力强，适用于条件较差地带作业。轮胎式推土机行驶速度快，不破坏路面，机动性强。

2. 推土机的参数

推土机的主要技术参数有发动机额定功率、机重、最大牵引力和铲刀的宽度及高度等。

3. 推土机型号表示方法

推土机的型号用字母T表示，L表示轮式，Y表示液压式，S表示湿地，后面的数字表示功率。如：TY220型推土机，其中T表示推土机，Y表示液压传动，功率为220马力。

4. 推土机的基本结构

履带式推土机以履带式拖拉机配置推土铲刀而成。有些推土机后部装有松土器，遇到坚硬土质时，先用松土器松土，然后再推土。推土机主要由发动机、底盘、工作装置、液压系统、电气系统和辅助设备等组成。

5. 推土机安全技术要求

（1）作业前应重点检查以下项目，并应符合相应要求：

1) 各部件不得松动，应连接良好；
2) 燃油、润滑油、液压油等应符合规定；
3) 各系统管路不得有裂纹或泄漏；
4) 各操纵杆和制动踏板的行程、履带的松紧度符合要求。

（2）启动前，应将主离合器分离，各操纵杆放在空挡位置。不得用拖、顶方式启动。

（3）启动后，应检查各仪表指示值、液压系统，并确认运转正常，当水温、机油温度达到使用说明书的要求时，方可全载荷作业。

（4）推土机在坚硬土壤或多石土壤地带作业时，应先进行爆破或用松土器翻松。在沼泽地带作业时，应更换专用湿地履带板。

（5）不得用推土机推石灰、烟灰等粉尘物料，不得进行碾碎石块的作业。

（6）牵引其他机械设备时，应有专人负责指挥。钢丝绳的连接应牢固可靠。在坡道或长距离牵引时，应采用牵引杆连接。

（7）推土机四周不得有障碍物，确认安全后开动，工作时不得有人站在履带或刀片的支架上。

（8）采用主离合器传动的推土机接合应平稳，起步不得过猛，不得使主离合器处于半接合状态下运转；液力传动的推土机，应先解除变速杆的锁紧状态，踏下减速器踏板，变速杆应在低挡位，然后缓慢释放减速踏板。

（9）在块石路面行驶时，应将履带张紧。当需要原地旋转或急转弯时，应采用低速挡。当行走机构夹入块石时，应采用正、反向往复行驶使块石排除。

（10）在浅水地带行驶或作业时，应查明水深，冷却风扇叶片不得接触水面。下水前和出水后，应对行走装置加注润滑脂。

（11）推土机上、下坡或超过障碍物时，应采用低速挡。推土机上坡坡度不得超过25°，下坡坡度不得大于35°，横向坡度不得大于10°。在25°以上的陡坡上不得横向行驶，并不得急转弯。上坡时不得换挡，下坡不得空挡滑行。当需要在陡坡上推土时，应先进行填挖，使机身保持平衡。

（12）在上坡途中，当发动机突然熄灭，应立即放下铲刀，并锁住自动踏板。在推土机停稳后，将主离合器脱开，把变速杆放到空挡位置，并应用木块将履带楔死后，重新启动发动机。

（13）下坡时，当推土机下行速度大于发动机传动速度时，转向操纵的方向应与平地行走时操纵的方向相反，并不得使用制动器。

（14）填沟作业驶近边坡时，铲刀不得越出边缘。后退时，应先换挡，后提升铲刀进行倒车。

（15）在深沟、基坑或陡坡地区作业时，应有专人指挥，垂直边坡高度应小于2m。当大于2m时，应放出安全边坡，同时禁止用推土刀侧面推土。

（16）推土或松土作业时，不得超载，各项操作应缓慢平稳，不得损坏铲刀、推土架、松土器等装置；无液力变距器装置的推土机，在作业中有超载趋势时，应稍微提升刀片或变换低速挡。

（17）不得顶推与地基基础连接的钢筋混凝土桩等建筑物。顶推树木等物体不得倒向推土机及高空架设物。

（18）两台以上推土机在同一地区作业时，前后距离应大于8.0m；左右距离应大于1.5m。在狭窄道路上行驶时，未得前机同意，后机不得超越。

（19）作业完毕后，宜将推土机开到平坦安全的地方，并应将铲刀、松土器落到地面。在坡道上停机时，应将变速杆挂低速挡，接合主离合器，锁住制动踏板，并将履带楔住。

（20）停机时，应先降低发动机转速，变速杆放在空挡，锁紧液力传动的变速杆，分开主离合器，踏下制动踏板并锁紧，在水温降到75℃以下、油温降到90℃以下后熄火。

（21）推土机长途转运工地时，应采用平板拖车装运。短途行走转移距离不宜超过10km，铲刀距地面宜为400mm，不得用高速挡行驶和急转弯，不得长距离倒退行驶。

（22）在推土机下面检修时，发动机应熄火，铲刀应落到地面或垫稳。

6.1.4 装载机

装载机是工程机械的主要机种之一。它主要用来装卸散状物料、清理场地和物料的短距离搬运，也可进行轻度的土方挖掘工作。更换工作装置，可用来吊装、叉装物料和装卸圆木等。

1. 装载机的分类

按行走装置不同分为轮胎式装载机和履带式装载机。

国内生产和使用的装载机大多数是轮胎式装载机。

2. 装载机的参数

装载机的基本参数有铲斗容量、额定载重量、轮距、最小转弯半径、爬坡度、最大牵引力、重量、外形尺寸等。

3. 装载机型号表示方法

国产装载机型号标记的第一个字母Z代表装载机，Z后的数字代表额定载重量。为了区别轮胎式和履带式装载机，轮胎式装载机型号标记要在字母Z和数字之间加字母L。如ZL50装载机，其中Z表示装载机，L表示轮胎式，50表示额定载重量为50kN。

4. 装载机的基本结构

装载机一般是由发动机、车架、工作装置、传动系统、行走系统、转向制动系统、液压系统、操作系统等组成。

5. 装载机安全技术要求

（1）装载机与汽车配合装运作业时，自卸汽车的车厢容积应与装载机铲斗容量相匹配。

（2）装载机作业场地坡度应符合使用说明书的规定。作业区内不得有障碍物及无关人员。

（3）轮胎式装载机作业场地和行驶道路应平坦坚实。在石块场地作业时，应在轮胎上加装保护链条。

（4）作业前应重点检查下列项目，并应符合相应要求：

1）照明、信号及报警装置等应齐全有效；

2）燃油、润滑油、液压油应符合规定；

3）各铰接部分应连接可靠；
4）液压系统不得有泄漏等现象；
5）轮胎气压应符合规定。

（5）装载机行驶前，应鸣笛示意，铲斗宜提升离地0.5m。装载机行驶过程中应测试制动器的可靠性。装载机铲斗不得载人。

（6）装载机高速行驶时应采用前轮驱动；低速铲装时，应采用四轮驱动。铲斗装载后升起行驶时，不得急转弯或紧急制动。

（7）装载机下坡时不得空挡滑行。

（8）装载机的装载量应符合使用说明书的规定。装载机铲斗应从正面铲料，铲斗不得单边受力。装载机应低速缓慢举臂翻转铲斗卸料。

（9）装载机操纵手柄换向应平稳。装载机满载时，铲臂应缓慢下降。

（10）在松散不平的场地作业时，应把铲臂放在浮动位置，使铲斗平稳地推进；当推进阻力增大时，可稍微提升铲臂。

（11）当铲臂运行到上下最大限度时，应立即将操纵杆回到空挡位置。

（12）装载机运载物料时，铲臂下铰点宜保持离地面0.5m，并保持平稳行驶。铲斗提升到最高位置时，不得运输物料。

（13）铲装或挖掘时，铲斗不应偏载。铲斗装满后，应先举臂，再行走、转向、卸料。铲斗行走过程中不得收斗或举臂。

（14）当铲装阻力较大，出现轮胎打滑时，应立即停止铲装，排除过载后再铲装。

（15）在向汽车装料时，铲斗不得在汽车驾驶室上方越过。如汽车驾驶室顶无防护，驾驶室内不得有人。

（16）向汽车装料，宜降低铲斗高度，减小卸落冲击。汽车装料不得偏载、超载。

（17）装载机在坡、沟边卸料时，轮胎离边缘应保留安全距离，安全距离应大于1.5m；铲斗不宜伸出坡、沟边缘。在大于3°的坡面上，装载机不得朝下坡方向俯身卸料。

（18）作业时，装载机变矩器油温不得超过110℃，超过时，应停机降温。

（19）作业后，装载机应停放在安全场地，铲斗应平放在地面上，操纵杆应置于中位，制动应锁定。

（20）装载机转向架未锁闭时，严禁站在前后车架之间进行检修保养。

（21）装载机铲臂升起后，在进行润滑或检修等作业时，应先装好安全销，或先采取其他措施支住铲臂。

（22）停车时，应使发动机转速逐步降低，不得突然熄火，应防止液压油因惯性冲击而溢出油箱。

6.1.5 平地机

平地机是一种完成大面积土壤的平整和整形作业的土方工程机械。

1. 平地机的分类

按机架结构形式分为整体机架式平地机和铰接机架式平地机。

整体式机架是将后车架与弓形前车架焊接为一体，车架的刚度好，转弯半径大。铰接式机架是将后车架与弓形前车架铰接在一起，用液压缸控制其转动角，转弯半径小，有更好的作业适应性。

2. 平地机的参数

平地机基本技术参数有发动机功率、铲刀（宽×高、提升高度、切土深度）、最小转弯半径、最大行驶速度、整机质量、外形尺寸等。

3. 平地机型号表示方法

平地机机型编号的第一个字母为P，Y表示液压式，后面的数字表示发动机功率。如PY160表示发动机功率为160马力的平地机。

4. 平地机的基本结构

平地机主要由发动机、传动系统、制动系统、转向系统、液压系统、电气系统、操作系统、前后桥、机架、工作装置及驾驶室组成。

5. 平地机安全技术要求

(1) 作业前应重点检查下列项目，并应符合相应要求：

1) 照明、信号及报警装置等应齐全有效；

2) 燃油、润滑油、液压油应符合规定；

3) 各铰接部分应连接可靠；

4) 液压系统不得有泄漏现象；

5) 轮胎气压应符合规定。

(2) 启动发动机后，应检查各仪表指示值并应符合要求。

(3) 开动平地机时，应鸣笛示意，并确认机械周围不得有障碍物及行人，用低速挡起步后，应测试并确认制动器灵敏有效。

(4) 平地机作业区内不得有树根、大石块等障碍物。

(5) 起伏较大的地面宜先用推土机推平，再用平地机平整。

(6) 平地机不得用于拖拉其他机械。

(7) 作业时，应先将刮刀下降到接近地面，起步后再下降刮刀铲土。铲土时，应根据铲土阻力大小，随时调整刮刀的切土深度。

(8) 刮刀的回转、铲土角的调整及向机外侧斜，应在停机时进行；刮刀左右端的升降动作，可在机械行驶中调整。

(9) 刮刀角铲土和齿耙松地时应采用一挡速度行驶；刮土和平整作业时应用二、三挡速度行驶。

(10) 土质坚实的地面应先用齿耙翻松，翻松时应缓慢下齿。

(11) 使用平地机清除积雪时，应在轮胎上安装防滑链，并应探明工作面的深坑、沟槽位置。

(12) 平地机在转弯或调头时，应使用低速挡；在正常行驶时，应使用前轮转向；当场地特别狭小时，可使用前后轮同时转向。

(13) 作业中，变矩器油温不得超过110℃。

(14) 平地机行驶时，应将刮刀和齿耙升到最高位置，并将刮刀斜放，刮刀两端不得超出后轮外侧。行驶速度不得超过使用说明书规定。下坡时，不得空挡滑行。

（15）作业后，平地机应停放在平坦、安全的场地，刮刀应落在地面上，手制动器应拉紧。

6.1.6 压路机

压路机是利用机身自重通过碾压轮的作用，压平及压实砾石、碎石、道路路面、沥青混凝土路面等，使被压实的部位产生一定深度变形。

1. 压路机的分类

压实机械的种类按其工作原理，可分为静作用碾压、振动碾压、夯实三类。

2. 光轮压路机基本结构

自行式光轮压路机根据滚轮和轮轴数目主要分为二轮二轴式和三轮二轴式。二轮压路机主要用于路面压实，三轮压路机一般重量较大，主要用于路基压实。

三轮光轮压路机主要由发动机、传动系统、操纵系统、行驶滚轮、机架和驾驶室等部分组成。前轮为方向轮，后轮为驱动轮。

3. 轮胎压路机基本结构

轮胎压路机通过多个特制的充气轮胎来压实铺层材料。由于具有接触面积大，压实效果好等特点，因而广泛用于压实各类建筑基础、路面和路基及沥青混凝土路面。

轮胎压路机主要由发动机、传动系统、操纵系统和行走部分等组成。

4. 轮胎驱动振动压路机基本结构

轮胎驱动振动压路机主要由发动机、传动系统、振动装置、行走装置和驾驶操纵等部分组成。

5. 静作用压路机安全技术要求

（1）作业前，应检查并确认滚轮的刮泥板应平整良好，各紧固件不得松动；轮胎压路机应检查轮胎气压，确认正常后启动。

（2）应根据碾压要求选择机种。当光轮压路机需要增加机重时，可在滚轮内加砂或水。当气温降至0℃及以下时，不得用水增重。

（3）启动后，应检查制动性能及转向功能并确认灵敏可靠。开动前，压路机周围不得有障碍物或人员。

（4）压路机碾压的工作面，应经过适当平整，对新填的松软土，应先用羊足碾或打夯机逐层碾压或夯实后，再用压路机碾压。

（5）工作地段的纵坡不应超过压路机最大爬坡能力，横坡不应大于20°。

（6）轮胎压路机不宜在大块石基层上作业。

（7）不得用压路机拖拉任何机械或物件。

（8）碾压时应低速行驶。速度宜控制在3～4km/h范围内，在一个碾压行程中不得变速。碾压过程应保持正确的行驶方向，碾压第二行时必须与第一行重叠半个滚轮压痕。

（9）变换压路机前进、后退方向应在滚轮停止运动后进行。不得将换向离合器当作制动器使用。

（10）在新建场地上进行碾压时，应从中间向两侧碾压。碾压时，距场地边缘不应小于0.5m。

（11）在坑边碾压施工时，应由里侧向外侧碾压，距坑边不应小于1m。

（12）上下坡时，应事先选好挡位，不得在坡上换挡，下坡时不得空挡滑行。

（13）两台以上压路机同时作业时，前后间距不得小于3m，在坡道上不得纵队行驶。

（14）在运行中，不得进行修理或加油。需要在机械底部进行修理时，应将发动机熄火，刹车制动，并楔住滚轮。

（15）对有差速器锁定装置的三轮压路机，当只有一只轮子打滑时，可使用差速器锁定装置，但不得转弯。

（16）作业后，应将压路机停放在平坦坚实的场地，不得停放在软土路边缘及斜坡上，不得妨碍交通，并应锁定制动。

（17）严寒季节停机时，宜采用木板将滚轮垫离地面，应防止滚轮与地面冻结。

（18）压路机转移距离较远时，应采用汽车或平板拖车装运。

6. 振动压路机安全技术要求

（1）作业时，压路机应先起步后起振，发动机应先置于中速，然后再调至高速。

（2）压路机换向时应先停机；压路机变速时应降低发动机转速。

（3）压路机不得在坚实的地面上进行振动。

（4）压路机碾压松软路基时，应先碾压1～2遍后再振动碾压。

（5）压路机碾压时，振动频率应保持一致。

（6）换向离合器、起振离合器和制动器的调整，应在主离合器脱开后进行。

（7）上、下坡时或急转弯时不得使用快速挡。铰接式振动压路机在转弯半径较小绕圈碾压时不得使用快速挡。

（8）压路机在高速行驶时不得接合振动。

（9）停机时应先停振，然后将换向机构置于中间位置，变速器置于空挡，最后拉起手制动操纵杆。

（10）振动压路机的使用还应符合静作用压路机的有关规定。

6.2 桩工机械

6.2.1 概述

在土木建筑、港口、深水码头、公路和铁路桥梁以及海底石油开采工程中，桩基础是最常用的基础形式。桩基础以承载力大、施工周期短、成本低等优点而被广泛采用。

在桩基础的施工中所采用的各种机械，通称为桩工机械。

桩工机械按其工作原理分为冲击式、振动式、静压式和成孔灌注式四类。常用的有柴油打桩机、液压打桩机、振动打桩机、静力压桩机、各种成孔机、连续墙挖槽机以及与桩锤配套使用的各种桩架等。各种桩锤和成孔机都必须由桩架配合工作。桩架与桩锤（成孔机）合起来称为打桩机。

6.2.2 桩架

桩架是桩工机械的重要组成部分。用来悬挂桩锤，吊桩并将桩就位，打桩时为桩锤及桩帽导向。它还用来安装各种成孔装置，为成孔装置导向，并提供动力，完成成孔工作。现代的桩架一般可配置多种桩基施工的工作装置。

常用的桩架有履带式、轨道式、步履式和滚管式等。

1. 履带式桩架

履带式桩架以履带为行走装置，机动性好，使用方便，它有悬挂式桩架、三支点桩架和多功能桩架三种。

多功能履带桩架可以安装回转斗、短螺旋钻孔器、长螺旋钻孔器、柴油锤、液压锤、振动锤和冲抓斗等工作装置，进行不同的桩基础作业，另外还可以进行地下连续墙施工，逆循环钻孔，做到一机多用。

2. 步履式桩架

步履式桩架是国内应用较为普遍的桩架，在步履式桩架上可配用长、短螺旋钻孔器、柴油锤、液压锤和振动桩锤等设备进行钻孔和打桩作业。

6.2.3 柴油打桩锤

柴油锤和桩架合在一起称为柴油打桩机。柴油打桩机是利用柴油锤的冲击力将桩打入地下。

1. 柴油锤的分类

柴油锤分为筒式柴油锤和导杆式柴油锤两种。

2. 柴油打桩锤安全技术要求

（1）作业前应检查导向板的固定与磨损情况，导向板不得有松动或缺件，导向面磨损不得大于7mm。

（2）作业前应检查并确认起落架各工作机构安全可靠，启动钩与上活塞接触线距离应在5~10mm之间。

（3）作业前应检查柴油锤与桩帽的连接，提起柴油锤，柴油锤脱出砧座后，柴油锤下滑长度不应超过使用说明书的规定值，超过时，应调整桩帽连接钢丝绳的长度。

（4）作业前应检查缓冲胶垫，当砧座和橡胶垫的接触面小于原面积2/3时，或下汽缸法兰与砧座间隙小于使用说明书的规定值时，均应更换橡胶垫。

（5）水冷式柴油锤应加满水箱，并应保证柴油锤连续工作时有足够的冷却水。冷却水应使用清洁的软水。冬期作业时应加温水。

（6）桩帽上缓冲垫木的厚度应符合要求，垫木不得偏斜。金属桩的垫木厚度应为100~150mm；混凝土桩的垫木厚度应为200~250mm。

（7）柴油锤启动前，柴油锤、桩帽和桩应在同一轴线上，不得偏心打桩。

（8）在软土打桩时，应先关闭油门冷打，当每击贯入度小于100mm时，再启动柴油锤。

（9）柴油锤运转时，冲击部分的跳起高度应符合使用说明书的要求，达到规定高度时，应减小油门，控制落距。

（10）当上活塞下落而柴油锤未燃爆，上活塞发生短时间的起伏时，起落架不得落下，以防撞击碰块。

（11）打桩过程中，应有专人负责拉好曲臂上的控制绳，在意外情况下，可使用控制绳紧急停锤。

（12）柴油锤启动后，应提升起落架，在锤击过程中起落架与上汽缸顶部之间的距离不应小于2m。

（13）筒式柴油锤上活塞跳起时，应观察是否有润滑油从泄油孔中流出。下活塞的润滑油应按使用说明书的要求加注。

（14）柴油锤出现早燃时，应停止工作，并应按使用说明书的要求进行处理。

（15）作业后，应将柴油锤放到最低位置，封盖上汽缸和吸排气孔，关闭燃料阀，将操作杆置于停机位置，起落架升至高于桩锤1m处，并应锁住安全限位装置。

（16）长期停用的柴油锤，应从桩机上卸下，放掉冷却水、燃油及润滑油，将燃烧室及上、下活塞打击面清洗干净，并应做好防腐措施，盖上保护套，入库保存。

6.2.4 振动桩锤

振动桩锤是基础施工中应用广泛的一种沉桩设备。振动桩锤不但可以沉预制桩，也可作灌注桩施工。

1. 振动桩锤的构造

振动桩锤由原动机（电动机、液压马达）、传动装置、激振器、夹持器和减振器等组成。

2. 振动桩锤安全技术要求

（1）作业前，应检查并确认振动桩锤各部位螺栓、销轴的连接牢靠，减振装置的弹簧、轴和导向套完好。

（2）作业前，应检查各传动胶带的松紧度，松紧度不符合规定时应及时调整。

（3）作业前，应检查夹持片的齿形。当齿形磨损超过4mm时，应更换或用堆焊修复。使用前，应在夹持片中间放一块10～15mm厚的钢板进行试夹。试夹中液压缸应无渗漏，系统压力应正常，夹持片之间无钢板时不得试夹。

（4）作业前，应检查并确认振动桩锤的导向装置牢固可靠。导向装置与立柱导轨的配合间隙应符合使用说明书的规定。

（5）悬挂振动桩锤的起重机吊钩应有防松脱的保护装置。振动桩锤悬挂钢架的耳环应加装保险钢丝绳。

（6）振动桩锤启动时间不应超过使用说明书的规定。当启动困难时，应查明原因，排除故障后继续启动。启动时应监视电流和电压，当启动后的电流降到正常值时，开始作业。

（7）夹桩时，夹紧装置和桩的头部之间不应有空隙。当液压系统工作压力稳定后，才能启动振动桩锤。

(8) 沉桩前，应以桩的前端定位，并按使用说明书的要求调整导轨与桩的垂直度。

(9) 沉桩时，应根据沉桩速度放松吊桩钢丝绳。沉桩速度、电机电流不得超过使用说明书的规定。沉桩速度过慢时，可在振动桩锤上按规定增加配重。当电流急剧上升时，应停机检查。

(10) 拔桩时，当桩身埋入部分被拔起 1.0~1.5m 时，应停止拔桩，在拴好吊桩用钢丝绳后，再起振拔桩。当桩尖离地面只有 1.0~2.0m 时，应停止振动拔桩，由起重机直接拔桩。桩拔出后，吊桩钢丝绳未吊紧前，不得松开夹紧装置。

(11) 拔桩应按沉桩的相反顺序起拔。夹紧装置在夹持板桩时，应靠近相邻一根。对工字桩应夹紧腹板的中央。当钢板桩和工字桩的头部有钻孔时，应将钻孔焊平或将钻孔以上割掉，或应在钻孔处焊接加强板，防止桩断裂。

(12) 振动桩锤在正常振幅下仍不能拔桩时，应停止作业，改用功率较大的振动桩锤。拔桩时，拔桩力不应大于桩架的负荷能力。

(13) 振动桩锤作业时，减振装置各摩擦部位应具有良好的润滑。减振器横梁的振幅超过规定时，应停机查明原因。

(14) 作业中，当遇液压软管破损、液压操纵失灵或停电时，应立即停机，并应采取安全措施，不得让桩从夹紧装置中脱落。

(15) 停止作业时，在振动桩锤完全停止运转前不得松开夹紧装置。

(16) 作业后，应将振动桩锤沿导杆放至低处，并采用木块垫实，带桩管的振动桩锤可将桩管沉入土中 3m 以上。

(17) 振动桩锤长期停用时，应卸下振动桩锤。

6.2.5 静力压桩机

静力压桩机是依靠静压力将桩压入地层的施工机械。当静压力大于沉桩阻力时，桩就沉入土中。静力压桩机施工时无振动、无噪声、无废气污染，对地基及周围建筑物影响较小，能避免冲击式打桩机因连续打击桩而引起桩头和桩身的破坏。它适用于软土地层及沿海沿江淤泥地层中施工。在城市中应用对周围的环境影响小。

目前施工现场静力压桩机都是液压式。

1. 静力压桩机的基本构造

静力压桩机主要由支腿平台结构、长船行走机构、短船行走机构、夹持机构、导向压桩机构、起重机、液压系统、电器系统和操作室等部分组成。

2. 静力压桩机安全技术要求

(1) 桩机纵向行走时，不得单向操作一个手柄，应两个手柄一起动作。短船回转或横向行走时，不应碰触长船边缘。

(2) 桩机升降过程中，四个顶升缸中的两个一组，交替动作，每次行程不得超过100mm。当单个顶升缸动作时，行程不得超过 50mm。压桩机在顶升过程中，船形轨道不宜压在已入土的单一桩顶上。

(3) 压桩作业时，应有统一指挥，压桩人员和吊桩人员应密切联系，相互配合。

(4) 起重机吊桩进入夹持机构，进行接桩或插桩作业后，操作人员在压桩前应确认吊钩已安全脱离桩体。

(5) 操作人员应按桩机技术性能作业，不得超载运行。操作时动作不应过猛，应避免冲击。

(6) 桩机发生浮机时，严禁起重机作业。如起重机已起吊物体，应立即将起吊物卸下，暂停压桩，在查明原因采取相应措施后，方可继续施工。

(7) 压桩时，非工作人员应离机 10m 以外。起重机的起重臂及桩机配重下方严禁站人。

(8) 压桩时，操作人员的身体不得进入压桩台与机身的间隙之中。

(9) 压桩过程中，桩产生倾斜时，不得采用桩机行走的方法强行纠正，应先将桩拔起，清除地下障碍物后，重新插桩。

(10) 在压桩过程中，当夹持的桩出现打滑现象时，应通过提高液压缸压力增加夹持力，不得损坏桩，并应及时找出打滑原因，排除故障。

(11) 桩机接桩时，上一节桩应提升 350~400mm，并不得松开夹持板。

(12) 当桩的贯入阻力超过设计值时，增加配重应符合使用说明书的规定。

(13) 当桩压到设计要求时，不得用桩机行走的方式，将超过规定高度的桩顶部分强行推断。

(14) 作业完毕，桩机应停放在平整地面上，短船应运行至中间位置，其余液压缸应缩进回程，起重机吊钩应升至最高位置，各部制动器应制动，外露活塞杆应清理干净。

(15) 作业后，应将控制器放在"零位"，并依次切断各部电源，锁闭门窗，冬期应放尽各部积水。

(16) 转移工地时，应按规定程序拆卸桩机，所有油管接头处应加保护盖帽。

6.2.6 旋挖钻孔机

旋挖钻孔机主要功能为上车钻孔作业和下车移动行驶，两部分通过控制系统实现互锁。

1. 旋挖钻孔机的基本构造

旋挖钻孔机整机主要由底盘行走机构、钻桅、变幅机构、主副卷扬、动力头、钻杆、钻头、转台、发动机、驾驶室、液压系统、电气系统等组成。

2. 旋挖钻孔机安全技术要求

(1) 钻机作业前，应检查并确认固定上车转台和底盘车架的销轴已拔出。履带式钻机应将履带的轨距伸至最大。

(2) 作业地面应坚实平整，作业过程中地面不得下陷，工作坡度不得大于 2°。

(3) 钻机行驶时，应将上车转台和底盘车架销住，履带式钻机还应锁定履带伸缩油缸的保护装置。

(4) 钻机操作人员进出操纵室时，应利用阶梯和扶手上下。在作业过程中，不得将操纵杆当扶手使用。

(5) 卷扬机提升钻杆、钻头和其他钻具时，重物应位于桅杆正前方。卷扬机钢丝绳与桅杆夹角应符合使用说明书的规定。

(6) 开始钻孔时，钻杆应保持垂直，位置应正确，并应慢速钻进，在钻头进入土层后，再加速钻进。当钻头穿过软硬土层交界处时，应慢速钻进。提钻时钻头不得转动。

(7) 作业中，发生浮机现象时，应立即停止作业，查明原因并正确处理后，继续作业。

(8) 钻机移位时，应将钻桅及钻具提升到规定高度，并应检查钻杆，防止钻杆脱落。

(9) 钻机短时停机，钻桅可不放下，动力头及钻具应放下，并宜尽量接近地面。长时间停机，钻桅应按使用说明书的要求放置。

(10) 作业中，钻机作业范围内不得有非工作人员进入。

(11) 钻机保养时，应按使用说明书的要求进行，并应将钻机支撑牢靠。

(12) 在钻机转移工作点、装卸钻具钻杆、收臂放塔和检修调试时，应有专人指挥，并确认附近不得有非作业人员和障碍。

6.2.7 转盘钻孔机

转盘钻孔机适用于高层建筑、桥梁、港口基桩孔等工程施工。

1. 转盘钻孔机的基本构造

转盘钻孔机主要由转盘、卷扬机、传动装置、减速器、底座、液压系统、钻塔、反循环泵组、工具总成等组成。

2. 转盘钻孔机安全技术要求

(1) 钻头和钻杆连接螺纹应良好，滑扣的不得使用。钻头焊接应牢固可靠，不得有裂纹。钻杆连接处应安装便于拆卸的垫圈。

(2) 钻架的吊重中心、钻机的卡孔和护进管中心应在同一垂直线上，钻杆中心偏差不应大于20mm。

(3) 作业前，应先将各部操纵手柄置于空档位置，人力盘动时不得有卡阻现象，然后空载运转，确认一切正常后方可作业。

(4) 开钻时，应先送浆后开钻；停机时，应先停钻后停浆。泥浆泵应有专人看管，对泥浆质量和浆面高度应随时测量和调整，随时清除沉淀池中杂物，出现漏浆现象时应及时补充。

(5) 开钻时，钻压应轻，转速应慢。在钻进过程中，应根据地质情况和钻进深度，选择合适的钻压和钻速，均匀给进。

(6) 换挡时，应先停钻，挂上档后再开钻。

(7) 加接钻杆时，应使用特制的连接螺栓紧固，并应做好连接处的清洁工作。

(8) 发生提钻受阻时，应先设法使钻具活动后再慢慢提升，不得强行提升。当钻进受阻时，应采用缓冲击法解除，并查明原因，采取措施继续钻进。

（9）钻架、钻台平车、封口平车等的承载部位不得超载。

（10）钻机下和井孔周围 2m 以内及高压胶管下，不得站人。钻杆不应在旋转时提升。

（11）使用空气反循环时，喷浆口应遮拦，管端应固定。

（12）钻进结束时，应把钻头略为提起，降低转速，空转 5～20min 后再停钻。停钻时，应先停钻后停机。对钻机进行清洗和润滑，并应将主要部位进行遮盖。

6.2.8 成槽机

地下连续墙是用特制的挖槽机械在泥浆护壁的情况下，每次开挖一个单元槽段的沟槽，待混凝土浇至设计标高后，一个单元槽段施工完毕。各个槽段之间由特制的接头连接，形成连续的地下钢筋混凝土墙。

在连续墙的施工中，目前常用的设备有双轮滚切成槽机、抓斗成槽机等。

1. 抓斗挖槽机的基本构造

抓斗挖槽机由履带式桩架和抓斗组成。

2. 成槽机安全技术要求

（1）应检查各传动机构、安全装置、钢丝绳等，并应确认安全可靠后，空载试车，试车运行中，应检查油缸、油管、液压马达等液压元件，不得有渗漏油现象，油压应正常，油管盘、电缆盘应运转灵活，不得有卡滞现象，并应与起升速度保持同步。

（2）安装时，成槽抓斗应放置在把杆铅垂线下方的地面上，把杆角度应为 75°～78°。起升把杆时，成槽抓斗应随着逐渐慢速提升，电缆与油管应同步卷起，以防电缆与油管损坏。接油管时应保持油管的清洁。

（3）工作场地应平坦坚实，在松软地面作业时，应在履带下铺设厚度在 30mm 以上的钢板，钢板纵向间距不应大于 30mm。起重臂最大仰角不得超过 78°，并应经常检查钢丝绳、滑轮，不得有严重磨损及脱槽现象，传动部件、限位保险装置、油温等应正常。

（4）成槽机回转应平稳，不得突然制动。

（5）成槽机作业中，不得同时进行两种及以上动作。

（6）钢丝绳应排列整齐，不得松乱。

（7）成槽机起重性能参数应符合主机起重性能参数，不得超载。

（8）成槽机行走履带应平行槽边，并应尽可能使主机远离槽边，以防槽段塌方。

（9）成槽机工作时，把杆下不得有人，人员不得用手触摸钢丝绳及滑轮。

（10）成槽机工作时，应检查成槽的垂直度，并应及时纠偏。

（11）成槽机工作完毕，应远离槽边，抓斗应着地，设备应及时清洁。

（12）拆卸成槽机时，应将把杆置于 75°～78°位置，放落成槽抓斗，逐渐变幅把杆，同步下放起升钢丝绳、电缆与油管，并应防止电缆、油管拉断。

（13）运输时，电缆及油管应卷绕整齐，并应垫高油管盘和电缆盘。

6.3 混凝土机械

混凝土机械主要分为生产机械、运输机械和泵送机械。

6.3.1 混凝土搅拌机的分类

混凝土搅拌机按生产过程的连续性可分为周期式和连续式两大类。建筑施工所用的都是周期式混凝土搅拌机。

周期式混凝土搅拌机按搅拌原理可分为自落式和强制式两大类。

6.3.2 常用混凝土搅拌机

施工现场常用的混凝土搅拌机是锥形反转出料的搅拌机，搅拌站常用的混凝土搅拌机是双卧轴强制式搅拌机。

1. 锥形反转出料混凝土搅拌机

锥形反转出料混凝土搅拌机是一种自落式搅拌机，拌筒正向回转搅拌，拌筒反向回转出料。其基本结构主要由搅拌系统、进料系统、供水系统、底盘和电气控制系统等组成。

2. 双卧轴强制式搅拌机

双卧轴强制式混凝土搅拌机是由传动系统、搅拌机构、上料装置、卸料装置和供水系统等组成。

3. 混凝土搅拌机安全技术要求

（1）作业区应排水通畅，并应设置沉淀池及防尘设施。

（2）操作人员视线应良好。操作台应铺设绝缘垫板。

（3）作业前应重点检查下列项目，并应符合相应要求：

1）料斗上、下限位装置应灵敏有效，保险销、保险链应齐全完好；

2）制动器、离合器应灵敏可靠；

3）各传动机构、工作装置应正常。开式齿轮、皮带轮等传动装置的安全防护罩应齐全可靠。齿轮箱、液压油箱内的油质和油量应符合要求；

4）搅拌筒与托轮接触应良好，不得窜动、跑偏；

5）搅拌筒内叶片应紧固，不得松动，叶片与衬板间隙应符合说明书规定；

6）搅拌机开关箱应设置在距搅拌机 3m 的范围内。

（4）作业前应进行空载运转，确认搅拌筒或叶片运转方向正确。反转出料的搅拌机应进行正、反转运转。空载运转时，不得有冲击现象和异常声响。

（5）供水系统的仪表计量应准确，水泵、管道等部件应连接可靠，不得有泄漏。

（6）搅拌机不宜带载启动，在达到正常转速后上料，上料量及上料程序应符合使用说明书的规定。

（7）料斗提升时，人员严禁在料斗下停留或通过；当需在料斗下方进行清理或检修时，应将料斗提升至上止点，并必须用保险销锁牢或用保险链挂牢。

（8）搅拌机运转时，不得进行维修、清理工作。当作业人员需进入搅拌筒内作业时，应先切断电源，锁好开关箱，悬挂"禁止合闸"的警示牌，并应派专人监护。

（9）作业完毕，宜将料斗降到最低位置，并应切断电源。

6.3.3 混凝土搅拌运输车

混凝土搅拌运输车是运输混凝土的专用车辆，在载重汽车底盘上安装一套能慢速旋转的混凝土搅拌装置，能保证混凝土的输送质量。

1. 基本结构

混凝土搅拌运输车除载重汽车底盘外，主要由传动系统、操作系统、供水系统、搅拌装置等组成。

2. 安全技术要求

（1）混凝土搅拌运输车的内燃机和行驶部分应符合《建筑机械使用安全技术规程》JGJ 33 的有关规定。

（2）液压系统和气动装置的安全阀、溢流阀的调整压力应符合使用说明书的要求。卸料槽锁扣及搅拌筒的安全锁定装置应齐全完好。

（3）燃油、润滑油、液压油、制动液及冷却液应添加充足，质量应符合要求，不得有渗漏。

（4）搅拌筒及机架缓冲件应无裂纹或损伤，筒体与托轮应接触良好。搅拌叶片、进料斗、主辅卸料槽不得有严重磨损和变形。

（5）装料前应先启动内燃机空载运转，并低速旋转搅拌筒 3～5min，当各仪表指示正常、制动气压达到规定值时，并检查确认后装料。装载量不得超过规定值。

（6）行驶前，应确认操作手柄处于"搅动"位置并锁定，卸料槽锁扣应扣牢。搅拌运输车行驶时最高速度不得大于 50km/h。

（7）出料作业时，应将搅拌运输车停靠在地势平坦处，应与基坑及输电线路保持安全距离，并应锁定制动系统。

（8）在进入搅拌筒维修、清理混凝土前，应将发动机熄火，操作杆置于空挡，将发动机钥匙取出，并应设专人监护，悬挂安全警示牌。

6.3.4 混凝土泵车

混凝土泵车是在载重汽车底盘上进行改造而成的，通过泵车上的布料杆和输送管，将混凝土输送到一定的高度和距离。

1. 基本结构

混凝土泵车主要由混凝土泵、臂架混凝土管、臂架、转台、料斗、支腿和汽车底盘等组成。

2. 安全技术要求

（1）混凝土泵车应停放在平整坚实的地方，与沟槽和基坑的安全距离应符合说明书的要求。臂架回转范围内不得有障碍物，与输电线路的安全距离应符合现行行业标准

《施工现场临时用电安全技术规范》JGJ 46 的有关规定。

（2）混凝土泵车作业前，应将支腿打开，并应采用垫木垫平，车身的倾斜度不应大于3°。

（3）作业前应重点检查以下项目，并应符合相应要求：

1）安全装置齐全有效，仪表应指示正常；

2）液压系统、工作机构应运转正常；

3）料斗网格应完好牢固；

4）软管安全链与臂架连接应牢固。

（4）启动后，应空载运转，观察各仪表的指示值，检查泵和搅拌装置的运转情况，确认一切正常后，方可作业。

（5）应支撑好支腿后再操作臂架，臂架收拢放于臂架主支撑上后才能收支腿。

（6）伸展布料杆应按出厂说明书的顺序进行。布料杆在升离支架前不得回转。不得用布料杆起吊或拖拉物件。

（7）当布料杆处于全伸状态时，不得移动车身。当需要移动车身时，应将上段布料杆折叠固定，移动速度不得超过 10km/h。

（8）不得接长布料配管和布料软管。

（9）泵送时，不得调整、修理正在运转的部件。

6.3.5 混凝土振捣器

混凝土振捣器是一种借助动力通过一定装置作为振源产生频繁的振动，并使这种振动传给混凝土，以振动捣实混凝土的设备。

1. 分类

混凝土振捣器的种类繁多，按传递振动的方式可分为：插入式（内部式）、附着式（外部式）、平板式等。

2. 插入式振捣器安全技术要求

（1）作业前应检查电动机、软管、电缆线、控制开关等，并应确认处于完好状态。电缆线连接应正确。

（2）操作人员作业时应穿戴符合要求的绝缘鞋和绝缘手套。

（3）电缆线应采用耐气候型橡皮护套铜芯软电缆，并不得有接头。

（4）电缆线长度不应大于30m。不得缠绕、扭结和挤压，并不得承受任何外力。

（5）振捣器软管的弯曲半径不得小于500mm，操作时应将振捣器垂直插入混凝土，深度不宜超过 600mm。

（6）振捣器不得在初凝的混凝土、脚手板和干硬的地面上进行试振。在检修或作业间断时，应切断电源。

（7）作业完毕，应切断电源，并应将电动机、软管及振动棒清理干净。

3. 附着式、平板式振捣器安全技术要求

（1）作业前应检查电动机、电源线、控制开关等，并确认完好无破损。附着式振捣器的安装位置应正确，连接应牢固，并应安装减振装置。

（2）操作人员作业时应穿戴符合要求的绝缘鞋和绝缘手套。

（3）平板式振捣器应采用耐气候型橡皮护套铜芯软电缆，并不得有接头和承受任何外力，其长度不应超过30m。

（4）附着式、平板式振捣器的轴承不应承受轴向力，振捣器使用时，应保持振捣器电动机轴线在水平状态。

（5）振捣器不得在初凝的混凝土、脚手板和干硬的地面上进行试振。在检修或作业间断时，应切断电源。

（6）平板式振捣器作业时应使用牵引绳控制移动速度，不得牵拉电缆。

（7）在同一块混凝土模板上同时使用多台附着式振捣器时，各振捣器的振频应一致，安装位置宜交错设置。

（8）安装在混凝土模板上的附着式振捣器，每次作业时间应根据施工方案确定。

（9）作业完毕，应切断电源，并应将振捣器清理干净。

4. 混凝土振动台安全技术要求

（1）作业前应检查电动机、传动及防护装置，并确认完好有效。轴承座、偏心块及机座螺栓应紧固牢靠。

（2）振动台应设有可靠的锁紧夹，振动时应将混凝土槽锁紧，混凝土模板在振动台上不得无约束振动。

（3）振动台电缆应穿在电管内，并预埋牢固。

（4）作业前应检查并确认润滑油不得有泄漏，油温、传动装置应符合要求。

（5）在作业过程中，不得调节预置拨码开关。

（6）振动台应保持清洁。

6.3.6 混凝土布料机

混凝土布料机是将混凝土进行分布和摊铺，以减轻工人劳动强度，提高工作效率的一种设备。

1. 基本结构

混凝土布料机主要由臂架、输送管、回转架、底座等组成。

2. 安全技术要求

（1）设置混凝土布料机前，应确认现场有足够的作业空间，混凝土布料机任一部位与其他设备及构筑物的安全距离不应小于0.6m。

（2）混凝土布料机的支撑面应平整坚实。固定式混凝土布料机的支撑应符合使用说明书的要求，支撑结构应经设计计算，并应采取相应加固措施。

（3）手动式混凝土布料机应有可靠的防倾覆措施。

（4）混凝土布料机作业前应重点检查下列项目，并应符合相应要求：

1）支腿应打开垫实，并应锁紧；

2）塔架的垂直度应符合使用说明书要求；

3）配重块应与臂架安装长度匹配；

4）臂架回转机构润滑应充足，转动应灵活；

5）机动混凝土布料机的动力装置、传动装置、安全及制动装置应符合要求；

6）混凝土输送管道应连接牢固。

(5) 手动混凝土布料机回转速度应缓慢均匀，牵引绳长度应满足安全距离的要求。

(6) 输送管出料口与混凝土浇筑面宜保持1m的距离，不得被混凝土掩埋。

(7) 人员不得在臂架下方停留。

(8) 当风速达到10.8m/s及以上或大雨、大雾等恶劣天气应停止作业。

6.3.7 一般规定

(1) 混凝土机械的内燃机、电动机、空气压缩机、行驶部分等应符合《建筑机械使用安全技术规程》JGJ 33的有关规定。

(2) 液压系统的溢流阀、安全阀应齐全有效，调定压力应符合说明书要求。系统应无泄漏，工作应平稳，不得有异响。

(3) 混凝土机械的工作机构、制动器、离合器、各种仪表及安全装置应齐全完好。

(4) 电气设备作业应符合现行行业标准《施工现场临时用电安全技术规范》JGJ 46的有关规定。插入式、平板式振捣器的漏电保护器应采用防溅型产品，其额定漏电动作电流不应大于15mA，额定漏电动作时间不应大于0.1s。

(5) 冬期施工，机械设备的管道、水泵及水冷却装置应采取防冻保温措施。

6.4 钢筋加工机械

钢筋加工机械是用于完成各种混凝土结构物或钢筋混凝土预制件所用的钢筋和钢筋骨架等作业的机械。

6.4.1 钢筋加工机械的分类

钢筋加工机械种类繁多，按其加工工艺可分为成型、强化、焊接、预应力等加工机械。

6.4.2 钢筋调直切断机

1. 基本结构

钢筋调直切断机是钢筋加工机械之一，用于调直和切断直径14mm以下的钢筋，并进行除锈。钢筋调直切断机主要由放盘架、调直筒、传动箱、切断机械、机座等主要部分组成。

2. 安全技术要求

(1) 料架、料槽应安装平直，并应与导向筒、调直筒和下切刀孔的中心线一致。

(2) 钢筋调直切断机安装后，应用手转动飞轮，检查传动机构和工作装置，并及时调整间隙，紧固螺栓。在检查并确认电气系统正常后，进行空运转。空运转时，齿轮应啮合良好，不得有异响，确认正常后开始作业。

(3) 作业时，应按钢筋的直径，选用适当地调直块、曳引轮槽及传动速度。调直块的孔径应比钢筋直径大 2~5mm。曳引轮槽宽应和所需调直钢筋的直径相符合。大直径钢筋宜选用较慢的传动速度。

(4) 在调直块未固定或防护罩未盖好前，不得送料。作业中不得打开防护罩。

(5) 送料前应将弯曲的钢筋端头切除。导向筒前应安装一根长度宜为 1m 的钢管。

(6) 钢筋送入后，手应与曳轮保持安全距离。

(7) 当调直后的钢筋仍有慢弯时，可逐渐加大调直块的偏移量，直到调直为止。

(8) 切断 3~4 根钢筋后，应停机检查钢筋长度，当超过允许偏差时，应及时调整限位开关或定尺板。

(9) 作业后，应堆放好成品，清理场地，切断电源，锁好开关箱，做好润滑工作。

6.4.3 钢筋切断机

钢筋切断机是剪切钢筋所使用的一种工具。适用于建筑工程上各种普通碳素钢、热轧圆钢、螺纹钢、扁钢、方钢的切断。

1. 基本结构

钢筋切断机主要由电动机、传动系统、减速机构、曲柄连杆机构、机体及切断刀等组成。

2. 安全技术要求

(1) 接送料的工作台面应和切刀下部保持水平，工作台的长度应根据加工材料长度确定。

(2) 启动前应检查并确认切刀不得有裂纹，刀架螺栓应紧固，防护罩应牢靠。应用手转动皮带轮，检查齿轮啮合间隙，并及时调整。

(3) 启动后应先空运转，检查并确认各传动部分及轴承运转正常后，开始作业。

(4) 机械未达到正常转速前，不得切料。操作人员应使用切刀的中、下部位切料，应紧握钢筋对准刃口迅速投入，并应站在固定刀片一侧用力压住钢筋，防止钢筋末端弹出伤人。不得用双手分在刀片两边握住钢筋切料。

(5) 操作人员不得剪切超过机械性能规定强度及直径的钢筋或烧红的钢筋。一次切断多根钢筋时，其总截面积应在规定范围内。

(6) 剪切低合金钢时，应更换高硬度切刀，剪切直径应符合机械性能的规定。

(7) 切断短料时，手和切刀之间的距离应大于 150mm，并应采用套管或夹具将切断的短料压住或夹牢。

(8) 机械运转中，不得用手直接清除切刀附近的断头和杂物。在钢筋摆动范围和机械周围，非操作人员不得停留。

(9) 当发现机械有异常响声或切刀歪斜等不正常现象时，应立即停机检修。

(10) 液压式切断机启动前，应检查并确认液压油位符合规定。切断机启动后，应空载运转，检查并确认电动机旋转方向应符合规定，并应打开放油阀，在排净液压缸体内的空气后开始作业。

(11) 手动液压式切断机使用前,应将放油阀按顺时针方向旋紧,作业完毕后,应立即按逆时针方向旋松。

(12) 作业后应关闭电源,用钢刷清除切刀间的杂物,进行整机清洁润滑。

6.4.4 钢筋弯曲机

钢筋弯曲机是利用工作盘的旋转对钢筋进行各种弯曲、弯钩、半箍、全箍等作业的设备,以满足钢筋混凝土结构中对各种钢筋形状的要求。

1. 基本结构

钢筋弯曲机主要由机架、电动机、滚轴、转轴、调节手轮、紧固手柄、夹持器、工作台、控制配电箱等组成。

2. 安全技术要求

(1) 工作台和弯曲机台面应保持水平。

(2) 作业前应准备好各种芯轴及工具,并应按加工钢筋的直径和弯曲半径的要求,装好相应规格的芯轴和成型轴、挡铁轴。

(3) 芯轴直径应为钢筋直径的2.5倍。挡铁轴应有轴套。挡铁轴的直径和强度不得小于被弯钢筋的直径和强度。

(4) 启动前应检查并确认芯轴、挡铁轴、转盘等不得有裂纹和损伤,防护罩应有效。在空载运转并确认正常后,开始作业。

(5) 作业时应将需弯曲的一端钢筋插入在转盘固定销的间隙内,将另一端紧靠机身固定销,并用手压紧,在检查并确认机身固定销安放在挡住钢筋的一侧后,启动机械。

(6) 弯曲作业时,不得更换轴芯、销子和变换角度以及调速,不得进行清扫和加油。

(7) 对超过机械铭牌规定直径的钢筋不得进行弯曲。在弯曲未经冷拉或带有锈皮的钢筋时,应戴防护镜。

(8) 在弯曲高强度钢筋时,应进行钢筋直径换算,钢筋直径不得超过机械允许的最大弯曲能力,并应及时调换相应的芯轴。

(9) 操作人员应站在机身设有固定销的一侧。成品钢筋应堆放整齐,弯钩不得朝上。

(10) 转盘换向应在弯曲机停稳后进行。

6.4.5 钢筋冷拉机

钢筋冷拉机是对热轧钢筋在正常温度下进行强力拉伸的机械。通过冷拉不但可使钢筋被拉直、延伸,而且还可以起到除锈和检验钢材的作用。

1. 分类

钢筋冷拉机常用的形式有卷扬机式、阻力轮式和液压式等。

2. 安全技术要求

(1) 应根据冷拉钢筋的直径,合理选用冷拉卷扬机。卷扬钢丝绳应经封闭式导向滑轮，并应和被拉钢筋成直角。操作人员应能见到全部冷拉场地。卷扬机与冷拉中心线距离不得小于5m。

（2）冷拉场地应设置警戒区，并应安装防护栏及警告标志。非操作人员不得进入警戒区。作业时，操作人员与受拉钢筋的距离应大于2m。

（3）采用配重控制的冷拉机应有指示起落的记号或专人指挥。冷拉机的滑轮、钢丝绳应相匹配。配重提起时，配重离地高度应小于300mm。配重架四周应设置防护栏杆及警告标志。

（4）作业前应检查冷拉机，夹齿应完好；滑轮、拖拉小车应润滑灵活；拉钩、地锚及防护装置应齐全牢固。

（5）采用延伸率控制的冷拉机，应设置明显的限位标志，并应有专人负责指挥。

（6）照明设施宜设置在张拉警戒区外。当需设置在警戒区内时，照明设施安装高度应大于5m，并应有防护罩。

（7）作业后应放松卷扬钢丝绳，落下配重，切断电源，并锁好开关箱。

6.4.6 钢筋冷拔机

1. 分类

钢筋冷拔机又称拔丝机，有立式、卧式和串联式等形式。

2. 安全技术要求

（1）启动机械前，应检查并确认机械各部连接应牢固，模具不得有裂纹，轧头与模具的规格应配套。

（2）钢筋冷拔量应符合机械出厂说明书的规定。机械出厂说明书未作规定时，可按每次冷拔缩减模具孔径0.5～1.0mm进行。

（3）轧头时，应先将钢筋的一端穿过模具，钢筋穿过的长度宜为100～150mm，再用夹具夹牢。

（4）作业时，操作人员的手与轧辊应保持300～500mm的距离。不得用手直接接触钢筋和滚筒。

（5）冷拔模架中应随时加足润滑剂，润滑剂可采用石灰和肥皂水调和晒干后的粉末。

（6）当钢筋的末端通过冷拔模后，应立即脱开离合器，同时用手闸挡住钢筋末端。

（7）冷拔过程中，当出现断丝或钢筋打结乱盘时，应立即停机处理。

6.4.7 一般规定

（1）机械的安装应坚实稳固。固定式机械应有可靠的基础；移动式机械作业时应楔紧行走轮。

（2）手持式钢筋加工机械作业时，应佩戴绝缘手套等防护用品。

（3）加工较长的钢筋时，应有专人帮扶。帮扶人员应听从机械操作人员指挥，不得任意推拉。

6.5 焊接机械

6.5.1 焊接机械的分类

焊接机械可分为手工焊接设备和自动焊接设备。

（1）手工焊接设备主要有交流电焊机、CO_2气保护焊机、氩弧焊机、混合气体保护焊机等。

（2）自动焊接设备主要有焊接机械手、环纵缝自动焊机、变位机、焊接中心、龙门焊机等。

6.5.2 交流电焊机

1. 基本结构

交流电焊机结构组成主要由一次绕组、二次绕组、动铁芯、静铁芯、接线板和摇把等组成。

2. 安全技术要求

（1）使用前，应检查并确认初、次级线接线正确，输入电压符合电焊机的铭牌规定，接线螺母、螺栓及其他部件完好齐全，不得松动或损坏。

（2）当多台焊机在同一场地作业时，相互间距不应小于600mm，应逐台启动，并应使三相负载保持平衡。多台焊机的接地装置不得串联。

（3）移动电焊机或停电时，应切断电源，不得用拖拉电缆的方法移动焊机。

（4）调节焊接电流和极性开关应在卸除负荷后进行。

（5）长期停用的焊机启用时，应空载通电一定时间，进行干燥处理。

6.5.3 点焊机

1. 基本结构

点焊机主要由焊接变压器、分级转换开关、电极、压力臂和压力弹簧、杠杆操纵系统等组成。

2. 安全技术要求

（1）作业前，应清除上下两电极的油污。

（2）作业前，应先接通控制线路的转向开关和焊接电流的开关，调整好极数，再接通水源、气源，最后接通电源。

（3）焊机通电后，应检查并确认电气设备、操作机构、冷却系统、气路系统工作正常，不得有漏电现象。

（4）作业时，气路、水冷系统应畅通。气体应保持干燥。排水温度不得超过40℃，排水量可根据水温调节。

（5）严禁在引燃电路中加大熔断器。当负载过小，引燃管内电弧不能发生时，不得闭合控制箱的引燃电路。

（6）正常工作的控制箱的预热时间不得少于5min。当控制箱长期停用时，每月应通电加热30min。更换闸流管前，应预热30min。

6.5.4 对焊机

1. 分类

对焊机按对焊工艺可分为电阻对焊和闪光对焊两种。

2. 安全技术要求

（1）对焊机应安置在室内或防雨的工棚内，并应有可靠的接地或接零。当多台对焊机并列安装时，相互间距不得小于3m，并应分别接在不同相位的电网上，分别设置各自的断路器。

（2）焊接前，应检查并确认对焊机，压力机构应灵活，夹具应牢固，气压、液压系统不得有泄漏。

（3）焊接前，应根据所焊接钢筋的截面，调整二次电压，不得焊接超过对焊机规定直径的钢筋。

（4）断路器的接触点、电极应定期光磨，二次电路连接螺栓应定期紧固。冷却水温度不得超过40℃；排水量应根据温度调节。

（5）焊接较长钢筋时，应设置托架。

（6）闪光区应设挡板，与焊接无关的人员不得入内。

（7）冬期施焊时，温度不应低于8℃。作业后，应放尽机内冷却水。

6.5.5 一般规定

（1）焊接（切割）前，应先进行动火审查，确认焊接（切割）现场防火措施符合要求，并应配备相应的消防器材和安全防护用品，落实监护人员后，开具动火证。

（2）焊接设备应有完整的防护外壳，一、二次接线柱处应有保护罩。

（3）现场使用的电焊机应设有防雨、防潮、防晒、防砸的措施。

（4）焊割现场及高空焊割作业下方，严禁堆放油类、木材、氧气瓶、乙炔瓶、保温材料等易燃、易爆物品。

（5）电焊机绝缘电阻不得小于0.5MΩ，电焊机导线绝缘电阻不得小于1MΩ，电焊机接地电阻不得大于4Ω。

（6）电焊机导线和接地线不得搭在易燃、易爆、带有热源或有油的物品上；不得利用建（构）筑物的金属结构、管道、轨道或其他金属物体搭接起来，形成焊接回路，并不得将电焊机和工件双重接地；严禁使用氧气、天然气等易燃易爆气体管道作为接地装置。

（7）电焊机的一次侧电源线长度不应大于5m，二次线应采用防水橡皮护套铜芯软电缆，电缆长度不应大于30m，接头不得超过3个，并应双线到位。当需要加长导线时，应相应增加导线的截面积。当导线通过道路时，应架高，或穿入防护管内埋设在地下；当通过轨道时，应从轨道下面通过。当导线绝缘受损或断股时，应立即更换。

(8) 电焊钳应有良好的绝缘和隔热能力。电焊钳握柄应绝缘良好，握柄与导线连接应牢靠，连接处应采用绝缘布包好。操作人员不得用胳膊夹持电焊钳，并不得在水中冷却电焊钳。

(9) 对承压状态的压力容器和装有剧毒、易燃、易爆物品的容器，严禁进行焊接或切割作业。

(10) 当需焊割受压容器、密闭容器、粘有可燃气体和溶液的工件时，应先消除容器及管道内压力，消除可燃气体和溶液，并冲洗有毒、有害、易燃物质；对存有残余油脂的容器，宜用蒸汽、碱水冲洗，打开盖口，并确认容器清洗干净后，应灌满清水后进行焊割。

(11) 在容器内和管道内焊割时，应采取防止触电、中毒和窒息的措施。焊、割密闭容器时，应留出气孔，必要时应在进、出气口处装设通风设备；容器内照明电压不得超过12V；容器外应有专人监护。

(12) 焊割铜、铝、锌、锡等有色金属时，应通风良好，焊割人员应戴防毒面罩或采取其他防毒措施。

(13) 当预热焊件温度达150～700℃时，应设挡板隔离焊件发出的辐射热，焊接人员应穿戴隔热的石棉服装和鞋、帽等。

(14) 雨雪天不得在露天电焊。在潮湿地带作业时，应铺设绝缘物品，操作人员应穿绝缘鞋。

(15) 电焊机应按额定焊接电流和暂载率操作，并应控制电焊机的温升。

(16) 当清除焊渣时，应戴防护眼镜，头部应避开焊渣飞溅方向。

(17) 交流电焊机应安装防二次侧触电保护装置。

6.6 木工机械

6.6.1 木工机械的分类

木工机械主要包括圆盘锯、带锯机、平刨机、压刨床、木工车床、开榫机、打眼机等。

6.6.2 圆盘锯

木工圆盘锯是用来加工模板、木方等木制品的一种常用机械。

1. 基本结构

木工圆盘锯由底座、机架、电机、工作台、主轴、皮带传动机构、圆锯片等组成。

2. 安全技术要求

(1) 木工圆锯机上的旋转锯片必须设置防护罩。

(2) 安装锯片时，锯片应与轴同心，夹持锯片的法兰盘直径应为锯片直径的1/4。

(3) 锯片不得有裂纹。锯片不得有连续2个及以上的缺齿。

(4) 被锯木料的长度不应小于 500mm。作业时，锯片应露出木料 10～20mm。

(5) 送料时，不得将木料左右晃动或抬高；遇木节时，应缓慢送料；接近端头时，应采用推棍送料。

(6) 当锯线走偏时，应逐渐纠正，不得猛扳，以防止损坏锯片。

(7) 作业时，操作人员应戴防护眼镜，手臂不得跨越锯片，人员不得站在锯片的旋转方向。

6.6.3 带锯机

带锯机是把带锯条环绕在锯轮上，使其转动，切削木材的机械，它的锯条的切削运动是单方向连续的，切削速度较快。

1. 分类

木工带锯机有跑车木工带锯机和台式木工带锯机。

2. 安全技术要求

(1) 作业前，应对锯条及锯条安装质量进行检查。锯条齿侧或锯条接头处的裂纹长度超过 10mm、连续缺齿两个和接头超过两处的锯条不得使用。当锯条裂纹长度在 10mm 以下时，应在裂纹终端冲一止裂孔。锯条松紧度应调整适当。带锯机启动后，应空载试运转，并应确认运转正常，无串条现象后，开始作业。

(2) 作业中，操作人员应站在带锯机的两侧，跑车开动后，行程范围内的轨道周围不应站人，不应在运行中跑车。

(3) 原木进锯前，应调好尺寸，进锯后不得调整。进锯速度应均匀。

(4) 倒车应在木材的尾端越过锯条 500mm 后进行，倒车速度不宜过快。

(5) 平台式带锯作业时，送接料应配合一致。送料、接料时不得将手送进台面。锯短料时，应采用推棍送料。回送木料时，应离开锯条 50mm 以上。

(6) 带锯机运转中，当木屑堵塞吸尘管口时，不得清理管口。

(7) 作业中，应根据锯条的宽度与厚度及时调节档位或增减带锯机的压砣（重锤）。当发生锯条口松或串条等现象时，不得用增加压砣（重锤）重量的办法进行调整。

6.6.4 平面刨

平面刨是将毛料的被加工表面加工成平面，使该表面成为后续工序所要求的加工和测量基准面。

1. 基本构造

木工平面刨主要由床身、后工作台、前工作台、刀轴、传动机构、导尺和控制装置等组成。

2. 安全技术要求

(1) 刨料时，应保持身体平稳，用双手操作。刨大面时，手应按在木料上面；刨小料时，手指不得低于料高一半。不得手在料后推料。

(2) 当被刨木料的厚度小于 30mm，或长度小于 400mm 时，应采用压板或推棍推进。厚度小于 15mm，或长度小于 250mm 的木料，不得在平刨上加工。

(3) 刨旧料前,应将料上的钉子、泥砂清除干净。被刨木料如有破裂或硬节等缺陷时,应处理后再施刨。遇木槎、节疤应缓慢送料。不得将手按在节疤上强行送料。

(4) 刀片、刀片螺钉的厚度和重量应一致,刀架与夹板应吻合贴紧,刀片焊缝超出刀头或有裂缝的刀具不应使用。刀片紧固螺钉应嵌入刀片槽内,并离刀背不得小于10mm。刀片紧固力应符合使用说明书的规定。

(5) 机械运转时,不得将手伸进安全挡板里侧去移动挡板或拆除安全挡板。

6.6.5 一般规定

(1) 木工机械操作人员应穿紧口衣裤,并束紧长发,不得系领带和戴手套。

(2) 机械的电源安装和拆除及机械电气故障的排除,应由专业电工进行。机械应使用单向开关,不得使用倒顺双向开关。

(3) 机械安全装置应齐全有效,传动部位应安装防护罩,各部件应连接紧固。

(4) 机械作业场所应配备齐全可靠的消防器材。在工作场所,不得吸烟和动火,并不得混放其他易燃易爆物品。

(5) 工作场所的木料应堆放整齐,道路应畅通。

(6) 机械应保持清洁,工作台上不得放置杂物。

(7) 机械的皮带轮、锯轮、刀轴、锯片、砂轮等高速转动部件的安装应平衡。

(8) 各种刀具破损程度不得超过使用说明书的规定要求。

(9) 加工前,应清除木料中的铁钉、铁丝等金属物。

(10) 装设除尘装置的木工机械作业前,应先启动排尘装置,排尘管道不得变形、漏气。

(11) 机械运行中,不得测量工件尺寸和清理木屑、刨花和杂物。

(12) 机械运行中,不得跨越机械传动部分。排除故障、拆装刀具应在机械停止运转,并切断电源后进行。

(13) 操作时,应根据木材的材质、粗细、湿度等选择合适的切削和进给速度。操作人员与辅助人员应密切配合,并应同步匀速接送料。

(14) 使用多功能机械时,应只使用其中一种功能,其他功能的装置不得妨碍操作。

(15) 作业后,应切断电源,锁好闸箱,并应进行清理、润滑。

(16) 机械噪声不应超过建筑施工场界噪声限值;当机械噪声超过限值时,应采取降噪措施。机械操作人员应按规定佩戴个人防护用品。

6.7 其他中小型机械

6.7.1 水磨石机

目前水磨石装饰面的磨光工作,均用水磨石机进行。

1. 基本构造

水磨石机由电动机、减速器、转盘、行走滚轮等组成。

2. 安全技术要求

（1）水磨石机宜在混凝土达到设计强度70%~80%时进行磨削作业。

（2）作业前，应检查并确认各连接件应紧固，磨石不得有裂纹、破损，冷却水管不得有渗漏现象。

（3）电缆线不得破损，保护接零或接地应良好。

（4）在接通电源、水源后，应先压扶把使磨盘离开地面，再启动电动机，然后应检查并确认磨盘旋转方向与箭头所示方向一致，在运转正常后，再缓慢放下磨盘，进行作业。

（5）作业中，使用的冷却水不得间断，用水量宜调至工作面不发干。

（6）作业中，当发现磨盘跳动或异响，应立即停机检修。停机时，应先提升磨盘后关机。

（7）作业后，应切断电源，清洗各部位的泥浆，并应将水磨石机放置在干燥处。

6.7.2 喷浆机

1. 分类

喷浆机有电动喷浆机和手动喷浆机。

2. 安全技术要求

（1）开机时，应先打开料桶开关，让石灰浆流入泵体内部后，再开动电动机带泵旋转。

（2）作业后，应往料斗注入清水，开泵清洗直到水清为止，再倒出泵内积水，清洗疏通喷头座及滤网，并将喷枪擦洗干净。

（3）长期存放前，应清除前、后轴承座内的灰浆积料，堵塞进浆口，从出浆口注入机油约50mL，再堵塞出浆口，开机运转约30s，使泵体内润滑防锈。

6.7.3 灰浆喷涂机械

灰浆喷涂机械是对建筑物的内外墙及顶棚进行喷涂抹灰的机械。

1. 分类

灰浆输送泵按结构划分有柱塞泵、隔膜泵、挤压泵等。

2. 安全技术要求

（1）柱塞式、隔膜式灰浆泵

1）输送管路应连接紧密，不得渗漏；垂直管道应固定牢固；管道上不得加压或悬挂重物。

2）作业前应检查并确认球阀完好，泵内无干硬灰浆等物，安全阀已调整到预定的安全压力。

3）泵送前，应先用水进行泵送试验，检查并确认各部位无渗漏。

4）被输送的灰浆应搅拌均匀，不得混入石子或其他杂物，灰浆稠度应为80~120mm。

5)泵送时,应先开机后加料,并应先用泵压送适量石灰膏润滑输送管道,然后再加入稀灰浆,最后调整到所需稠度。

6)泵送过程中,当泵送压力超过预定的1.5MPa时,应反向泵送;当反向泵送无效时,应停机卸压检查,不得强行泵送。

7)当短时间内不需泵送时,可打开回浆阀使灰浆在泵体内循环运行。当停泵时间较长时,应每隔3～5min泵送一次,泵送时间宜为0.5min。

8)当因故障停机时,应先打开泄浆阀使压力下降,然后排除故障。灰浆泵压力未达到零时,不得拆卸空气室、安全阀和管道。

9)作业后,应先采用石灰膏或浓石灰水把输送管道里的灰浆全部泵出,再用清水将泵和输送管道清洗干净。

(2)挤压式灰浆泵

1)使用前,应先接好输送管道,往料斗加注清水,启动灰浆泵,当输送胶管出水时,应折起胶管,在升到额定压力时,应停泵观察各部位,不得有渗漏现象。

2)作业前,应先用清水,再用石灰膏润滑输送管道后,再泵送灰浆。

3)泵送过程中,当压力迅速上升,有堵管现象时,应反转泵送2转～3转,使灰浆返回料斗,经搅拌后再泵送,当多次正反泵仍不能畅通时,应停机检查,排除堵塞。

4)工作间歇时,应先停止送灰,后停止送气,并应防止气嘴被灰浆堵塞。

5)作业后,应将泵机和管路系统全部清洗干净。

6.7.4 水泵

1. 分类

水泵的种类很多,主要有离心水泵、潜水泵、深井泵、泥浆泵等。

2. 安全技术要求

(1)离心水泵

1)水泵安装应牢固、平稳,电气设备应有防雨防潮设施。高压软管接头连接应牢固可靠,并宜平直放置。数台水泵并列安装时,每台之间应有0.8m～1.0m的距离;串联安装时,应有相同的流量。

2)冬期运转时,应做好管路、泵房的防冻、保温工作。

3)启动前应进行检查,并应符合下列规定:

① 电动机与水泵的连接应同心,联轴节的螺栓应紧固,联轴节的转动部分应有防护装置;

② 管路支架应稳固。管路应密封可靠,不得有堵塞或漏水现象;

③ 排气阀应畅通。

4)启动时,应加足引水,并应将出水阀关闭;当水泵达到额定转速时,旋开真空表和压力表的阀门,在指针位置正常后,逐步打开出水阀。

5)运转中发现下列现象之一时,应立即停机检修:

① 漏水、漏气及填料部分发热;

② 底阀滤网堵塞,运转声音异常;

③ 电动机温升过高，电流突然增大；

④ 机械零件松动。

6) 水泵运转时，人员不得从机上跨越。

7) 水泵停止作业时，应先关闭压力表，再关闭出水阀，然后切断电源。冬期停用时，应放净水泵和水管中积水。

（2）潜水泵

1) 潜水泵应直立于水中，水深不得小于0.5m，不宜在含大量泥砂的水中使用。

2) 潜水泵放入水中或提出水面时，不得拉拽电缆或出水管，并应切断电源。

3) 潜水泵应装设保护接零和漏电保护装置，工作时，泵周围30m水面以内不得有人、畜进入。

4) 启动前应进行检查，并应符合下列规定：

① 水管绑扎应牢固；

② 放气、放水、注油等螺塞应旋紧；

③ 叶轮和进水节不得有杂物；

④ 电气绝缘应良好。

5) 接通电源后，应先试运转，检查并确认旋转方向应正确，无水运转时间不得超过使用说明书的规定。

6) 应经常观察水位变化，叶轮中心至水平面距离应在0.5～3.0m之间，泵体不得陷入污泥或露出水面。电缆不得与井壁、池壁摩擦。

7) 潜水泵的启动电压应符合使用说明书的规定，电动机电流超过铭牌规定的限值时，应停机检查，并不得频繁开关机。

8) 潜水泵不用时，不得长期浸没于水中，应放置在干燥通风处。

9) 电动机定子绕组的绝缘电阻不得低于0.5MΩ。

（3）深井泵

1) 深井泵应使用在含砂量低于0.01%的水中，泵房内设预润水箱。

2) 深井泵的叶轮在运转中，不得与壳体摩擦。

3) 深井泵在运转前，应将清水注入壳体内进行预润。

4) 深井泵启动前，应检查并确认：

① 底座基础螺栓应紧固；

② 轴向间隙应符合要求，调节螺栓的保险螺母应装好；

③ 填料压盖应旋紧，并应经过润滑；

④ 电动机轴承应进行润滑；

⑤ 用手旋转电动机转子和止退机构，应灵活有效。

5) 深井泵不得在无水情况下空转。水泵的一、二级叶轮应浸入水位1m以下。运转中应经常观察井中水位的变化情况。

6) 当水泵振动较大时，应检查水泵的轴承或电动机填料处磨损情况，并应及时更换零件。

7) 停泵时，应先关闭出水阀，再切断电源，锁好开关箱。

(4)泥浆泵

1)泥浆泵应安装在稳固的基础架或地基上,不得松动。

2)启动前应进行检查,并应符合下列规定:

①各部位连接应牢固;

②电动机旋转方向应正确;

③离合器应灵活可靠;

④管路连接应牢固,并应密封可靠,底阀应灵活有效。

3)启动前,吸水管、底阀及泵体内应注满引水,压力表缓冲器上端应注满油。

4)启动时,应先将活塞往复运动两次,并不得有阻梗,然后空载启动。

5)运转中,应经常测试泥浆含砂量。泥浆含砂量不得超过10%。

6)有多挡速度的泥浆泵,在每班运转中,应将几挡速度分别运转,运转时间不得少于30min。

7)泥浆泵换挡变速应在停泵后进行。

8)运转中,当出现异响、电机明显温升或水量、压力不正常时,应停泵检查。

9)泥浆泵应在空载时停泵。停泵时间较长时,应全部打开放水孔,并松开缸盖,提起底阀放水杆,放尽泵体及管道中的全部泥浆。

10)当长期停用时,应清洗各部泥砂、油垢,放尽曲轴箱内的润滑油,并应采取防锈、防腐措施。

6.7.5 一般规定

(1)中小型机械应安装稳固,用电应符合现行行业标准《施工现场临时用电安全技术规范》JGJ 46 的有关规定。

(2)中小型机械上的外露传动部分和旋转部分应设有防护罩。室外使用的机械应搭设机械防护棚或采取其他防护措施。

第7章 建筑起重机械

7.1 塔式起重机

塔式起重机（以下简称塔机）主要用于房屋建筑和市政施工中物料的垂直和水平输送及建筑构件的安装。塔式起重机属于全回转臂架型起重机，其特征是有一个直立的塔身，并在塔身装有可回转和可变幅的起重臂。

7.1.1 塔式起重机的分类

1. 按架设方式

按架设方式分为快装式塔式起重机和非快装式塔式起重机。

2. 按变幅方式

按变幅方式分为动臂变幅塔式起重机和小车变幅塔式起重机。

3. 按臂架支承形式

按臂架支承形式小车变幅式塔式起重机又可分为平头式塔式起重机和非平头式塔式起重机。

4. 按回转部位

按回转部位分为上回转塔式起重机和下回转塔式起重机

5. 按底架行走方式

塔式起重机按底架行走方式分为固定（自升）式塔式起重机和轨道行走式塔式起重机。

6. 按爬升方式

按爬升方式分为外部爬升式（附着式）塔式起重机和内部爬升式塔式起重机。

7.1.2 塔式起重机的性能参数及型号编制方法

1. 技术参数

塔式起重机的技术参数主要有幅度、起升高度、额定起重量、起重力矩、工作速度（起升速度、回转速度、变幅速度、行走速度）、重量、尾部尺寸等。

2. 型号编制方法

塔式起重机型号编制由组、型、特性、主参数和变型更新等代号组成，型号编制方法如下：

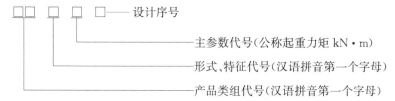

以 QTZ63A 塔式起重机为例：

(1) QTZ—组、型、特性代号。

Q—起（Q）重机。

T—塔（T）式起重机。

QT—起（Q）重机大类下的塔（T）式起重机。

Z—特征代号（Z 代表自升式，G 代表固定式，K 代表快装式，X 代表下回转式）。

(2) 63—额定起重力矩（kN·m×10^{-1}）。

(3) A—更新、变型代号。

目前行业内还采用最大幅度与最大幅度处额定起重量的型号标识方法，例如 TC6012A：

(1) TC—塔式起重机。

(2) 6012—最大工作幅度 60m，最大工作幅度处额定起重量 12kN。

(3) A—设计序号。

7.1.3 塔式起重机的构造

塔式起重机的基本构造由基础、钢结构、工作机构、电气系统和安全装置等部分组成。

1. 基础

塔式起重机基础的尺寸应满足塔式起重机工作状态和非工作状态稳定性以及地基承载能力的要求。基础的种类有一次性使用的现浇混凝土基础、多次重复使用的拼装式基础、桩基础和钢格构柱承台式钢筋混凝土基础等。

2. 钢结构

塔式起重机的钢结构件主要由底座、塔身基础节、塔身标准节、回转平台、回转过渡节、塔顶、起重臂、平衡臂、拉杆、司机室、顶升套架、附着装置等部分组成。

（1）底座

底座安装于塔式起重机基础表面，是塔式起重机最底部的结构，基础地脚螺栓将其与基础连为一体。常见的底座形式有十字梁形、独立底座形、井字形等。

（2）塔身标准节

标准节的节间用高强度螺栓或销轴连接，螺栓级别通常是 10.9 级。高强度螺栓应按使用说明书要求，采用专用工具拧紧到规定力矩。

（3）回转平台

回转平台由回转下支座、回转支承、回转上支座组成。回转上支座上安装有回转机构，驱动回转上支座及以上结构部分随着回转支承的内圈转动。

(4) 塔帽

塔帽功能是承受起重臂与平衡臂拉杆传来的载荷,并通过回转支承等结构部件将载荷传递给塔身。

(5) 起重臂

小车变幅式起重臂由多节组成,起重臂节与节之间用销轴连接,根部用销轴与回转塔身连接。起重臂的横截面一般为等腰三角形,两根下弦杆是起重小车运行的轨道。起重臂上安装有变幅机构,通过收、放变幅卷筒上变幅钢丝绳的方法,拖动变幅小车向前或向后运行。

(6) 平衡臂

上回转塔式起重机的平衡臂多采用平面框架结构,主梁采用槽钢或工字钢,连系梁及腹杆采用无缝钢管或角钢制成。

(7) 拉杆

拉杆的作用是把起重臂、平衡臂的一端斜拉在塔顶上,分为起重臂拉杆和平衡臂拉杆。

(8) 顶升套架

上回转自升式塔式起重机有一个顶升套架。顶升套架上安装有液压油缸,液压油缸的活塞杆通过顶升横梁支撑在塔身标准节上。

(9) 附着装置

当塔式起重机安装高度超过最大独立状态时,需安装附着装置。附着装置的作用是将作用于塔身的弯矩、水平力和扭矩传递到建筑物上,增强塔身的抗弯、抗扭能力。

7.1.4 塔式起重机的工作机构

塔式起重机一般设有起升机构、变幅机构、回转机构、液压顶升机构和行走机构等。

1. 起升机构

起升机构是塔式起重机最主要的工作机构,用于实现重物垂直运动。起升机构主要由起升卷扬机、钢丝绳、滑轮组、吊钩等组成。

2. 变幅机构

变幅机构用于改变吊物至塔身的距离。

小车变幅式是小车沿起重臂上的轨道移动而改变幅度;

动臂变幅式是起重臂俯仰运动而改变臂端吊钩的幅度。

3. 回转机构

塔式起重机回转机构具有调速和制动功能,回转机构由电动机、液力耦合器、制动器、变速箱和回转小齿轮等组成。

4. 液压顶升机构

液压顶升机构用来完成塔式起重机加高的顶升加节工作,液压顶升机构主要由顶升套架、作业平台和液压顶升装置组成。

5. 行走机构

塔式起重机行走机构作用是驱动行走塔式起重机沿轨道行驶，配合其他机构完成垂直运输工作。行走机构是由驱动装置和支承装置组成。

7.1.5 塔式起重机的安全保护装置

为了保证塔式起重机的安全作业，防止各种意外事故的发生，塔式起重机必须配备安全保护装置。安全保护装置有：

对于各类型塔式起重机，应设置起重力矩限制器、起重量限制器、起升高度限位器、幅度限位器、回转限位器、钢丝绳防脱装置、报警及显示记录装置等。臂根铰点超过50m的塔式起重机，应配备风速仪。

对于小车变幅式塔式起重机，应设置小车断绳保护装置、小车防坠落装置。

对于动臂变幅式塔式起重机，应设置动臂变幅幅度限制装置。

对于轨道运行的塔式起重机，应设置运行限位器、抗风防滑装置。

对于自升式塔式起重机，应具有可靠的防止在正常加节、降节作业时，爬升装置从塔身支承中或油缸端头从其连接结构中自行（非人为操作）脱出的功能。

1. 起重力矩限制器

起重力矩限制器的作用是控制塔式起重机在使用时不得超过最大额定起重力矩，起重力矩限制器是塔式起重机重要的安全装置之一。

起重力矩仅对塔式起重机臂架的纵垂直平面的超载力矩起保护作用，不能防止由于斜吊、风载、轨道倾斜或陷落等原因引起的倾覆。

当起重力矩大于相应工况下的额定值并小于该额定值的110%时，应切断上升和幅度增大方向的电源，但机构可作下降和减小幅度方向的运动。

2. 起重量限制器

起重量限制器的作用是限制最大起重量，防止塔式起重机的吊物超过最大额定荷载，避免发生机械损坏事故。

当起重量大于相应挡位的额定值并小于该额定值的110%时，起重量限制器作用，切断上升方向的电源，但机构可作下降方向的运动。

3. 起升高度限位器

起升高度限位器是用来限制吊钩接触到起重臂头部或载重小车之前，或是下降到最低点（地面或地面以下若干米）以前，使起升机构自动断电并停止工作，防止因吊钩起升过度而碰坏起重臂的装置。

4. 幅度限位器

动臂变幅的塔式起重机，应设置臂架低位置和臂架高位置的幅度限位开关，以及防止臂架反弹后翻的装置。

小车变幅的塔式起重机，应设置小车行程限位开关，其作用是限制载重小车在吊臂的允许范围内运行，限制小车最大幅度位置的是前限位，限制小车最小幅度位置的是后限位。限位开关动作后应保证小车停车时其端部距缓冲装置最小距离为200mm。

5. 回转限位器

对回转部分不设集电器的塔式起重机，应设置正反两个方向回转限位开关。回转限位开关的作用是防止塔式起重机连续向一个方向转动，把电缆扭断发生事故。开关动作时臂架旋转角度应不大于±540°。

6. 行走限位器

对于轨道运行的塔式起重机，每个运行方向应设置限位装置，限位装置由限位开关、缓冲器和终端止挡器组成。缓冲器是用来保证轨道式塔式起重机能比较平稳的停车而不至于产生猛烈的撞击。应保证开关动作后塔式起重机停车时其端部距缓冲器最小距离为1m，缓冲器距终端止挡最小距离为1m。

7. 夹轨器

轨道式塔式起重机应安装夹轨器，夹轨器的作用是塔式起重机在非工作状态时，夹紧在轨道两侧，使塔式起重机不能在轨道上移动。

8. 小车断绳保护装置

对于小车变幅式塔式起重机，为了防止小车牵引绳断裂导致小车失控，变幅的双向均设置小车断绳保护装置。

9. 小车断轴保护装置

小车变幅的塔式起重机，设置变幅小车断轴保护装置。当小车滚轮轴断裂时，挂住小车，使小车不致脱落。

10. 顶升防脱装置

自升式塔式起重机应具有可靠的防止在正常加节、降节作业时，爬升装置从塔身支承中或油缸头从其连接结构中自行（非人为操作）脱出的功能。

11. 钢丝绳防脱装置

滑轮、起升卷筒及动臂变幅卷筒均应设有钢丝绳防脱装置，该装置与滑轮或卷筒侧板最外缘的间隙不应超过钢丝绳直径的20%。

12. 吊钩保险装置

吊钩保险是安装在吊钩挂绳处的一种防止起吊钢丝绳由于角度过大或挂钩不妥时，造成起吊钢丝绳脱钩，吊物坠落事故的装置。

13. 报警装置

报警装置在塔式起重机达到额定起重力矩或额定起重量的90%以上时，发出断续的声光报警，在塔式起重机达到额定起重力矩和额定起重量的100%以上时，发出连续清晰的声光报警。

14. 障碍指示灯

塔顶高度大于30m且高于周围建筑物的塔式起重机，必须在起重机的最高部位（臂架、塔帽或人字架顶端）安装红色障碍指示灯。

15. 风速仪

臂根铰点高度超过50m的塔式起重机，应配备风速仪。当风速大于工作极限风速时，应能发出停止作业的警报。

16. 电笛

电笛或电铃起提示、提醒作用。塔式起重机操作人员在起升、变幅、回转、运行作业中必须鸣电笛（电铃）示警。

17. 安全监控装置

安全监控装置是安装在塔式起重机上的使用数字化技术来对塔式起重机进行辅助安全管理的装置。

7.1.6 塔式起重机的安装拆卸

1. 塔式起重机安装拆卸作业前应进行检查，并应符合下列规定：

（1）混凝土基础、路基和轨道铺设应符合技术要求。

（2）应对所装拆塔式起重机的各机构、结构焊缝、重要部位螺栓、销轴、卷扬机构和钢丝绳、吊钩、吊具、电气设备、线路等进行检查，消除隐患。

（3）应对自升塔式起重机顶升液压系统的液压缸和油管、顶升套架结构、导向轮、顶升支撑（爬爪）等进行检查，使其处于完好工况。

（4）装拆人员应使用合格的工具、安全带、安全帽。

（5）装拆作业中配备的起重机械等辅助机械应状况良好，技术性能应满足装拆作业的安全要求。

（6）装拆现场的电源电压、运输道路、作业场地等应具备装拆作业条件。

（7）现场安全监督及安全技术措施的落实应符合要求。

2. 塔式起重机安装拆卸作业安全技术

（1）指挥人员应熟悉装拆作业方案，遵守装拆工艺和操作规程，使用明确的指挥信号。参与装拆作业的人员，应听从指挥，如发现指挥信号不清或有错误时，应停止作业。

（2）装拆人员应熟悉装拆工艺，遵守操作规程，当发现异常情况或疑难问题时，应及时向技术负责人汇报，不得自行处理。

（3）装拆顺序、技术要求、安全注意事项应按批准的专项施工方案执行。

（4）塔式起重机高强度螺栓应由专业厂家制造，并应有合格证明。高强度螺栓严禁焊接。安装高强度螺栓时，应采用扭矩扳手或专用扳手，并应按装配技术要求预紧。

（5）在装拆作业过程中，当遇天气剧变、突然停电、机械故障等意外情况时，应将已装拆的部件固定牢靠，并经检查确认无隐患后停止作业。

（6）塔式起重机各部位的栏杆、平台、扶杆、护圈等安全防护装置应配置齐全。

（7）因损坏或其他原因而不能用正常方法拆卸塔式起重机时，应按照技术部门重新批准的拆卸方案执行。

（8）塔式起重机安装过程中，应分阶段检查验收。各机构动作应正确、平稳，制动可靠，各安全装置应灵敏有效。在无载荷情况下，塔身的垂直度允许偏差应为 4/1000。

（9）塔式起重机升降作业时，应符合下列规定：

1）升降作业应有专人指挥，专人操作液压系统，专人拆装螺栓。非作业人员不得登上顶升套架的操作平台。操作室内应只准一人操作。

2）升降作业应在白天进行。

3）顶升前应预先放松电缆，电缆长度应大于顶升总高度，并应紧固好电缆。下降时应适时收紧电缆。

4）升降作业前，应对液压系统进行检查和试机，应在空载状态下将液压缸活塞杆伸缩3～4次，检查无误后，再将液压缸活塞杆通过顶升梁借助顶升套架的支撑，顶起载荷100～150mm，停10min，观察液压缸载荷是否有下滑现象。

5）升降作业时，应调整好顶升套架滚轮与塔身标准节的间隙，并应按规定要求使起重臂和平衡臂处于平衡状态，将回转机构制动。当回转台与塔身标准节之间的最后一处连接螺栓（销轴）拆卸困难时，应将最后一处连接螺栓（销轴）对角方向的螺栓重新插入，再采取其他方法进行拆卸。不得用旋转起重臂的方法松动螺栓（销轴）。

6）顶升撑脚（爬爪）就位后，应及时插上安全销，才能继续升降作业。

7）升降作业完毕后，应按规定扭力紧固各连接螺栓，应将液压操纵杆扳到中间位置，并应切断液压升降机构电源。

3. 内爬升作业的安全技术

（1）内爬升作业应在白天进行，风力超过5级时，应停止作业。

（2）爬升时，应加强上部楼层与下部楼层之间的联系，遇有故障及异常情况，应立即停机检查，故障未经排除，不得继续爬升。

（3）爬升过程中，禁止进行塔式起重机的起升、回转、变幅等各项动作。

（4）塔式起重机爬升到指定楼层后，应立即拔出塔身底座的支承梁和支腿，并通过爬升框架固定在楼板上，同时要顶紧导向装置或用楔块塞紧，使塔式起重机能承受垂直和水平载荷。

（5）内爬升塔式起重机的固定间隔一般不得小于3个楼层。

（6）凡置有固定爬升框架的楼层，在楼板下面应增设支柱做临时加固。搁置塔式起重机底座支承梁的楼层下方两层楼板，也应设置支柱做临时加固。

（7）每次爬升完毕后，楼板上遗留下来的开孔，必须立即用钢筋混凝土封闭。

（8）塔式起重机完成内爬作业后，必须检查各固定部位是否牢靠，爬升框架是否固定好，底座支承梁是否紧固，楼板临时支撑是否牢固等，确认无安全隐患后，方可进行吊装作业。

7.1.7 塔式起重机的安全使用

（1）雨天后，对行走式塔式起重机，应检查轨距偏差、钢轨顶面的倾斜度、钢轨的平直度、轨道基础的沉降及轨道的通过性能等；对固定式塔式起重机，应检查混凝土基础不均匀沉降。

（2）根据使用说明书的要求，应定期对塔式起重机各工作机构、所有安全装置、制动器的性能及磨损情况、钢丝绳的磨损及绳端固定、液压系统、润滑系统、螺栓销轴连接处等进行检查。

（3）配电箱应设置在距塔式起重机3m范围内或轨道中部，且明显可见；电箱中应设置带熔断式断路器及塔式起重机电源总开关；电缆卷筒应灵活有效，不得拖缆。

（4）塔式起重机在无线电台、电视台或其他电磁波发射天线附近施工时，与吊钩接触的作业人员，应戴绝缘手套和穿绝缘鞋，并应在吊钩上挂接临时放电装置。

（5）当同一施工地点有两台以上塔式起重机并可能互相干涉时，应制定群塔作业方案；两台塔式起重机之间的最小架设距离应保证处于低位塔式起重机的起重臂端部与另一台塔式起重机的塔身之间至少有2m的距离；处于高位塔式起重机的最低位置的部件（吊钩升至最高点或平衡重的最低部位）与低位塔式起重机中处于最高位置部件之间的垂直距离不应小于2m。

（6）轨道式塔式起重机作业前，应检查轨道基础平直无沉陷，鱼尾板、连接螺栓及道钉不得松动，并应清除轨道上的障碍物，将夹轨器固定。

（7）塔式起重机启动应符合下列要求：

1）金属结构和工作机构的外观情况应正常；

2）安全保护装置和指示仪表应齐全完好；

3）齿轮箱、液压油箱的油位应符合规定；

4）各部位连接螺栓不得松动；

5）钢丝绳磨损应在规定范围内，滑轮穿绕应正确；

6）供电电缆不得破损。

（8）送电前，各控制器手柄应在零位。接通电源后，应检查并确认不得有漏电现象。

（9）作业前，应进行空载运转，试验各工作机构并确认运转正常，不得有噪声及异响，各机构的制动器及安全保护装置应灵敏有效，确认正常后方可作业。

（10）起吊重物时，重物和吊具的总重量不得超过塔式起重机相应幅度下规定的起重量。

（11）应根据起吊重物和现场情况，选择适当的工作速度，操纵各控制器时应从停止点（零点）开始，依次逐级增加速度，不得越挡操作。在变换运转方向时，应将控制器手柄扳到零位，待电动机停止运转后再转向另一方向，不得直接变换运转方向突然变速或制动。

（12）在提升吊钩、起重小车或行走大车运行到限位装置前，应减速缓行到停止位置，并应与限位装置保持一定距离。不得采用限位装置作为停止运行的控制开关。

（13）动臂式塔式起重机的变幅动作应单独进行；允许带载变幅的动臂式塔式起重机，当载荷达到额定起重量的90%及以上时，不得增加幅度。

（14）重物就位时，应采用慢就位工作机构。

（15）重物水平移动时，重物底部应高出障碍物0.5m以上。

（16）回转部分不设集电器的塔式起重机，应安装回转限位器，在作业时，不得顺一个方向连续回转1.5圈。

（17）当停电或电压下降时，应立即将控制器扳到零位，并切断电源。如吊钩上挂有重物，应重复放松制动器，使重物缓慢地下降到安全位置。

（18）采用涡流制动调速系统的塔式起重机，不得长时间使用低速挡或慢就位速度作业。

(19) 遇大风停止作业时，应锁紧夹轨器，将回转机构的制动器完全松开，起重臂应能随风转动。对轻型俯仰变幅塔式起重机，应将起重臂落下并与塔身结构锁紧在一起。

(20) 作业中，操作人员临时离开操作室时，应切断电源。

(21) 塔式起重机载人专用电梯不得超员，专用电梯断绳保护装置应灵敏有效。塔式起重机作业时，不得开动电梯。电梯停用时，应降至塔身底部位置，不得长时间悬在空中。

(22) 在非工作状态时，应松开回转制动器，回转部分应能自由旋转；行走式塔式起重机应停放在轨道中间位置，小车及平衡重应置于非工作状态，吊钩组顶部宜上升到距起重臂底面 2m～3m 处。

(23) 停机时，应将每个控制器拨回零位，依次断开各开关，关闭操作室门窗；下机后，应锁紧夹轨器，断开电源总开关，打开高空障碍灯。

(24) 检修人员对高空部位的塔身、起重臂、平衡臂等检修时，应系好安全带。

(25) 停用的塔式起重机的电动机、电气柜、变阻器箱及制动器等应遮盖严密。

(26) 动臂式和未附着塔式起重机及附着以上塔式起重机桁架上不得悬挂标语牌。

7.2　施工升降机

施工升降机可根据需要的高度到施工现场进行组装，一般架设可达 100m，用于超高层建筑施工时可达 200m。施工升降机可借助本身安装在顶部的电动吊杆组装，也可利用施工现场的塔式起重机等起重设备组装。另外由于梯笼和平衡重的对称布置，故倾覆力矩很小，立柱又通过附墙与建筑结构牢固连接（不需缆风绳），所以受力合理可靠。施工升降机为保证使用安全，本身设置了必要的安全装置，这些装置应该经常保持良好的状态，防止意外事故。

7.2.1　施工升降机的分类

施工升降机按传动型式，分齿轮齿条式、钢丝绳式和混合式三种。目前施工现场使用的人货两用的施工升降机以齿轮齿条传动为主，钢丝绳式施工升降机一般为货用升降机。

1. 齿轮齿条式施工升降机

施工升降机的传动方式为齿轮齿条式。每个吊笼上均装配有渐进式防坠落安全器，当吊笼出现失速、坠落的情况时，能在设置的距离、速度内使吊笼完全停止。

2. 钢丝绳式施工升降机

钢丝绳式施工升降机是采用钢丝绳提升的施工升降机，可分为人货两用和货用施工升降机两类。

7.2.2　施工升降机的性能参数

施工升降机的性能参数有额定载重量、额定提升速度、吊笼净空尺寸、最大提升高度、额定安装载重量、标准节尺寸、对重重量等。

7.2.3 施工升降机的型号

施工升降机的型号由组、型、特性、主参数和变型更新等代号组成。型号的编制方法如下：

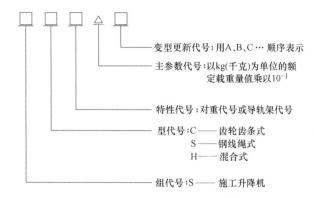

1. 主参数代号

单吊笼施工升降机标注一个数值，双吊笼施工升降机标注两个数值，用符号"/"分开。对 SH 型施工升降机，前者为齿轮齿条传动吊笼的额定重量代号，后者为钢丝绳提升吊笼的额定载重量代号。

2. 特性代号

特性代号是表示施工升降机两个主要特性的符号。

（1）对重代号：有对重时标注 D，无对重省略。

（2）导轨架代号。

3. 标记示例

对齿轮齿条式施工升降机，双笼有对重，二个笼子的额定载重量均为 2000kg，表示为：SCD200/200。

7.2.4 施工升降机的构造

施工升降机的基本构造由基础、钢结构、驱动机构、电气控制系统、安全保护装置等部分组成。

1. 基础

施工升降机的基础一般由钢筋混凝土浇筑而成，基础及周围应有排水设施，不得积水。基础处理技术要求如下：

（1）基础施工过程中要严格按照设计要求以及相关规范进行施工。

（2）钢筋数量不得减少和切断，间距应符合要求。

（3）地基的混凝土基础，其承载能力应大于 0.15MPa，地基上平整度允许偏差为 10mm，并有排水措施。

（4）当施工升降机安装在地下室顶板等悬空基础时，应进行承载力验算。

2. 钢结构

钢结构由导轨架、附墙架、底架、吊笼、地面防护围栏与层门、对重系统、电缆防护装置等组成。

（1）导轨架

施工升降机的导轨架是用以支承和引导吊笼、对重等装置运行的金属构架。对吊笼运行进行垂直导向，导轨架必须垂直并有足够的强度和刚度。

导轨架是由标准高度的导轨通过高强螺栓连接组装而成。导轨架（标准节）是可以互换的构件。

（2）底架

底架是安装施工升降机导轨架及围栏等构件的机架。

（3）吊笼

吊笼是施工升降机用来运输人员或货物的笼形部件，前后有进出口和门。

在吊笼的顶部设有紧急逃离出口，出口面积不小于 0.4m×0.6m，紧急逃离出口上装有向上开启的天窗盖板，抵达天窗的梯子应始终置于笼内。紧急逃离门的下部装有电气安全开关连锁，当门未锁时吊笼应无法启动。

（4）地面防护围栏

地面防护围栏应符合下列要求：

1）地面防护围栏的高度不应低于 1.8m。对于钢丝绳式的货用施工升降机，其地面防护围栏的高度不应低于 1.5m。

2）对重应设置于地面防护栏内。

3）围栏登机门应具有电气安全开关和机械锁扣，只有在围栏登机门关好后施工升降机才能启动，吊笼位于底部规定位置时围栏门才能打开。

4）防护栏杆的结构和零部件应保存完整和完好。

（5）层门

层门应符合下列要求：

1）施工升降机的每一个停层平台应设置层门。

2）层门安装和开启不得突出到吊笼的升降通道上。

3）水平或滑动的层门应有导向装置，其运动应有限位装置。

4）人货两用施工升降机层门的开、关应由笼内乘员操作，不得受吊笼运动的直接控制。

5）层门应与吊笼作电气或机械连锁。当吊笼底板离停层平台在±0.25m 以内时，该平台的层门方可打开。

6）层门关闭时，门下部间隙不大于 35mm。层门应设置安全警示标识。

（6）天轮架

带对重的施工升降机因连接吊笼与对重的钢丝绳需要经过一个定滑轮工作，故需要设置天轮架。

（7）对重

对重是对吊笼起平衡作用的重物。对重上安装有导向轮和防脱装置，上端有绳耳与钢丝绳连接,通过钢丝绳的牵引在导轨架的导轨上运动。

(8) 电缆防护装置

电缆防护装置主要由挑线梁、电缆保护架和电缆滑车等组成。

(9) 附墙架

附墙架是按一定间距连接导轨架与建筑物或其他固定结构,用以支撑导轨架的构件。当导轨架高度超过最大独立高度时施工升降机应安装附着装置。

3. 驱动机构

施工升降机的驱动机构一般有两种形式,一种为齿轮齿条式,一种为卷扬机钢丝绳式。

4. 电气控制系统

施工升降机的每个吊笼都有一套电气控制系统,电气控制系统包括:电源箱、电控箱、操作台和安全保护系统等组成。

5. 安全保护装置

(1) 防坠安全器

防坠安全器是防止吊笼或对重坠落的机械式安全保护装置。当吊笼或对重一旦出现失速、坠落情况时,能在设置的距离、速度内使吊笼安全停止。防坠安全器按其制动特点可分为渐进式和瞬时式两种形式。施工现场常用的施工升降机多安装渐进式防坠安全器。

防坠安全器的使用寿命为五年,有效使用标定期为一年。

(2) 机械联锁装置

施工升降机的吊笼门、顶盖门、地面防护围栏门都装有机械联锁装置。各个门未关闭或关闭不严,电气安全开关将不能闭合,吊笼不能启动工作。

(3) 缓冲装置

缓冲装置安装在施工升降机底架上,用以吸收下降的吊笼或对重的动能,起到缓冲作用。

(4) 上、下限位开关

为防止上、下时,因司机误操作或电气故障等原因吊笼继续上升或下降超过需停位置引发事故而设置。上下限位开关必须为自动复位型。

(5) 上、下极限开关

上、下极限开关是在上、下限位开关一旦不起作用,吊笼继续上行或下降到设计规定的最高极限或最低极限位置时能及时切断电源,以保证吊笼安全。极限开关为非自动复位型,其动作后必须手动复位才能使吊笼重新启动。

(6) 安全钩

安全钩是防止吊笼倾翻的挡块,其作用是防止吊笼脱离导轨架或防坠安全器输出端齿轮脱离齿条。

(7) 超载保护装置

超载限制器是用于施工升降机防止其超载运行的安全装置。

(8) 急停开关

当吊笼在运行过程中发生各种原因的紧急情况时,司机应能及时按下急停开关,使吊笼立即停止,防止事故的发生。急停开关必须是非自动复位的电气安全装置。

7.2.5 施工升降机的安装与拆卸

(1)《建筑施工升降机安装、使用、拆卸安全技术规程》JGJ 215 规定，施工升降机安装、拆卸单位必须由具有建设行政主管部门颁发的起重设备安装工程专业承包资质和建筑施工企业安全生产许可证。安拆单位在施工升降机安装、拆卸作业时应配备下列人员：

1）持有安全生产考核证书的项目负责人和专职安全管理人员、机械管理人员。

2）具有建筑施工特种作业操作资格证书的建筑施工升降机械安装拆卸工、电工、起重司机人员。

(2) 施工升降机在安装前和使用过程中，应对施工升降机进行检查，发现有下列情况之一的不得安装和使用：

1）属国家明令淘汰或禁止使用的。

2）超过安全技术标准或制造厂家规定使用年限的。

3）经检验达不到安全技术标准规定的。

4）无完整安全技术档案的。

5）无齐全有效的安全保护装置的。

(3) 施工升降机的安装作业范围应设置警戒线及明显的警示标志。非作业人员不得进入警戒范围。任何人不得在悬吊物下方行走或停留。进入现场的安装作业人员应佩戴安全防护用品，高处作业人员应系安全带、穿防滑鞋，作业人员严禁酒后作业。遇大雨、大雪、大雾或风速大于 13m/s 等恶劣天气时，应停止安装作业。

(4) 安装时应确保施工升降机运行通道内无障碍物。安装作业时，必须将按钮盒或操作盒移至吊笼顶部操作。当导轨架或附墙架上有人员作业时，严禁开动施工升降机。

(5) 当遇意外情况不能继续安装作业时，已安装的部件要固定牢靠，经确认安全后方能停止作业。作业人员下班离岗时，要采取必要的防护措施，并设置明显的警示标志。

(6) 钢丝绳式施工升降机的安装还应符合下列规定：

1）卷扬机安装在平整、坚实的地点，且应符合使用说明书的要求。

2）卷扬机、曳引机应当按使用说明书的要求固定牢靠。

3）按规定配备防坠安全装置。

4）卷扬机卷筒、滑轮、曳引轮等有防脱绳装置。

5）每天使用前检查卷扬机制动器，制动器能够正常动作。

6）卷扬机卷筒与导向滑轮中心线应垂直对正，钢丝绳出绳偏角大于 2°时设置排绳器。

7）卷扬机的传动部位应安装牢固的防护罩，卷扬机卷筒旋转方向应与操纵开关上指示方向一致。卷扬机钢丝绳在地面上运行区域内应有相应的安全保护措施。

7.2.6 施工升降机的安全使用

施工升降机在使用过程中应满足下列要求：

(1) 施工升降机安装后，在投入使用前必须经过坠落试验。升降机在使用中每隔 3 个月应进行一次额定载重量的坠落试验。防坠安全器试验后及正常操作中，每发生一次防坠动作,应由专门人员进行复位。

（2）作业前应重点检查下列项目,并应符合相应要求：

1）结构不得有变形,连接螺栓不得松动。

2）齿条与齿轮、导向轮与导轨应接合正常。

3）钢丝绳应固定良好,不得有异常磨损。

4）运行范围内不得有障碍。

5）安全保护装置应灵敏可靠。

（3）施工升降机应按使用说明书要求进行维护保养,并按使用说明书规定定期检验制动器的可靠性,制动力矩必须达到使用说明书要求。

（4）吊笼内乘人或载物时,应使载荷均匀分布,不得偏重,严禁超载运行。

（5）操作人员应根据指挥信号操作。作业前应鸣声示意。在升降机未切断总电源开关前,操作人员不得离开操作岗位。

（6）施工升降机运行中发现有异常情况,应立即停机并采取有效措施将吊笼就近停靠楼层,排除故障后再继续运行。在运行中若发现电气失控,应立即按下急停按钮；在未排除故障前,不得打开急停按钮。

（7）施工升降机在风速达到20m/s及以上大风、大雨、大雾天气以及导轨架、电缆等结冰时,必须停止运行,并将吊笼降到底层,切断电源。暴风雨等恶劣天气后,应对升降机各有关安全装置进行一次检查,确认正常后运行。

（8）施工升降机运行到最上层或最下层时,不得用行程限位开关作为停止运行的控制开关。

（9）作业后,应将吊笼降到底层,各控制开关拨到零位,切断电源,锁好开关箱,闭锁吊笼门和围栏门。

（10）当建筑物超过2层时,施工升降机地面通道上方应搭设防护棚。当建筑物高度超过24m时,应设置双层防护棚。

（11）在施工升降机基础周边5m范围以内,不得开挖井沟,不得堆放易燃易爆物品及其他杂物。

（12）施工升降机吊笼周围应按使用说明书的要求设置稳固的防护栏杆,各楼层平台通道应平整牢固,出入口应设防护门。全行程四周不得有危害安全运行的障碍物。

（13）施工升降机安装在建筑物内部井道中间时,应在全行程范围井壁四周搭设封闭屏障。装设在阴暗处或夜班作业的升降机,应在全行程上装设足够的照明和明亮的楼层编号标志灯。

（14）施工升降机不得使用脱皮、裸露的电线、电缆。

（15）施工升降机吊笼底板应保持干燥、整洁。各层站通道区域不得有物品长期堆放。

7.3 物料提升机

物料提升机构造简单,适合于多层房屋的施工。施工现场使用的物料提升机只能载物，不能载人。

7.3.1 物料提升机的分类

1. 概念

根据《龙门架及井架物料提升机安全技术规范》JGJ 88 规定：物料提升机是指额定起重量在 2000kg 以下，以地面卷扬机为牵引动力，由底架、立柱及天梁组成架体，吊笼沿导轨升降运动，垂直输送物料的起重设备。

2. 分类

（1）按结构形式的不同，物料提升机可分为龙门架式物料提升机和井架式物料提升机。

（2）按架设高度的不同，物料提升机可分为高架物料提升机（30～150m）和低架物料提升机（30m 以下）。

7.3.2 物料提升机的构造

物料提升机主要由基础、架体结构、传动装置、安全装置、防护设施等部分组成。

1. 基础

物料提升机的基础应能承受最不利工作条件下的全部荷载。30m 及以上物料提升机的基础应进行设计计算。30m 以下物料提升机的基础，当设计无要求时应符合下列要求：

（1）基础土层的承载力，不应小于 80kPa。

（2）基础混凝土强度等级不应低于 C20，厚度不应小于 300mm。

（3）基础表面应平整，水平度不应大于 10mm。

（4）基础周边应有排水设施。

2. 架体结构

（1）架体

井架的架体由四边的杆件组成，形状如"井"字的截面。

龙门架的架体由两根立柱组成，形状如门框。龙门架的立柱刚度和整体稳定性较井架差，常用于多层建筑。

（2）天梁

天梁是安装在架体顶部的横梁，是主要受力部件，以承受吊篮自重及物料重量。天梁上装设能固定起升钢丝绳尾端的装置及滑轮。

（3）导轨

导轨是装设在架体上并保证吊笼沿着架体上下运行的重要构件。常见的导轨形式有单根导轨和双根导轨。

（4）吊笼

吊笼是装载物料沿架体上的导轨作上下运行的部件。吊笼底板应有防滑、排水功能。

（5）附着装置

当导轨架的安装高度超过设计的最大独立高度时，必须安装附墙杆件。应采用制造商提供的标准附墙杆件。当标准附墙杆件结构尺寸不能满足要求时，可经原制造单位设计计算采用非标附墙杆件，并符合下列规定：

1）附墙杆件的材质应与导轨架相一致。
2）附墙杆件与导轨架及建筑结构采用刚性连接，不得与脚手架连接。
3）附墙杆件间距、自由端高度不应大于使用说明书的规定值。

（6）缆风绳

当物料提升机无条件设置附墙杆件时，可采用缆风绳固定架体。当物料提升机安装高度大于或等于30m时，不得使用缆风绳（必须使用附墙架）。缆风绳的设置应符合说明书要求。

（7）地锚

缆风绳地锚一般宜采用水平式地锚，即用一根或几根圆木捆绑在一起，横着埋入土内，其埋深根据受力大小和土质情况而定。

3. 传动装置

（1）卷扬机

卷扬机是以电动机为动力驱动卷筒绕绳索完成牵引工作的装置。卷筒直径与钢丝绳直径的比值不应小于30。卷筒两端的凸缘至最外层钢丝绳的距离不应小于钢丝绳直径的2倍。钢丝绳在卷筒上应整齐排列，端部应与卷筒压紧装置连接牢固。当吊笼处于最低位置时，卷筒上的钢丝绳不应少于3圈。

卷扬机应设置防止钢丝绳脱出卷筒的保护装置。该装置与卷筒外缘的间隙不应大于3mm，并有足够的强度。物料提升机严禁使用摩擦式卷扬机。

（2）曳引机

曳引机直径与钢丝绳直径的比值不应小于40，包角不宜小于150°。当曳引机钢丝绳为2根及以上时，应设置曳引机自动平衡装置。

（3）滑轮

装在天梁上的滑轮称为天轮，装在架体最底部的滑轮称为地轮，钢丝绳通过天轮、地轮及吊笼上的滑轮穿绕后，一端固定在天梁的销轴上，另一端与卷扬机卷筒锚固。

滑轮直径与钢丝绳直径的比值不应小于30。滑轮应设置防钢丝绳脱出装置，该装置与滑轮外缘的间隙不应大于3mm，并应有足够的强度。滑轮与吊笼或导轨架应采用刚性连接。严禁采用钢丝绳等柔性连接或使用开口拉板式滑轮。

7.3.3 物料提升机的安全保护装置

1. 安全装置

（1）起重量限制器

当荷载达到额定起重量的90%时，起重量限制器应发出警示信号；当荷载达到额定起重量的110%时，起重量限制器应切断上升电路电源，使吊笼制动。

（2）防坠安全器

吊笼可采用瞬时式防坠落安全器。当吊笼提升钢丝绳断绳时，防坠安全器应制动带有额定起重量的吊笼，且不应造成结构损坏。

（3）安全停层装置

安全停层装置应为刚性结构。当吊笼停层时，该装置应能可靠承担吊笼自重、额定荷载及运料人员等全部工作荷载。吊笼停层后起升钢丝绳应不受力，底板与停层平台的垂直偏差不应大于 50mm。

（4）限位装置

1）上限位开关：为防止司机误操作或机械、电气故障而引起吊笼上升高度失控造成事故，应设置上限位开关。该装置能有效地控制吊笼允许提升的最高极限位置，当吊笼上升至限定位置时，触发限位开关，吊笼被制动，上部越程距离不应小于 3m。

2）下限位开关：该装置是控制吊笼下降到最低极限位置的装置。在吊笼下降到最低限定位置时，即吊笼下降至尚未碰到缓冲器之前，此限位器自动切断电源，吊笼被制动，并使吊笼在重新启动时只能上升不能下降。

（5）紧急断电开关

任何情况下均可切断主电路停止吊笼运行。紧急断电开关应为非自动复位型，设在司机便于操作的位置。

（6）缓冲器

缓解吊笼下坠或下限位开关失灵时产生的冲击力。设置在架体底部。缓冲器可采用弹簧或弹性实体。

（7）通信装置

当司机对吊笼升降运行、停层观察视线不清时，必须设置通信装置。通信装置应同时具备语音和影像显示功能。

2. 防护设施

（1）防护围栏

物料提升机地面进料口应设置防护围栏；围栏高度不应小于 1.8m，进料口门的开启高度不应小于 1.8m，进料口门应装有电气安全开关，吊笼应在进料口门关闭后才能启动。

（2）停层平台及平台门

1）停层平台

停层平台的搭设应符合《建筑施工扣件式钢管脚手架安全技术规范》JGJ 130 及其他相关标准的规定。

停层平台两侧的防护栏杆，上栏杆高度宜为 1.0～1.2m，下栏杆高度宜为 0.5～0.6m；挡脚板高度不应小于 180mm。

2）平台门

在楼层进料口与运料通道的结合处必须设置平台门，平台门应向停层平台内侧开启，此门在吊笼上下运行时应处于常闭状态，只有在卸运料时才能打开，以保证施工作业人员不在此处发生高处坠落。

（3）进料口防护棚

物料提升机地面进料口是运料人员经常出入和停留的地方，应搭设进料口防护棚，防护棚长度不应小于 3m。

进料口防护棚不得借助于提升机架体或脚手架立杆作为防护棚传力杆件，以免影响提升机或脚手架的稳定。

（4）操作棚

操作棚应定型化、装配式，具有防护功能，有足够的操作空间。

7.3.4 物料提升机的安装与拆卸

（1）物料提升机安装、拆卸单位应具备下列条件：
1) 具有起重机械安拆资质及安全生产许可证。
2) 作业人员经专业培训，取得特种作业资格。

（2）物料提升机安拆前，安装单位应确认作业现场符合下列条件：
1) 安装前，安装负责人应依据专项安装方案对安装作业人员进行安全技术交底。
2) 确认物料提升机结构、零部件和安全装置经出厂检验，并符合要求。
3) 确认物料提升机基础已验收，并符合要求。
4) 确认辅助安装起重设备及工具经检验合格，并符合要求。
5) 设置作业警戒区，并设专人监护。

（3）物料提升机的卷扬机安装应符合下列规定：
1) 卷扬机安装位置宜远离维修作业区域，且视线良好；卷扬机操作棚应采用定型、装配式，有防雨、防坠物功能。
2) 卷扬机卷筒轴线应与导轨架底部导向轮的中线垂直，垂直度偏差不大于2°，其垂直距离不小于20倍卷筒宽度，不能满足条件时应设排绳器。
3) 卷扬机宜采用地脚螺栓与基础固定。当采用地锚固定时，卷扬机前端应设置固定止挡。

（4）附墙架与物料提升机架体之间应采用刚性连接；附墙架及架体不得与脚手架连接。

（5）拆除作业前，应对物料提升机导轨架、附墙架等部位进行检查，确认无误后方能进行拆除作业。拆除作业中不得抛掷构件。

7.3.5 井架和龙门架物料提升机的安全使用

（1）进入施工现场的井架、龙门架必须具有下列安全装置：
1) 上料口防护棚；
2) 层楼安全门、吊篮安全门、首层防护门；
3) 断绳保护装置或防坠装置；
4) 安全停靠装置；
5) 起重量限制器；
6) 上、下限位器；
7) 紧急断电开关、短路保护、过电流保护、漏电保护；
8) 信号装置；
9) 缓冲器。

（2）卷扬机应符合《建筑机械使用安全技术规程》JGJ 33 有关规定。

(3) 基础应符合使用说明书要求。缆风绳不得使用钢筋、钢管。

(4) 提升机的制动器应灵敏可靠。

(5) 运行中吊笼的四角与井架不得互相擦碰,吊笼各构件连接应牢固、可靠。

(6) 井架、龙门架物料提升机不得和脚手架连接。

(7) 不得使用吊笼载人,吊笼下方不得有人员停留或通过。

(8) 作业后,应检查钢丝绳、滑轮、滑轮轴和导轨等,发现异常磨损,应及时修理或更换。

(9) 下班前,应将吊笼降到最低位置,各控制开关置于零位,切断电源,锁好开关箱。

7.4 建筑起重机械安全管理

2008 年 1 月 28 日,中华人民共和国建设部发布的《建筑起重机械安全监督管理规定》(建设部令第 166 号),县级以上地方人民政府建设行政主管部门对本行政区域内的建筑起重机械的租赁、安装、拆卸、使用实施监督管理。

7.4.1 建筑起重机械的管理单位与职责

1. 建筑起重机械出租单位或者自购自用单位的基本职责

(1) 购置、租赁、使用的建筑起重机械应当具有特种设备制造许可证、产品合格证;

(2) 不得出租使用国家明令淘汰或者禁止使用的、超过安全技术标准或者制造厂家规定的使用年限的、经检验达不到安全技术标准规定的、没有完整安全技术档案的、没有齐全有效的安全保护装置的建筑起重机械;

(3) 建立建筑起重机械设备安全技术档案。包括购销合同、制造许可证、产品合格证、安装使用说明书、备案证明等原始资料、定期检验报告、定期自行检查记录、定期维护保养记录、维修和技术改造记录、运行故障和生产安全事故记录、累计运转记录等运行资料、历次安装验收资料;

(4) 保持机械设备的使用处于安全完好状态。

2. 建筑起重机械安装拆卸单位的基本职责

(1) 按照安全技术标准及建筑起重机械性能要求,编制建筑起重机械安装、拆卸工程专项施工方案,并由本单位技术负责人签字。按照安全技术标准及安装使用说明书等检查建筑起重机械及现场施工条件。组织安全施工技术交底并签字确认。制定建筑起重机械安装、拆卸工程生产安全事故应急救援预案。将建筑起重机械安装、拆卸工程专项施工方案,安装、拆卸人员名单,安装、拆卸时间等材料报施工总承包单位和监理单位审核后,告知工程所在地县级以上地方人民政府建设行政主管部门;

(2) 安装拆卸单位应当按照建筑起重机械安装、拆卸工程专项施工方案及安全操作规程组织安装、拆卸作业。安装拆卸单位的专业技术人员、专职安全生产管理人员应当进行现场监督，技术负责人应当定期巡查；

（3）建筑起重机械安装完毕后，安装单位应当按照安全技术标准及安装使用说明书的有关要求对建筑起重机械进行自检、调试和试运转。自检合格的，应当出具自检合格证明，并向使用单位进行安全使用说明交底；

（4）安装拆卸单位应当建立建筑起重机械安装、拆卸工程档案。建筑起重机械安装、拆卸工程档案应当包括以下资料：安装、拆卸合同及安全协议书，安装、拆卸工程专项施工方案，安全施工技术交底的有关资料，安装工程验收资料，安装、拆卸工程生产安全事故应急救援预案。

3. 建筑起重机械使用单位的基本职责

（1）建筑起重机械安装完毕后，使用单位应当组织出租、安装、监理等有关单位进行验收，或者委托具有相应资质的检验检测机构进行验收。建筑起重机械经验收合格后方可投入使用，未经验收或者验收不合格的不得使用。实行施工总承包的，由施工总承包单位组织验收。建筑起重机械在验收前应当经有相应资质的检验检测机构检验合格。检验检测机构和检验检测人员对检验检测结果、鉴定结论依法承担法律责任。

（2）根据不同施工阶段、周围环境以及季节、气候的变化，对建筑起重机械采取相应的安全防护措施。制定建筑起重机械生产安全事故应急救援预案。在建筑起重机械活动范围内设置明显的安全警示标志，对集中作业区做好安全防护。设置相应的设备管理机构或者配备专职的设备管理人员。指定专职设备管理人员、专职安全生产管理人员进行现场监督检查。建筑起重机械出现故障或者发生异常情况的，立即停止使用，消除故障和事故隐患后，方可重新投入使用。

（3）使用单位应当对在用的建筑起重机械及其安全保护装置、吊具、索具等进行经常性和定期的检查、维护和保养，并做好记录。使用单位在建筑起重机械租期结束后，应当将定期检查、维护和保养记录移交出租单位。建筑起重机械租赁合同对建筑起重机械的检查、维护、保养另有约定的，从其约定。

4. 建筑施工总承包单位的基本职责

（1）向安装单位提供拟安装设备位置的基础施工资料，确保建筑起重机械进场安装、拆卸所需的施工条件；

（2）审核建筑起重机械的特种设备制造许可证、产品合格证、备案证明等文件；

（3）审核建筑起重机械安装单位、使用单位的资质证书、安全生产许可证和特种作业人员的特种作业操作资格证书；

（4）审核安装单位制定的建筑起重机械安装、拆卸工程专项施工方案和生产安全事故应急救援预案；

（5）审核使用单位制定的建筑起重机械生产安全事故应急救援预案；

（6）指定专职安全生产管理人员监督检查建筑起重机械安装、拆卸、使用情况；

（7）施工现场有多台塔式起重机作业时，应当组织制定并实施防止塔式起重机相互碰撞的安全措施。

5. 监理单位的基本职责

（1）审核建筑起重机械特种设备制造许可证、产品合格证、备案证明等文件；

（2）审核建筑起重机械安装单位、使用单位的资质证书、安全生产许可证和特种作业人员的特种作业操作资格证书；

（3）审核建筑起重机械安装、拆卸工程专项施工方案；

（4）监督安装拆卸单位执行建筑起重机械安装、拆卸工程专项施工方案情况；

（5）监督检查建筑起重机械的使用情况；

（6）发现存在生产安全事故隐患的，应当要求安装拆卸单位、使用单位限期整改，对安装拆卸单位、使用单位拒不整改的，及时向建设单位报告。

7.4.2 建筑起重机械备案登记管理

1. 登记制度的设置与管理部门

建筑起重机械登记管理工作由省、自治区、直辖市建设行政主管部门负责。设区的市和县（市）建设行政主管部门负责本行政区域内建筑起重机械的登记管理，登记管理事项包括产权备案、安装拆卸告知、使用登记和使用登记注销。

建筑起重机械都必须进行登记管理。建筑起重机械的产权登记和使用登记，分别由建筑起重机械产权单位和使用单位申请办理。建筑起重机械产权登记编号，实行一机一号终身编号制度。

2. 产权备案

建筑起重机械出租单位或者自购建筑起重机械使用单位（即设备产权单位）在建筑起重机械首次出租或安装前，应当向本单位工商注册所在地县级以上地方人民政府建设行政主管部门办理备案。建筑起重机械登记部门应当对符合登记条件的设备进行编号，向产权单位核发建筑起重机械设备产权登记证。

建筑起重机械存在下列情形时，设备备案机关不予备案：

（1）属国家和地方明令淘汰或者禁止使用的；

（2）超过安全技术标准或者制造厂家规定的使用年限的；

（3）经检验达不到安全技术标准规定的；

（4）没有完整安全技术档案的；

（5）没有齐全有效的安全保护装置的。

3. 安装拆卸告知

《建筑起重机械备案登记办法》规定，安装单位应当在建筑起重机械安装（拆卸）前2个工作日内通过书面形式、传真或者计算机信息系统告知工程所在地县级以上地方人民政府建设行政主管部门，同时按规定提交经施工总承包单位、监理单位审核合格的有关资料。

4. 使用登记

建筑起重机械使用单位在建筑起重机械安装验收合格之日起30日内，向工程所在地县级以上地方人民政府建设行政主管部门办理使用登记。

有下列情形之一的建筑起重机械，使用登记机关不予办理使用登记，并有权责令使用单位立即停止使用或者拆除：

（1）属于产权备案不予备案的设备情形的；

(2)未经检验检测或者经检验检测不合格的;

(3)未经安装验收或者经安装验收不合格的。

使用登记机关在安装拆卸单位办理建筑起重机械拆卸告知手续时,注销建筑起重机械使用登记证明。

7.4.3 禁止和限制使用的设备

简易临时吊架、自制简易吊篮,禁止用于房屋建筑施工;井架简易塔式起重机、自制简易的或用摩擦式卷扬机驱动的钢丝绳式物料提升机,禁止用于建筑施工现场。

起重力矩为 630kN·m 以下（不含 630kN·m）、出厂年限超过 10 年（不含 10 年）的塔式起重机,起重力矩为 630~1250kN·m（不含 1250kN·m）、出厂年限超过 15 年（不含 15 年）的塔式起重机,起重力矩为 1250kN·m 以上、出厂年限超过 20 年（不含 20 年）的塔式起重机,由于使用年限过久,存在设备结构疲劳、锈蚀、变形等安全隐患,超过年限的由有资质评估机构评估合格后,可继续使用。

出厂年限超过 8 年（不含 8 年）的 SC 型施工升降机,传动系统磨损严重,钢结构疲劳、变形、腐蚀等较严重,存在安全隐患;出厂年限超过 5 年（不含 5 年）的 SS 型施工升降机,使用时间过长造成结构件疲劳、变形、腐蚀等较严重,运动件磨损严重,存在安全隐患,超过年限的由有资质评估机构评估合格后,可继续使用。

7.4.4 建筑起重机械检验检测管理

建筑起重机械安装检验应当委托具有建筑起重机械检验检测资格的机构承担。

建筑起重机械检验检测机构和检验检测人员应当客观、公正、及时地出具检验检测结果、鉴定结论。检验检测结果、鉴定结论应当经检验检测人员签字,由检验检测机构负责人签署。建筑起重机械检验检测机构和检验检测人员对检验检测结果、鉴定结论负责。

建筑起重机械检验检测机构进行起重机械设备检验检测时,发现严重事故隐患,应当及时告知设备使用单位,并立即向工程所在地建设行政主管部门报告。

经建筑起重机械检验检测机构检测合格的起重机械设备,应当将合格标志置于或者附着于该设备的显著位置。

第8章 高处作业

8.1 高处作业概述

8.1.1 高处作业相关名词解释

1. 高处作业
在坠落高度基准面 2m 及以上有可能坠落的高处进行的作业。

2. 临边作业
在工作面边沿无围护或围护设施高度低于 800mm 的高处作业,包括楼板边,楼梯段边,屋面边,阳台边,各类坑、沟、槽等边沿的高处作业。

3. 洞口作业
在地面、楼面、屋面和墙面等有可能使人和物料坠落,其坠落高度大于或等于 2m 的洞口处的高处作业。

4. 攀登作业
借助登高用具或登高设施进行的高处作业。

5. 悬空作业
在周边无任何防护设施或防护设施不能满足防护要求的临空状态下进行的高处作业。

6. 操作平台
由钢管、型钢及其他等效性能材料等组装搭设制作的供施工现场高处作业和载物的平台,包括移动式、落地式、悬挑式等平台。

7. 移动式操作平台
带脚轮或导轨,可移动的脚手架操作平台。

8. 落地式操作平台
从地面或楼面搭起、不能移动的操作平台,单纯进行施工作业的施工平台和可进行施工作业与承载物料的接料平台。

9. 悬挑式操作平台
以悬挑形式搁置或固定在建筑物结构边沿的操作平台,斜拉式悬挑操作平台和支承式悬挑操作平台。

10. 交叉作业
垂直空间贯通状态下,可能造成人员或物体坠落,并处于坠落半径范围内、上下左右不同层面的立体作业。

11. 安全防护设施

在施工高处作业中,为将危险、有害因素控制在安全范围内,以及减少、预防和消除危害所配置的设备和采取的措施。

12. 安全防护棚

高处作业在立体交叉作业时,为防止物体坠落造成坠落半径内人员伤害或材料、设备损坏而搭设的防护棚架。

8.1.2 一般规定

(1) 建筑施工中凡涉及临边与洞口作业、攀登与悬空作业、操作平台、交叉作业及安全网搭设的,应在施工组织设计或施工方案中制定高处作业安全技术措施。

(2) 高处作业施工前,应按类别对安全防护设施进行检查、验收,验收合格后方可进行作业,并应做验收记录。验收可分层或分阶段进行。

(3) 高处作业施工前,应对作业人员进行安全技术交底,并应记录。应对初次作业人员进行培训。

(4) 应根据要求将各类安全警示标志悬挂于施工现场各相应部位,夜间应设红灯警示。高处作业施工前,应检查高处作业的安全标志、工具、仪表、电气设施和设备,确认其完好后,方可进行施工。

(5) 高处作业人员应根据作业的实际情况配备相应的高处作业安全防护用品,并应按规定正确佩戴和使用相应的安全防护用品、用具。

(6) 对施工作业现场可能坠落的物料,应及时拆除或采取固定措施。高处作业所用的物料应堆放平稳,不得妨碍通行和装卸。工具应随手放入工具袋;作业中的走道、通道板和登高用具,应随时清理干净;拆卸下的物料及余料和废料应及时清理运走,不得随意放置或向下丢弃。传递物料时不得抛掷。

(7) 在雨、霜、雾、雪等天气进行高处作业时,应采取防滑、防冻和防雷措施,并应及时清除作业面上的水、冰、雪、霜。当遇有6级及以上强风、浓雾、沙尘暴等恶劣气候,不得进行露天攀登与悬空高处作业。雨雪天气后,应对高处作业安全设施进行检查,当发现有松动、变形、损坏或脱落等现象时,应立即修理完善,维修合格后方可使用。

(8) 对需临时拆除或变动的安全防护设施,应采取可靠措施,作业后应立即恢复。

(9) 安全防护设施验收应包括下列主要内容:
1) 防护栏杆的设置与搭设;
2) 攀登与悬空作业的用具与设施搭设;
3) 操作平台及平台防护设施的搭设;
4) 防护棚的搭设;
5) 安全网的设置;
6) 安全防护设施、设备的性能与质量、所用的材料、配件的规格;
7) 设施的节点构造,材料配件的规格、材质及其与建筑物的固定、连接状况。

（10）安全防护设施验收资料应包括下列主要内容：
1）施工组织设计中的安全技术措施或施工方案；
2）安全防护用品用具、材料和设备产品合格证明；
3）安全防护设施验收记录；
4）预埋件隐蔽验收记录；
5）安全防护设施变更记录。
（11）应有专人对各类安全防护设施进行检查和维修保养，发现隐患应及时采取整改措施。
（12）安全防护设施宜采用定型化、工具化设施，防护栏应为黑黄或红白相间的条纹标示，盖件应为黄或红色标示。

8.2 临边作业与洞口作业

8.2.1 临边作业

（1）坠落高度基准面 2m 及以上进行临边作业时，应在临空一侧设置防护栏杆，并应采用密目式安全立网或工具式栏板封闭。

（2）施工的楼梯口、楼梯平台和梯段边，应安装防护栏杆；外设楼梯口、楼梯平台和梯段边还应采用密目式安全立网封闭。

（3）建筑物外围边沿处，对没有设置外脚手架的工程，应设置防护栏杆；对有外脚手架的工程，应采用密目式安全立网全封闭。密目式安全立网应设置在脚手架外侧立杆上，并应与脚手杆紧密连接。

（4）施工升降机、龙门架和井架物料提升机等在建筑物间设置的停层平台两侧边，应设置防护栏杆、挡脚板，并应采用密目式安全立网或工具式栏板封闭。

（5）停层平台口应设置高度不低于 1.8m 的楼层防护门，并应设置防外开装置。井架物料提升机通道中间，应分别设置隔离设施。

8.2.2 洞口作业

（1）洞口作业时，应采取防坠落措施，并应符合下列规定：
1）当竖向洞口短边边长小于 500mm 时，应采取封堵措施；当垂直洞口短边边长大于或等于 500mm 时，应在临空一侧设置高度不小于 1.2m 的防护栏杆，并应采用密目式安全立网或工具式栏板封闭，设置挡脚板；
2）当非竖向洞口短边边长为 25mm～500mm 时，应采用承载力满足使用要求的盖板覆盖，盖板四周搁置应均衡，且应防止盖板移位；
3）当非竖向洞口短边边长为 500mm～1500mm 时，应采用盖板覆盖或防护栏杆等措施，并应固定牢固；
4）当非竖向洞口短边边长大于或等于 1500mm 时，应在洞口作业侧设置高度不小于 1.2m 的防护栏杆，洞口应采用安全平网封闭。

(2) 电梯井口应设置防护门，其高度不应小于 1.5m，防护门底端距地面高度不应大于 50mm，并应设置挡脚板。

(3) 在电梯施工前，电梯井道内应每隔 2 层且不大于 10m 加设一道安全平网。电梯井内的施工层上部，应设置隔离防护设施。

(4) 洞口盖板应能承受不小于 1kN 的集中荷载和不小于 $2kN/m^2$ 的均布荷载，有特殊要求的盖板应另行设计。

(5) 墙面等处落地的竖向洞口、窗台高度低于 800mm 的竖向洞口及框架结构在浇筑完混凝土未砌筑墙体时的洞口，应按临边防护要求设置防护栏杆。

8.2.3 防护栏杆

(1) 临边作业的防护栏杆应由横杆、立杆及挡脚板组成，防护栏杆应符合下列规定：

1) 防护栏杆应为两道横杆，上杆距地面高度应为 1.2m，下杆应在上杆和挡脚板中间设置；

2) 当防护栏杆高度大于 1.2m 时，应增设横杆，横杆间距不应大于 600mm；

3) 防护栏杆立杆间距不应大于 2m；

4) 挡脚板高度不应小于 180mm。

(2) 防护栏杆立杆底端应固定牢固，并应符合下列规定：

1) 当在土体上固定时，应采用预埋或打入方式固定；

2) 当在混凝土楼面、地面、屋面或墙面固定时，应将预埋件与立杆连接牢固；

3) 当在砌体上固定时，应预先砌入相应规格含有预埋件的混凝土块，预埋件应与立杆连接牢固。

(3) 防护栏杆杆件的规格及连接，应符合下列规定：

1) 当采用钢管作为防护栏杆杆件时，横杆及栏杆立杆应采用脚手钢管，并应采用扣件、焊接、定型套管等方式进行连接固定；

2) 当采用其他材料作防护栏杆杆件时，应选用与钢管材质强度相当的材料，并应采用螺栓、销轴或焊接等方式进行连接固定。

(4) 防护栏杆的立杆和横杆的设置、固定及连接，应确保防护栏杆在上下横杆和立杆任何部位处，均能承受任何方向 1kN 的外力作用。当栏杆所处位置有发生人群拥挤、物件碰撞等可能时，应加大横杆截面或加密立杆间距。

(5) 防护栏杆应张挂密目式安全立网或其他材料封闭。

8.3 攀登与悬空作业

8.3.1 攀登作业

(1) 登高作业应借助施工通道、梯子及其他攀登设施和用具。

（2）攀登作业设施和用具应牢固可靠；当采用梯子攀爬作用时，踏面荷载不应大于1.1kN；当梯面上有特殊作业时，应按实际情况进行专项设计。

（3）同一梯子上不得两人同时作业。在通道处使用梯子作业时，应有专人监护或设置围栏。脚手架操作层上严禁架设梯子作业。

（4）使用单梯时梯面应与水平面成75°夹角，踏步不得缺失，梯格间距宜为300mm，不得垫高使用。

（5）使用固定式直梯攀登作业时，当攀登高度超过3m时，宜加设护笼；当攀登高度超过8m时，应设置梯间平台。

（6）钢结构安装时，应使用梯子或其他登高设施攀登作业。坠落高度超过2m时，应设置操作平台。

（7）当安装屋架时，应在屋脊处设置扶梯。扶梯踏步间距不应大于400mm。屋架杆件安装时搭设的操作平台，应设置防护栏杆或使用作业人员拴挂安全带的安全绳。

（8）深基坑施工应设置扶梯、入坑踏步及专用载人设备或斜道等设施。采用斜道时，应加设间距不大于400mm的防滑条等防滑措施。作业人员严禁沿坑壁、支撑或乘运土工具上下。

8.3.2 悬空作业

（1）悬空作业立足处的设置应牢固，并应配置登高和防坠落装置和设施。

（2）构件吊装和管道安装时的悬空作业应符合下列规定：

1）钢结构吊装，构件宜在地面组装，安全设施应一并设置；

2）吊装钢筋混凝土屋架、梁、柱等大型构件前，应在构件上预先设置登高通道、操作立足点等安全设施；

3）在高空安装大模板、吊装第一块预制构件或单独的大中型预制构件时，应站在作业平台上操作；

4）钢结构安装施工宜在施工层搭设水平通道，水平通道两侧应设置防护栏杆；当利用钢梁作为水平通道时，应在钢梁一侧设置连续的安全绳，安全绳宜采用钢丝绳；

5）钢结构、管道等安装施工的安全防护宜采用工具化、定型化设施。

（3）严禁在未固定、无防护设施的构件及管道上进行作业或通行。

（4）当利用吊车梁等构件作为水平通道时，临空面的一侧应设置连续的栏杆等防护措施。当安全绳为钢索时，钢索的一端应采用花篮螺栓收紧；当安全绳为钢丝绳时，钢丝绳的自然下垂度不应大于绳长的1/20，并不应大于100mm。

（5）模板支撑体系搭设和拆卸的悬空作业，应符合下列规定：

1）模板支撑的搭设和拆卸应按规定程序进行，不得在上下同一垂直面上同时装拆模板；

2）在坠落基准面2m及以上高处搭设与拆除柱模板及悬挑结构的模板时，应设置操作平台；

3）在进行高处拆模作业时应配置登高用具或搭设支架。

（6）绑扎钢筋和预应力张拉的悬空作业应符合下列规定：

1)绑扎立柱和墙体钢筋,不得沿钢筋骨架攀登或站在骨架上作业;

2)在坠落基准面2m及以上高处绑扎柱钢筋和进行预应力张拉时,应搭设操作平台。

(7)混凝土浇筑与结构施工的悬空作业应符合下列规定:

1)浇筑高度2m及以上的混凝土结构构件时,应设置脚手架或操作平台;

2)悬挑的混凝土梁和檐、外墙和边柱等结构施工时,应搭设脚手架或操作平台。

(8)屋面作业时应符合下列规定:

1)在坡度大于25°的屋面上作业,当无外脚手架时,应在屋檐边设置不低于1.5m高的防护栏杆,并应采用密目式安全立网全封闭;

2)在轻质型材等屋面上作业,应搭设临时走道板,不得在轻质型材上行走;安装轻质型材板前,应采取在梁下支设安全平网或搭设脚手架等安全防护措施。

(9)外墙作业时应符合下列规定:

1)门窗作业时,应有防坠落措施,操作人员在无安全防护措施时,不得站立在樘子、阳台栏板上作业;

2)高处作业不得使用座板式单人吊具,不得使用自制吊篮。

8.4 操作平台与交叉作业

8.4.1 一般规定

(1)操作平台应通过设计计算,并应编制专项方案,架体构造与材质应满足国家现行相关标准的规定。

(2)操作平台的架体结构应采用钢管、型钢及其他等效性能材料组装,并应符合现行国家标准《钢结构设计规范》GB 50017及国家现行有关脚手架标准的规定。平台面铺设的钢、木或竹胶合板等材质的脚手板,应符合材质和承载力要求,并应平整满铺及可靠固定。

(3)操作平台的临边应设置防护栏杆,单独设置的操作平台应设置供人上下、踏步间距不大于400mm的扶梯。

(4)应在操作平台明显位置设置标明允许负载值的限载牌及限定允许的作业人数,物料应及时转运,不得超重、超高堆放。

(5)操作平台使用中应每月不少于1次定期检查,应由专人进行日常维护工作,及时消除安全隐患。

8.4.2 移动操作平台

(1)移动式操作平台面积不宜大于$10m^2$,高度不宜大于5m,高宽比不应大于2:1,施工荷载不应大于$1.5kN/m^2$。

(2)移动式操作平台的轮子与平台架体连接应牢固,立柱底端离地面不得大于

80mm，行走轮和导向轮应配有制动器或刹车闸等制动措施。

（3）移动式行走轮承载力不应小于5kN，制动力矩不应小于2.5N·m，移动式操作平台架体应保持垂直，不得弯曲变形，制动器除在移动情况外，均应保持制动状态。

（4）移动式操作平台移动时，操作平台上不得站人。

8.4.3 落地操作平台

（1）落地式操作平台架体构造应符合下列规定：

1）操作平台高度不应大于15m，高宽比不应大于3：1；

2）施工平台的施工荷载不应大于$2.0kN/m^2$；当接料平台的施工荷载大于$2.0kN/m^2$时，应进行专项设计；

3）操作平台应与建筑物进行刚性连接或加设防倾措施，不得与脚手架连接；

4）用脚手架搭设操作平台时，其立杆间距和步距等结构要求应符合国家现行相关脚手架规范的规定；应在立杆下部设置底座或垫板、纵向与横向扫地杆，并应在外立面设置剪刀撑或斜撑；

5）操作平台应从底层第一步水平杆起逐层设置连墙件，且连墙件间隔不应大于4m，并应设置水平剪刀撑。连墙件应为可承受拉力和压力的构件，并应与建筑结构可靠连接。

（2）落地式操作平台搭设材料及搭设技术要求、允许偏差应符合国家现行相关脚手架标准的规定。

（3）落地式操作平台应按国家现行相关脚手架标准的规定计算受弯构件强度、连接扣件抗滑承载力、立杆稳定性、连墙杆件强度与稳定性及连接强度、立杆地基承载力等。

（4）落地式操作平台一次搭设高度不应超过相邻连墙件以上两步。

（5）落地式操作平台拆除应由上而下逐层进行，严禁上下同时作业，连墙件应随施工进度逐层拆除。

（6）落地式操作平台检查验收应符合下列规定：

1）操作平台的钢管和扣件应有产品合格证；

2）搭设前应对基础进行检查验收，搭设中应随施工进度按结构层对操作平台进行检查验收；

3）遇6级以上大风、雷雨、大雪等恶劣天气及停用超过1个月，恢复使用前，应进行检查。

8.4.4 悬挑式操作平台

（1）悬挑式操作平台设置应符合下列规定：

1）操作平台的搁置点、拉结点、支撑点应设置在稳定的主体结构上，且应可靠连接；

2）严禁将操作平台设置在临时设施上；

3）操作平台的结构应稳定可靠，承载力应符合设计要求。

（2）悬挑式操作平台的悬挑长度不宜大于 5m，均布荷载不应大于 5.5kN/m²，集中荷载不应大于 15kN，悬挑梁应锚固固定。

（3）采用斜拉方式的悬挑式操作平台，平台两侧的连接吊环应与前后两道斜拉钢丝绳连接，每一道钢丝绳应能承载该侧所有荷载。

（4）采用支承方式的悬挑式操作平台，应在钢平台下方设置不少于两道斜撑，斜撑的一端应支承在钢平台主结构钢梁下，另一端应支承在建筑物主体结构。

（5）采用悬臂梁式的操作平台，应采用型钢制作悬挑梁或悬挑桁架，不得使用钢管，其节点应采用螺栓或焊接的刚性节点。当平台板上的主梁采用与主体结构预埋件焊接时，预埋件、焊缝均应经设计计算，建筑主体结构应同时满足强度要求。

（6）悬挑式操作平台应设置 4 个吊环，吊运时应使用卡环，不得使吊钩直接钩挂吊环。吊环应按通用吊环或起重吊环设计，并应满足强度要求。

（7）悬挑式操作平台安装时，钢丝绳应采用专用的钢丝绳夹连接，钢丝绳夹数量应与钢丝绳直径相匹配，且不得少于 4 个。建筑物锐角、利口周围系钢丝绳处应加衬软垫物。

（8）悬挑式操作平台的外侧应略高于内侧；外侧应安装防护栏杆并应设置防护挡板全封闭。

（9）人员不得在悬挑式操作平台吊运、安装时上下。

8.5 交叉作业

8.5.1 一般规定

（1）交叉作业时，下层作业位置应处于上层作业的坠落半径之外，高空作业坠落半径应按表 8-1 确定。安全防护棚和警戒隔离区范围的设置应视上层作业高度确定，并应大于坠落半径。

坠落半径　　　　　　　　　　　　　　　　表 8-1

序号	上层作业高度(h_b)	坠落半径(m)
1	$2 \leqslant h_b \leqslant 5$	3
2	$5 < h_b \leqslant 15$	4
3	$15 < h_b \leqslant 30$	5
4	$h_b > 30$	6

（2）交叉作业时，坠落半径内应设置安全防护棚或安全防护网等安全隔离措施。当尚未设置安全隔离措施时，应设置警戒隔离区，人员严禁进入隔离区。

（3）处于起重机臂架回转范围内的通道，应搭设安全防护棚。

（4）施工现场人员进出的通道口，应搭设安全防护棚。

（5）不得在安全防护棚棚顶堆放物料。

(6) 当采用脚手架搭设安全防护棚架构时，应符合国家现行相关脚手架标准的规定。

(7) 对不搭设脚手架和设置安全防护棚时的交叉作业，应设置安全防护网，当在多层、高层建筑外立面施工时，应在二层及每隔四层设一道固定的安全防护网，同时设一道随施工高度提升的安全防护网。

8.5.2 安全措施

（1）安全防护棚搭设应符合下列规定：

1）当安全防护棚为非机动车辆通行时，棚底至地面高度不应小于3m；当安全防护棚为机动车辆通行时，棚底至地面高度不应小于4m。

2）当建筑物高度大于24m并采用木质板搭设时，应搭设双层安全防护棚。两层防护的间距不应小于700mm，安全防护棚的高度不应小于4m。

3）当安全防护棚的顶棚采用竹笆或木质板搭设时，应采用双层搭设，间距不应小于700mm；当采用木质板或与其等强度的其他材料搭设时，可采用单层搭设，木板厚度不应小于50mm。防护棚的长度应根据建筑物高度与可能坠落半径确定。

（2）安全防护网搭设应符合下列规定：

1）安全防护网搭设时，应每隔3m设一根支撑杆，支撑杆水平夹角不宜小于45°；

2）当在楼层设支撑杆时，应预埋钢筋环或在结构内外侧各设一道横杆；

3）安全防护网应外高里低，网与网之间应拼接严密。

8.6 建筑施工安全网

8.6.1 一般规定

（1）建筑施工安全网的选用应符合下列规定：

1）安全网材质、规格、物理性能、耐火性、阻燃性应满足现行国家标准《安全网》GB 5725 的规定；

2）密目式安全立网的网目密度应为10cm×10cm面积上大于或等于2000目。

（2）采用平网防护时，严禁使用密目式安全立网代替平网使用。

（3）密目式安全立网使用前，应检查产品分类标记、产品合格证、网目数及网体重量，确认合格方可使用。

8.6.2 安全网搭设

（1）安全网搭设应绑扎牢固、网间严密。安全网的支撑架应具有足够的强度和稳定性。

（2）密目式安全立网搭设时，每个开眼环扣应穿入系绳，系绳应绑扎在支撑架上，间距不得大于450mm。相邻密目网间应紧密结合或重叠。

（3）当立网用于龙门架、物料提升架及井架的封闭防护时，四周边绳应与支撑架贴紧，边绳的断裂张力不得小于3kN，系绳应绑在支撑架上，间距不得大于750mm。

（4）用于电梯井、钢结构和框架结构及构筑物封闭防护的平网，应符合下列规定：

1）平网每个系结点上的边绳应与支撑架靠紧，边绳的断裂张力不得小于7kN，系绳沿网边应均匀分布，间距不得大于750mm；

2）电梯井内平网网体与井壁的空隙不得大于25mm，安全网拉结应牢固。

第 9 章 临 时 用 电

临时用电是指施工现场在建筑施工过程中使用的电力,也是建筑施工用电工程或用电系统的简称。

9.1 施工现场临时用电基本原则

依据《施工现场临时用电安全技术规范》JGJ 46 要求,建设工程施工现场临时用电工程专用的电源中性点直接接地的 220/380V 三相四线制低压电力系统的三项基本原则为:
(1) 采用三级配电系统;
(2) 采用 TN-S 接零保护系统;
(3) 采用两级漏电保护系统。

9.2 临时用电供配电系统基本结构

9.2.1 采用三级配电系统

三级配电系统是指施工现场从电源进线开始至用电设备中间应经过三级配电装置配送电力,即由总配电箱(配电室)、经分配电箱(负荷或若干用电设备相对集中处)、到开关箱(用电设备处)分三个层次逐级配送电力。而开关箱作为末级配电装置,与用电设备之间必须实行"一机一闸制",即每一台用电设备必须有专用的开关箱,而每一个开关箱只能用于一台用电设备。总配电箱、分配电箱内可设若干分路,且动力与照明宜分路设置,开关箱内只能设一路。如图 9-1 所示。

三级配电系统的设置应遵守四项规则,即分级分路规则;动、照分设规则;压缩配电间距规则;环境安全规则。

1. 分级分路

(1) 从一级总配电箱(配电柜)向二级分配电箱配电可以分路。即一个总配电箱(配电柜)可以分若干分路向若干分配电箱(放射式)配电;每一分路也可以(树干式)分支支接若干分配电箱。

(2) 从二级分配电箱向三级开关箱配电同样也可以分路。即一个分配电箱可以分若干分路向若干开关箱(放射式)配电,而其每一分路也可以支接若干开关箱或链接若干

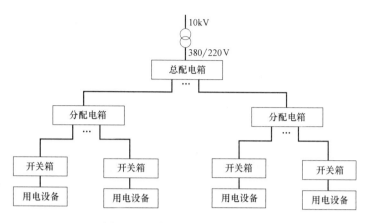

图 9-1 三级配电系统结构示意图

同类、相邻开关箱。

（3）从三级开关箱向用电设备配电实行"一机一闸"制，不存在分路问题。即每一开关箱只能配电连接一台与其相关的用电设备（含插座），包括配电给集中办公区、生活区、道路及加工车间一组不超过 30A 负荷的照明器。

按照分级分路规则的要求，在三级配电系统中，任何用电设备均不得越级配电，即其电源线不得直接连接于分配电箱或总配电箱；任何配电装置不得挂接其他临时用电设备。否则，三级配电系统的结构形式和分级分路规则将被破坏。

2. 动照分设

（1）动力配电箱与照明配电箱宜分别设置；若动力与照明合置于同一配电箱内共箱配电，则动力与照明应分路配电。

（2）动力开关箱与照明开关箱必须分箱设置，不存在共箱分路设置问题。

3. 压缩配电间距

压缩配电间距规则是指除总配电箱、配电室（配电柜）外，分配电箱与开关箱之间，开关箱与用电设备之间的空间间距应尽量缩短。按照《施工现场临时用电安全技术规范》JGJ 46 的规定，压缩配电间距规则可用以下三个要点说明。

（1）总配电箱应设在靠近电源（变压器）的地方，并应设置漏电保护装置 RCD，同时根据需要可以设置若干分路接至相对应的分配电箱。

（2）分配电箱应设置在用电设备或负荷相对集中的地方，可不设漏电保护装置，与总配电箱的间距大小应符合电压损失不大于 5% 的技术条件，同时根据需要，亦可设置若干分路接至相对应的开关箱。

（3）开关箱应设置在用电设备邻近的地方，与用电设备（固定式）水平间距不大于 3m，与分配电箱间距不大于 30m。并设置漏电保护装置。开关箱与其供电的固定式用电设备的水平距离不宜超过 3m。

4. 环境安全

环境安全规则是指配电系统对其设置和运行环境安全因素的要求。主要是指对易燃易爆物、腐蚀介质、机械损伤、电磁辐射、静电等因素的防护要求，防止由其引发设备损坏、触电和电气火灾事故。

9.2.2 采用两级漏电保护

两级漏电保护系统是指在整个施工现场临时用电工程中，总配电箱中必须装设漏电保护器，所有开关箱中也必须装设漏电保护器。

9.3 临时用电基本保护系统

建设工程施工现场临时用电系统，不论其供电方式如何，都属于电源中性点直接接地的220/380V三相四线制低压电力系统。为了保证用电过程中系统能够安全、可靠地运行，并对系统本身在运行过程中可能出现的诸如接地、短路、过载、漏电等故障进行自我保护，在系统结构配置中必须设置一些与保护要求相适应的子系统，即接地保护系统、过载与短路保护系统、漏电保护系统等，它们的组合就是用电系统的基本保护系统。

基本保护系统的设置不仅仅限于保护用电系统本身，而且更重要的是保护用电过程中人的安全和财产安全，特别是防止人体触电和电气火灾事故。

9.3.1 TN-S接零保护系统

(1) 建设工程施工现场临时用电工程采用独立设置（专用）的电源中性点直接接地的220/380V三相四线制低压电力系统必须采用具有专用保护零线（PE线）的TN-S接零保护系统。

(2) 建设工程施工现场临时用电工程采用非独立设置（与外电网共用，外电网是TN-S系统）的电源中性点直接接地的220V/380V三相四线制低压电力系统必须采用与外电网一致的具有专用保护零线（PE线）的TN-S接零保护系统。

(3) TN-S接零保护系统电力变压器低压侧共引出电缆线的具体要求：

① 引出5根线：其中除了引出三根分别为黄、绿、红的相线（火线）L_1、L_2、L_3（A、B、C）外，尚须于变压器二次侧中性点（N）接地处同时引出二根零线，一条叫作工作零线（浅蓝色N线），另一条叫作保护零线（绿/黄双色PE线）。

② 引出4根线：其中除了引出三根分别为黄、绿、红的相线（火线）L_1、L_2、L_3（A、B、C）外，尚须于变压器二次侧中性点（N）接地处同时引出一根零线，叫作工作零线（浅蓝色N线），四根线接至总配电房（总配电箱），在电源侧或总漏电开关的前侧的工作零线做重复接地，同时接出第五根线——专用保护零线（绿/黄双色PE线）。

(4) 电力变压器低压侧中性点直接接地，接地电阻值不大于4Ω。

(5) 整个现场专用保护零线（PE线）应在线路的首端、中间、末端处做重复接地，且每处的重复接地电阻值不大于10Ω。

9.3.2 过载、短路保护系统

当电气设备和线路因其负荷（电流）超过额定值而发生过载故障，或因其绝缘损坏而发生短路故障时，就会因电流过大而烧毁绝缘，引起漏电和电气火灾。

过载和短路故障使电气设备和线路不能正常使用，造成财产损失，甚至使整个用电系统瘫痪，严重影响正常施工，还可能引发触电伤害事故。所以，对过载、短路故障的危害必须采取有效的预防性保护措施。

预防过载、短路故障危害的有效技术措施就是在基本供配电系统中设置过载、短路保护系统。过载、短路保护系统可通过在总配电箱、分配电箱、开关箱中设置过载、短路保护电器实现。这里需要指出，过载、短路保护系统必须按三级设置，即在总配电箱、分配电箱、开关箱及其各分路中都要设置过载、短路保护电器，并其过载、短路保护动作参数应逐级合理选取，以实现三级保护的选择性配合。用作过载、短路保护的电器主要有各种类型的断路器和熔断器。其中，断路器以塑壳式断路器为宜；熔断器则应选用具有可靠灭弧分断功能的产品，不得以普通熔丝替代。

9.3.3 漏电保护系统

（1）漏电保护器的设置位置：二级漏电保护系统中漏电保护器的设置位置必须在基本供配电系统的总配电箱（配电柜）和开关箱首、末二级配电装置中。其中，总配电箱（配电柜）中的漏电保护器可以设置于总路，也可以设置于各分路，但不必在总路和各分路重叠设置。

（2）漏电保护器的动作参数应按实行分级、分段漏电保护原则和可靠防止人体触电伤害原则确定，根据这两个原则，对设置于开关箱和总配电箱（配电柜）中的漏电保护器的漏电动作参数作出了如下具体规定：

1) 开关箱中的漏电保护器，其额定漏电动作电流应为：一般场所 $I \leqslant 30mA$，潮湿与腐蚀介质场所 $I \leqslant 15mA$，而其额定漏电动作时间则均应为 $T \leqslant 0.1s$；

2) 总配电箱中的漏电保护器，其额定漏电动作电流应为 $I > 30mA$，额定漏电动作时间应为 $T > 0.1s$，但其额定漏电动作电流与额定漏电动作时间的乘积，$I \cdot T$ 应不超过安全界限值 $30mA \cdot s$，即 $T \leqslant 30mA \cdot s$。

（3）漏电保护器的电源进线类别：漏电保护器的电源进线类别（相线或零线）必须与其进线端标记一一对应，不允许交叉混接，更不允许将 PE 线当作 N 线接入漏电保护器。

（4）漏电保护器的结构选型：漏电保护器在结构选型时，宜选用无辅助电源型（电磁式）产品，或选用辅助电源故障时能自动断开的辅助电源型（电子式）产品。不能选用辅助电源故障时不能断开的辅助电源型（电子式）产品。

漏电保护器极数和线数必须与负荷的相数和线数保持一致。

（5）漏电保护器的使用：漏电保护器必须与用电工程合理的接地系统配合使用，才能形成完备可靠的防（间接接触）触电保护系统。漏电保护器在 TN-S 系统中的配合使用接线方式、方法如图 9-2 所示。

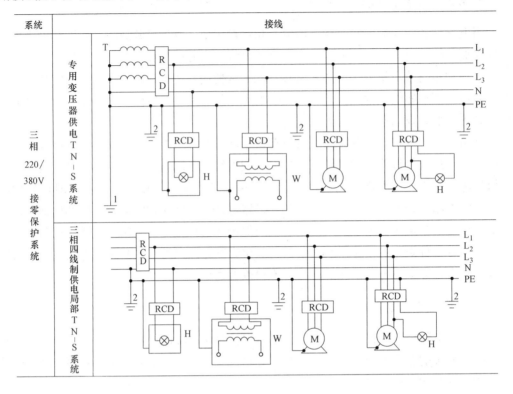

图 9-2 漏电保护器使用接线方法示意图

注：L_1、L_2、L_3—相线；N—工作零线；PE—保护零线；T—变压器；
RCD—漏电保护器；H—照明器；W—电焊机；M—电动机；
1—工作接地；2—重复接地

在图 9-2 中，干线上的漏电保护器 RCD 是指总配电箱（配电柜）中的漏电保护器；各支线上的漏电保护器 RCD 是指各开关箱中的漏电保护器。并且所有漏电保护器 RCD 均应装设于总配电箱（配电柜）或开关箱中靠近负荷的一侧。

9.4 供配电系统设置

9.4.1 配电室的设置

1. 配电室的位置

配电室的位置应符合以下原则：

(1) 靠近电源；

(2) 靠近负荷中心；

(3) 进、出线方便；

(4) 周边道路畅通；

(5) 周围环境灰尘少、潮气少、振动少、无腐蚀介质，无易燃易爆物，无积水；

(6) 避开污染源的下风侧和易积水场所的正下方。

2. 配电室的布置

配电室的布置主要是指配电室内配电柜的空间排列，要求如下：

(1) 配电柜正面的操作通道宽度，单列布置或双列背对背布置时不应小于1.5m，双列面对面布置时不应小于2m；

(2) 配电柜后面的维护通道宽度，单列布置或双列面对面布置时不应小于0.8m，双列背对背布置时不应小于1.5m，个别地点有建筑结构突出的空地时，则此点通道宽度可减少0.2m；

(3) 配电柜侧面的维护通道宽度不应小于1m；

(4) 配电室内设值班室或检修室时，该室边缘距配电柜的水平距离应大于1m，并采取屏障隔离；

(5) 配电室内的裸母线与地面通道的垂直距离不应小于2.5m，小于2.5m时应采用遮栏隔离，遮栏下面的通道高度不应小于1.9m；

(6) 配电室围栏上端与其正上方带电部分的净距不应小于75mm；

(7) 配电装置上端（含配电柜顶部与配电母线排）距顶棚不应小于0.5m；

(8) 配电室应保持整洁，无杂物。

3. 配电室的照明

配电室的照明应包括两个彼此独立的照明系统：一是正常照明，二是应急照明。

9.4.2 自备电源的设置

施工现场临时用电工程一般是由外电线路供电。但常因外电线路电力供应不足或供电距离过长等其他原因停止供电或不能供电，使施工受到影响。为了保证施工不因停电而中断，影响施工进度，现场需设置备用发配电系统，为外电线路停止供电时接续供电和因供电距离过长提供供电。目前，施工现场一般采用柴油发电机组作为自备电源。

1. 自备发电机室的位置和布置要求

自备发电机组作为一个接续供电电流，其位置选择应与配电室的位置选择遵循的原则基本相同。

(1) 应该设置在靠近负荷中心的地方，并与变电室、配电室的位置相邻。

(2) 安全、合理，便于与已设临时用电工程联系。

(3) 发电机组一般设置在室内，以免风、沙、雨、雪以及强烈阳光对其侵害。

(4) 发电机组及其控制、配电、修理室等可以分开设置，也可以合并设置。无论如何设置，都要保证电气安全距离，并满足防火要求。发电机组的排烟管道必须伸出室外，并且在其相关的室内或周围地区严禁存放贮油桶等易燃、易爆物品。作为发电机的原动机运行需要临时放置的油桶除外，但是应有消防措施。

2. 自备发电系统的要求

（1）发电机组应采用电源中性点直接接地的三相四线制供电系统系统，其工作接地电阻值应符合《施工现场临时用电安全技术规范》JGJ 46 规定，临时用电工程单台发电机容量超过 100kV·A，要求发电机的工作接地电阻值不大于 4Ω。

（2）发电机附近应设总配电箱，箱内应设置计量设备，同时必须设置电源隔离开关以及短路、过载、漏电保护电器。电源隔离开关分断时应采用有明显可见分断点，且能同时切断电源所有极的隔离电器。

（3）发电机供电系统应采用三级配电二级漏电保护系统，设置总配电箱、分配电箱、开关箱。在总配电箱和开关箱中必须设置漏电保护器，并注意漏电参数的级差配合。

（4）发电机组作为超长输电距离供电不够而单独设置的备用电源时，应采用具有专用保护零线的 TN-S 接零保护的供配电系统形式。

（5）发电机组作为外电停电的备用电源时，应采用与外电线路一致的供配电系统形式，且必须与外电线路电源（例如电力变压器）连锁（在电气上完全隔离），以防止自备发电机供配电系统通过外电线路电源变压器低压侧向高压侧反馈送电造成危险。

9.5 供配电线路设置

施工现场临时用电的供配电线路，按其敷设方式和场所不同，主要有架空线路、电缆线路、室内配线三种。设有变配电室时，还应包括供配电母线。

9.5.1 供配电线的选择

配电线的选择，实际上就是架空线路导线、电缆线路电缆、室内线路导线、电缆以及供配电母线的选择。

1. 架空线的选择

架空线的选择主要是选择架空线路导线的种类和导线的截面，其选择依据主要是线路敷设的要求和线路负荷计算的计算电流值。

架空线中各导线截面与线路工作制的关系为：三相四线制工作时，N 线和 PE 线截面不小于相线（L 线）截面的 50%；单相线路的零线截面与相线截面相同。

架空线的材质为：绝缘铜线或铝线，优先采用绝缘铜线。

架空线的绝缘色标准为：当考虑相序排列时：L_1（A 相）—黄色；L_2（B 相）—绿色；L_3（C 相）—红色。另外，N 线—淡蓝色；PE 线—绿/黄双色。

2. 电缆的选择

电缆的选择主要是选择电缆的类型、截面和芯线配置，其选择依据主要是线路敷设的要求和线路负荷计算的计算电流值。

根据基本供配电系统的要求，电缆中必须包含线路工作制所需要的全部工作芯线和 PE 线。需要三相四线制配电的电缆线路必须采用五芯电缆，而采用四芯电缆外加一条绝缘线等配置方法都是不规范的。

五芯电缆中，除包含三条相线外，还必须包含用作 N 线的淡蓝色芯线和用作 PE 线的绿/黄双色芯线。其中 N 线和 PE 线的绝缘色规定，同样适用于四芯、三芯等电缆。

3. 室内配线的选择

室内配线必须采用绝缘导线或电缆。其选择要求基本与架空线路或电缆线路相同。

除以上三种配线方式以外，在配电室里还有一个供配电母线问题。由于施工现场配电母线常常采用裸扁铜板或裸扁铝板制作成所谓裸母线，因此其安装时，必须用绝缘子支撑固定在配电柜上，以保持对地绝缘和电磁（力）稳定性。母线规格主要由总负荷计算电流确定。考虑到母线敷设有相序规定，母线表面应涂刷有色油漆，三相母线的相序和色标依次为 L_1（A 相）—黄色；L_2（B 相）—绿色；L_3（C 相）—红色。

9.5.2 架空线路的敷设

（1）架空线路的组成：

架空线路的组成一般包括四部分，即电杆、横担、绝缘子和绝缘导线。

（2）架空线相序排列顺序：

1）动力、照明线在同一横担上架设时，导线相序排列顺序是：面向负荷从左侧起依次为 L_1、N、L_2、L_3、PE。

2）动力、照明线在二层横担上分别架设时，导线相序排列顺序是：上层横担面向负荷从左侧起依次为 L_1、L_2、L_3；下层横担面向负荷从左侧起依次为 L（L_1 或 L_2 或 L_3）、N、PE。

（3）架空线路电杆、横担、绝缘子、导线的选择和敷设方法应符合《施工现场临时用电安全技术规范》JGJ 46 的规定。严禁集束缠绕，严禁架设在树木、脚手架及其他设施上或从其中穿越。

（4）架空线路与邻近线路或固定物的防护距离应符合《施工现场临时用电安全技术规范》JGJ 46 的规定。

9.5.3 电缆线路的敷设

电缆敷设应采用埋地或架空两种方式，严禁沿地面明设，以防机械损伤和介质腐蚀。

架空电缆应沿电杆、支架、墙壁敷设，并用绝缘子固定，绝缘线绑扎。严禁沿树木、脚手架及其他设施敷设或从其中穿越。电缆埋地宜采用直埋方式，埋设深度不应小于 0.7m，埋设方法应符合《施工现场临时用电安全技术规范》JGJ 46 的规定。直埋电缆在穿越建筑物、构筑物、道路、易受机械损伤、介质腐蚀场所及引出地面从 2m 高到地下 0.2m 处必须加设防护套管，防护套管内径不应小于电缆外径的 1.5 倍。埋地电缆的接头应设在地面以上的接线盒内，电缆接线盒应能防水、防尘、防机械损伤，并远离易燃、易爆、易腐蚀场所。

9.5.4 室内配线的敷设

安装在现场办公室、生活用房、加工厂房等暂设建筑内的配电线路，通称室内线路，简称室内配线。

室内配线分为明敷设和暗敷设两种。

（1）明敷设可采用瓷瓶、瓷（塑料）夹配线，嵌绝缘槽配线和钢索配线三种方式，不得悬空乱拉。明敷主干线的距地高度不得小于2.5m。

（2）暗敷设可采用绝缘导线穿管埋墙或埋地方式和电缆直埋墙或直埋地方式。

1）暗敷设线路部分不得有接头。

2）暗敷设金属穿管应作等电位连接，并与PE线相连接。

3）潮湿场所或埋地非电缆（绝缘导线）配线必须穿管敷设，管口和管接头应密封。严禁将绝缘导线直埋墙内或地下。

9.6 配电装置设置

施工现场的配电装置是指施工现场用电工程配电系统中设置的总配电箱（配电柜）、分配电箱和开关箱。为叙述方便起见，以下将总配电箱和分配电箱合称配电箱。

9.6.1 配电装置的箱体结构

施工现场配电装置（配电箱、开关箱）的箱体结构，要求如下：

（1）箱体材料。

配电箱、开关箱的箱体应采用冷轧钢板或阻燃绝缘材料制作，不得采用木板制作。采用冷轧钢板制作时，钢板厚度应为1.2~2.0mm，其中开关箱的箱体厚度不得小于1.2mm，配电箱的箱体厚度不得小于1.5mm。箱体表面应做防腐处理。

（2）配置电器安装板。

配电箱、开关箱内应配置电器安装板，用以安装所配置的电器和接线端子板等，钢质电器安装板与钢板箱体之间应做金属性连接。

当钢质电器安装板与钢板箱体之间采用折页作活动连接时，必须在二者之间跨接编织软铜线。

（3）加装N、PE接线端子板。

配电箱、开关箱中应设置N线和PE线接线端子板，设置规则为：

1）N、PE端子板必须分别设置，固定安装在电器安装板上，并分别作N、PE符号标记，严禁合设在一起。其中，N端子板与钢质电器安装板之间必须保持绝缘，而PE端子板与钢质电器安装板之间必须保持电气连接。当钢板箱配装绝缘电器安装板时，PE端子板应与钢板箱体作电气连接。

2）N、PE端子板的接线端子数应与箱的进、出线路数保持一致。

3）N、PE端子板应采用紫铜板制作。

（4）配电箱、开关箱的进出线口应设置于箱体正常安装位置的下底面，并设固定线卡。

（5）配电箱、开关箱的箱体尺寸和电器安装板尺寸应与箱内电器的数量和尺寸相适应,如表 9-1 所示。

配电箱、开关箱内电器安装选择表　　　　　表 9-1

间距名称	最小净距(mm)
并列电器(含单极熔断器)间	30
电路进、出线瓷管(塑胶管)孔与电器边缘间	15A,30 20～30A,50 60A 及以上,80

9.6.2　配电装置的使用与维护

配电装置的使用和维护应遵循以下事项:

(1) 配电装置的箱(柜)门处均应有名称、用途、分路标记,及内部电气系统接线图,以防误操作。

(2) 配电装置门锁,应由专人负责开启和关闭。

(3) 配电装置应定期检查、维修。检查、维修人员必须是专业电工。检查、维修时,必须首先将其前一级配电装置的相应隔离开关分闸断电,并悬挂"禁止合闸有人工作"停电标志牌,严禁带电作业;检查、维修人员必须按规定穿戴绝缘、防护用品,使用绝缘工具。

(4) 配电装置送电和停电时,必须严格遵循下列操作顺序:

送电操作顺序为:总配电箱(配电柜)—分配电箱—开关箱;

停电操作顺序为:开关箱—分配电箱—总配电箱(配电柜)。

如遇发生人员触电或电气火灾的紧急情况,则允许就地、就近迅速切断电源。

(5) 用电人员应看护好所用开关箱,及时清理周边易燃易爆物、机械损伤物、腐蚀介质等有危害杂物。

(6) 施工现场下班停止工作时,必须将班后不用的配电装置分闸断电并上锁。班中停止作业 1h 及以上时,相关动力开关箱应断电上锁。暂时不用的配电装置也应断电上锁。

(7) 配电装置必须按其正常工作位置安装牢固、稳定、端正。固定式配电箱、开关箱的中心点与地面的垂直距离应为 1.4m～1.6m;移动式配电箱、开关箱的中心点与地面的垂直距离宜为 0.8m～1.6m。

(8) 配电装置内的电气配置和接线严禁随意改动,并不得随意挂接其他用电设备。

(9) 配电装置的漏电保护器应于每次使用时首先用试验按钮试跳一次,只有试跳正常才可继续使用。

9.7　防雷与接地设置

施工现场防雷主要是防直击雷,当施工现场设置变电所和配电室时还应考虑防感应雷。防雷首先要确定防雷部位,继而确定防雷范围,才能设置合理的防雷装置。

9.7.1 防雷部位

施工现场需要考虑防直击雷的部位主要是塔式起重机、物料提升机、外用电梯等高大机械设备及钢脚手架、在建工程金属结构等高架设施;防感应雷的部位则是现场变电所、配电室的进、出线处。

在考虑防直击雷的部位时,首先应考察其是否在邻近建筑物或设施防直击雷装置的防雷保护范围以内。如果在保护范围以内,则可不另设防直击雷装置;如果在保护范围以外,则还应按防雷部位设备高度与当地雷电活动规律综合确定安装防雷装置。具体地说这种综合确定需要安装防雷装置的条件如下:

(1) 地区年平均雷暴日数为≤15d;设备高度≥50m时。
(2) 地区年平均雷暴日数为>15d,<40d;设备高度≥32m时。
(3) 地区年平均雷暴日数为40d,<90d;设备高度≥20m时。
(4) 地区年平均雷暴日数为90d及雷害特别严重地区;设备高度≥12m时。

9.7.2 防雷保护范围

防雷保护范围是指接闪器对直击雷的保护范围。参照现行国家标准《建筑物防雷设计规范》GB 50057,在施工现场年平均雷暴日数大于15d/年的地区,设备和金属架构高度为15m及以上时;或年平均雷暴日数为15d/年及以下地区,设备和金属架构高度为20m及以上时,防雷等级可按第三类防雷类别对待。

当施工现场最高机械设备上接闪器或避雷针的保护范围能覆盖其他设备,且又最后退出现场,则其他设备可不设防雷装置。

9.7.3 防雷装置设置

雷电是一种破坏力、危害性极大的自然现象,要想消除它一般是不可能的,但消除其危害却是可能的。即可通过设置一种装置,人为控制和限制雷电发生的位置,并将雷电能量顺利导入大地,使其不至危害到需要保护的人、设备或设施,这种装置称作防雷装置或避雷装置。防直击雷装置一般由接闪器(避雷针、线、带等)及防雷引下线、接地体等组成。设置防直击雷装置时必须保证其各组成部分间及与大地间有良好的电气连接,并且其接地电阻值至少应满足冲击接地电阻值不大于30Ω的要求。如果安装防雷装置的设备或设施上有用电设备,则该设备开关箱中的PE端子板应与其防雷接地体连接,此时接地体的接地电阻值应符合PE线重复接地电阻值的要求,即不大于10Ω。

9.7.4 接地装置设置

临时用电工程接地的主要有工作接地、重复接地、防雷接地、电磁感应接地、静电接地等,一般均采用人工接地体,接地体采用∟50×5×2500的镀锌角钢,接地线采用

40×4镀锌扁钢。

9.8 外电防护

在施工现场周围往往存在一些高、低压电力线路,这些不属于施工现场的外界电力线路统称为外电线路。外电线路一般为架空线路,个别现场也会遇到电缆线路。由于外电线路的位置原已固定,因而其与施工现场的相对距离也难以改变,这就给施工现场作业安全带来了不利影响。如果施工现场距离外电线路较近,往往会因施工人员搬运物料、器具(尤其是金属料具)或操作不慎意外触及外电线路,从而发生直接接触触电伤害事故。因此,当施工现场邻近外电线路作业时,为了防止外电线路对施工现场作业人员可能造成的危害,施工现场必须对其采取相应的防护措施,这种对外电线路可能引起触电伤害的防护称为外电线路防护,简称外电防护。

外电防护属于对直接接触触电的防护。直接接触防护的基本措施是:绝缘;屏护;安全距离;限制放电能量;采用24V及以下安全特低电压。

上述五项基本措施具有普遍适用的意义。但是对于施工现场外电防护这种特殊的防护,其防护措施主要应是做到绝缘、屏护、安全距离。概括来说:第一,保证安全操作距离;第二,架设安全防护设施;第三,无足够安全操作距离,且无可靠安全防护设施的施工现场暂停作业。

9.8.1 保证安全操作距离

(1)在建工程不得在外电架空线路正下方施工、搭设作业棚、建造生活设施或堆放构件、架具、材料及其他杂物等。

(2)在建工程(含脚手架)的周边与外电架空线路的边线之间应保持的最小安全操作距离见表9-2。

在建工程与外电架空线路安全距离　　　　　表9-2

距线路电压(kV)	距离(m)
<1	≥4.0
1~10	≥6.0
35~110	≥8.0
220	≥10.0
330~500	≥15.0

应当注意,上、下脚手架的斜道不宜设在有外电线路的一侧。

(3)施工现场的机动车道与外电架空线路交叉时,架空线路的最低点与路面间应保持的最小距离见表9-3。

机动车道与外电架空线路安全距离 表9-3

距线路电压	距离(m)
1kV	≥6
1~10kV	≥7
35kV	≥7

(4) 起重机的任何部位或被吊物边缘在最大偏斜时与外电架空线路边线之间的最小安全距离应符合表9-4规定。

起重机与外电架空线路安全距离 表9-4

距线路电压(kV)	沿垂直方向(m)	水平方向(m)
1	≥1.5	≥1.5
10	≥3.0	≥2.0
35	≥4.0	≥3.5
110	≥5.0	≥4.0
220	≥6.0	≥6.0
330	≥7.0	≥7.0
500	≥8.5	≥8.5

(5) 施工现场开挖沟槽时，如临近地下存在外电埋地电缆，则开挖沟槽与电缆沟槽之间应保持不小于0.5m的距离。

如果上述安全操作距离不能保证，则必须在在建工程与外电线路之间架设安全防护设施。

9.8.2 架设安全防护设施

对外电线路防护可通过采用木、竹或其他绝缘材料增设屏障、遮栏、围栏、保护网等防护设施与外电线路实现强制性绝缘隔离。防护设施应坚固稳定，能防止直径为2.5mm的固体异物穿越，并须在防护隔离处悬挂醒目的警告标志牌。架设安全防护设施须与有关部门沟通，由专业人员架设，架设时应有监护人和保安措施。

无足够安全操作距离且无可靠安全防护设施时的处置：当施工现场与外电线路之间既无足够的安全操作距离，又无可靠的安全防护设施时，必须首先暂停作业，继而采取相关外电线路暂时停电、改线或改变工程位置等措施，在未采取任何安全措施的情况下严禁强行施工。

9.9 用电设备

用电设备是配电系统的终端设备，施工现场的用电设备基本上可分为：电动建筑机械、手持式电动工具和照明器等。

施工现场用电设备的选择和使用不仅应满足施工作业、现场办公和生活需要，而且更重要的是要适应施工现场的环境条件，确保其运行安全，防止各种电气伤害事故。通常，施工现场的环境条件按触电危险程度来考虑，可划分为三类，即一般场所、危险场所和高度危险场所。

（1）一般场所：相对湿度≤75%的干燥场所；无导电粉尘场所；气温不高于30℃场所；有不导电地板（干燥木地板、塑料地板、沥青地板等）场所等均属于一般场所。

（2）危险场所：相对湿度长期处于75%以上的潮湿场所；露天并且能遭受雨、雪侵袭的场所；气温高于30℃的炎热场所；有导电粉尘场所；有导电泥、混凝土或金属结构地板场所；施工中常处于水湿润的场所等均属于危险场所。

（3）高度危险场所：相对湿度接近100%场所；蒸汽环境场所；有活性化学媒质放出腐蚀性气体或液体场所；具有两个及以上危险场所特征（如导电地板和高温，或导电地板和有导电粉尘）场所等均属于高度危险场所。

9.9.1 电动建筑机械的选择和使用

电动建筑机械包括：起重运输机械、桩工机械、夯土机械、焊接机械、混凝土机械、钢筋机械、木工机械以及盾构机械等。

1. 电动建筑机械的选择

电动建筑机械的选择主要应符合以下要求：

（1）电动建筑机械及其安全装置应符合国家有关强制性标准的规定，为合格产品。

（2）电动建筑机械配套的开关箱应有完备的电源隔离以及过载、短路、漏电保护功能。

（3）搁置已久或受损的电动建筑机械，应对其进行检查或维修，特别是要对其安全装置和绝缘进行检测，达到完好、合格后方可重新使用。

2. 电动建筑机械的使用

（1）起重机械的使用主要指塔式起重机、外用电梯、物料提升机及其他垂直运输机械。

使用的主要电气安全问题是防雷、运行位置控制、外电防护、电磁感应防护等。为此，应遵守以下规则：

1）塔式起重机、外用电梯、滑升模板的金属操作平台及需要设置避雷装置的物料提升机其机体金属结构件应作防雷接地；同时其开关箱中的PE线应通过箱中的PE端子板作重复接地。两种接地可共用一组接地体（如机体钢筋混凝土基础中已作等电位焊接的钢筋结构接地体），但接地线及其与接地体的连接点应各自独立。

轨道式塔式起重机的防雷接地可以借助于机轮和轨道与接地装置连接，但还应附加以下三项措施：

① 轨道两端各设一组接地装置；
② 轨道接头处作电气连接，两条轨道端部做环形电气连接；
③ 轨道较长时每隔不大于30m加装一组接地装置。

2）塔式起重机运行时严禁越过无防护设施的外电架空线路作业，并应按规范规定与外电架空线路或其防护设施保持安全距离。

3）塔式起重机夜间工作时应设置正对工作面的投光灯；塔身高于30m的塔式起重机应在塔顶和臂架端部设红色信号灯。

4）轨道式塔式起重机的电缆不得拖地行走。

5）塔式起重机在强电磁波源附近工作时，地面操作人员与塔式起重机及其吊物之间应采取绝缘隔离防护措施。

6）外用电梯通常属于客、货两用电梯，应有完备的驱动、制动、行程、限位、紧急停止控制，每日工作前必须进行空载检查。

7）物料提升机是只许运送物料，不允许载人的垂直运输机械，应有完备的驱动、制动、行程、限位、紧急停止控制，每日工作前必须进行空载检查。

（2）桩工机械的使用

桩工机械主要有潜水式钻孔机、潜水电机等。桩工机械是一种与水密切接触的机械，因此其使用的主要电气安全问题是防止水和潮湿引起的漏电危害。为此应做到：

1）电机负荷线应采用防水橡皮护套铜芯软电缆，电缆护套不得有裂纹和破损。

2）开关箱中漏电保护器的设置应符合潮湿场所漏电保护的要求。

（3）夯土机械的使用

夯土机械是一种移动式、振动式机械，工作场所较潮湿，所以其使用的主要电气安全问题是防止潮湿、振动、机械损伤引起的漏电危害。为此应做到：

1）夯土机械的金属外壳与PE线的连接点不得少于两处；其漏电保护必须适应潮湿场所的要求。

2）夯土机械的负荷线应采用耐气候型橡皮护套铜芯软电缆。

3）夯土机械的操作扶手必须绝缘，使用时必须按规定穿戴绝缘防护用品，使用过程中电缆应有专人调整，严禁缠绕、扭结和被夯土机械跨越，电缆长度不应大于50m。

4）多台夯土机械并列工作时，其间距不得小于5m；前后工作时，其间距不得小于10m。

（4）木工机械的使用

木工机械主要是指电锯、电刨等木料加工机械。木工机械使用的主要电气安全问题是防止因机械损伤和漏电引起触电和电气火灾。因此，木工机械及其负荷线周围必须及时清理木屑等杂物，使其免受机械损伤。其漏电保护可按一般场所要求设置。

（5）焊接机械的使用

电焊机械属于露天半移动、半固定式用电设备。各种电焊机基本上都是靠电弧、高温工作的，所以防止电弧、高温引燃易燃易爆物是其使用应注意的首要问题；其次，电焊机空载时其二次侧具有50V～70V的空载电压，已超出安全电压范围，所以其二次侧防触电成为其安全使用的第二个重要问题；第三，电焊机常常在钢筋网间露天作业，所以还需注意其一次侧防触电问题。为此，其安全使用要求可综合归纳如下：

1）电焊机械应放置在防雨、干燥和通风良好的地方。

2）电焊机开关箱中的漏电保护器必须采用额定漏电动作参数符合规定（30mA、0.1s）的二极二线型产品。此外，还应配装防二次侧触电保护器。

3）电焊机变压器的一次侧电源线应采用耐气候型橡皮护套铜芯软电缆，长度不应大于5m，电源进线处必须设置防护罩，进线端不得裸露。

4）电焊机变压器的二次线应采用防水橡皮护套铜芯软电缆，电缆长度不应大于30m，不得跨越道路；电缆护套不得破裂，其接头必须作绝缘、防水包扎，不应有裸露带电部分；不得采用金属构件或结构钢筋代替二次线的地线。

5）发电机式直流电焊机的换向器应经常检查、清理、维修，以防止可能产生的异常换向电火花。

6）使用电焊机械焊接时必须穿戴防护用品。严禁露天冒雨从事电焊作业。

（6）混凝土机械的使用

混凝土机械主要是指混凝土搅拌机、插入式振动器、平板振动器、地面抹光机、水磨石机等。混凝土机械使用的主要电气安全问题是防止电源进线机械损伤引起的触电危害和停电检修时误启动引起的机械伤害。因此，混凝土机械的电源线（来自开关箱）不能过长，不得拖地，不得缠绕在金属物件上，严禁用金属裸线绑扎固定；当对其进行清理、检查、维修时，必须首先将其开关箱分闸断电，呈现可见电源分断点，并关门上锁。

（7）钢筋机械的使用

钢筋机械主要是指钢筋切断机、钢筋弯曲机等钢筋加工机械。钢筋机械使用的主要电气安全问题是防止因设备及其负荷线的机械损伤和受潮漏电引起的触电伤害。因此，钢筋机械在使用过程中应能避免雨雪和地面积水的侵害，应及时清除其周边的钢筋废料。

9.9.2 手持式电动工具的选择和使用

施工现场使用的手持式电动工具主要指电钻、冲击钻、电锤、射钉枪及手持式电锯、电刨、切割机、砂轮等。

手持式电动工具按其绝缘和防触电性能进行分类，共分为三类，即Ⅰ类工具、Ⅱ类工具、Ⅲ类工具。Ⅰ类工具是指具有金属外壳、采用普通单重绝缘的工具；Ⅱ类工具是指具有塑料外壳、采用双重绝缘或金属外壳、加强绝缘的工具；Ⅲ类工具是指采用安全电压（例如36V、24V、12V、6V等）供电的工具。各类工具因其绝缘结构和供电电压不同，所以其防触电性能也各不相同，因此其选择和使用必须与环境条件相适应。

1. 手持式电动工具的选择

（1）一般场所（空气湿度小于75%），可选用Ⅰ类或Ⅱ类工具。

（2）在潮湿场所或金属构架上操作时，必须选用Ⅱ类或由安全隔离变压器供电的Ⅲ类工具，严禁使用Ⅰ类工具。

（3）在狭窄场所（锅炉、金属容器、地沟、管道内等）作业时，必须选用由安全隔离变压器供电的Ⅲ类工具。

2. 手持式电动工具的使用

（1）Ⅰ类工具的防触电保护主要依赖于其金属外壳接地和在其开关箱中装设漏电保护器，所以其外壳与PE线的连接点（不应少于两处）必须可靠；而且其开关箱中的漏电保护器应按潮湿场所对漏电保护的要求配置；其负荷线应采用耐气候型橡皮护套铜芯软电缆，并且不得有接头，负荷线插头应具有专用接地保护触头。

（2）Ⅱ类工具的防触电保护可依赖于其双重绝缘或加强绝缘，但使用金属外壳Ⅱ类工具时，其金属外壳可与PE线相连接，并设漏电保护。Ⅱ类工具的负荷线应采用耐气候型橡皮护套铜芯软电缆，并且不得有接头。

（3）Ⅲ类工具的防触电保护主要依赖于安全隔离变压器，由安全电压供电。在狭窄场所使用Ⅲ类工具时，其开关箱和安全隔离变压器应设置在场所外面，并连接PE线，使用过程中应有人在外面监护。Ⅲ类工具开关箱中的漏电保护器应按潮湿场所对漏电保护的要求配置，其负荷线应采用耐气候型橡皮护套铜芯软电缆，并且不得有接头。

（4）在潮湿场所、金属构架上使用Ⅱ、Ⅲ类工具时，其开关箱和控制箱也应设在作业场所外面。

（5）各类手持式电动工具的外壳、手柄、插头、开关、负荷线等必须完好无损，其绝缘电阻应为：Ⅰ类工具≥2MΩ，Ⅱ类工具≥7MΩ，Ⅲ类工具≥1MΩ。

（6）手持式电动工具使用时，必须按规定穿戴绝缘防护用品。

9.9.3 照明器的选择和使用

1. 照明设置的一般规定

（1）在坑洞内作业、夜间施工或作业厂房、料具堆放场、道路、仓库、办公室、食堂、宿舍及自然采光差等场所，应设一般照明、局部照明或混合照明。在一个工作场所内，不得只设局部照明。

（2）停电后作业人员需要及时撤离现场的特殊工程，例如夜间高处作业工程及自然采光很差的深坑洞工程等场所，还必须装设由独立自备电源供电的应急照明。

（3）对于夜间影响行人和车辆安全通行的在建工程，如开挖的沟、槽、孔洞等，应在其邻边设置醒目的红色警戒照明。

对于夜间可能影响飞机及其他飞行器安全通行的高大机械设备或设施，如塔式起重机、外用电梯等，应在其顶端设置醒目的警戒照明。

警戒照明应设置不受停电影响的自备电源。

（4）根据需要设置不受停电影响的保安照明。

2. 照明器的选择

（1）照明器形式的选择

1）正常湿度（相对湿度≤75％）的一般场所，可选用普通开启式照明器。

2）潮湿或特别潮湿（相对湿度＞75％）场所，属于触电危险场所，必须选用密闭型防水照明器或配有防水灯头的开启式照明器。

3）含有大量尘埃但无爆炸和火灾危险的场所，属于一般场所，必须选用防尘型照明器，以防尘埃影响照明器安全发光。

4）有爆炸和火灾危险的场所，属于触电危险场所，应按现行国家标准《爆炸危险环境电力装置设计规范》GB 50058 危险场所等级选用防爆型照明器。

5）存在较强振动的场所，必须选用防振型照明器。

6）有酸碱等强腐蚀介质场所，必须选用耐酸碱型照明器。

(2) 照明供电的选择

1) 一般场所，照明供电电压宜为220V，即可选用额定电压为220V的照明器。

2) 隧道、人防工程、高温、有导电灰尘、比较潮湿或灯具离地面高度低于规定2.5m等较易触电的场所，照明电源电压不应大于36V。

3) 潮湿和易于触及带电体的触电危险场所，照明电源电压不得大于24V。

4) 特别潮湿、导电良好的地面、锅炉或金属容器等触电高度危险场所，照明电源电压不得大于12V。

5) 行灯电压不得大于36V。

6) 照明电压偏移值最高为额定电压的－10％～5％。

3. 照明器的使用

(1) 照明器的安装

1) 安装高度：一般220V灯具室外不低于3m，室内不低于2.5m；碘钨灯及其他金属卤化物灯安装高度宜在3m以上。

2) 安装接线：螺口灯头的中心触头应与相线连接，螺口应与零线（N）连接；碘钨灯及其他金属卤化物灯的灯线应固定在专用接线柱上，不得靠近灯具表面；灯具的内接线必须牢固，外接线必须做可靠的防水绝缘包扎。

3) 对易燃易爆物的防护距离：普通灯具不宜小于300mm；聚光灯及碘钨灯等高热灯具不宜小于500mm，且不得直接照射易燃物。达不到防护距离时，应采取隔热措施。

4) 荧光灯管的安装：应采用管座固定或吊链悬挂方式安装，其配套电磁镇流器不得安装在易燃结构物上。

5) 投光灯的安装：底座应牢固安装在非燃性稳定的结构物上。

(2) 照明器的控制与保护

1) 任何灯具必须经照明开关箱配电与控制，配置完整的电源隔离、过载与短路保护及漏电保护。

2) 路灯还应逐灯另设熔断器保护。

3) 灯具的相线必须经开关控制，不得直接引入灯具。

4) 暂设工程的照明灯具宜采用拉线开关控制，其安装高度为距地2~3m。宿舍区禁止设置床头开关。

9.10 施工现场临时用电管理

施工现场临时用电应实行规范化管理。规范化管理的主要内容包括：建立和实行用电组织设计制度；建立和实行电工及用电人员管理制度；建立和实行安全技术档案管理制度。

9.10.1 施工现场用电组织设计

按照《施工现场临时用电安全技术规范》JGJ 46 的规定：施工现场用电设备在 5 台及以上或设备总容量在 50kW 及以上者，应编制用电组织设计，并且应由电气工程技术人员组织编写。

编制用电组织设计的目的是用以指导建造一个安全可靠、经济合理、方便适用，适应施工现场特点和用电特性的用电工程，并且用以指导所建用电工程的正确使用。

施工现场用电组织设计的基本内容包括：

1. 现场勘测

2. 确定电源进线、变电所、配电装置、用电设备位置及线路走向

电源进线、变电所、配电装置、用电设备位置及线路走向要依据现场勘测资料提供的技术条件和施工用电需要综合确定。

3. 负荷计算

负荷是电力负荷的简称，是指电气设备（例如电力变压器、发电机、配电装置、配电线路、用电设备等）中的电流和功率。

负荷计算的结果是配电系统设计中选择电器、导线、电缆规格，以及供电变压器和发电机容量的重要依据。

4. 选择变压器

变压器的选择主要是指为施工现场用电提供电力，选择的主要依据是现场总计算负荷。

5. 设计配电系统

配电系统主要由配电线路、配电装置和接地装置三部分组成。其中配电装置是整个配电系统的枢纽，经过与配电线路、接地装置的连接，形成一个分层次的配电系统。施工现场用电工程配电系统设计的主要内容是：设计或选择配电装置、配电线路、接地装置等。

6. 设计防雷装置

施工现场防雷装置设计的主要内容是选择和确定防雷装置设置的位置、防雷装置的形式、防雷接地的方式和防雷接地电阻值等。

7. 确定防护措施

施工现场在电气领域里的防护主要是指施工现场对外电线路和电气设备对易燃易爆物、腐蚀介质、机械损伤、电磁感应、静电等危险环境因素的防护。

8. 制定安全用电措施和电气防火措施

安全用电措施和电气防火措施是指为了正确使用现场用电工程，并保证其安全运行，防止各种触电事故和电气火灾事故而制定的技术性和管理性规定。

对于用电设备在 5 台以下和设备总容量在 50kW 以下的小型施工现场，可以不系统编制用电组织设计，但仍应制定安全用电措施和电气防火措施，并且要履行与用电组织设计相同的"编、审、批"程序。

9.10.2 电工及用电人员

1. 电工

电工必须是经过按国家现行标准考核合格后的专业电工，并应通过定期技术培训，持证上岗。电工的专业等级水平应同工程的难易程度和技术复杂性相适应。

2. 用电人员

用电人员是指施工现场操作用电设备的人员，诸如各种电动建筑机械和手持式电动工具的操作者和使用者。各类用电人员必须通过安全教育培训和技术交底，掌握安全用电基本知识，熟悉所用设备性能和操作技术，掌握劳动保护方法，并且考核合格。

9.10.3 临时用电规章制度

施工现场必须建立完整的临时用电规章制度。

1. 配电室安全管理制度

配电室是整个施工现场的用电枢纽，必须加以严格管理，室内必须做到"四防一通"，即防火、防雨雪、防潮、防小动物和保持通风良好。室内不应乱堆杂物，但应备有各种防护用具，如绝缘棒、绝缘手套、绝缘靴子等，室内还应有电气消防器材、应急照明灯。配电室必须定期检查、维护保养，具有应急抢救措施和救火预案等。必须对合闸、拉闸顺序作详细规定，配电室严禁闲杂人员进入，实行专人专职，严禁在室内休息、玩耍或在室内从事其他工作。

2. 运行检修管理制度

为了确保线路的正常运行，必须要有明确的规定，施工现场的每一只开关箱必须责任到人，对开关箱的使用、开、关顺序、维护等应作出规定。从开关箱到用电设备的这段线路由机械操作工负责维护，对现场需要更改临时用电设施必须作出规定，严禁工人自行接设等，夜间电工值班必须配备2人。

对于电气线路的检修必须作明确规定，检修时必须两人在场，1人检修，1人实行监护，检修时必须挂牌或装设遮拦，停电检修、部分停电检修、带电检修各应遵守相应的要求，如带电部分只允许位于检修人员的侧边，断线时必须先断相线，后断零线，接线时必须先接零线，后接相线等。监护人的具体要求、工作职责也应作明文规定，如：监护人必须始终在工作现场，对工作人员的安全认真监护，及时纠正违反安全的动作，同时防止其他人员合闸送电。

3. 临时用电检查制度

建设施工现场始终处于一个动态变化之中，临时用电也不例外，用电设备进退场有早晚，有的因为设备需要还须更改临时用电施工组织设计，还有施工现场用电人员用电安全意识欠缺，开关箱以下的线路乱拖乱拉，有意无意损坏电气设备的情况还很普遍，个别领导不懂装懂盲目指挥的现象还时有发生，所以很有必要对施工现场临时用电进行经常性地检查，也很有必要用制度形式固定下来。

检查一般分为电气专业技术人员检查、定期测试和电工的巡回检查等几种，对每一项检查都应规定检查责任人、检查时间、检查项目，并都应作记录，如遇有问题必须进行整改，对整改也必须作出规定，必须定时间、定责任人、定措施。电气专业技术人员的定期检查一般应每周一次，从配电室开始到分配电箱、开关箱、用电设备进行全面检查。定期测试一般由电工完成，包括对接地电阻的测试、绝缘电阻的测试、漏电保护器的测试。电工巡回检查的目的是监视设备运行情况和及时发现缺陷及用电人员的不安全行为，每班都必须巡视，在雷雨天必须增加巡检次数。

4. 安全用电教育制度

目前建设施工现场农民工居多，他们的安全生产意识淡薄，缺乏安全用电常识，且电的危险性大，所以很有必要以制度的形式将安全教育和安全技术培训固定下来。新进场工人和转换工种的工人必须进行三级教育，对使用电气设备的一般生产工人还应进行安全用电教育，电工是特种作业人员，必须进行用电安全技术培训、考核，且每两年必须复审，施工现场应根据不同季节进行安全用电教育并形成制度，如夏季着重于防触电事故，冬季则着重于防电气火灾。

5. 宿舍安全用电管理制度

因大部分施工现场的工人、农民工每天吃住在工地，宿舍内电线私拉乱接，并将衣服、手巾晾在电线上，冬天使用电炉取暖，夏天将小风扇接进蚊帐，常因为用电量太大或漏电，而将熔断器用铜丝连接或将漏电保护器短接，这些不规范的现象极易引起火灾、触电事故等，所以必须对宿舍用电加以规定，用制度进行约束管理。

宿舍安全用电管理制度应规定宿舍内可以使用什么电器，不可以使用什么电器，严禁私拉乱接，宿舍内接线必须由电工完成，严禁私自更换熔丝，严禁将漏电保护器短接，同时还应规定处罚措施。

9.10.4 临时用电施工组织与管理

1. 人员配备

施工人员和管理人员主要包括电工、工程技术人员、安全员、机料购买人员等的配备数量和工作分工，并形成清单；施工前应进行安全技术交底。

2. 配电箱、开关箱及其线路管理

（1）总配电箱及其配电线路管理

1）总配电箱应装设电压表、总电流表、电度表及其他需要的仪表，应采用三级配电、两级漏电保护。

2）漏电保护器应符合现行国家标准《剩余电流动作保护电器（RCD）的一般要求》GB/T 6829和《剩余电流动作保护装置安装和运行》GB/T 13955的规定，且不得直接用于启动电器设备的操作。

3）配电箱应能防雨防尘，不允许放置任何杂物，并保持清洁，配备锁具，并安装接地装置。

4）配电箱进线和出线严禁承受外力。电缆线接头牢固、可靠，严禁与金属尖锐端口、强腐蚀性介质以及易燃易爆物的接触。

5)电缆不得有破皮、老化现象,严禁地爬线。电缆线敷设地埋深度不小于60cm,上下各铺50mm厚细砂保护层,电缆上部加铺页岩砖保护,电缆沿墙敷设时应用绝缘子固定,其弧垂距地不得小于2m。

(2)分配电箱及其配电线路管理

1)分配电箱应设在干燥通风、不易受外物撞击、液体浸溅及热源烘烤的位置,周围应有足够两人同时工作的空间且应安装端正、牢固。其中心点与地面的垂直距离宜为0.8~1.6m。

2)分配电箱应采用冷轧钢板或阻燃材料制作,箱体表面应做防腐处理。

3)分配电箱要张贴编号,内盘面应标明各分路名称。用途连接线必须采用铜芯绝缘导线。导线绝缘颜色标志应按要求配置并排列整齐,张贴系统接线图。

4)分配电箱应每月进行一次检查、维修。检查维修人员必须是专业电工。

5)分配电箱安装板上必须分设N线端子板和PE线端子板,并安装接地保护装置,搭设防雨棚。

6)配电箱进线和出线应设在箱体下面。

(3)开关箱及其配电线路管理

1)开关箱必须装设隔离开关、断路器或熔断器。当漏电保护器是同时具有短路、过载、漏电保护功能的漏电断路器时,可不装设断路或熔断器。

2)开关箱中各种开关电器额定值和动作整定值应与其控制用电设备的额定值和特性相应。

3. 临时用电工程检查

(1)电工日常巡查

1)电气专业人员应每周全面检查配电箱、开关箱及用电设备的使用情况,并做好记录。

2)专职电工应定期测试接地电阻、绝缘电阻、漏电保护器的灵敏度,并做好记录。

3)专职电工每日、每班必须巡回检查用电设备的运行情况和及时发现缺陷及用电人员的不安全行为并给予及时修复和纠正。在雷雨天必须增加巡查次数,并做好记录。

4)电气专业技术人员应规定检查责任人、检查时间、检查项目,并做好记录。如发现隐患必须整改,对整改也必须定时间、定责任人、定措施,并做好记录。

5)对施工现场用电人员用电安全意识欠缺的给予技术帮助,不听劝阻的给予制止和处罚。

6)对电箱线路乱拉乱接,有意无意损坏电气设备的行为给予及时的制止并要求整改。

7)现场机具电线电缆不得有破皮、老化现象,严禁地爬线。

8)经常检查变压器外壳无机械损伤、无锈蚀、无漏油洞,铭牌完好,编号齐全,瓦斯继电器、温度计完好,防爆管的玻璃隔膜无裂纹,变压器释压阀正常并有信号报警装置。

(2)定期检(复)查

1)日常管理

① 项目部应建立现场临时用电安全管理制度，对临时用电的组织设计、设备设施配置安装和日常管理作出明确规定。

② 项目部应明确现场临时用电的主管部门和主要责任人，指定专业人员负责临时用电的主管部门和主要负责人。指定专业人员负责临时用电设备设施的日常维护。

③ 项目部应组织对项目用电单位关于临时用电组织设计、用电管理制度等方面的培训。

④ 项目部应参照国家现行电力安全相关标识标准规范要求，对现场临时用电设备设施设置标志标牌。

⑤ 项目部应建立定期巡查制度，形成安装、巡检、维修、拆除工作记录。定期组织隐患排查，建立隐患档案，确定整改责任人、要求限时整改，并履行复查验收手续。

⑥ 项目部应结合工程实际，组织临时用电事故应急演练，不断完善应急处置方案，提高应急处理能力。

2）考核

① 项目部应对各临时用电单位临时用电管理情况进行检查、考核，必要时组织临时用电专项检查，检查结果作为各临时用电单位年度考核的重要依据。

② 对未按规定编制临时用电组织设计，未建立临时用电管理制度，存在重大事故隐患的单位责令停工。

9.10.5 应急预案

1. 应急救援预案

施工现场项目部应结合现场安全管理、工程特点、环境特征等因素，编制临时用电应急救援预案。根据应急救援预案项目部应建立应急救援组织配备应急救援器材、并按规定定期组织应急救援演练。

施工期间应当将应急救援内容在施工现场显著位置予以公示。让项目部所有人员了解应急救援预案的内容、熟悉应急救援程序和各岗位应急救援的职责。

2. 触电事故应急处理程序

（1）应急处置原则

应急救援工作应贯彻统一指挥、分工协作、以人为本的原则，把职工生命安全放在首位，将事故损失降到最低程度。

（2）现场应急处置措施

1）低压触电事故脱离电源方法

立即拉掉开关，拔出插销，切断电源。如果电源开关距离较远，用绝缘的钳子或木柄的斧子断开电源线。或用木板等绝缘线插入触电者身下，以隔断流经人体的电流。当电线搭落在触电者身上，可用干燥的衣服、手套、木棍等绝缘物作为工具，拉开触电者及挑开电线使触电者脱离电源。

2）高压触电事故脱离电源方法

立即通知有关部门停电，戴上绝缘手套，穿上绝缘鞋用相应电压等级的绝缘工具拉开开关。抛掷一端可靠接地的裸金属线使线路接地，迫使保护装置动作，断开电源。

3）自救方法

首先，尽快使触电者脱离电源，对于低压触电事故脱离方法有三种：①拉闸断电；②用有绝缘手柄的工具切断电源；③用绝缘物拉开触电者或挑开电源线。

如果在高处作业发生触电事故时，在断开电源的同时，要防止触电者摔下来，造成二次伤害。脱离电源后，迅速判断触电者的伤害程度，根据伤害程度进行不同方法的抢救；

如果触电者神志清醒，但有些心慌、四肢麻木、全身无力，则应安静休息，不要走动，严密观察；如果触电者伤势较重，已失去知觉，但心脏和呼吸还存在，应将触电者抬至空气畅通处，以利呼吸；如果触电者伤势严重，呼吸停止或心脏停跳或两者都已停止，应立即进行口对口的人工呼吸或胸处心脏人工挤压或两种方法同时进行抢救。

4）触电事故应急处理程序如图 9-3 所示。

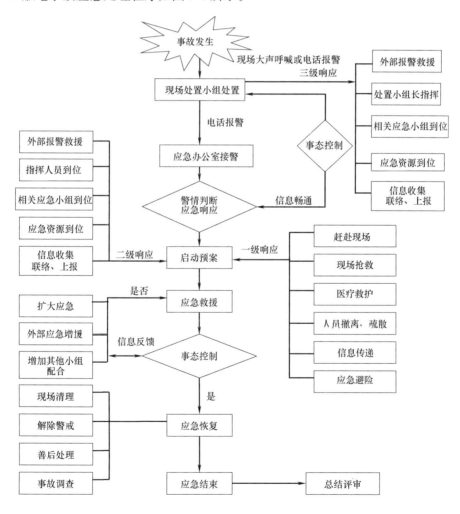

图 9-3 触电事故应急处理程序

3. 用电火灾应急处理程序

（1）应急程序

1）当发生一般电气火灾事故后，现场相关人员应及时发出报警信号，现场人员立即断开电源，使用就近灭火器将火源扑灭。然后通知电工进行线路维修，并查清原因。

2）当变压器发生火灾时，立即电话通知电工，及时断开上路电源后，项目部采用三级响应，由抢险组使用灭火器将火源扑灭。应急值班电话报告事故发生地的详细情况，同时封锁事故现场防止事故扩大。

3）当生活区起火后，由发现人立即使用就近灭火器将火源扑灭，然后向安全部门汇报，查清事故原因。

当火灾发生后一人不能控制后，立即向项目经理电话报警，启动一级应急救援预案。各应急处理小组负责人进入应急工作状态，组织应急抢险队赶赴现场。项目经理第一时间到达事故现场，成立现场应急处理指挥部，先通知电工断电，抢险组组织有关人员到现场进行灭火，并将生活区人员撤离到安全地带。若有伤者用自备车辆将伤者送往就近医院。火势得到控制后，查清事故原因，后期组做好善后工作。

若火势得不到控制，应立即拨打119火警，派人员到路口接应救护车。

（2）应急处置措施

电气设备着火处置措施

1）电线、电气设施着火，应首先切断供电线路及电气设备电源。

2）电气设备着火，灭火人员应充分利用现有的消防设施，装备器材进行灭火。

3）及时疏散事故现场有关人员及抢救疏散着火源周围的物资。

4）着火事故现场由熟悉带电设备的技术人员负责灭火指挥或组织消防灭火组进行扑灭电气火灾。

5）扑救电气火灾，可选用卤代烷1211灭火器和干粉灭火器、二氧化碳灭火器；不得使用水、泡沫灭火器灭火。

6）扑救电气设备着火时，灭火人员应穿绝缘鞋、戴绝缘手套，防毒面具等措施加强自我保护。

（3）现场抢救受伤人员的处置

1）被救人员衣服着火时，可就地翻滚，用水或毯子、被褥等物覆盖措施灭火，伤处的衣、裤、袜应剪开脱去，不可硬行撕拉，伤处用消毒纱布或干净棉布覆盖，并立即送往医院救治。

2）对烧伤面积较大的伤员要注意呼吸，心跳的变化，必要时进行心脏复苏。

3）对有骨折出血的伤员，应作相应的包扎，固定处理，搬运伤员时，以不压迫伤面和不引起呼吸困难为原则。

4）可拦截过往车辆，将伤员送往附近医院进行抢救救治。

5）抢救受伤严重或在进行抢救伤员的同时，应及时拨打急救中心电话（120），由医务人员进行现场抢救伤员的工作，并派人接应急救车辆。

9.10.6 安全技术档案

按照《施工现场临时用电安全技术规范》JGJ 46 的规定，施工现场用电安全技术档案包括八个方面的内容，它们是施工现场用电安全管理工作的集中体现。
（1）施工现场用电组织设计的全部资料。
（2）修改施工现场用电组织设计资料。
（3）用电技术交底资料。
（4）施工现场用电工程检查验收表。
（5）电气设备试、检验凭单和调试记录。
（6）接地电阻、绝缘电阻、漏电保护器、漏电动作参数测定记录表。
（7）定期检（复）查表。
（8）电工安装、巡检、维修、拆除工作记录。

9.11 安全用电措施和电气防火措施

为了保障施工现场用电安全，除设置合理的用电系统外，还应结合施工现场实际编制并实施相配套的安全用电措施和电气防火措施。

9.11.1 安全用电措施

1. 安全用电技术措施要点

（1）选用符合国家强制性标准印证的合格设备和器材，不用残缺、破损等不合格产品。
（2）严格按经批准的用电组织设计构建临时用电工程，用电系统要有完备的电源隔离及过载、短路、漏电保护。
（3）按规定定期检测用电系统的接地电阻，相关设备的绝缘电阻和漏电保护器的漏电动作参数。
（4）配电装置装设端正严实牢固，高度符合规定，不拖地放置，不随意改动；进线端严禁用插头、插座作活动连接，进出线上严禁搭、挂、压其他物体；移动式配电装置迁移位置时，必须先将其前一级隔离开关分闸断电，严禁带电搬运。
（5）配电线路不得明设于地面，严禁行人踩踏和车辆辗压；线缆接头必须连接牢固，并作防水绝缘包扎，严禁裸露带电线头；不得拖拉线缆，严禁徒手触摸和严禁在钢筋、地面上拖拉带电线路。
（6）用电设备应防止溅水和浸水，已溅水和浸水的设备必须停电处理，未断电时严禁徒手触摸；用电设备移位时，严禁带电搬运，严禁拖拉其负荷线。
（7）照明灯具的选用必须符合使用场所环境条件的要求，严禁将 220V 碘钨灯作行灯使用。
（8）停、送电作业必须遵守以下规则：

1）停、送电指令必须由同一人下达；
2）停电部位的前级配电装置必须分闸断电，并悬挂停电标志牌；
3）停、送电时应由一人操作，一人监护，并应穿戴绝缘防护用品。

2. 安全用电组织措施要点

（1）建立用电组织设计制度。
（2）建立技术交底制度。
（3）建立安全自检制度。
（4）建立电工安装、巡检、维修、拆除制度。
（5）建立安全培训制度。
（6）建立安全用电责任制。

9.11.2 电气防火措施

1. 电气防火技术措施

（1）用电系统的短路、过载、漏电保护电器要配置合理，更换电器要符合原规格。
（2）PE线的连接点要确保电气连接可靠。
（3）电气设备和线路周围，特别是电焊作业现场和碘钨灯等高热灯具周围要清除易燃易爆物或作阻燃隔离防护。
（4）电气设备周围要严禁烟火。
（5）电气设备集中场所要配置可扑灭电气火灾的灭火器材。
（6）防雷接地要确保良好的电气连接。

2. 电气防火组织措施

（1）建立易燃易爆物和腐蚀介质管理制度。
（2）建立电气防火责任制，加强电气防火重点场所烟火管制，并设置禁止烟火标志。
（3）建立电气防火教育制度，定期进行电气防火知识宣传教育，提高各类人员电气防火意识和电气防火能力。
（4）建立电气防火检查制度，发现问题，及时处理，不留隐患。
（5）建立电气火警预报制，做到防患于未然。
（6）建立电气防火领导责任体系及电气防火队伍。
（7）电气防火措施可与一般防火措施一并编制。

第10章 焊接工程

10.1 焊接与切割的方法和分类

10.1.1 焊接的方法

焊接是指通过适当的物理、化学过程使两个分离的金属（同种金属或异种金属）、非金属物体产生原子（或分子）间结合而连接成一体的连接方法。焊接具有技术成熟、连接可靠、焊接性能好等优势，成为管道、结构连接的一种重要方式。

1. 通用焊接方法分类

按照焊接过程中金属所处的状态与工艺特点，常见的焊接方法可分为二大类，即熔焊、电阻焊。

（1）熔焊：即熔化焊接，使被连接的构件局部加热熔化成液体，添加填充金属或不添加填充金属，然后冷却结晶成一体的方法称为熔焊。为了实现熔焊，关键是要具备能量集中，温度足够的局部加热能源；其次，为了防止局部被熔化的高温焊缝金属因空气接触而造成成分、性能的恶化，在熔化过程中一般要采取有效的隔离空气的保护措施。

建筑工地上常见的焊条电弧焊、气焊、二氧化碳保护焊、氩弧焊、埋弧焊都属于熔焊范畴。

（2）电阻焊：工件组合后通过电极施加压力，利用电流流过接头的接触面及邻近区域产生的电阻热进行焊接的方法。电阻焊有两大显著特点：一是焊接的热源是电阻热，故称电阻焊；二是焊接时需施加压力，所以也称为压焊。

建筑工地上常见的钢筋电渣压力焊、电阻对焊、闪光对焊等都属于电阻焊范畴。

2. 建筑工地上常见的焊接方法

（1）气焊：是利用可燃气体与助燃气体混合后燃烧产生的气体火焰来加热并熔化母材与填充焊丝的一种焊接方法，常见的氧—乙炔焊。按热源及结合状态来分，气焊是一种化学能转变化热能的熔化焊方法。

气焊与电弧焊相比，具有以下优点：设备简单且移动方便；熔池可见性好，且熔池温度、焊缝尺寸及形状容易控制；易于实现单面焊双面成形；适用于薄板和薄壁管的焊接；便于预热和局部焊后热处理；不需要电源，特别适用于无电源的野外施工，无触电危险；成本低。

气焊有以下缺点：火焰温度低，热量分散，因此热影响区大，接头的晶粒粗大，性能差且变形严重；生产效率低，不适用焊接厚大工件；气体火焰中的氧，易使焊接区的金属元素烧损,从而降低焊缝的性能;焊接过程中,存在火灾、爆炸的危险。

(2) 焊条电弧焊:是利用电弧放电时所产生的热量作为热源,加热、熔化焊条和焊件并使之相互熔化,形成牢固接头的焊接过程,因此焊条电弧焊是一种电能转变为热能的熔化焊方法。

焊条电弧焊是一种应用广泛的焊接技术,具有以下优点:使用的设备比较简单,价格相对便宜并且轻便;不需要辅助的气体保护,焊条既能填充金属,又能在焊接时产生保护熔池和避免氧化的保护气体;操作灵活,适应性强;能在空间任意位置焊接;应用范围广。

焊条电弧焊有以下缺点:对焊工操作技术要求高;焊工劳动强度大,劳动条件差,有时处于高温烧烤和有毒有害的烟尘环境中;焊接工艺参数选择范围小,要经常更换焊条及清理焊道熔渣,因此焊接效益低;不适用活泼金属与难熔金属等特种金属。

(3) 二氧化碳保护焊:

熔化极气体保护焊:利用焊丝和工件之间的电弧作为热源来熔化焊丝和母材金属,并向焊接区输送保护气体,使电弧、熔池及附近的母材金属免受周围空气侵害。

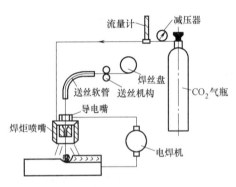

图 10-1 CO_2 气体保护焊示意图

利用 CO_2 作为保护气体的熔化极气体保护焊称为 CO_2 气体保护焊,简称 CO_2 焊,见图 10-1。

1) CO_2 焊具有下列优点:生产效率高,节省电能。CO_2 气体保护焊的电流密度大,可达 $100\sim300A/mm^2$,因此电弧热量集中,焊丝的熔化效率高,母材的熔透厚度大,焊接速度快,焊后不需要清渣,能够显著提高效率,节省电能;由于 CO_2 气体和焊丝的价格低廉,对于焊前的生产准备要求不高,焊后清理和校正工时少,所以成本低。由于电弧热量集中、线能量低和 CO_2 气体具有较强的冷却作用,使焊件受热面积小。特别是焊接薄板时,变形很小;对油、锈产生气孔的敏感性较低;焊缝中含氢量少,提高了焊接低合金高钢抗冷裂纹的能力;电弧可见性好,有利于观察,焊丝能准确对准焊接线,尤其是在半自动焊时可以较容易地实现短焊缝和曲线焊缝的焊接工作;操作简单,容易掌握。

2) CO_2 焊具有下列缺点:与手弧焊相比设备较复杂,易出现故障,要求具有较高的维护设备的技术能力;抗风能力差,给室外焊接作业带来一定困难;弧光较强,必须注意劳动保护;与手弧焊和埋弧焊相比,焊缝成形不够美观,焊接飞溅较大。

3) 设备及组成系统:设备由弧焊电源、控制箱、送丝机、焊炬及供气系统组成,自动 CO_2 气体保护设备还配备行走小车或悬臂梁等装置。

(4) 氩弧焊:是利用钨极和工件之间的电弧作为热源来熔化焊丝和母材金属,并向焊接区输送氩气,使电弧、熔化的及附近的母材金属免受周围空气侵害的一种焊接方法,见图 10-2。

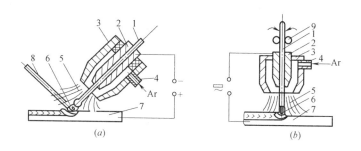

图 10-2 氩弧焊示意图
(a) 非熔化极氩弧焊；(b) 非熔化极氩弧焊
1—焊丝或电极；2—导电嘴；3—喷嘴 4—进气管；5—氩气流；6—电弧；
7—工件；8—填充焊丝；9—送丝棍轮

1) 非熔化极氩弧焊的工作原理及特点

非熔化极氩弧焊是电弧在非熔化极（通常是钨极）和工件之间燃烧，在焊接电弧周围流过一种不和金属起化学反应的惰性气体（常用氩气），形成一个保护气罩，使钨极端头，电弧和熔池及已处于高温的金属不与空气接触，能防止氧化和吸收有害气体，从而形成致密的焊接接头，其力学性能非常好。

2) 熔化极氩弧焊的工作原理及特点

焊丝通过丝轮送进，导电嘴导电，在母材与焊丝之间产生电弧，使焊丝和母材熔化，并用惰性气体氩气保护电弧和熔融金属来进行焊接的。目前应用最广的是半自动熔化极氩弧焊和富氩混合气保护焊，其次是自动熔化极氩弧焊。

熔化极氩弧焊与钨极氩弧焊相比，有如下特点：效率高，电流密度大，热量集中，熔敷率高，焊接速度快。另外，容易引弧。因弧光强烈，烟气大，所以要加强防护。

3) 保护气体

最常用的惰性气体是氩气。它是一种无色、无味的气体，在空气的含量为 0.935%（按体积计算），氩的沸点为 -186℃，介于氧和氮的沸点之间。氩气是氧气厂分馏液态空气制取氧气时的副产品。

我国均采用瓶装氩气用于焊接，室温时，其充装压力为 15MPa。钢瓶涂灰色漆，并标有"氩气"字样。

氩气是一种比较理想的保护气体，比空气密度大 25%，在平焊时有利于对焊接电弧进行保护，降低了保护气体的消耗。氩气的比热容和热传导能力小，即本身吸收量小，向外传热也少，电弧中的热量不易散失，使焊接电弧燃烧稳定、热量集中，有利于焊接的进行。

氩气的缺点是电离势较高。当电弧空间充满氩气时，电弧的引燃较为困难，但电弧一旦引燃后就非常稳定。

4) 氩弧焊的缺点

氩弧焊因为热影响区域大，工件在修补后常常会有变形、硬度降低、砂眼、局部退火、开裂、针孔、磨损、划伤、咬边或者是结合力不够及内应力损伤等缺点。尤其在精密铸造件细小缺陷的修补过程中表面突出。在精密铸件缺陷的修补领域可以使用冷焊机来替代氩弧焊，由于冷焊机放热量小，较好地克服了氩弧焊的缺点，弥补了精密铸件的修复难题。

氩弧焊与焊条电弧焊相比对人身体的伤害程度要高一些，氩弧焊的电流密度大，发出的光比较强烈，它的电弧产生的紫外线辐射，为普通焊条电弧焊的5～30倍，红外线为焊条电弧焊的1～1.5倍，在焊接时产生的臭氧含量较高，因此，尽量选择空气流通较好的地方施工，不然对身体有很大的伤害。

氩弧焊的应用：

氩弧焊适用于焊接易氧化的有色金属和合金钢（目前主要用 Al、Mg、Ti 及其合金和不锈钢的焊接）；适用于单面焊双面成形，如打底焊和管子焊接；钨极氩弧焊还适用于薄板焊接。

（5）埋弧焊：是利用电弧作为热源的一种方法，由于在焊接时其电弧被一层可熔化的颗粒状焊剂所覆盖，弧光不外露，肉眼看不到，因而称为埋弧焊，见图10-3。

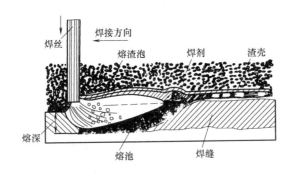

图 10-3 埋弧焊示意图

埋弧焊主要优点：焊接电流大，加上焊剂的隔热作用，故热效率高，熔深大。单丝埋弧焊在不开坡口的情况下，一次可熔透20mm；焊接速度快；焊剂的存在不仅能使熔池与空气隔绝，而且降低了熔池的冷却速度，使液体金属与熔化的焊剂间有较多的时间进行冶金反应，减少了焊缝金属的力学性能；在有风的环境中焊接，埋弧焊的保护效果好；自动焊时，焊接参数可自动调节保持稳定，焊接质量对人的依赖程度低；没有弧光辐射，飞溅也受到有效制约，岗位劳动条件好。

埋弧焊的主要缺点：为使颗粒状焊剂能覆盖焊接区，它只适用于平焊位置；不能直接观察到熔池与焊道（坡口）的相对位置，因此一旦偏焊时不易及时发现与纠正；电流小于100A时电弧不稳定，因而不适应于焊接厚度小于1mm的薄板。

（6）电渣压力焊：主要使用于钢筋混凝土建筑工程中竖向钢筋的连接；是利用焊接电流通过两竖向对接形式的钢筋端面间隙，在焊剂层形成电弧与电渣，产生电弧热和电阻热以熔化钢筋端部，并加压完成连接的一种电渣焊接方法，见图10-4。

电渣压力焊主要优点：可一次焊很厚的工件；生产率高，成本低，工件不需要开坡口；焊缝金属比较纯净，电渣焊的熔池保护严密，保持液态的时间较长冶金过程较完善，熔池中的气体和杂质有充分时间浮出，焊缝质量好；避免了高温与电弧伤害，焊工劳动条件明显得到改善；节约了钢材与能源。

但是，电渣压力焊焊接后冷却速度较慢，焊接应力较小，相应晶粒粗大。一般要焊后热处理。如正火处理。

（7）电阻对焊：是将两工件端面始终压紧，利用电阻热加热至塑性状态，然后迅速施加顶锻压力（或不加顶锻压力只保持焊接时压力）完成焊接的方法，见图10-5（a）。

电阻对焊具有接头光滑、毛刺小、焊接过程简单、无弧光和飞溅、易于操作等优点，但是接头的力学性能较低，焊前对接头待焊面的准备要求较高，特别是大端面对焊尤为困难。

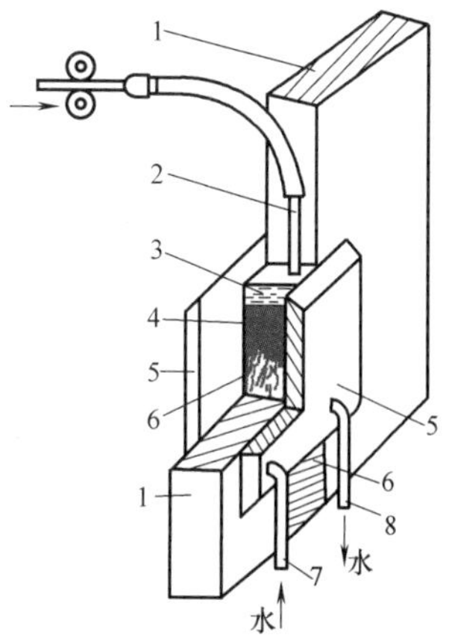

（8）闪光对焊：工件装配成对接接头，接通电源，并使其端面逐渐移近达到局部接触，利用电阻热加热这些接触点（产生闪光），使端面金属熔化，直至端部在一定深度范围内达到预定温度时，迅速施加预锻力完成焊接的方法。闪光对焊又可分为连续闪光焊和预热闪光焊。见图10-5（b）。

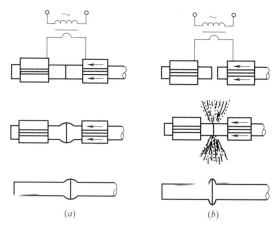

图10-4 电渣焊示意图
1—工件；2—焊丝；3—渣池；4—熔池；5—冷却铜滑块；6—焊缝；7、8—冷却水进、出管

图10-5 电阻对焊、闪光对焊示意图
（a）电阻对焊；（b）闪光对焊

与电阻对焊相比，闪光对焊主要有以下优点：适用范围比电阻对焊广，同种或异种金属可焊，展开截面或紧凑截面的零件也可焊，可焊的截面积也比电阻对焊大得多；接合面上的熔化金属层或氧化物在顶锻时被挤出，起到清除接合面杂质的作用。因此，接头可靠性高，强度比电阻对焊大；闪光对焊对工件待焊面的准备和清理要求不严格。接头热影响区比对焊窄很多。

闪光对焊的主要缺点：焊接时喷射出的熔融金属颗粒有造成火灾的危险，还可能使操作人员受飞溅烧伤，并损坏机器的滑轨、轴和轴承等；焊后在接头处形成毛刺（飞边），需去除。为此，可能需用专门设备而增加制造成本。特别是管子闪光对焊后内壁上的毛刺，妨碍了流体流动，降低接头疲劳强度，而且是容易产生腐蚀或污损集中的部位。去除小直径内壁的焊接毛刺相当困难，甚至不可能。

闪光对焊也和电阻对焊一样，当采用单相大功率电源时，会在三相电网上造成负荷不平衡；对被焊工件要求有差不多相同的截面；被焊工件截面越小，对中就越困难等。

10.1.2 热切割方法

1. 气割

是利用可燃气体与氧气混合燃烧的火焰热能将工件预热到一定的温度后，喷出高速切割氧流，使金属剧烈氧化并放出热量，利用切割氧流把熔化状态的金属氧化物吹掉，而实现的切割方法。金属的气割过程实质是铁在纯氧中的燃烧过程，而不是熔化过程。

气割的优点：设备简单，使用灵活。

2. 等离子切割

等离子弧切割是利用高温、高速、高能的等离子电弧的热量使工件切口处的金属局部熔化（和蒸发），并借高速等离子的动量排除熔融金属以形成切口的一种加工方法。见图10-6。

等离子切割的主要缺点：在切割过程容易产生污染环境的废水、废气；容易产生对人体有害的弧光辐射与噪声。

3. 碳弧气刨

使用石磨棒或碳棒与工件间产生的电弧将金属熔化，并用压缩空气将熔化金属吹掉，从而在金属上刨削出沟槽的一种热加工工艺。在焊接生产中，主要用来刨槽、消除焊缝缺陷和背面清根。其工作原理见图10-7。

图 10-6 等离子切割示意图

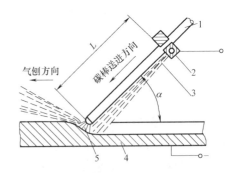

图 10-7 碳弧气刨工作原理
1—碳棒；2—气刨枪夹头；3—压缩空气；4—工件；
5—电弧；L—碳棒外伸长；α—碳棒与工件夹角

碳弧气刨应用范围：清焊根，开坡口。特别是中、厚板对接坡口，管对接坡口；清除焊缝中的缺陷；清除铸件的毛边、飞刺、浇铸口及缺陷。

（1）碳弧气刨有下列特点：手工碳弧气刨时，灵活性很大，可进行全位置操作。可达性好，非常简便；清除焊缝的缺陷时，在电弧下可清楚地观察到缺陷的形状和深度；噪声小，效率高。用自动碳弧气刨时，具有较高的精度，减轻劳动强度。

（2）碳弧气刨的缺点是：碳弧有烟雾、粉尘污染和弧光辐射，此外，操作不当容易引起槽道增碳。

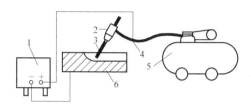

图 10-8　碳弧气刨系统示意图
1—电源；2—气刨枪；3—碳棒；4—电缆气管；5—空气压缩机；6—工件

（3）碳弧气刨系统由电源、气刨枪、碳棒、电缆气管和压缩空气源等组成。见图 10-8。

（4）电源：碳弧气刨采用具有陡降外特性且动特性较好的手工直流电弧焊机作为电源。由于碳弧气刨一般使用的电流较大，且连续工作时间较长，因此，应选用功率较大的焊机。

（5）气刨枪：碳弧气刨枪的电极夹头应导电性良好、夹持牢固，外壳绝缘及绝热性能良好，更换碳棒方便，压缩空气喷射集中而准确，重量轻和使用方便。碳弧气刨枪就是在焊条电弧焊钳的基础上，增加了压缩空气的进气管和喷嘴而制成。碳弧气刨枪有侧面送气和圆周送气两种类型。

侧面送气气刨枪结构如图 10-9 所示。

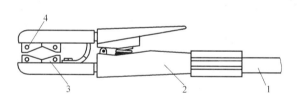

图 10-9　侧面送气气刨枪结构示意图
1—电缆气管；2—气刨枪体；3—喷嘴；4—喷气口

侧面送气气刨枪的优点：结构简单，压缩空气紧贴碳棒喷出，碳棒长度调节方便。缺点：只能向左或右单一方向进行气刨。

圆周送气气刨枪：圆周送气气刨枪只是枪嘴的结构与侧面送气气刨枪有所不同。圆周送气气刨枪嘴结构如图 10-10 所示。

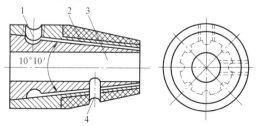

图 10-10　圆周送气气刨枪结构示意图
1—电缆气管的螺孔；2—气道；3—碳棒孔；4—紧固碳棒的螺孔

10.2 气焊与气割安全技术

10.2.1 气焊与气割

1. 原理及适用范围

(1) 气焊的原理及适用范围

气焊是利用可燃气体与助燃气体混合燃烧的火焰去熔化工件接缝处的金属和焊丝而达到金属间牢固连接的方法。这是利用化学能转变成热能的一种熔化焊接方法。它具有设备简单、操作方便、实用性强等特点。因此，在各工业部门的制造和维修中得到了广泛的应用。

气焊所用的可燃气体主要有乙炔（C_2H_2），氧气（O_2）为助燃气体。

气焊应用的设备及工具包括氧气瓶、乙炔瓶（或乙炔发生器）、回火防止器、焊炬、减压器及氧气输送管、乙炔输送管等。这些设备器具在工作时的应用情况见图10-11。

气焊用的焊丝起填充金属的作用，焊接时与熔化的母材一起组成焊缝金属（图10-12）。因此，应根据工件的化学成分、机械性能选用相应成分或性能的焊丝，有时也可用被焊板材上切下的条料作焊丝。

焊接有色金属、铸铁和不锈钢时，还应采用焊粉（熔剂），用以消除覆盖在焊材及熔池表面上的难溶的氧化膜和其他杂质，并在熔池表面形成一层熔渣，保护熔池金属不被氧化，排除熔池中的气体、氧化物及其他杂质，提高熔化金属的流动性，使焊接顺利

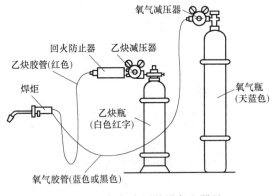

图10-11 气焊应用的设备和器具

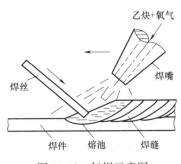

图10-12 气焊示意图

并保证质量和成形。

气焊主要应用于薄钢板、低熔点材料（有色金属及其合金）、铸铁件、硬质合金刀具等材料的焊接，以及磨损、报废零件的补焊、构件变形的火焰矫正等。

(2) 气割的原理及适用范围

1) 气割的原理

气割是利用可燃气体与氧气混合燃烧的火焰热能将工件切割处预热到一定温度后，

喷出高速切割氧流，使金属剧烈氧化并放出热量，利用切割氧流把熔化状态的金属氧化物吹掉，而实现切割的方法。金属的气割过程实质是铁在纯氧中的燃烧过程，而不是熔化过程。可燃气体与氧气的混合及切割氧的喷射是利用割炬来完成的，气割所用的可燃气体主要是乙炔、液化石油气和氢气。

2) 气割的适用范围

气割时应用的设备器具除割炬外均与气焊相同。气割过程是预热—燃烧—吹渣过程，但并不是所有金属都能满足这个过程的要求，只有符合下列条件的金属才能进行气割。

① 金属在氧气中的燃烧点应低于其熔点；
② 气割时金属氧化物的熔点应低于金属的熔点；
③ 金属在切割氧流中的燃烧应是放热反应；
④ 金属的导热性不应太高；
⑤ 金属中阻碍气割过程和提高钢的可淬性的杂质要少。

普通碳钢和低合金钢符合上述条件，气割性能较好；高碳钢及含有易淬硬元素（如铬、钼、钨、锰等）的中合金和高合金钢，可气割性较差。不锈钢含有较多的铬和镍，易形成高熔点的氧化膜（如 Cr_2O_3），铸铁的熔点低，铜和铝的导热性好（铝的氧化物熔点高），它们属于难于气割或不能气割的金属材料，应采用特殊的气割方法（例如等离子切割等）。目前气割工艺在工业生产中得到了广泛的应用。

(3) 气焊与气割的优缺点

1) 气焊的优点是：
① 设备简单、使用灵活；
② 对铸铁及某些有色金属的焊接有较好的适应性；
③ 在电力供应不足的地方需要焊接时，气焊可以发挥更大的作用。

2) 气焊的缺点是：
① 生产效率较低；
② 焊接后工件变形和热影响区较大；
③ 较难实现自动化。

3) 气割的优点是：设备简单、使用灵活。其缺点是对切口两侧金属的成分和组织产生一定的影响以及引起被割工件的变形等。

2. 气焊与气割火焰

气焊常用的气体及氧乙炔火焰特性

气焊应用的气体包括助燃气体和可燃气体，助燃气体是氧气，可燃气体是乙炔、液化石油气和氢气等，一般以乙炔气作可燃气的最为普遍。乙炔与氧气混合燃烧的火焰称为氧乙炔焰，按氧与乙炔的混合比不同可分为中性焰、碳化焰和氧化焰三种。纯乙炔焰和氧乙炔焰构造和形状见图 10-13。

(1) 中性焰

氧气与乙炔的混合比为 1~1.2 时，得到的火焰称为中性焰。中性焰燃烧后无过剩的氧和乙炔。焊接时主要应用中性焰。一般中性焰适用于焊接碳钢和有色金属材料。

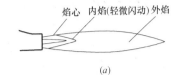 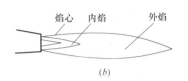 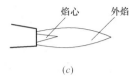

图 10-13 纯乙炔焰和氧乙炔焰构造和形状
(a) 中性焰;(b) 碳化焰;(c) 氧化焰

(2) 碳化焰

碳化焰在火焰的内焰区域中尚有部分乙炔燃烧,氧气与乙炔的比值小于 1(0.85～0.95),火焰比中性焰长,内焰的最高温度为 2700～3000℃。碳化焰不适用于低碳钢、合金钢的焊接,而适用于碳钢、铸铁及硬质合金等材料的焊接。

(3) 氧化焰

氧化焰在燃烧过程中氧的浓度较大,氧和乙炔的比值大于 1.2(1.3～1.7),氧化反应剧烈,整个火焰缩短,而且内焰与外焰层次不清,最高温度为 3100～3300℃。

氧化焰具有氧化性,如果用来焊接一般的钢件,则焊缝中的气孔和氧化物是较多的,同时熔池产生严重的沸腾现象,使焊缝的强度、塑性和韧性变坏,严重地降低焊缝质量。除了锰钢、黄铜外,一般钢件的焊接不能用氧化焰,因此,这种火焰很少被应用。

3. 气焊的主要工艺参数

工艺参数是保证焊接质量的重要条件,应根据工件的材质、厚度及焊接位置等条件进行合理选择。

气焊时主要工艺参数有:

(1) 焊接材料(焊丝和焊剂)

1) 焊丝

气焊用的焊丝起填充金属的作用,与熔化的母材一起组成焊缝金属,因此应根据母材材质的化学成分选择成分类型相同的焊丝,而且化学成分必须符合有关国家标准要求。焊丝可分为低碳钢、铸铁、青铜和铝等,也可以用被焊材料切下的条料作焊丝。

在气焊过程中正确选用焊丝是很重要的,因为它不断地送入熔池并与熔化的金属熔合成焊缝,所以,焊丝的质量直接影响着焊缝的质量。

2) 气焊熔剂

气焊过程中被加热的金属极易生成氧化物,使焊缝产生气孔及夹渣等缺陷。为了防止氧化及消除已形成的氧化物,在焊接有色金属、铸铁以及不锈钢等材料时,通常需要加气焊熔剂。在气焊过程中,将熔剂直接加到熔池内,使其与高熔点的金属氧化物形成熔渣浮在上面,将熔池与空气隔离,防止熔池金属在高温时被继续氧化。

3) 焊嘴与工件间的倾斜角度

焊炬倾角是指焊炬中心线与焊件平面之间的夹角 α。焊炬倾角大,热量散失小,焊件得到的热量多,升温快;焊炬倾角小,热量散失多,焊件受热少、升温慢。因此,在焊接厚度大、熔点较高或导热性较好的焊件时,或开始焊接时,为了较快地加热焊件和迅速形成熔池,焊炬的倾角要大些;反之可以小些。

4）焊接方向

左向焊适用于焊接薄板，右向焊适用于焊接厚度较大的工件。

5）焊接速度

对于厚度大、熔点高的焊件，焊接速度要慢些，以免发生未熔合的缺陷；而对于厚度小、熔点低的焊件，焊接速度要快些，以免烧穿或使焊件过热，降低焊缝质量。

焊接速度的快慢，应根据焊工操作的熟练程度与焊缝位置等具体情况而定。在保证焊接质量的前提下应尽量加快焊接速度，以提高生产率。

4. 气割的主要工艺参数

（1）气割过程

气割是利用气体火焰的热量将工件切割处预热到一定温度后，喷出高速切割氧流，使其燃烧并放出热量实现切割的方法，气割具有设备简单、方法灵活、基本不受切割厚度与零件形状限制、容易实现机械化自动化等优点，广泛应用于切割低碳钢和低合金钢零件。氧气切割过程见图 10-14。

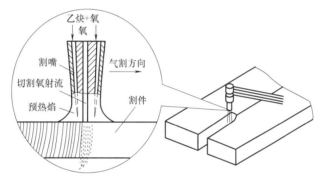

图 10-14　氧气切割过程示意图

（2）气割参数与选择

气割参数包括切割氧压力、切割速度、预热火焰能率、割炬与工件间的倾角，以及割炬离开工件表面的距离等。

1）切割氧压力。切割氧的压力与割件厚度、割嘴号码以及氧气纯度等因素有关。随着工件厚度的增加，选择的割嘴号码要增大，氧气压力也要相应增大。反之，则所需氧气的压力就可适当降低。

2）切割速度。工件越厚，切割的速度越慢；反之工件越薄，则切割速度应该越快。切割速度太慢，会使割缝边缘熔化；切割速度过快，则会产生很大的后拖量或割不穿。

3）预热火焰的性质。气割时，预热火焰应采用中性焰或轻微的氧化焰而不能采用碳化焰，碳化焰会使割缝边缘增碳。

4）割炬与割件间的倾角。割炬与割件间的倾角大小，主要根据割件的厚度来定。如果倾角选择不当，不但不能提高切割速度，反而使气割困难，而且还会增加氧气的消耗量。

5）割炬离割件表面的距离。火焰焰芯离开割件表面的距离应保持在 3～5mm 范围内。

影响气割质量的因素还有钢材质量及表面状况、切口形状、可燃气体种类及供给方式和割炬形式等。

(3) 气割方法分类

气割可分为手工气割和机械气割两大类。

1) 手工气割。手工割炬具有轻便、灵活的特点,不受切割位置的限制,并随操作者依切割线可切割出所需的任何形状,适用于各种场合,特别适用于检修、安装工地及野外施工。但手工切割的劳动强度大,切口质量不高,生产率也比较低。

2) 半自动气割。常用的 CG1-30 型半自动气割机是一种小车式半自动气割机,它具有构造简单、质量轻、可移动、操作维护方便等优点,因此应用较广。

5. 气焊与气割的常用气体的性质

气焊与气割应用的气体包括助燃气体和可燃气体。助燃气体是氧气,可燃气体是乙炔、液化石油气和氢气等,一般以乙炔气作可燃气的最为普遍。

(1) 乙炔气

乙炔气也叫电石气,是不饱和的碳氢化合物,化学式是 C_2H_2,纯品乙炔为无色略带芳香气味的气体,自电石制取的乙炔含有磷化氢、砷化氢、硫化氢等杂质而具有特殊的刺激性蒜臭和毒性。

(2) 氧气

氧是一种无色、无味、无毒的气体。密度为 $1.1053kg/m^3$。它是一种活泼的助燃气体,是强氧化剂,与可燃气体混合燃烧的火焰温度高。

氧气越纯,它的燃烧火焰温度越高。焊接用的氧气纯度一般为二级,即含氧量不低于 98.5%。氧气瓶内的压力一般为 $1.5×10^7$ Pa,输送管道内氧气压为 $(5～15)×10^5$ Pa。

6. 常用气瓶、输气管和仪表的基本构造,割炬、阻火装置的基本构造

(1) 乙炔瓶

乙炔瓶是一种贮存和运输乙炔的压力容器,其结构如图 10-15 所示。使用时打开瓶阀,乙炔通过瓶阀流出,气瓶中的压力即逐渐下降。

乙炔瓶外表面涂白色漆,并标注红色的"乙炔"和"不可近火"字样。

(2) 氧气瓶

氧气瓶是一种贮存和运输氧气的高压容器。氧气瓶的结构如图 10-16 所示。它是用优质碳素钢或低合金钢轧制成的无缝圆柱形容器。

氧气瓶在出厂前必须经过水压试验,试验压力为工作压力的 1.5 倍。试验合格后,在氧气瓶上部球面部位做上明显标志,标明瓶号、工作压力和试验压力、下次试验日期、检验员的钢印、厂检验部门钢印、瓶的容量和重量、制造单位、制造年月。氧气瓶在使用过程中还必须定期作水压试验。

氧气瓶外表面漆成天蓝色,并用黑漆写成"氧气"字样。

(3) 减压器

气割、气焊中常用的减压器按工作气体,分为氧气和乙炔气用两类(图 10-17、图

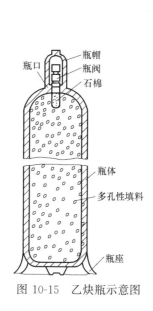

图 10-15 乙炔瓶示意图

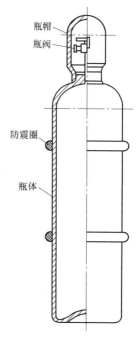

图 10-16 氧气瓶示意图

10-18），按构造和作用分为杠杆式和弹簧式，弹簧式减压器又分为正作用和反作用两种；按减压次数，可分为单级式和双极式两种。

图 10-17 YQE-213 乙炔减压器

图 10-18 YQY-08 氧气减压器

使用时先打开钢瓶总开关，然后顺时针转动低压表压力调节螺杆，使其压缩主弹簧并传动薄膜、弹簧垫块和顶杆而将活门打开。这样，进口的高压气体由高压室经节流减压后进入低压室，并经出口通往工作系统。转动调节螺杆，改变活门开启的高度，从而调节高压气体的通过量并达到所需的压力值。

减压器都装有安全阀。它是保护减压阀并使之安全使用的装置，也是减压器出现故障的信号装置。如果由于活门垫、活门损坏或由于其他原因，导致出口压力自行上升并超过一定许可值时，安全阀会自动打开排气。

（4）焊炬与割炬

1）焊炬的结构及基本原理

焊炬又名焊枪，它的作用是将可燃气体与氧气混合，形成具有一定能量的焊接火焰。按可燃气体与氧气混合的方式分为射吸式和等压式两类。目前我国使用多的为射吸式，结构如图10-19所示。它是由氧气导管、乙炔导管、氧气阀、乙炔阀、混合管、焊嘴等部分组成。其工作原理是：开启乙炔阀时，乙炔聚积在喷嘴外围，并单独通过射吸式的混合管由焊嘴喷出，但压力很低。当开启氧气阀时，氧气即从喷嘴快速射出形成负压，将聚集在喷嘴周围的低压乙炔吸出，使氧气与乙炔按一定的比例混合后经过射吸管、混合管、从焊嘴喷出。

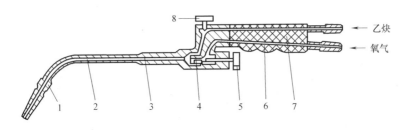

图10-19 射吸式焊炬
1—焊嘴；2—混合气管；3—射吸管；4—喷嘴；5—氧气阀；6—氧气导管；7—乙炔导管；8—乙炔阀

2）割炬结构及基本原理

割炬的作用是使氧气与乙炔按比例混合，形成预热火焰，并将高压纯氧喷射和到被切割的工件上，使其在氧射流中燃烧，氧射流把燃烧生成物吹走，形成割缝。割炬也同样分射吸式和等压式两种，目前我国使用多的是射吸式割炬。

应用最广的为射吸式焊炬。等压式焊炬由于使用中压或高压乙炔，尚未获得广泛应用。

射吸式焊炬结构形状与焊炬基本相同，不同之处是多了一套切割用氧的管子和喷嘴及切割高压氧气阀。见图10-20。

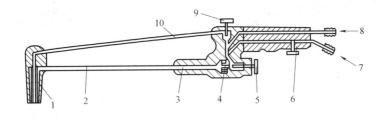

图10-20 射吸式割炬
1—割嘴；2—混合气管；3—射吸管；4—喷嘴；5—预热氧气阀；6—氧气阀；7—乙炔；8—氧气；9—切割氧气阀；10—切割氧气管

（5）输气管

根据《焊接与切割安全》GB 9448的规定，氧气管为黑色，乙炔管为红色。但目前工厂较普遍采用的仍是原化工部标准（HG4-405-66）关于棉线纺织胶管的规定：氧气管为红色，乙炔管为黑色。连接于焊炬或割炬的胶管长度不能短于5m，但太长了会增加气体流动的阻力，一般以 10～15m 为宜。

10.2.2 气焊、气割的安全操作

1. 焊接器具

主要器具：焊丝、灶剂、乙炔气瓶、氧气瓶、阻火器、乙炔胶管、氧气胶管、焊炬、减压阀。

主要工具：点火器、焊炬专用通针、防护护目镜、专用扳手和个人防护用品。

气焊的主要特点：设备工具简单，焊接质量取决于焊工的技术水平。

2. 焊接工艺参数选择（表 10-1）

焊接工艺参数　　　　　　　　　　　　　　表 10-1

层次	焊丝牌号	焊条规格(mm)	焊剂牌号	焊接火焰性质	焊接方向/(mm/s)
1	HSCuZn-1	φ2.0	CJ301	中性焰	左焊法
2	HSCuZn-1	φ2.0	CJ301	中性焰	左焊法

3. 操作技能

（1）使用前的准备工作

按图 10-21 所示将焊接设备及工具准备好。检查回火保护装置是否安装好。根据焊件的厚度合理地选择焊炬的规格、型号、焊丝和焊剂。

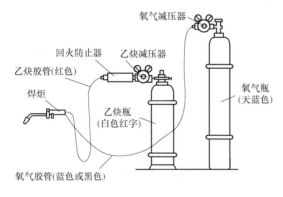

图 10-21　气焊、气割设备连接示意图

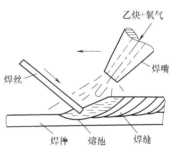

图 10-22　气焊示意图

（2）实际操作如图 10-22 所示

1）焊接前，应将焊丝的水分和油污清理干净。

2）采用搭接的方式组对铜管。

3）用氧化焰烘烤焊道，以清除泥污和浮锈。

4）构件在施焊前应放平垫稳，防止焊接中产生变形。

5）根据确定的焊接工艺参数，调节火焰为中性焰。

6）依次施焊，并认真进行层间焊道清理，消除缺陷出现的隐患。

（3）设备的维护保养

保持焊炬喷嘴的畅通，回火防止装置的完好。

（4）注意事项

1）氧气瓶和乙炔气瓶应直立摆放，并相距不小于8m。

2）正式焊接前应进行试焊，确认所有设备及设施完好并正常运转。

4. 焊接质量

（1）形状尺寸要求

1）对接焊缝宽度不超过组对后坡口宽度4mm。

2）焊缝边缘不直度差不大于3mm。

3）焊缝高度差不超过2mm。

4）角焊缝焊脚差不超过3mm。

（2）表面质量

1）焊缝表面不得有焊瘤、未焊透、气孔、夹渣、凹坑等缺陷。

2）焊缝咬边深度不得超过0.5mm，连续咬边长度不超过100mm，焊缝两侧长度总和不超过焊缝长度的10%。

3）焊缝表面应平滑过渡，焊接变形应控制在标准要求的范围内。

（3）应注意的质量问题

在结构钢的焊接生产中，应重视焊接全过程中的任何一个环节。接头部位应清理干净；焊件组对应符合图样要求；焊接过程中应谨慎操作，若出现异常现象，应参照气焊接头焊接缺陷及消除措施表查找原因，及时清除。

5. 气焊和气割工作地点和安全操作技术要点

（1）气焊和气割工作地点安全规定

1）气焊和气割工作地点，必须有防火设备。

2）气焊和气割工作地点有已堆存大量易爆蒸气或积聚爆炸性粉尘时禁止作业。

3）易燃易爆物料应距工作地点10m以外。

4）作业场地要注意改善通风和排除有害气体、烟尘，避免发生中毒事故。

（2）气焊和气割安全操作技术要点

1）每个氧气减压器和乙炔减压器上只允许接一把焊炬或一把割炬。

2）氧气胶管和乙炔胶管必须区分，氧气管为黑色，乙炔皮管为红色，并注意不得损坏。

3）操作前，应检查氧气管、乙炔胶管与焊炬或割炬的联接是否有漏气现象，并检查焊嘴或割嘴有无堵塞现象。

4）气焊或气割盛装过易燃易爆物、强氧化物或有毒物的各种容器、管道、设备时，必须经过彻底清洗干净后，方可进行作业。

5）在狭窄和通风不良的地沟、坑道、管道、容器、半封闭地段等处进行气焊、气割工作，应在地面上进行调试焊炬和割炬混合气，并点火，禁止在工作地点调试和点火，焊炬和割炬都应随人进出。

6）在封闭容器、罐、桶、舱室中气焊、气割，应先打开焊、割工作物的孔、洞，使内部空气流通，以防止焊工中毒、烫伤，必要时应有专人监护。工作完毕和暂停时，焊炬、割炬和胶管都应随人进出，禁止放在工作地点。

7）在带压力或电压的或同时带有压力、电压的容器、罐、柜、管道上禁止进行气焊、气割工作。必须先释放压力，切断气源和电源后，才能工作。

8）登高焊、割，应根据作业高度和环境条件，定出危险区的范围，禁止在作业下方及危险区内存放可燃易爆物品和停留人员。

9）气焊工、气割工必须穿戴规定的工作服、手套和护目镜。

10）气焊工在高处作业，应备有梯子、工作平台、安全带、安全帽、工具袋等完好的工具和防护用品。

11）直接在水泥地面上切割金属材料，可能发生爆炸，应有防止火花喷射造成烫伤的措施。

12）对悬挂在起重机吊钩上的工件和设备，禁止气焊和气割。

13）露天作业遇六级大风或下雨时，应停止气焊、气割工作。

14）在气焊发生回火时，必须立即先关闭乙炔调节阀，然后再关闭氧气调节阀；若气割遇到回火时，应先关闭切割氧调节阀，然后再关闭乙炔和氧气调节阀。

15）乙炔胶管或乙炔瓶的减压阀燃烧爆炸时，应立即关闭乙炔瓶或乙炔发生器的总阀门。

16）氧气胶管爆炸燃烧时，应立即关紧氧气瓶总阀门。

17）气焊或气割工作结束后，应将氧气瓶阀和乙炔瓶阀关紧，再将减压器调节螺钉拧松。

10.3 手工电弧焊安全技术

10.3.1 手工电弧焊的基本原理

手工电弧焊亦称焊条电弧焊，是利用焊条和焊件之间的电弧热使金属和母材熔化形成焊缝的一种焊接方法。如图 10-23 所示，焊接过程中，在电弧高热作用下，焊条和被焊金属局部熔化。由于电弧的吹力作用，在被焊金属上形成了一个椭圆形充满液体金属的凹坑，这个凹坑称为熔池。同时熔化了的焊条金属向熔池过渡。焊条药皮熔化过程中产生一定量的保护气体和液态熔渣。产生的气体充满在电弧和熔池周围，起隔绝大气的作用。液态熔渣浮起盖在液体金属上面，也起着保护液体金属的作用。熔池中液态金属、液态熔渣和气体间进行着复杂的物理、化学

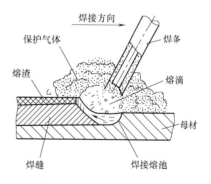

图 10-23 焊缝成型示意图

反应，称之为冶金反应，这种反应起着精炼焊缝金属的作用，能够提高焊缝的质量。

随着电弧的前移，熔池后方的液体金属温度逐渐下降，渐次冷凝形成焊缝。

1. 焊接电弧的产生

在两个电极之间的气体介质中，强烈而持久的气体放电现象称为电弧。而发生在焊

接电极与工件间隙电离后放电称之为焊接电弧。焊接电弧把电能转化成热能，熔化金属，形成焊接接头。

2. 影响焊接电弧稳定的因素

实际生产中，焊接电弧可能由于各种原因而发生燃烧不稳定的现象，如电弧经常间断，不能连续燃烧，电弧偏离焊条轴线方向或电弧摇摆不稳等。而焊接电弧能否稳定，直接影响到焊接质量的优劣和焊接过程的正常进行。

10.3.2 手工电弧焊设备及工具

1. 手弧焊机

目前，我国手弧焊用的焊机有三大类：弧焊变压器、弧焊发电机和弧焊整流器等。随着弧焊整流器随着制造质量的提高，应用越来越广，并且出现了一些新型焊机，如逆变型弧电源。各类弧焊电源特性见表10-2。

各类弧焊电源特性　　　　表10-2

电源类型	弧焊变压器	弧焊整流器	弧焊发电机	晶闸管弧焊电源	晶体管弧焊电源
输出及电弧特点	输出为交流的下降外特性	输出为直流或直流脉冲，其外特性可以是平的或下降的	输出为直流，其外特性可以是平的或下降的	易获得多种特性，并对其进行无级调节；动特性好，电源输入功率小；电流电压调节范围大	可对外特性曲线进行任意控制；可获得任意的输出电流波形，抗干扰能力强
	电弧的稳定性较差，但磁偏吹现象很少产生	有磁偏吹现象	磁偏吹现象较明显	波纹系数大，对电弧稳定性有一定影响	电弧稳定，可实现少飞溅或无飞溅焊接
运行特点	大多接单相电网，功率因数较低，空载损耗小，噪声较小，维修简易	大多接三相电网，空载损耗较小，维修比弧焊变压器复杂	大多接三相电网，空载损耗较大，维修比弧焊变压器复杂	接三相电网，空载损耗小，能较好地补偿电网电压波动和周围温度的影响。电路复杂，维修复杂	接三相电网，对网路电压波动、温度变化进行有效补偿，效率较低，设备重量大，成本高，维修困难
适用范围	一般焊接结构的手工电弧焊（常使用酸性焊条）	较重要焊接结构的手工电弧焊（常使用碱性焊条）	较重要焊接结构的手工电弧焊（常使用碱性焊条）	除用于手工电弧焊外，还可用于钨极氩弧焊、等离子弧焊，交流晶闸管电源，主要用于铝的氩弧焊	可适用多种弧焊工艺方法，最宜用于钨极氩弧焊和等离子弧焊。可用于高合金钢管道自动焊及特种材料的脉冲弧焊等
	铝合金的钨极氩弧焊	各种埋弧焊及气体保护电弧焊	各种埋弧焊及气体保护电弧焊		
	埋弧焊				

2. 手弧焊辅助设备及工具

手弧焊辅助设备和工具有焊钳、焊接电缆、面罩、敲渣锤、钢丝刷和焊条保温筒等。

（1）焊钳。是用以夹持焊条进行焊接的工具，它应安全、轻便、耐用。常用的焊钳有300A和500A两种。

(2) 焊接电缆。应用多股细铜线电缆，一般可选用 YHH 型电焊橡皮套电缆或 YHHR 型电焊橡皮套特软电缆。焊接电缆长度一般不宜超过 20～30m。随着焊接电缆长度的增加，电流的衰减就越来越大。

(3) 面罩。是为了防止焊接时的飞溅、弧光及其他辐射对焊工面部及颈部损伤的一种遮蔽工具，有手持式和头盔式两种。焊工护目遮光镜片可按表 10-3 选用。

焊工护目遮光镜片选用 表 10-3

焊接方法	遮光镜片号			
	焊接电流(A)			
	≤30	>30～75	>75～200	>200～400
电弧焊	5～6	7～8	8～10	11～12
碳弧气刨			10～11	12～14
焊接辅助工	3～4			

10.3.3 焊接材料

1. 对焊条的基本要求

对焊条的基本要求可以归纳成四个方面：

(1) 满足接头的使用性能要求。

使焊缝金属具有满足使用条件下的力学性能和其他物理与化学性能。对于结构钢用的焊条，必须使焊缝具有足够的强度和韧性；对于不锈钢和耐热钢用的焊条，除了要求焊缝金属能有必要的强度和韧性外，还必须具有足够的耐蚀性和耐热性，确保焊缝金属在工作期内安全、可靠。

(2) 满足焊接工艺性能要求。

焊条应具有良好的抗气孔、抗裂纹的能力；焊接过程不容易发生夹渣或焊缝成形不良等工艺缺陷；飞溅小，电弧稳定；能适应各种位置焊接的需要；脱渣性好，生产效率高；低烟尘和低毒等。

(3) 自身具有好的内在质量。

药粉混合均匀，药皮粘结牢靠，表面光洁，无裂纹、脱落和起泡等缺陷；磨头磨尾圆整、干净，尺寸符合要求，焊芯无锈迹；具有一定的耐湿性。有识别焊条的标识等。

(4) 低的制造成本。

2. 焊条的性能

(1) 酸性焊条的主要特点是工艺性能良好，成形美观，对油、锈和水分的敏感性不大，抗气孔能力强，可以采用交流或直流电源进行焊接，简称交、直两用。钛型焊条、钛钙型焊条、钛铁矿型焊条和氧化铁型焊条均属酸性焊条。

(2) 碱性焊条的主要特点是焊缝金属的抗裂性良好，力学性能特别是冲击韧性较高。碱性焊条主要缺点是工艺性能差，易吸潮，对油、锈、水分等脏物敏感性强，脱渣性极差等。

焊条的选用应根据钢材的类别、化学成分及力学性能，结构的工作条件（载荷、温度、介质）和结构的刚度特点等进行综合考虑，必要时，需要进行焊接试验来确定焊条型号和牌号。

3. 焊接材料的选用原则

（1）碳钢焊条的选用

一般按焊缝与母材等强度的原则选用，但在焊缝冷却速度大（如薄板施焊、单层焊）时，往往也选用强度比母材低一级的焊条。而厚板的多层焊及焊后需进行正火处理的情况，为防止焊缝强度低于母材，可选用强度高一级的焊条。不同强度级别的母材施焊，应选用强度级别较低的碳钢焊条。

（2）低合金钢焊条的选用

对强度级别较低的钢材，其选用原则与低碳钢焊条相同，基本上是等强度原则。对于强度级别较高的钢材，特别是高强度钢，选用焊条时，应侧重考虑焊缝的塑性；对于铬钼钢，则着眼于接头的高温性能；对于镍钢，则重点考虑焊缝的低温韧性。低合金异种钢焊接时，则应该依照强度级别较低钢种选用焊条，而施焊工艺则依照强度级别较高钢种的工艺，同时还应注意其他因素。

4. 焊条的保管、烘烤和使用

（1）焊条的保管

1）焊接材料（焊条、焊丝及焊剂），应有出厂质量证明书，当对质量证明书数据有疑问时，应对焊接材料进行复验，复验合格后方准使用。

2）焊接材料入库应严格验收，并做好标识。

3）焊接材料的存放、保管，应符合下列规定：

① 焊材库必须干燥通风，库房内不得放置有害气体和腐蚀性介质；

② 焊材库房内温度不得低于5℃，空气相对湿度不应高于60%；

③ 焊接材料存放，离开地面和墙壁距离均不得少于300mm，并严防焊材受潮；

④ 焊材应按种类、牌号、批号、规格和入库时间分类存放。

（2）焊条的烘烤

焊材应设专人管理，使用前，应按产品的说明书或规范的规定进行烘干。

（3）焊条施工中的管理

1）在领用或再烘干焊条时，必须核查其牌号、型号、规格等，防止出错。

2）不同类型焊条一般不能在同一炉中烘干。烘干时，每层焊条堆放不能太厚（以3层为好），以免焊条受热不均，潮气不易排除。

3）焊接重要产品时，尤其是野外露天作业，最好每个焊工配备一个小型焊条保温筒，施工时将烘干后的焊条放入保温筒内，保持50～60℃，随用随取。

4）用剩的焊条，不能露天存放，最好送回烘箱内。低氢型焊条次日使用前还要再烘干（在低温烘箱中恒温保管者除外）。

10.3.4 焊接工艺

焊接工艺包括焊前准备，焊接工艺参数选择，施焊，焊后处理和焊后检验。其中手工电弧焊的工艺参数又包括：焊条直径、焊接电流、电弧电压、焊接速度、焊道层数、电源种类和极性等。

1. 焊前准备

焊接前准备工作，包括焊件的坡口加工、待焊部位的表面清理、焊件的装配以及焊条的烘干等。

（1）坡口加工

坡口加工要求按《气焊、焊条电弧焊、气体保护焊和高能束焊的推荐坡口》GB/T 985.1执行，以保证焊缝根部不出现未焊透或夹渣，并减少填充金属量。坡口的加工可使用刨边机、机械化或半机械化气割机、碳弧气刨等。

（2）待焊部位的清理

焊件清理主要是去除锈蚀、油污及水分，防止气孔的产生。一般用喷砂、喷丸方法或手工清除，必要时用火焰烘烤待焊部位。在焊前应将坡口及坡口两侧各20mm区域内及待焊部位的表面铁锈、氧化皮、油污等清理干净。

（3）焊件的装配

装配焊件时要保证间隙均匀，高低平整，错边量小，定位焊缝长度一般大于30mm，并且定位焊缝质量与主焊缝质量要求一致。必要时采用专用工装、卡具。

（4）焊条的准备

焊条的保管是否符合规定，将直接影响到焊接质量。焊条保存时要注意防潮，使用前必须按规定的温度烘干待用。

2. 焊接工艺参数

（1）焊条直径的选择。是根据被焊工件的厚度、接头形状、焊接位置和预热条件来确定的。常见焊条直径规格为：1.6mm，2.5mm，3.2mm，4.0mm、5.0mm等。

根据被焊工件的厚度，焊条直径按表10-4进行选择。

焊条直径的选择　　　　表10-4

板厚(mm)	1~2	2~2.5	2.5~4	4~6	6~10	>10
焊条直径 ϕ(mm)	1.6;2.0	2.0;2.5	2.5;3.2	3.2;4.0	4.0;5.0	5.0;5.8

带坡口多层焊时，首层用 ϕ3.2mm焊条，其他各层用直径较大的焊条。立焊、仰焊或横焊，使用焊条直径不宜大于 ϕ4.0mm，以便形成较小的熔池，减少熔化金属下淌的可能性。焊接中碳钢或普通低合金钢时，焊条直径应适当比焊接低碳钢时要小一些。

（2）焊接电流的选择。

焊接电流的选择，主要决定于焊条的类型、焊件材质、焊条直径、焊件厚度、接头形式、焊接位置以及焊接层数等。

（3）电弧电压的选择。电弧电压是由电弧的长度来决定的，焊接过程中，要求电弧长度不宜过长，否则出现电弧燃烧不稳定的现象。电弧电压对焊缝质量的影响以及防止措施见表10-5。

电弧电压对焊缝质量的影响以及防止措施　　　　表 10-5

电弧长度的影响	防止措施
(1)长电弧热量不集中,飞溅增多;弧长过短,易短路 (2)熔深浅,容易产生咬边、未焊透、夹渣等缺陷 (3)焊缝表面高低不平,宽容不一致,焊波不均匀 (4)熔池保护差,空气中氧和氮的侵入使焊缝产生气孔及焊缝金属变脆	(1)保持一定的弧长,一般为 2~4mm (2)将电流调节适当 (3)将各自导线连接好 (4)清理焊接区 (5)按规定烘干焊条

(4) 焊接速度。就是焊条沿焊接方向移动的速度。较大的焊接速度可以获得较高的焊接生产率，但是，焊接速度过大，会造成咬边、未焊透、气孔等缺陷；而过慢的焊接速度，又会造成熔池满溢、夹渣、未熔合等缺陷。对于不同的钢材，焊接速度还应与焊接电流和电弧电压有合适的匹配，以便有一个合适的线能量。

(5) 电源种类和极性的选择。电源的种类和极性主要取决于焊条的类型。直流电源的电弧燃烧稳定，焊接接头的质量容易保证；交流电源的电弧稳定性差，接头质量也较难保证。

利用不同的极性，可焊接不同要求的焊件，如采用酸性焊条焊接厚度较大的焊件时，可采用直流正接法（即焊条接负极，焊件接正极），以获得较大的熔深，而在焊接薄板焊件时，则采用直流反接，可防止烧穿。若酸性焊条采用交流电源焊接时，其熔深介于直流正接和反接之间。

(6) 焊接层数的选择。多层多道焊有利于提高焊接接头的塑性和韧性，除了低碳钢对焊接层数不敏感外，其他钢种都希望采用多层多道无摆动法焊接，每层增高不得大于 4mm。

10.3.5　焊接质量检验

焊接接头应在焊完后立即去除渣皮、飞溅物，清理干净焊缝表面，并根据检验方法的要求，对焊接接头的表面进行相应的打磨处理。

焊缝外观应成形良好，宽度以每边盖过坡口边缘 2mm 为宜。角焊缝的焊脚高度应符合设计规定，若设计未规定时最小高度不得小于薄件的厚度，外形应平缓过渡。

焊缝表面不得有裂纹、气孔、夹渣及熔合性飞溅等缺陷，咬边深度不应大于 0.5mm。连续咬边长度不超过 100mm，焊缝两侧咬过长度总计不超过焊缝长度的 10%。高强度结构和有特殊要求的焊缝表面不得有咬边现象。

10.3.6　手工电弧焊的安全操作

1. 使用前的准备工作

先选择合适的电焊机，例如：ZXG1-400，电源控制必须采用带漏电保护的空气开关（建议容量在 100A 以上），确保安全；设备一般放置在施工点附近，电焊机接电必须严格按设备说明书进行，并由有上岗证电工的操作。

2. 实际操作

(1) 焊接前应按焊接工艺说明书的要求将焊条烘干，烘干后应放在 100~150℃ 的恒温箱中随用随取。

(2) 对接焊件的错边量不应大于壁厚的 10%，且不大于 1mm。

(3) 焊道两侧各 50 mm 范围内应清除泥污和浮锈。

(4) 构件在施焊前应放平垫稳，防止焊接中产生变形。

(5) 根据确定的焊接工艺参数，调节焊接电流。

(6) 依次施焊，并认真进行层间焊道清理，消除缺陷出现的隐患。

3. 设备的维护保养

电弧焊机的维护和保养要严格执行《弧焊设备 第 1 部分：焊接电源》GB 15579.1 规定。

电弧焊机应在下述环境条件下正常工作。

(1) 周围空气温度范围：

焊接期间：-10℃～+40℃。

在运输和存储中：-25℃～+55℃。

(2) 空气的相对湿度

在 40℃时不超过 50%。

在 20℃时不超过 90%。

(3) 周围空气中灰尘、酸、腐蚀性气体或物质等不超过正常含量，由于焊接过程而产生的除外。

(4) 海拔高度应不超过 1000m。

(5) 电弧焊机的倾斜应不超过 15°。

(6) 供电电源额定频率为 50Hz，额定电压应符合《标准电压》GB/T 156 中所规定的标准电压：

电压波动范围≤10%。

频率波动范围≤1%。

4. 注意事项

(1) 所有交流、直流电焊机的外壳，均必须装设保护性接地或接零装置。

(2) 焊机的接地装置可用铜棒或无缝钢管作接地极打入地里深度不小于 1m，接地电阻小于 4Ω。

(3) 焊机工作负荷不应超出铭牌规定。即在允许的负载持续率下工作，不得任意长时间超载运行。焊机应按时检修，保持绝缘良好。

(4) 正式焊接前应进行试焊，确认所有设备及设施完好并正常运转。

10.4 焊接的安全防护

焊接过程中，需采用电焊机等电器设备；焊钳、工件均是带电体，并产生电弧高温、金属熔渣飞溅、烟气、金属粉尘、弧光辐射等危害因素。若不严格遵守安全操作规程，则可能造成触电、火灾、爆炸、灼伤、中毒等事故。

10.4.1 用电安全技术

1. 电焊发生触电的危险性和原因分析

触电是所有电焊操作共同的主要危险。发生触电的危险性和一般原因分析如下：

（1）触电的危险性触电事故原因

1）所有焊机的电源线电压较高，一旦触及则往往较难摆脱；

2）弧焊电源的空载电压已超过安全电压，在潮湿、多汗、登高或水下作业等不利条件，容易发生伤亡事故；

3）电焊设备和电缆由于超载运行，或风吹、日晒、雨淋、腐蚀性蒸汽或粉尘的作用等原因，绝缘材料易老化、硬脆、龟裂而使绝缘性能降低或失效；

4）焊工带电操作机会多。

（2）焊接发生直接电击的原因主要有：

1）在焊接操作中，手或身体某部接触到焊条、电极、焊枪或焊钳的带电部分，而脚或身体其他部位对地和金属结构之间又无绝缘防护；在金属容器、管道、锅炉、船舱里及金属结构上的焊接，或在阴雨天、潮湿地的焊接，比较容易发生触电事故；

2）在接线或调节焊接电流时，手或身体某部碰触接线柱、极板等带电体；

3）登高电焊作业触及或靠近高压网路引起的触电事故。

（3）焊接发生间接电击事故的原因主要有：

1）人体接触漏电的焊机外壳或绝缘破损的电缆；

2）电焊变压器的一次绕组对二次绕组之间的绝缘损坏时，变压器反接或错接在高压电源时，手或身体某触及二次回路的裸导体；

3）操作过程中触及绝缘破损的电缆、胶木闸盒破损的开关等；

4）由于利用厂房的金属结构、轨道、天车、吊钩或其他金属物体代替焊接电缆而发生的触电事故。

2. 焊接电源使用安全措施

（1）所有交流、直流电焊机的外壳，均必须装设保护性接地或接零装置；

（2）焊机的接地装置可用铜棒或无缝钢管作接地极打入地里深度不小于1m，接地电阻小于4Ω；

（3）焊机的接地装置可以广泛利用自然接地极，例如铺设于地下的属于本单位独立系统的自来水管，或与大地有可靠连接的建筑物的金属结构等。但氧气和乙炔管道以及其他可燃易爆用品的容器和管道，严禁作为自然接地极；

（4）自然接地极电阻超过4Ω时，应采用人工接地极；

（5）弧焊变压器的二次线圈与焊件不应同时存在接地（或接零）装置；

（6）所有电焊设备的接地（或接零）线，不得串联接入接地体或零线；

（7）连接接地线或接零线时，应首先将导线接到接地体上或零线上，然后将另一端接到电焊设备外壳上，拆除接地线或接零线的顺序则恰好与此相反，应先将接地（或接零）线从设备外壳上拆下，然后再解除与接地体或零线的连接，不得颠倒顺序；

（8）焊条电弧焊机应安装焊机自动断电装置，使焊机空载电压降至安全电压范围内，既能防止触电又能降低空载损耗，具有安全和节电的双重作用。

（9）焊机工作负荷不应超出铭牌规定。即在允许的负载持续率下工作，不得任意长时间超载运行。焊机应按时检修，保持绝缘良好。

3. 焊接电缆的安全措施

（1）应具备良好的导电能力和绝缘外层。一般是用纯铜芯线外包胶皮绝缘套制成。绝缘电阻不得小于 1MΩ；

（2）应轻便柔软、能任意弯曲和扭转、便于操作。因此，电缆芯必须用多股细线组成，如果没有电缆，可用相同导电能力的硬导线代替，但在焊钳连接端至少要用 2～3m 长的软线连接，否则不便于操作；

（3）焊接电缆应具有较好的抗机械性损伤能力、耐油、耐热和耐腐蚀等性能，以适应焊接工作的特点；

（4）焊机与配电盘连接的电缆线，由于其电压较高，除应保障良好绝缘外，长度以不超过 2～3m 为宜，如确需用较长的导线时，应采取间隔安全措施，即应离地面 2.5m 以上沿墙用瓷瓶布设。严禁将电源线拖在工作现场地面上；

（5）焊机与焊钳（枪）和焊件连接导线的长度，应根据工作时的具体情况决定。太长会增大电压降，太短则不便于操作，一般以 20～30m 为宜；

（6）焊接电缆的截面积应根据焊接电流的大小，按规定选用，以保证导线不致过热而损坏绝缘层；

（7）焊接电缆应用整根的，中间不应有接头；如需用短线接长时，则接头不应超过 2 个。接头应用铜导体做成，须连接坚固、可靠，并保证绝缘良好；

（8）严禁利用厂房的金属结构、管道、轨道或其他金属物搭接起来作为导线使用；

（9）不得将焊接电缆放在电弧附近或炽热的焊缝金属旁，避免高温烧坏绝缘层。横穿道路、马路时应加遮盖，避免碾压磨损等；

（10）焊接电缆的绝缘应定期进行检查，一般为半年检查一次。

4. 用电安全操作要领

（1）先安全检查后工作：检查接地或接零装置、绝缘及接触部位是否完好可靠等；

（2）干燥完好的工作服、皮手套、绝缘鞋等；

（3）更换焊条时一定要戴皮手套，禁止用手和身体随便接触二次回路的导电体，身体出汗衣服潮湿时，切勿靠在带电的钢板或坐在焊件上工作；

（4）在金属容器内或在金属结构上焊接时，触电的危险性最大，必须穿绝缘鞋、戴皮手套、垫上橡胶板或其他绝缘衬垫，以保障焊工身体与焊件间绝缘；并应设有监护人员，随时注意操作人员的安全动态，遇有危险时立即切断电源进行救护；

（5）下列操作应在切断电源开关后进行：改变焊机接头、改接二次回路线、搬动焊机、更换熔丝、检修焊机。

10.4.2 防止弧光灼伤及有害气体的安全知识

焊工要穿好工作服、工作鞋及戴好面罩，在固定场所工作要设防护屏，防止弧光对人体伤害。焊接场地应通风良好，防止有害气体及金属蒸汽对人体产生伤害。焊工因按规定定期体检,做到职业病早期发现、早期治疗。

1. 紫外线的危害

(1) 对眼睛的伤害:紫外线过度照射引起眼睛的急性角膜结膜炎,称为电光性眼炎。这是明弧焊直接操作人和辅助工人的一种特殊职业性眼病。波长很短的紫外线,能损害结膜和角膜,有时甚至侵及虹膜和视网膜;

(2) 对皮肤的伤害:皮肤受强烈紫外线作用时,可引起皮炎:弥漫性红斑,有时出现小水泡、渗出液和浮肿,有烧灼感,发痒;

(3) 对纤维的破坏:焊接电弧的紫外线辐射对纤维的破坏能力很强,其中以棉织品为最甚。

由于光化学作用的结果,可致棉布工作服氧化变质而破碎。

2. 红外线的危害

红外线对人体的危害主要是引起组织的热作用。眼部受到强烈的红外线辐射,立即感到强烈的灼伤和灼痛,长期接触可能造成红外线白内障,视力减退,严重时能导致失明。此外,还会造成视网膜灼伤。

3. 弧光防护措施

(1) 设置防护屏。防护屏可用玻璃纤维布及薄钢板等制作,防护屏应涂刷灰色或黑色等无光漆。

(2) 采用不反光而能吸收光线的材料作室内墙壁的饰面。

(3) 从工艺上采取措施。例如针对弧光强烈的等离子弧焊接、等离子喷焊等,采取密闭罩措施,不但防护了强烈的弧光辐射,也排除了烟尘和有害气体。

(4) 采用个体防护。包括护目镜、工作服等。

4. 电弧焊烟尘和有害气体的防护

焊接通风除尘是预防电焊烟尘和焊接有毒气体对人体危害的最主要防护措施。在车间内、室内、罐体内、船舱内及各种结构的局部空间内进行焊条电弧焊和气体保护焊,都应采用适宜的通风除尘方式,以保护焊工的健康。

电焊排烟除尘机组是将吸烟罩、软管、风机、净化装置及控制元件组装成一个便于移动的整体排烟除尘装置,以适应电焊作业点分散、移动范围大的特点。因此,近年来发展很快,研制了供狭小空间使用的手提式小型轻便机组、供单个工位使用的移动式轻便机组、供多工位使用的排风量较大的移动式机组、供车间定点悬挂的机组、利用电磁铁在球罐和容器等密闭空间内移动悬挂的机组及供打磨焊道用的吸尘式打磨机组等。

改善焊接的劳动卫生条件,通过改进焊接材料和革新焊接工艺,从而改善焊接劳动卫生条件。

10.4.3 焊接与气割现场安全技术

焊割前检查污染情况,凡被化学物质或油脂污染的设备应清洗后方能动火。如果易燃易爆或有毒物的污染,更应严格清洗,经有关部门检查并同意后,取得动火证方能动火。

检查一般是在动火前采用一嗅、二看、三测爆的方法。嗅,即嗅气味,危险物品大部分有气味,在遇到有气味的情况下,要了解情况,经过处理后方能动火;看,即查看清洁程度如何,特别是塑料,如四氟乙烯等,这类物品必须清除干净,因为塑料不仅易燃,而且在高温下还会产生有毒气体;测爆,即在容器内部抽取试样,用测爆测定爆炸极限,大型容器应从上、中、下容易积聚的部位进行测爆,确认没有危险后,方可动火作业。

另外,要严格禁止在带压力的管道和设备动火。带有压力的管道、容器或其他设备动火前,一定要解除压力。在焊割前,敞开所有孔盖,未卸压的严禁动火。对于密闭的常压设备也严禁动火。设备零件内部污染爆炸物外面不易检查到,不论数目多少,在没有把握的情况下严禁动火,在动火时遇到易燃气体(煤气、乙炔气)和空气混合物,或遇到可燃粉尘和空气的混合物,在一定比例下会爆炸。

在有易燃易爆物质的场所,尽量将焊割件拆下来运到安全、可靠处动火为妥;将需要动火的设备和易燃易爆的物质及设备隔离开来;将有化学性质不活泼的气体(如氮气、二氧化碳)或水注入有可燃气体设备和管道中,将里面的可燃气体置换出来,以达到驱除可燃气体的目的;用热水、蒸汽或酸液、碱液及溶剂清除污染物。对于无法溶解或溶化的污染物,应采取其他措施清除;将可能引起危险的东西移开至安全处;敞开设备,开启所有可开启的入孔及阀门等;在有易燃易爆气味或有毒气体的室内焊接时,应加强通风,在焊割时可能放出有毒有害气体,要采取局部抽风或其他防毒措施;选取好合适的灭火器并了解使用性能,防止事故的发生。

为防止意外事故的发生,焊工应做好焊割"十不烧"。有下列情况之一者,焊工有权拒绝焊割。

(1) 无焊工操作证,没有操作证的焊工在场指导,不得焊割;
(2) 凡属一、二、三级动火范围的作业,未经批准,不得擅自焊割;
(3) 不了解作业现场及周围的情况,不能盲目焊割;
(4) 不了解焊割件内部是否安全,不能焊割;
(5) 盛装过有毒物质及易燃易爆物质的容器,未经彻底清洗,不得焊割;
(6) 用可燃材料做保温层的部位及设备,未采取可靠的安全措施,不得焊割;
(7) 有压力及密封的容器、管道不得焊割;
(8) 作业现场周围堆有易燃易爆品,在未彻底清理或采取有效措施前,不得焊割;
(9) 作业部位与外单位相接触,在未弄清对外单位是否影响,或明知危险而未采取有效措施之前,不得焊割;
(10) 作业现场及周围有与明火相抵触的工种,不得焊割。

10.4.4 焊工的个人防护

1. 护目镜

焊接弧光中含有的紫外线、可见光、红外线强度均大大超过人体眼睛所能承受的限度,过强的可见光将对视网膜产生烧灼,造成视网膜炎;过强的紫外线将损伤眼角膜和结膜,造成电光性眼炎;过强的红外线将对眼睛造成慢性损伤。因此,必须采用护目滤光片进行防护。鉴于市场上不少护目滤光片质量不好,必须强调用于焊工个人防护的护目滤光片，一定要符合国家标准《职业眼面部防护 焊接防护 第1部分：焊接防护具》GB/T 3609.1 所规定的性能和技术要求。

2. 焊接防护面罩

常用焊接面罩见图 10-24 和图 10-25，面罩是用 1.5mm 厚钢纸板压制而成，质轻、坚韧、绝缘性与耐热性好。

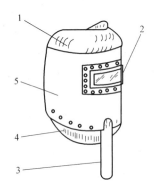 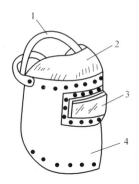

图 10-24　手持式电焊面罩
1—上弯司；2—观察窗；3—手柄；
4—下弯司；5—面罩主体

图 10-25　头戴式电焊面罩
1—头箍；2—上弯司；
3—观察窗；4—面罩主体

护目镜片可以启闭的 SM 型面罩见图 10-26，手持式面罩护目镜启闭按钮设在手柄上，头戴式面罩护目镜启闭开关设在电焊钳胶木柄上，使引弧及敲渣时都不必移开面罩，焊工操作方便，得到更好的防护。

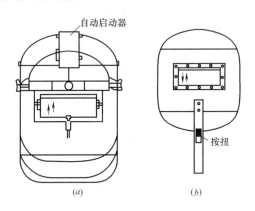

图 10-26　SM 型电焊面罩
(a) 头戴式；(b) 手持式

3. 防护工作服

焊工用防护工作服，应符合国标《防护服装 阻燃防护 第 2 部分：焊接服》GB 8965.2 规定，具有良好的隔热和屏蔽作用，以保护人体免受热辐射、弧光辐射和飞溅物等伤害。常用白帆布工作服或铝膜防护服。用防火阻燃织物制作的工作服也已开始应用。

4. 电焊手套和工作鞋

电焊手套宜采用牛绒面革或猪绒面革制作，以保证绝缘性能好和耐热不易燃烧。

工作鞋应为具有耐热、不易燃、耐磨和防滑性能的绝缘鞋，现一般采用胶底翻毛皮鞋。新研制的焊工安全鞋具有防烧、防砸性能，绝缘性好（用干法和湿法测试，通过电压 7.5kV 保持 2min 的绝缘性试验），鞋底可耐热 200℃ 15min 的性能。

5. 防尘口罩

当采用通风除尘措施不能使烟尘浓度降到卫生标准以下时，应佩戴防尘口罩。国产自吸过滤式防尘口罩如图 10-27 所示。

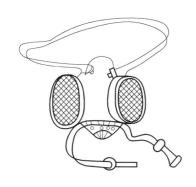

图 10-27 自吸过滤式防尘口罩

10.5 焊接的安全管理

10.5.1 焊接机械使用安全技术

（1）焊接（切割）前，应先进行动火审查，确认焊接（切割）现场防火措施符合要求，并应配备相应的消防器材和安全防护用品，落实监护人员后，开具动火证。

（2）焊接设备应有完整的防护外壳，一、二次接线柱处应有保护罩。

（3）现场使用的电焊机应设有防雨、防潮、防晒、防砸的措施。

（4）焊割现场及高空焊割作业下方，严禁堆放油类、木材、氧气瓶、乙炔瓶、保温材料等易燃、易爆物品。

（5）电焊机绝缘电阻不得小于 0.5MΩ，电焊机导线绝缘电阻不得小于 1MΩ，电焊机接地电阻不得大于 4MΩ。

（6）电焊机导线和接地线不得搭在易燃、易爆、带有热源或有油的物品上；不得利用建（构）筑物的金属结构、管道、轨道或其他金属物体，搭接起来，形成焊接回路，并不得将电焊机和工件双重接地；严禁使用氧气、天然气等易燃易爆气体管道作为接地装置。

（7）电焊机的一次侧电源线长度不应大于 5m，二次线应采用防水橡皮护套铜芯软电缆，电缆长度不应大于 30m，接头不得超过 3 个并应双线到位。当需要加长导线时，应相应增加导线的截面积。当导线通过道路时应架高，或穿入防护管内埋设在地下；当通过轨道时，应从轨道下面通过。当导线绝缘受损或断股时，应立即更换。

（8）电焊钳应有良好的绝缘和隔热能力。电焊钳握柄应绝缘良好，握柄与导线连接应牢靠，连接处应采用绝缘布包好。操作人员不得用胳膊夹持电焊钳，并不得在水中冷却电焊钳。

（9）对承压状态的压力容器和装有剧毒、易燃、易爆物品的容器，严禁进行焊接或切割作业。

（10）当需焊割受压容器、密闭容器、粘有可燃气体和溶液的工件时，应先消除容器及管道内压力，清除可燃气体和溶液，并冲洗有毒、有害、易燃物质；对存有残余油脂的容器，宜用蒸汽、碱水冲洗，打开盖口，并确认容器清洗干净后，应灌满清水后进行焊割。

（11）在容器内和管道内焊割时，应采取防止触电、中毒和窒息的措施。焊、割密闭容器时，应留出气孔，必要时应在进、出气口处装设通风设备；容器内照明电压不得超过12V；容器外应有专人监护。

（12）焊割铜、铝、锌、锡等有色金属时，应通风良好，焊割人员应戴防毒面罩或采取其他防毒措施。

（13）当预热焊件温度达150～700℃时，应设挡板隔离焊件发出的辐射热，焊接人员应穿戴隔热的石棉服装和鞋、帽等。

（14）雨雪天不得在露天电焊。在潮湿地带作业时，应铺设绝缘物品，操作人员应穿绝缘鞋。

（15）电焊机应按额定焊接电流和暂载率操作，并应控制电焊机的温升。

（16）当清除焊渣时，应戴防护眼镜，头部应避开焊渣飞溅方向。

（17）交流电焊机应安装防二次侧触电保护装置。

10.5.2 通风

焊接实施过程中，会产生大量烟尘、颗粒物，为降低施焊区域空气中焊接烟尘的浓度，避免作业人员直接呼吸到焊接操作所产生的烟气流，保证作业人员在无害的呼吸氛围内工作，所有焊接、切割、钎焊及有关的操作必须要在足够的通风条件下（包括自然通风或机械通风）进行。

10.5.3 消防措施

（1）焊接作业前，应建立焊接管理体系，明确焊接操作人员、监督人员及管理人员的防火职责，并建立切实可行的安全防火管理制度。

（2）焊接施工开始前，管理人员应进行安全（技术）交底；焊接作业前，必须按规定办理焊接作业证。

（3）焊接及切割应在申请的区域内进行。因特殊原因需要在非指定的区域内进行焊接或切割操作时，必须经检查、核准。

（4）放有易燃物区域的热作业条件：
1）焊接或切割作业只能在无火灾隐患的条件下实施。
2）有条件时，首先要将工件移至指定的安全区进行焊接。
3）工件不可移时，应将火灾隐患周围所有可移动物移至安全位置。
4）工件及火源无法转移时，要采取措施限制火源以免发生火灾，如：
①易燃地板要清扫干净，并以洒水、铺盖湿沙、金属薄板或类似物品的方法加以保护。

② 地板上的所有开口或裂缝应覆盖或封好，或者采取其他措施，以防地板下面的易燃物与可能由开口处落下的火花接触。

对墙壁上的裂缝或开口，敞开或损坏的门、窗亦要采取类似的措施。

（5）灭火：

1）灭火器及喷水器

在进行焊接及切割操作的地方必须配置足够的灭火设备。其配置取决于现场易燃物品的性质和数量，可以是水池、沙箱、水龙带、消火栓或手提灭火器。在有喷水器的地方，在焊接或切割过程中，喷水器必须处于可使用状态。如果焊接地点距自动喷水头很近，可根据需要用不可燃的薄材或潮湿的棉布将喷头临时遮蔽。而且这种临时遮蔽要便于迅速拆除。

2）火灾警戒人员的设置

在下列焊接或切割的作业点及可能引发火灾的地点，应设置火灾警戒人员：

① 靠近易燃物之处：建筑结构或材料中的易燃物距作业点10m以内。

② 开口：在墙壁或地板有开口的10m半径范围内（包括墙壁或地板内的隐蔽空间）放有外露的易燃物。

③ 金属墙壁：靠近金属间壁、墙壁、顶棚、屋顶等处另一侧易受传热或辐射而引燃的易燃物。

④ 船上作业：在油箱、甲板、顶架和舱壁进行船上作业时，焊接时透过的火花、热传导可能导致隔壁舱室起火。

3）火灾警戒职责

火灾警戒人员必须经必要的消防训练，并熟知消防紧急处理程序。

火灾警戒人员的职责是监视作业区域内的火灾情况；在焊接或切割完成后检查并消灭可能存在的残火。

火灾警戒人员可以同时承担其他职责，但不得对其火灾警戒任务有干扰。

（6）装有易燃物容器的焊接或切割。当焊接或切割装有易燃物的容器时，必须采取特殊的安全措施并经严格检查批准方可作业，否则严禁作业。

10.5.4 封闭空间内的安全要求

封闭空间是指一种相对狭窄或受限制的空间，诸如箱体、锅炉、容器、舱室等。"封闭"意味着由于结构、尺寸、形状而导致恶劣的通风条件。在封闭空间内进行焊接作业时，应进行专项技术交底，并采取特殊的措施。

1. 封闭空间内的通风

除了正常的通风要求之外，封闭空间内的通风还应防止可燃混合气的聚集及大气中富氧。

（1）人员的进入

1）封闭空间内在未进行良好的通风前，禁止人员进入。

2）在进入之前，必须对封闭空间进行毒气、可燃气、有害气、氧量等的测试，确认无害后方可进入。

3）必要时，必须佩戴合适的供气呼吸设备并由戴有类似设备的他人监护。

（2）邻近的人员

封闭空间内适宜的通风不仅必须确保焊工或切割工自身的安全，还要确保区域内所有人员的安全。

（3）使用的空气

通风所使用的空气，其数量和质量必须保证封闭空间内的有害物质污染浓度低于规定值。

供给呼吸器或呼吸设备的压缩空气必须满足正常的呼吸要求。

呼吸器的压缩空气管必须是专用管线，不得与其他管路相连接。

除了空气之外，氧气、其他气体或混合气不得用于通风。

在对生命和健康有直接危害的区域内实施焊接、切割或相关工艺作业时，必须采用强制通风、供气呼吸设备或其他合适的方式。

2. 使用设备的安置

（1）气瓶及焊接电源

在封闭空间内实施焊接及切割时，气瓶及焊接电源必须放置在封闭空间的外面。

（2）通风管

用于焊接、切割或相关工艺局部抽气通风的管道必须由不可燃材料制成。这些管道必须根据需要进行定期检查以保证其功能稳定，其内表面不得有可燃残留物。

3. 相邻区域

在封闭空间邻近处实施焊接或切割，而使得封闭空间内存在危险时，必须使人们知道封闭空间内的危险后果，在缺乏必要的保护措施条件下严禁进入这样的封闭空间。

4. 紧急信号

当作业人员从人孔或其他开口处进入封闭空间时，必须具备向外部人员提供救援信号的手段。

5. 封闭空间的监护人员

在封闭空间内作业时，如存在着严重危害生命安全的气体，封闭空间外面必须设置监护人员。

监护人员必须具有在紧急状态下迅速救出或保护里面作业人员的救护措施；具备实施救援行动的能力。他们必须随时监护里面作业人员的状态并与他们保持联络，备好救护设备。

第 11 章 装配式建筑技术与安全生产

11.1 装配式建筑概述

装配式建筑是用预制部品、部件在工地进行装配而成的建筑。通俗地讲装配式建筑就是在现代化工厂，先预制好柱、梁、板、内外墙、楼梯、阳台等建筑组成部分（部品部件），然后运输到工地现场，经过快速组装之后，就成为装配式建筑。从结构上说，装配式建筑可以分类为装配式混凝土建筑、装配式钢结构建筑和装配式木结构建筑，而装配式混凝土建筑由于其优异的特性，是装配式建筑的主要形式。

11.1.1 装配式混凝土建筑分类

装配式混凝土建筑依据装配化程度的高低，可分为全装配和部分装配两大类。全装配建筑一般限制为低层或抗震设防要求较低的多层建筑，其优点是生产效率高，施工速度快，构建质量好，受季节影响小等；部分装配混凝土建筑主要构件一般采用预制构件，再通过现场现浇混凝土连接，形成装配整体式结构的建筑，其优点是所需生产基地一次性投资比全装配式少，适应性大，节省运输费用，便于推广等。

装配式混凝土建筑结构体系可以分为：装配式框架结构、装配式剪力墙体系、装配式框架-剪力墙结构。装配式框架结构体系按标准化设计，根据结构、建筑特点将柱、梁、板、楼梯、阳台、外墙等构件拆分，在工厂进行标准化预制生产，现场采用塔式起重机等大型设备安装，形成房屋建筑，该体系适用 60m 以下的建筑。装配式剪力墙体系是指主要受力构件剪力墙、梁、板部分或全部由预制混凝土构件（预制墙板、叠合梁、叠合板）组成的装配式混凝土结构，该体系适用高层与超高层建筑。装配式框架-剪力墙体系根据预制构件部位的不同，可以分为预制框架-现浇剪力墙结构、预制框架-现浇核心筒结构、预制框架-预制剪力墙结构三种形式，兼有框架结构和剪力墙结构的特点，体系中剪力墙和框架布置灵活，易实现大空间，适用高度较高。

11.1.2 装配式混凝土建筑特点

装配式建筑是绿色、环保、低碳、节能型建筑。根据对目前的装配式住宅项目进行测算，建筑产业现代化较传统建筑模式优势非常明显：装配式建筑在生产和施工过程可实现节约土地约 20%、节约建材约 20%、节约能源约 50%、节约水资源约 60%，同时还可以减少建筑垃圾约 80%，而在施工的效益上也能提高四五倍。

（1）标准化设计。以设计为龙头，各专业协同合作，优化资源配置。而且装配式建筑设计的标准化和管理的信息化程度高，配合工厂的数字化管理，整个装配式建筑的性价比会越来越高。

（2）工厂化生产。主要构件工厂预制，包括外墙板、内墙板、叠合板、阳台、空调板、楼梯、预制梁、预制柱等，现场施工采用机械化吊装，可与现场各专业施工同步进行，具有施工速度快、工程建设周期短、利于冬期施工的特点。构件预制采用定型模板平面施工作业，代替现浇结构立体交叉作业，具有生产效率高、产品质量好、安全环保、有效降低成本等特点。

（3）装配化施工。装配式建筑区别于传统施工，现场干式作业取代了湿式作业，大量节约施工用水。预制装配式建筑通过工厂化集中生产使现场用工量大大减少，比传统建造模式节约人工40%以上，大大减少企业用工压力。装配式建筑施工各种工序可交叉作业，提高施工效率，缩短建造周期。与传统建筑方式相比，大大节约了时间成本。综合时间成本仅为传统建造方式的1/3。

（4）一体化装修。装配式建筑可以根据设计要求和客户个性化需求，在构件内预设好水、电、暖等，还可以根据客户需求将装修装饰材料同构件一体化制作，理想状态是装修与主体施工同步进行，使建筑产品更加标准化、规范化、集成化、人性化、个性化。

（5）信息化管理。信息化技术是推行从构件设计、生产到装饰装修一体化一种装配式建筑的重要工具和手段，建立数据化的装配式建筑信息交互平台，对装配式建筑全过程全产业链的信息进行数字化集成，以达成全过程全产业链的信息贯通、信息共享和协同工作，做到使装配式建筑从订单、生产、安装到后期维护全过程高效可控可追溯，真正提高管理效率和效益，实现装配式建筑一体化数字化建造。

11.1.3 装配式建筑的基本构件

根据功能及受力的不同，预制构件可分为垂直构件、水平构件及非受力构件，垂直构件主要是预制柱、预制剪力墙等；水平构件主要包括预制梁、预制楼板、预制阳台板、预制楼梯等；非受力构件包括预制外挂墙板、非承重内隔墙板等。

预制柱的外观形式多样：包括矩形、圆形和工字形等。

预制梁一般分为全预制梁、预制叠合梁等，在功能区间上一般分为建筑物结构主梁与次梁。

预制墙板一般常见形式：预制剪力墙板、预制夹心保温墙板、预制外挂墙板以及非承重内隔墙板等。

预制楼板常见形式有：全预制楼板、SP空心楼板、预制叠合楼板、预制预应力混凝土叠合板等。

预制楼梯根据安装链接形式一般可以分为：插销式预制楼梯和出筋式预制楼梯等。

其他常见预制构件：预制阳台板、预制空调板、预制女儿墙。

11.1.4 预制构件的连接方式

装配整体式混凝土结构由预制构件通过可靠的方式连接，与现场后浇混凝土、水泥基灌浆料形成整体，连接形式表现为：浆锚灌浆、钢筋搭接、灌浆套筒等，将预制构件与现浇部分有效链接，可视为等同现浇，满足建筑结构安全的要求。

（1）预制叠合楼板的连接构造。叠合板是装配式混凝土结构中重要的结构构件，是在预制混凝土梁板顶部后浇混凝土而形成的整体受弯构件。

（2）叠合梁的连接。装配式框架结构中，常将梁做成预制梁和后浇梁的上部组成的叠合梁。叠合梁可采用对接连接，连接处设置后浇段，后浇段的长度应满足梁下部纵向钢筋连接作业的空间要求。

（3）预制柱的连接。装配整体式框架结构中，预制柱的接缝一般设在楼面标高处，后浇节点区混凝土上表面应设粗糙面，柱纵向受力钢筋应贯穿后浇节点区，并采用灌浆料填实；上下预制柱采用钢筋套筒连接。

（4）预制剪力墙的连接。预制剪力墙纵向钢筋之间的连接通常采用浆锚连接，连接部位的水平分布筋需加密处理。纵向分布钢筋的连接方式分为全部连接、部分连接和抗剪钢筋连接。结构间连接形式有现浇混凝土的连接、钢筋搭或锚的连接、抗剪钢板连接等。

（5）预制楼梯的连接。一般做法：楼梯段支座处为销键连接，上端支承处为固定铰支座，下端支承处为滑动铰支座。

（6）预制构件钢筋的连接形式：套筒灌浆连接（全灌浆、半灌浆）、浆锚搭接连接、机械连接、焊接、绑扎连接等。

11.2　装配式建筑的基本构件的生产

11.2.1　工艺流程

预制构件生产的通用工艺流程如下：

模台清理→涂刷脱模剂→模具组装→钢筋及网片安装→预埋件及水电管线等预留预埋→混凝土浇筑→表面处理→养护→脱模、起吊→构件标识→成品验收、入库。

11.2.2　各生产工序的操作要点

（1）清理模台、模具。检查模台的稳定性能和水平高差，确保模台牢固和水平。对模台、模具清理无残留混凝土、砂浆、锈迹等其他影响预制构件的质量的杂质。

（2）涂刷脱模剂。刷涂必须均匀、适量，多余的脱模剂必须用抹布或海绵清理干净。

（3）组装模具。根据构件详图与模具图在生产平台上画出模具的外形线框及定位线。模具间的连接主要靠螺栓连接，模具与生产平台的主要连接方式为螺栓连接或磁盒连接。

（4）钢筋、预埋件检验。根据构件详图，依次检验钢筋、预埋件的型号、规格、定位等信息，并做好相关检验记录。

(5) 安装预埋件。根据构件详图，核对预埋件种类、数量、型号。安装时，应依次安装各类预埋件，防止错放、漏放。预埋件必须安装固定牢固，防止在浇捣过程中脱落、偏位。各类预埋工装必须牢固、定位准确。

(6) 浇筑混凝土。浇筑前先检查混凝土的坍落度是否符合要求。浇筑时避开预埋件、预埋工装。根据构件厚度等参数调整振动器的频率、振捣时间，确保混凝土振捣密实，混凝土表面不再下沉、无明显气泡浮出为止。

(7) 构件表面处理。根据构件的表面要求，对构件表面进行处理。包括抹光、拉毛等。

(8) 构件养护。根据气候条件、生产计划，可对构件进行自然养护或蒸汽养护。

(9) 脱模。养护结束构件达到设计脱模强度后，方可进行脱模。脱模时先解除模具与模台的连接，接着松开模具间的连接螺栓，最后再依次拆除各边模。拆模时可使用撬棒等辅助设备，但不能采用锤击等对模具有损伤的方式。

(10) 构件标识。构件脱模后应及时对构件进行标识，包括构件编号、楼层、项目名称、生产厂家名称、生产日期等，标识要在显眼位置、字迹要清晰、不易脱落、不易褪色。

(11) 构件质量验收、入库。预制构件脱膜完成后，应及时对预制构件的外观尺寸、外观质量以及预留的钢筋、连接套管、线盒等预埋件进行检查。并根据构件名称、现象做外观的尺寸、质量记录数据。当在检查时发现有表面破损和裂缝时，要及时进行处理并做好记录。

11.2.3 生产厂区的安全管理

(1) 认真贯彻落实"安全第一、预防为主、综合治理"的安全方针。根据国家有关规定、条例结合本单位实际情况及施工特点，组成以分管安全厂长、专职安全员、相关科室和车间负责人、生产班组兼职安全员参加的厂内环境/职业健康安全管理网络，执行安全生产责任制，明确各级人员的职责，把安全工作落实到实处。

(2) 制定厂内重大危险源管理制度，制定消除或减少危险性的安全技术方案和措施，对可能发生环境/职业健康安全的潜在危险和紧急事件制定出应急预案。

(3) 安全措施

1) 参与生产的人员上岗前，必须接受安全生产制度及安全技术知识教育。

2) 生产车间技术负责人须对所有上岗人员进行安全技术交底。

3) 特殊作业人员必须经过专业培训后持证上岗。

4) 各工种的岗位责任制和机械设备安全操作规程齐全，并制牌悬挂在作业点的明显位置。

5) 一切机械设备严格按有关操作规程进行操作，做好经常性的检查保养工作，非操作人员一律不得擅自使用机械设备，电器设备维修保养一律由电工进行，机械停止使用时应切断电源。

6) 生产区域内重大危险源处，按安全规定及安全施工要求，布置、悬挂各种安全标识牌。

7）进入生产作业区的人员必须戴好安全帽，不得在起吊物下站立或行走。

8）用于吊运的索具、夹具等器具，每班作业前必须认真检查，发现安全隐患应及时修复或更换。

9）焊接、气割作业区内，不得存放易燃易爆物品，在不安全的情况下不得进行操作。

10）配电箱必须符合规范要求，做到"一箱一机一闸一漏"，所有电气设备及电气线路必须绝缘良好，并有可靠接地保护。

11）定期检查机械设备运行状况，发现问题及时处理，不得带病作业。

12）文明生产，在作业区内应做到工完料清，保持现场整洁，避免环境污染，人行通道应保持畅通，不得堆放物件。

13）半成品、成品储存和运输中应堆放平整，不得超高堆放，避免倾覆。

11.3 装配式建筑基本构件的安装

11.3.1 装配式建筑的施工基本流程

装配式建筑施工基本流程见图 11-1。

11.3.2 各基本构件安装流程及操作要点

1. 预制柱的安装

（1）预制柱的吊装流程

预制柱吊装顺序的确定→预制柱进场检查记录→预制柱吊具的准备→柱初步就位→固定斜拉杆斜撑→调整可调支撑→柱精确就位→柱连接灌浆。

（2）预制柱的吊装操作要点

1）安装前操作面的准备

① 将安装操作面清理干净并凿毛，去除安装部位的浮浆、松动的骨料、垃圾等，并用水冲洗操作面，保证操作面湿润但不得有积水。

② 定位放线：

a. 每层楼面设置轴线控制网，楼层上的控制线用经纬仪由底层原始点直接向上引测。控制线引测至结构层后，对控制线应进行校核，闭合后再引测轴线、细部尺寸线。

b. 为了保证预制柱水平位置和标高的准确，应在安装位置处弹出轴线、边线、控制边线等；利用钢垫块控制安装标高。

③ 根据施工图纸、验收标准及楼层弹出的控制线，对预制柱插筋的规格、位置、数量、长度进行检查验收；根据控制线的位置检查安装用可调支撑埋件位置是否准确。

2）初步就位

预制柱从堆放场地吊至安装现场，由 1 名指挥工、2~3 名操作工配合，在预制柱底部距楼层预留插筋顶部 100mm 时，将预制柱内部预埋钢套筒和楼层上预留插筋对

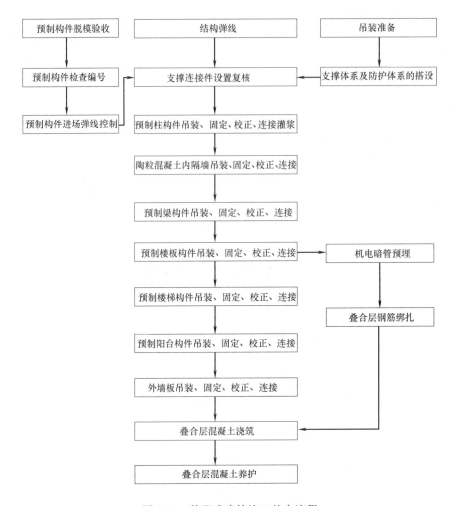

图 11-1 装配式建筑施工基本流程

准,缓慢落下。

3)安装可调斜支撑

可调斜支撑主要用于预制柱的临时固定和垂直度校正。预制柱初步就位后,先将可调斜支撑的上端用螺栓与构件内侧预留的预埋件固定,可调支撑的下部与楼板上预留的埋件进行连接固定,使预制柱临时固定,每根预制柱上安装 2 根可调斜支撑。

4)校正

① 水平位置校正:可调支撑的上下端初步固定后,根据楼板上弹好的控制线,检查预制柱的水平位置,若有偏差,利用撬棍等工具先对平面位置进行微调,精确就位后摘掉吊运预制柱的吊钩。

② 垂直度校正:预制柱垂直度调节采用可调节斜支撑,每一根预制柱设置两道可调节斜拉杆,拉杆后端均牢靠地固定在结构楼板上。拉杆顶部设有可调螺纹装置,通过旋转杆件,可以对预制构件顶部形成推拉作用,起到预制柱垂直度调节的作用。垂直度通过 2m 靠尺复核。

5)灌浆施工

①灌浆料制备：制浆作业班组取来成袋包装的专用灌浆料，打开袋，用温度计插入干粉中，检查料温（料温应符合该批材料规定使用要求），然后将干粉倒入称量器具内，注意观察材料外观是否正常（防止意外受潮的有结块的砂浆使用）；用小铲铲取灌浆料，称量好正确数量的砂浆，倒入搅拌容器内；取来砂浆拌合用水，用温度计测量水温（水温应符合灌浆料的要求，通常为室温），然后倒入容器进行称量，称取正确数量的拌合水。先将80%的水倒入容器，开始进行搅拌，搅拌3～4min后再加入剩余的拌合水继续搅拌，直至浆料均匀，静置2min，让浆液排气。首次开工时，应先取浆体，倒入放在玻璃板上的流动度试模内，检测砂浆的初始流动度是否符合要求（室温条件下应不小于300mm），合格后，即可将浆料速倒入灌浆泵料斗中，由灌浆作业班组进行灌浆作业。

②灌浆操作：灌浆泵运转时，灌浆管端头应放在料斗内，以免浆料流出浪费；浆料流出后，可暂停泵，将灌浆端对准PC柱的一个灌浆口（通常选柱某面中部的灌浆孔），继续开泵灌浆；灌浆时，套筒的排浆孔溢出浆料应立即封堵灌浆孔和排浆孔；多个接头连通灌浆时，依接头灌浆或排浆孔溢出浆料的顺序，依次将溢出浆料的排浆孔用专用堵塞塞住。待所有套筒排浆孔均有砂浆溢出时，停止灌浆，并将灌浆孔封堵。

③养护：压力灌浆完成后，应保证浆料的养护时间，灌浆完成后24h之内，预制柱不得受到扰动。

6）可调斜支撑拆除

根据《装配式混凝土结构技术规程》JGJ 1要求，构件连接部位后浇混凝土及灌浆料的强度达到设计要求后，方可拆除临时固定措施（低层可调斜支撑）。

2. 预制梁的安装

（1）预制梁的吊装流程

测量放线→支撑搭设→构件尺寸、编号复核→准备、安装吊具→主梁吊装→梁柱钢筋对位→主梁就位→校正→次梁吊装→校正。

（2）预制梁的操作要点

1）安装准备

①根据施工图纸，检查叠合板构件类型，确定安装位置，并对吊装顺序进行编号。

②根据施工图纸，弹出水平及标高控制线，同时对控制线进行复核。

2）预制梁吊装

①检查预制梁的编号、方向、吊环的外观、规格、数量、位置、次梁口位置等，选择吊装用的钢梁扁担，吊索必须与预制叠合梁上的吊环一一对应。

②吊装预制叠合梁前梁底标高、梁边线控制线在校正完的墙体上用墨斗线弹出。

③先吊装主梁后吊装次梁；吊装次梁前必须对主梁进行校正完毕。

④预制叠合梁就位时其轴线控制根据控制线一次就位；同时通过其下部独立支撑调节梁底标高，待轴线和标高正确无误后，将预制叠合梁主筋与剪力墙或梁钢筋进行点焊，最后卸除吊索。

⑤一道预制叠合梁根据跨度大小至少需要两根或以上独立支撑。在主次叠合梁交

界处主梁底模与独立支撑一次就位。

3. 预制剪力墙的安装

（1）预制剪力墙的吊装流程

安装前操作面的准备→初步就位→安装可调斜支撑→校正→灌浆施工→斜支撑拆除。

（2）预制剪力墙的操作要点

1）安装前操作面准备

对操作面上的杂物、灰尘进行清理；复核各道控制线的准确性，根据控制线的位置检查预埋插筋的位置、高度是否准确；根据楼层水准点安装调节预制剪力墙标高的塑料垫块，并找平；周边坐浆（坐浆材料用专用坐浆料，其强度等级应等同或高于构件强度等级）。

2）预制剪力墙的吊运

由于预制剪力墙上部插筋较长，在运输中不宜采用站立式放置，因此在预制构件运输和堆放时平躺摆放。正式吊装时，需要通过塔式起重机将预制构件由平放状态调整为竖向状态，具体步骤如下：

① 利用预制墙板上的脱模吊钩，将墙板吊放在指定区域，该区域内事先摆放两块垫木，将墙板的上部搁置在垫木上，墙板下部搁置在角钢上，利用角钢作为预制墙板旋转的着力点，保护构件棱角混凝土不受破坏。

② 将塔式起重机吊钩移至墙板上部的吊装吊钩上，缓慢提升吊钩，将墙板以根部为轴转动，呈直立状态，然后吊运至楼层指定安装位置。

3）初步就位

预制剪力墙从堆放场地吊至安装现场，由1名指挥工、2～3名操作工配合，调整构件的姿态，吊至楼层上的预留插筋上部100mm时，将墙板内部预埋套筒或波纹管和预留插筋对准、插入，同时利用调节标高的塑料垫块和水平位置控制线，将预制墙体进行初步安装就位。

4）安装可调斜支撑

可调斜支撑主要用于预制剪力墙的临时固定和垂直度校正。墙板初步就位后，先将可调斜支撑的上端用螺栓与墙板内侧预留的预埋件固定，可调支撑的下部与现浇混凝土楼板上预留的埋件进行连接固定，使预制剪力墙临时固定，每块墙板上至少安装两根可调斜支撑。预制剪力墙斜撑杆以一根调整垂直度，待矫正完毕后再紧固另一根，不可两根均在紧固状态下进行调整。每块预制剪力墙吊装稳固后，均需测量水平与垂直度偏差，要在允许范围内，需调整时应松开相关紧固件，严禁蛮力矫正。

5）校正

① 水平位置校正：可调支撑的上下端初步固定后，根据现浇板上弹好的控制线，检查预制剪力墙的水平位置；若有偏差，利用撬棍等工具先对平面位置进行微调，精确就位后卸掉吊运墙板的钢丝绳。

② 垂直度校正：预制剪力墙垂直度调节采用可调节斜支撑，每一块墙板设置两道可调节斜拉杆，拉杆后端均牢靠地固定在结构楼板上。拉杆顶部设有可调螺纹装置，通

过旋转杆件，可以对预制构件顶部形成推拉作用，起到墙板垂直度调节的作用。构件垂直度通过 2m 靠尺复核。

6）灌浆施工

① 预制剪力墙与现浇结构部分表面应清理干净，不得有油污、浮灰、粘贴物、木屑等杂物，不得有松动的混凝土碎块和石子；与灌浆料接触的结构表面用水润湿且无明显积水；灌浆前全面检查灌浆孔道、排气孔是否通畅；预制剪力墙连接部位的坐浆应密实、饱满。

② 按照灌浆料配置说明进行配置，先在搅拌桶内加入定量的水，然后放入干料，用手持电动搅拌器充分搅拌均匀，搅拌时间从开始投料至搅拌结束不小于 3min，搅拌时搅拌叶片不得提至浆液面上，以免带入空气，形成气泡。

③ 现场采用电动压力注浆机进行压力灌浆，灌浆应连续、缓慢、均匀地进行，单块构件灌浆孔一次连续灌满，直至排气孔排出浆液稠度与灌浆口处相同，没有气泡排出并保持压力 2min，将灌浆口封闭。

④ 灌浆结束后，及时将灌浆口及构件表面的浆液清理干净。

7）可调斜支撑拆除

待本层水平结构混凝土浇筑完成后，达到设计强度后，方可拆除可调斜支撑。

4. 预制叠合楼板的安装

（1）预制叠合楼板的吊装流程

构件编号检查→楼板起吊、调平→吊运→梁板钢筋对位→就位、调整→后浇带钢筋的绑扎→梁面筋绑扎→板缝模板支设→水电管线的铺设→板面筋绑扎→叠浇层混凝土的浇筑→混凝土养护。

（2）预制叠合楼板的操作要点

1）根据施工图纸，检查叠合板构件类型，确定安装位置，并对吊装顺序进行编号。

2）叠合板起吊时，要求吊装时四个吊点均匀受力，起吊缓慢保证叠合板平稳吊装。

3）叠合板吊装过程中，在作业层上空 300mm 处略作停顿，根据叠合板位置调整叠合板方向进行定位。吊装过程中注意避免叠合板上的预留钢筋与墙体的竖向钢筋碰撞，叠合板停稳慢放，以免吊装放置时冲击力过大，导致板面损坏。

4）叠合板就位校正时，采用楔形小木块嵌入调整，不得直接使用撬棍调整，以免出现板边损坏。

5）叠合板部位的机电线盒和管线根据深化设计图要求，布设机电管线。

6）叠合板混凝土浇筑时，为了保证叠合板及支撑受力均匀，混凝土浇筑采取从中间向两边浇筑，连续施工，一次完成。同时，使用平板振动器振捣，确保混凝土振捣密实。

7）根据楼板标高控制线，控制板厚；浇筑时，采用 2m 刮杠将混凝土刮平，随即进行混凝土收面及收面后拉毛处理。

8）混凝土浇筑完毕后立即进行养护，养护时间不得少于 7d。

5. 预制楼梯的安装

（1）预制楼梯的吊装流程

构件检查→准备、安装吊具→起吊→就位→精度调整→吊具拆除。

(2) 预制楼梯的吊装操作要点

1) 安装前应熟悉图纸，检查核对构件编号，确定安装位置，并对吊装顺序进行编号。

2) 弹控制线根据施工图纸，弹出楼梯安装控制线，对控制线及标高进行复核。

3) 预制楼梯板采用水平吊装，用螺栓将通用吊耳与楼梯板预埋吊装内螺母连接，起吊前检查卸扣卡环，确认牢固后，方可继续缓慢起吊。

4) 吊装时，待楼梯板吊装至作业面上 500mm 处略作停顿，根据楼梯板方向调整，就位时要求缓慢操作，严禁快速猛放，以免造成楼梯板振折损坏。楼梯板基本就位后，根据控制线，利用撬棍微调、校正。

6. 预制整体保温外墙板的安装

(1) 预制整体保温外墙板的安装流程

基层清理、找平→放线→起吊、就位→斜拉杆临时固定→脱钩、校正→塞水平缝(墙体底部)→整理锚固钢筋→楼层混凝土浇筑→墙体缝打胶。

(2) 预制整体保温外墙板的吊装操作要点

1) 应遵守施工组织设计中确定的各项要求。

2) 起吊和就位过程中宜设置缆风绳，通过缆风绳引导墙板安装就位。

3) 安装过程中应设置临时固定和支撑系统，点支承外挂墙板可利用节点连接件作为临时固定和支撑系统，线支承外挂墙板应单独设置。

4) 外墙板与吊具的分离应在校准定位及临时支撑安装完成后进行。

5) 外墙板调整、校正后，应及时安装防松脱、防滑移和防倾覆装置。

11.3.3 安全要求

1. 预制构件进场、运输、存放过程的安全要求

(1) 施工单位应派专人对进场的预制构件进行检查验收，并填写验收记录；对检查验收不合格的预制构件不得进入施工现场。

(2) 运输车辆进入施工现场，应严格按照指示和要求行驶；不得超速、随意停放；对首次进入施工现场的运输车辆进行交底；对进出施工现场的运输车辆进行监控，对超速等违规车辆进行查处。

(3) 对负责卸载的人员进行交底；预制构件卸载前，指定一名专职安全员对卸载的安全情况（环境、人员配备情况、配合机械到位情况等）进行检查；项目经理应监督抽查对卸载条件检查的情况。

(4) 对预制构件存放支架进行设计，并在支架使用前进行验收。

(5) 预制构件的存放，对相关作业工人做好安全技术交底；对预制构件放置的安全情况进行检查。

(6) 对预制构件堆放区设置隔离措施，并做好警示标志，防止工人随意进出该场地；项目安全主管应对预制构件堆放区独立设置情况进行定期检查；专职安全员应该进行日常巡查。

2. 预制构件吊运过程的安全要求

(1) 根据现场实际情况选择机械型号;对安装好的起重机械,使用前应报有资质的检验检测机构进行安装质量的检验;应做好起重机械的定期检查和维修保养工作。

(2) 起重机械的操作人员必须取得相应资格证书;使用前,对操作人员做好安全技术交底;对起重机械使用过程进行检查,及时制止违规操作行为。

(3) 吊索吊具进入施工现场应进行验收,质量合格证书等证明材料应齐全;每次使用前,要求工人对吊索吊具进行检查;管理人员定期对吊索吊具进行检查;对吊索吊具定期做好保养;对达到报废标准的吊索吊具进行报废。

(4) 对操作工人进行安全技术交底;加强对吊具和吊点连接情况的检查;加大对吊点清洁情况的检查。

(5) 对现场交叉作业有专门的方案或者专门措施;制定专人负责现场交叉作业的协调管理;项目经理参与交叉作业的协调管理工作;项目部定期对交叉作业协调管理情况进行检查。

(6) 对吊运作业中危险区域(起吊点、安装点等)做好警戒。做好警戒区域的管理,及时制止无关人员的进入。

(7) 遇到雨、雪、雾天气或风力大于5级时,不得进行吊装作业。

3. 预制构件安装过程的安全要求

(1) 对现场吊装作业,编制专项施工方案;专项方案应履行审核审批程序;根据专项施工方案,对相关人员做好安全技术交底工作;加强对吊装作业过程的检查。

(2) 按照规定设置防护;加强对防护的检查,发现不到位的及时进行整改。

(3) 为工人配备相应的安全防护用品;对工人穿戴防护用品用具情况进行检查;对违章行为应进行处理。

(4) 外防护架搭设前必须编制专项方案,对无技术标准的应组织专项论证;专项方案须履行审核审批手续;做好对搭设人员的安全技术交底工作;做好对搭设过程的巡查;搭设完成后,应进行验收。

(5) 在预制构件上的附着点应有详细的设计图;对设计图应报建设单位、监理单位,提请设计单位进行复核;设计单位复核通过后,方可进行施工。

(6) 竖向构件的临时固定应按照设计的要求进行设置;固定好后应进行验收并标识;做好临时固定措施的日常检查和定期检查,及时处理临时固定不到位的情况。

(7) 水平支撑系统的搭设应编制专项方案;搭设前应向作业人员进行安全技术交底;搭设完成后应进行验收。

第 12 章　超高层施工技术与安全生产

12.1　超高层建筑施工安全风险概述

随着经济的高速发展，城市建设的步伐也越来越快，众多的超高层建筑在我们的城市中不断涌现。形象突出，可以作为地标建筑，特别是在商业非常密集的地区，超高层建筑可以充分展现自己"高"的优势和特点。我国已有大批超高层建筑建成，还有一些更高、更难的超高层建筑正规划兴建。可以预期，我国高层建筑的建设将以更快的速度发展。

超高层建筑是指高度 100m 以上的高楼。超高层建筑结构超高、规模庞大、功能繁多、系统复杂、建设标准高，其施工具有非常鲜明的特点。

1. 施工作业高度高

大量高空作业带来的不安全因素是高层建筑施工安全技术的首要。超高层建筑大量的施工作业都是在高空进行的，100m 以上的高空与 10 多米高度的作业有质的不同，物料从百米高空下落，造成的后果是灾难性的。此外，临边作业对人的心理影响是巨大的，往往能够对临边部位作业人员的正常判断产生影响。

2. 施工交叉作业多

超高层建筑一般都是建在城市的闹市区，现场场地狭小，平面规划难度较大，超高层建筑还因为工序较多，交叉作业现象比较普遍。起重吊装、幕墙工程、垂直运输、主体施工、安装工程等，都不可避免地存在交叉。

3. 施工周期长

超高层建筑施工工期周期较一般建筑明显长出很多，施工管理人员和作业工人流动频次高，对施工现场熟悉程度不够；机械设备固定使用时间长，维修保养的难度加大。

4. 危大工程涉及面广

超高层建筑的特点决定了其在施工过程中，不可避免地包含较多的危大工程和超危工程。如深基坑、起重设备安拆、起重吊装、幕墙工程等。

5. 消防安全管理难度大

超高层建筑由于高度大，动火作业频繁，现场易燃物品较多，在发生火灾时，"烟囱效应"凸显，地面救援收效甚微。

12.2 超高层建筑垂直运输安全技术

12.2.1 概述

超高层垂直运输技术是超高层建筑施工的技术重点，垂直运输方案的有效性，直接关系到工程进展。超高层建筑现场往往布置多台垂直运输设备，机械设备安装高度高，现场顶升、检修、维保、附着等工作开展难度大。近年来，超高层建筑垂直运输机械发生了一些事故，给施工现场的垂直运输设备管理敲响了警钟，需要在日常的管理中加强超高层垂直运输设备的管理。

12.2.2 塔式起重机安全技术

1. 基本规定

（1）超高层建筑塔式起重机启用前应检查下列项目：

1）塔式起重机的备案登记证明等文件；

2）建筑施工特种作业人员的操作资格证书；

3）专项施工方案。

（2）超高层塔式起重机应建立技术档案，其技术档案应包括下列内容：

1）购销合同、制造许可证、产品合格证、使用说明书、备案证明等原始资料；

2）定期检验报告、定期自行检查记录、定期维护保养记录、维修和技术改造记录、运行故障和生产安全事故记录、累计运转记录等运行资料；

3）历次安装验收资料。

（3）超高层塔式起重机的选型和布置应满足工程施工要求，便于安装和拆卸。

（4）当超高层建筑现场使用多台塔式起重机交叉作业时，应编制专项方案，并应采取防碰撞的安全措施。

2. 安装、爬升、顶升、拆除安全技术

（1）超高层塔式起重机安装、拆卸前，应编制专项施工方案，指导作业人员实施安装、拆卸作业。专项施工方案应根据超高层塔式起重机使用说明书和作业场地的实际情况编制，并应符合国家现行相关标准的规定。超高层塔式起重机安、拆专项施工方案应包括下列内容：

1）工程概况；

2）安装位置平面和立面图；

3）所选用的塔式起重机型号及性能技术参数；

4）基础和附着装置的设置；

5）爬升工况及附着节点详图；

6）安装、拆除顺序和安全质量要求；

7) 主要安装部件的重量和吊点位置；

8) 安装辅助设备的型号、性能及布置位置；

9) 电源的设置；

10) 施工人员配置；

11) 吊索具和专用工具的配备；

12) 安装、拆除工艺程序；

13) 安全装置的调试；

14) 重大危险源和安全技术措施；

15) 应急预案等。

专项施工方案应由施工单位技术负责人审查后，经现场总监理工程师审批后实施。

(2) 在超高层塔式起重机的安装、使用及拆卸阶段，进入现场的作业人员必须佩戴安全帽、防滑鞋、安全带等防护用品，无关人员严禁进入作业区域内。在安装、拆卸作业期间，应设警戒区。

(3) 超高层塔式起重机在安装前和使用过程中，发现有下列情况之一的，不得安装和使用：

1) 结构件上有可见裂纹和严重锈蚀的；

2) 主要受力构件存在塑性变形的；

3) 连接件存在严重磨损和塑性变形的；

4) 钢丝绳达到报废标准的；

5) 安全装置不齐全或失效的。

(4) 超高层塔式起重机安装过程中，应分阶段检查验收。各机构动作应正确、平稳，制动可靠，各安全装置应灵敏、有效。在无载荷情况下，塔身的垂直度允许偏差应为 4/1000。

(5) 超高层建筑塔式起重机内爬升时应符合下列规定：

1) 内爬升作业时，信号联络应通畅；

2) 内爬升过程中，严禁进行塔式起重机的起升、回转、变幅等各项动作；

3) 塔式起重机爬升到指定楼层后，应立即拔出塔身底座的支承梁或支腿，通过内爬升框架及时固定在结构上，并应顶紧导向装置或用楔块塞紧；

4) 内爬升塔式起重机的塔身固定间距应符合使用说明书要求；

5) 应对设置内爬升框架的建筑结构进行承载力复核，并应根据计算结果采取相应的加固措施；

(6) 塔式起重机顶升时，应注意以下事项：

1) 顶升前应预先放松电缆，电缆长度应大于顶升总高度并应紧固好电缆。下降时应适时收紧电缆。

2) 升降作业应有专人指挥，专人操作液压系统，专人拆装螺栓。非作业人员不得登上顶升套架的操作平台。操作室内应只准一人操作。升降作业前，应对液压系统进行检查和试机，应在空载状态下将液压缸活塞杆伸缩 3～4 次。检查无误后，再将液压缸活塞杆通过顶升梁借助顶升套架的支撑，顶起载荷 100～150mm，停 10min，观察液压缸载荷是否有下滑现象。

3）升降作业时，应调整好顶升套架滚轮与塔身标准节的间隙，并应按规定要求使起重臂和平衡臂处于平衡状态，将回转机构制动。当回转台与塔身标准节之间的最后一处连接螺栓（销轴）拆卸困难时，应将最后一处连接螺栓（销轴）对角方向的螺栓重新插入，再采取其他方法进行拆卸。不得用旋转起重臂的方法松动螺栓（销轴）。

4）顶升撑脚（爬爪）就位后，应及时插上安全销，才能继续升降作业。

5）升降作业完毕后，应按规定扭力紧固各连接螺栓，应将液压操纵杆扳到中间位置，并应切断液压升降机构的电源。

6）升降作业应在白天进行。

(7) 超高层塔式起重机的附着装置应符合下列规定：

1）附着建筑物的锚固点的承载能力应满足塔式起重机技术要求。附着装置的布置方式应按使用说明书的规定执行。当有变动时，应另行设计；

2）附着杆件与附着支座（锚固点）应采取销轴铰接；

3）安装附着框架和附着杆件时，应用经纬仪测量塔身垂直度，并应利用附着杆件进行调整，在最高锚固点以下垂直度允许偏差为 2/1000；

4）安装附着框架和附着支座时，各道附着装置所在平面与水平面的夹角不得超过 10°；

5）附着框架宜设置在塔身标准节连接处，并应箍紧塔身；

6）塔身顶升到规定附着间距时，应及时增设附着装置。塔身高出附着装置的自由端高度，应符合使用说明书的规定；

7）超高层塔式起重机作业过程中，应经常检查附着装置，发现松动或异常情况时，应立即停止作业，故障未排除，不得继续作业；

8）拆卸超高层塔式起重机时，应随着降落塔身的进程拆卸相应的附着装置。严禁在落塔之前先拆附着装置；

9）附着装置的安装、拆卸、检查和调整，应有专人负责。

3. 使用安全技术

(1) 超高层塔式起重机起重司机、起重信号工、司索工等操作人员，应取得特种作业人员资格证书，严禁无证上岗。

(2) 超高层塔式起重机使用前，应对起重司机、起重信号工、司索工等作业人员进行安全技术交底。

(3) 超高层塔式起重机的力矩限制器、重量限制器、变幅限位器行走限位器、高度限位器等安全保护装置不得随意调整和拆除，严禁用限位装置代替操纵机构。

(4) 超高层塔式起重机回转、变幅、行走、起动作前应示意警示。起吊时应统一指挥，明确指挥信号，超高层建筑应使用对讲机作为指挥联络工具。

(5) 超高层塔式起重机起吊前，当吊物与地或其他物件之间存在吸附力或摩擦力而未采取处理措施时，不得起吊。

(6) 超高层塔式起重机起吊前，应对安全装置进行检查，确认合格后方可起吊。安全装置失灵时，不得起吊。

（7）作业中遇突发故障，应采取措施将吊物降落到安全地点，严禁吊物长时间悬挂在空中。

（8）遇有风速在12m/s及以上的大风或大雨、大雪、大雾等恶劣天气时，应停止作业。雨雪过后，应先经过试吊，确认制动器灵敏、可靠后方可进行作业。夜间施工应有足够照明。

（9）在吊物载荷达到额定载荷的90%时，应先将吊物吊离地面200～500mm后，检查机械状况、制动性能、物件绑扎情况等，确认无误后方可起吊。对有晃动的物件必须拴拉溜绳，使其稳固。物件起吊时应绑扎牢固，不得在吊物上堆放或悬挂其他物件。零星材料起吊时，必须用吊笼或钢丝绳绑扎牢固。

（10）标有绑扎位置或记号的物件，应按标明位置绑扎。钢丝绳与物件的夹角宜为45°～60°，且不得小于30°。吊索与吊物棱角之间应有防护措施，未采取防护措施的不得起吊。

（11）超高层建筑塔式起重机应配置障碍灯和风速仪。

（12）超高层塔式起重机的主要部件和安全装置等应进行经常性检查，每月不得少于一次并应有记录。当发现有安全隐患时，应及时进行整改。

（13）当超高层塔式起重机使用周期超过一年时，应进行一次全面检查，合格后方可继续使用。

（14）超高层塔式起重机使用时，起重臂和吊物下方严禁有人员停留。物件吊运时，不得从人员上方通过。

（15）不得使用超高层塔式起重机载运人员。

12.2.3 施工升降机安全技术

1. 基本规定

（1）超高层建筑使用施工升降机应按规定进行选型，类型、型号和数量应能满足施工现场货物尺寸、运载重量、运载频率和使用高度等方面的要求。

（2）超高层施工升降机安装作业前，安装单位应编制施工升降机安装、拆卸工程专项施工方案，由安装单位技术负责人批准后，报送施工总承包单位技术负责人审查，经现场总监理工程师审批，并告知工程所在地县级以上建设行政主管部门。当安装、拆卸过程中专项施工方案发生变更时，应按程序重新对方案进行审批，未经审批不得继续进行安装、拆卸作业。

（3）超高层建筑施工升降机地基、基础应满足使用说明书的要求。对基础设置在地下室顶板、楼面或其他下部悬空结构上的超高层施工升降机，应对基础支撑结构进行承载力验算。

2. 安装、拆除安全技术

（1）超高层施工升降机安装前应对各部件进行检查。对有可见裂纹的构件应进行修复或更换，对有严重锈蚀、严重磨损、整体或局部变形的构件必须进行更换，符合产品标准的有关规定后方能进行安装。

(2) 安装作业前，应对辅助起重设备和其他安装辅助用具的机械性能和安全性能进行检查，合格后方能投入作业。

(3) 安装作业前，安装技术人员应根据施工升降机安装、拆卸工程专项施工方案和使用说明书的要求，对安装作业人员进行安全技术交底，并由安装作业人员在交底书上签字。

(4) 超高层施工升降机必须安装防坠安全器。防坠安全器应在一年有效标定期内使用。超高层施工升降机应安装超载保护装置，超载保护装置在载荷达到额定载重量的110%前应能中止吊笼启动，在齿轮齿条式载人超高层施工升降机载荷达到额定载重量的90%时应能给出报警信号。

(5) 附墙架附着点处的建筑结构承载力应满足超高层施工升降机使用说明书的要求。超高层施工升降机的附墙架形式、附着高度、垂直间距、附着点水平距离、附墙架与水平面之间的夹角、导轨架自由端高度和导轨架与主体结构间水平距离等，均应符合使用说明书的要求。当附墙架不能满足施工现场要求时，应对附墙架另行设计。附墙架的设计应满足构件刚度、强度、稳定性等要求，制作应满足设计要求。

(6) 超高层施工升降机的安装作业范围应设置警戒线及明显的警示标志。非作业人员不得进入警戒范围。进入现场的安装作业人员应佩戴安全防护用品，高处作业人员应系安全带，穿防滑鞋。

(7) 当遇大雨、大雪、大雾或风速大于13m/s等恶劣天气时，应停止安装作业。

(8) 超高层施工升降机金属结构和电气设备金属外壳均应接地，接地电阻不应大于4Ω。

(9) 当需安装导轨架加厚标准节时，应确保普通标准节和加厚标准节的安装部位正确，不得用普通标准节替代加厚标准节。

(10) 导轨架安装时，应对超高层施工升降机导轨架的垂直度进行测量校准。超高层施工升降机导轨架安装垂直度偏差应符合使用说明书和表12-1的规定。

施工升降机安装垂直度允许偏差 表12-1

导轨架架设高度 h(m)	$h \leqslant 70$	$70 < h \leqslant 100$	$100 < h \leqslant 150$	$150 < h \leqslant 200$	$h > 200$
垂直度偏差(mm)	不大于 $(1/1000)h$	$\leqslant 70$	$\leqslant 90$	$\leqslant 110$	$\leqslant 130$
	钢丝绳式施工升降机,垂直度偏差不大于$(1.5/1000)h$				

(11) 接高导轨架标准节时，应按使用说明书的规定进行附墙连接，每次加节完毕后，应对超高层施工升降机导轨架的垂直度进行校正，且应按规定及时重新设置行程限位和极限限位。

(12) 连接件和连接件之间的防松、防脱件应符合使用说明书的要求，不得用其他物件代替。对有预紧力要求的连接螺栓，应使用扭力扳手或专用工具，按规定的拧紧次序将螺栓准确地紧固到规定的扭矩值。

(13) 拆卸前应对超高层施工升降机的关键部件进行检查，当发现问题时，应在问题解决后方能进行拆卸作业。

（14）应有足够的工作面作为拆卸场地，应在拆卸场地周围设置警戒线和醒目的安全警示标志，并应派专人监护。拆卸超高层施工升降机时，不得在拆卸作业区域内进行与拆卸无关的其他作业。

（15）拆卸附墙架时超高层施工升降机导轨架的自由端高度应始终满足使用说明书的要求。应确保与基础相连的导轨架在最后一个附墙架拆除后，仍能保持各方向的稳定性。

（16）超高层施工升降机拆卸应连续作业。当拆卸作业不能连续完成时，应根据拆卸状态采取相应的安全措施。

3. 使用安全技术

（1）超高层施工升降机额定载重量、额定乘员数标牌应置于吊笼的醒目位置。严禁在超过额定载重量或额定乘员数的情况下使用施工升降机。

（2）当电源电压值与超高层施工升降机额定电压值的偏差超过±5%，或供电总功率小于超高层施工升降机的规定值时，不得使用施工升降机。

（3）超高层建筑施工升降机地面通道，应设置双层防护棚。

（4）当遇大雨、大雪、大雾、施工升降机顶部风速大于20m/s或导轨架、电缆表面结有冰层时，不得使用施工升降机。

（5）超高层施工升降机安装在建筑物内部井道中时，应在运行通道四周搭设封闭屏障。

（6）安装在阴暗处或夜班作业的超高层施工升降机，应在全行程装设明亮的楼层编号标志灯。夜间施工时作业区应有足够的照明。

（7）超高层施工升降机每天第一次使用前，司机应将吊笼升离地面1～2m，停车试验制动器的可靠性。当发现问题，应经修复合格后方能运行。

（8）工作时间内司机不得擅自离开施升降机。当有特殊情况需离开时，应将施工升降机停到最底层，关闭电源并锁好吊笼门。

（9）操作手动开关的施工升降机时，不得利用机电联锁开动或停止施工升降机。

（10）层门门栓宜设置在靠施工升降机一侧，层面设计应采取能防止风将门吹开和能将门向施工升降机一侧开启的措施。

（11）超高层施工升降机专用开关箱应设置在导轨架附近便于操作的位置，配电容量应满足施工升降机直接启动的要求。

（12）当使用搬运机械向施工升降机吊笼内搬运物料时，搬运机械不得碰撞施工升降机。卸料时，物料放置速度应缓慢。当运料小车进入吊笼时，车轮处的集中载荷不应大于吊笼底板和层站底板的允许承载力。

（13）笼上的各类安全装置应保持完好、有效。经过大雨、大雪、台风等恶劣天气后，应对各安全装置进行全面检查，确认安全、有效后方能使用。

（14）当在施工升降机运行中发现异常情况时，应立即停机，直到排除故障后方能继续运行。

（15）作业结束后应将施工升降机返回最底层停放，将各控制开关拨到零位，切断电源，锁好开关箱、吊笼门和地面防护围栏门。

（16）应按使用说明书的规定对施工升降机进行保养、维修，保养、维修的时间间隔应根据使用频率、操作环境和施工升降机状况等因素确定。对施工升降机进行检修时应切断电源，并应设置醒目的警示标志。当需通电检修时，应做好防护措施。

12.3 超高层建筑爬模施工安全技术

12.3.1 概述

近年来，随着多种功能混凝土施工技术的开发，模架施工技术不断发展。采用安全、先进、经济的模架技术，对于确保混凝土构件的成型要求、降低工程事故风险、提高劳动生产率、降低工程成本和实现文明施工，具有十分重要的意义。

爬升模板简称爬模，是通过附着装置支承在建筑结构上，以液压油缸或千斤顶为爬升动力，以导轨为爬升轨道，随着建筑结构逐层爬升、循环作业的施工工艺。

爬升模板，由于它综合了大模板和滑升模板的优点，已形成了一种施工中模板不落地，混凝土表面质量易于保证的快捷、有效的施工方法，特别适用于超高层建筑的核心筒的施工。爬升模板既有大模板的优点，如：模板板块尺寸大，成型的混凝土表面光滑、平整，能够达到清水混凝土质量要求；又有滑升模板的特点，如自带模板、操作平台和脚手架随结构的增高而升高，抗风能力强，施工安全，速度快等；同时又比大模板和滑升模板有所发展和进步，如：施工精度更高，施工速度和节奏更快、更有序，施工更加安全，适用范围更广阔等。

爬升模板施工一般有以下特点：

（1）结构安全。爬模顶升脚手架和模板，在爬升过程中，全部施工静荷载及动荷载都由建筑结构承受，从而保证施工安全。

（2）降低交叉作业危险。架体爬升、楼板施工和绑扎钢筋等施工工序互不干扰。

（3）架体材料为钢质，减少木材用量，绿色环保。

（4）提升高度不受限制，就位方便、安全。

（5）防护严密，外防护材质一般为钢质，有足够的强度，能有效预防高处坠物风险。

12.3.2 爬升模板安全技术

1. 总体要求

（1）采用液压爬升模板进行施工应编制爬模专项施工方案，进行爬模装置设计与工作荷载计算；并应对承载螺栓、支承杆、导轨主要受力部件按施工、爬升、停工三种工况分别进行强度、刚度及稳定性计算。

（2）爬模应根据工程结构特点和施工因素，选择不同的爬模装置和承载体，满足爬模施工程序和施工要求。

（3）爬模装置应由专业生产厂家设计、制作，应进行产品制作质量检验。出厂前应进行至少两个机位的爬模装置安装试验、爬升性能试验和承载试验，并提供试验报告。

（4）爬模装置现场安装后，应进行安装质量检验。对液压系统应进行加压调试，检查密封性。

（5）在爬模装置爬升时，承载体受力处的混凝土强度应大于10MPa，并应满足设计要求。

2. 技术准备

爬模专项施工方案应包括下列内容：
1）工程概况和编制依据；
2）爬模施工部署；
3）爬模装置设计；
4）爬模主要施工方法；
5）施工管理措施。

3. 爬模装置安装、爬升与拆除

（1）准备工作

爬模安装前应完成下列准备工作：
1）对锥形承载接头、承载螺栓中心标高和模板底标高应进行抄平，当模板在楼板或基础底板上安装时，对高低不平的部位应作找平处理。
2）对爬模安装标高的下层结构外形尺寸、预留承载螺栓孔、锥形承载接头进行检查，对超出允许偏差的结构进行剔凿修正。
3）模板板面需刷脱模剂，机加工件需加润滑油。
4）在有楼板的部位安装模板时，应提前在下两层的楼板上预留洞口，为下架体安装留出位置。
5）在有门洞的位置安装架体时，应提前做导轨上升时的门洞支承架。

（2）安装程序

1）采用油缸和架体的爬模装置应按下列程序安装：
① 爬模安装前准备。
② 架体预拼装。
③ 安装锥形承载接头（承载螺栓）和挂钩连接座。
④ 安装导轨、下架体和外吊架。
⑤ 安装纵向连系梁和平台铺板。
⑥ 安装栏杆及安全网。
⑦ 支设模板和上架体。
⑧ 安装液压系统并进行调试。
⑨ 安装测量观测装置。

2）采用千斤顶和提升架的爬模装置应按下列程序安装：

① 爬模安装前准备。
② 支设模板。
③ 提升架预拼装。
④ 安装提升架和外吊架。
⑤ 安装纵向连系梁和平台铺板。
⑥ 安装栏杆及安全网。
⑦ 安装液压系统并进行调试。
⑧ 插入支承杆。
⑨ 安装测量观测装置。

(3) 安装要求

1) 架体或提升架宜先在地面预拼装，后用起重机械吊入预定位置。架体或提升架平面必须垂直于结构平面，架体、提升架必须安装牢固。

2) 采用千斤顶和提升架的模板应先在地面将平模板和背楞分段进行预拼装，整体吊装后用对拉螺栓紧固，同提升架连接后进行垂直度的检查和调节。

3) 安装锥形承载接头前应在模板相应位置上钻孔，用配套的承载螺栓连接；固定在墙体预留孔内的承载螺栓套管，安装时也应在模板相应孔位用与承载螺栓同直径的对拉螺栓紧固，其定位中心允许偏差应为±5mm，螺栓孔和套管孔位应有可靠堵浆措施。

4) 挂钩连接座安装固定应采用专用承载螺栓，挂钩连接座应与构筑物表面有效接触，挂钩连接座安装中心允许偏差应为±5mm。

5) 上架体行走滑轮、提升架立柱滑轮、活支腿丝杠、纠偏滑轮等部位安装后应转动灵活。

6) 液压油管宜整齐排列固定。液压系统安装完成后应进行系统调试和加压试验，保压5min，所有接头和密封处应无渗漏。

7) 液压系统试验压力应符合下列规定：

① 千斤顶液压系统的额定压力应为8MPa，试验压力应为额定压力的1.5倍。

② 油缸液压系统的额定压力大于或等于16MPa时，试验压力应为额定压力的1.25倍。额定压力小于16MPa时，试验压力应为额定压力的1.5倍。

8) 采用千斤顶和提升架的爬模装置应在液压系统调试后插入支承杆。

(4) 爬模装置爬升

1) 爬升施工必须建立专门的指挥管理组织，制定管理制度，液压控制台操作人员应进行专业培训，合格后方可上岗操作，严禁其他人员操作。

2) 非标准层层高大于标准层层高时，爬升模板可多爬升一次或在模板上口支模接高；非标准层层高小于标准层层高时，混凝土按实际高度要求浇筑。非标准层必须同标准层一样在模板上口以下规定位置预埋锥形承载接头或承载螺栓套管。

3) 爬升施工应在合模完成和混凝土浇筑后两次进行垂直偏差测量，如有偏差，应在上层模板紧固前进行校正。

4) 油缸和架体的爬模装置的爬升。

① 导轨爬升应符合下列要求:

a. 导轨爬升前,其爬升接触面应清除粘结物和涂刷润滑剂,检查防坠爬升器棘爪是否处于提升导轨状态,确认架体固定在承载体和结构上,确认导轨锁定销键和底端支撑已松开。

b. 导轨爬升由油缸和上、下防坠爬升器自动完成,爬升过程中,应设专人看护确保导轨准确插入上层挂钩连接座。

c. 导轨进入挂钩连接座后,挂钩连接座上的翻转挡板必须及时挂住导轨上端挡块,导轨进入挂钩连接座后,挂钩连接座上的翻转挡板必须及时挂住导轨上端挡块,同时调定导轨底部支撑,然后转换防坠爬升器棘爪爬升功能,使架体支承在导轨梯挡上。

② 架体爬升应符合下列要求:

a. 架体爬升前,必须拆除模板上的全部对拉螺栓及妨碍爬升的障碍物;清除架体上剩余材料,翻起所有安全盖板,解除相邻分段架体之间、架体与构筑物之间的连接,确认防坠爬升器处于爬升工作状态;确认下层挂钩连接座、锥体螺母或承载螺栓已拆除;检查液压设备均处于正常工作状态,承载体受力处的混凝土强度满足架体爬升要求,确认架体防倾调节支腿已退出,挂钩锁定销已拔出;架体爬升前要组织安全检查,检查合格后方可爬升。

b. 架体可分段和整体同步爬升,同步爬升控制参数的设定;每段相邻机位间的升差值宜在 1/200 以内,整体升差值宜在 50mm 以内。

c. 整体同步爬升应由总指挥统一指挥,各分段机位应配备足够的监控人员。

d. 架体爬升过程中,应设专人检查防坠爬升器,确保棘爪处于正常工作状态。当架体爬升进入最后 2~3 个爬升行程时,应转入独立分段爬升状态。

e. 架体爬升到达挂钩连接座时,应及时插入承销,并旋出架体防倾调节支腿顶撑在混凝土结构上,使架体从爬升状态转入施工固定状态。

5) 千斤顶和提升架的爬模装置。

① 提升架爬升前应完成下列准备工作:

a. 墙体混凝土浇筑完毕未初凝之前,将支承杆埋入混凝土,墙体混凝土强度达到爬升要求并确定支承杆受力之后,方可松开挂钩可调支座,并将其调至距离墙面约 100mm 位置处。

b. 认真检查对拉螺栓、角模、钢筋、脚手板等是否有妨碍爬升的情况,清除所有障碍物。

c. 将标高测设在支承杆上,并将限位卡固定统一的标高上,确保爬模平台标高。

② 提升架爬升应符合下列要求:

a. 提升架应整体同步爬升,千斤顶每次爬升的行程宜为 50~100mm,爬升过程中吊平台上应有专人观察爬升的情况,如有障碍物应及时排除并通知总指挥。

b. 千斤顶的支承杆应设限位卡,每爬升 50~1000mm 调平一次,整体升差值宜在 50mm 以内。爬升过程中应及时将支承杆上的标高向上传递,保证提升位置的准确。

c. 爬升过程中应确保防坠挂钩处于工作状态,随时对油路进行检查。发现漏油现象,立刻停止爬升,对漏油原因分析并排除之后才能继续爬升。

d. 爬升完成，定位预埋件露出模板下口后，安装新的挂钩连接座，并及时将导向杆上部的挂钩、可调支座同挂钩连接座连接。操作人员站在吊平台中部安装防坠挂钩及导向滑轮，并及时拆除下层挂钩连接座、防坠挂钩及导向滑轮。

（5）拆除

1）爬模装置拆除前，必须编制拆除技术方案，明确拆除先后顺序，制定拆除安全措施，进行安全技术交底。

2）爬模装置拆除应明确平面和竖向拆除顺序，其基本原则应符合下列规定：

① 在起重机械起重力矩允许范围内，平面按大模板分段，如果分段的大模板重量超过起重机械起重力矩，可将其再分段。

② 采用油缸和架体的爬模装置，竖直方向分模板、上架体、下架体与导轨四部分拆除。采用千斤顶和提升架的爬模装置竖方向不分段，进行整体拆除。最后一段爬模装置拆除时，要留有操作人员撤退的通道或脚手架。

③ 爬模装置拆除前，必须清除影响拆除的障碍物，清除平台上所有的剩余材料和零散物件，切断电源后，拆除电线、油管；不得在高空拆除跳板、栏杆和安全网，防止高空坠落和落物伤人。

4. 安全装置

（1）承载螺栓和锥形承载接头设计应符合下列规定：

1）固定在墙体预留孔内的承载螺栓在垫板、螺母以外长度不应少于3个螺距，垫板尺寸不应小于100mm×100mm×10mm。

2）锥形承载接头应有可靠锚固措施，锥体螺母长度不应小于承载螺栓外径的3倍。预埋件和承载螺栓拧入锥体螺母的深度均不得小于承载螺栓外径的1.5倍。

3）当锥体螺母与挂钩连接座设计成一整体部件时，其挂钩部分的最小截面应按照承载螺栓承载力计算方法计算。

（2）防坠爬升器设计应符合下列规定：

1）防坠爬升器与油缸两端的连接采用销接。

2）防坠爬升器内承重棘爪的摆动位置必须与油缸活塞杆的伸出与收缩协调一致，换向可靠，确保棘爪支承在导轨的梯挡上，防止架体坠落。

（3）挂钩连接座设计应具有水平位置的调功能，以消除承载螺栓的施工误差。

（4）导轨设计应符合下列规定：

1）导轨设计应具有足够的刚度，其变形值不应大于5mm，导轨的设计长度不应小于1.5倍层高。

2）导轨应能满足与防坠爬升器相互运动的要求，导轨的梯档间距应与油缸行程相匹配。

3）导轨顶部应与挂钩连接座进行挂接或销接，导轨中部应穿入架体防倾调节支腿中。

5. 安全规定

（1）爬模工程必须编制安全专项施工方案，方案应经专家论证。

（2）爬模装置的安装、操作、拆除应在专业厂家指导下进行，专业操作人员应进行爬模施工安全、技术培训，合格后方可上岗操作。

（3）爬模工程应设专职安全员，负责爬模施工的安全监控，并填写安全检查表。

（4）操作平台上应在显著位置标明允许荷载值，设备、材料及人员等荷载应均匀分布，人员、物料不得超过允许荷载；爬模装置爬升时不得堆放钢筋等施工材料，非操作人员应撤离操作平台。

（5）爬模施工临时用电线路架设及架体接地、避雷措施等应符合有关规定。

（6）机械操作人员应按有关规定定期对机械、液压设备等进行检查、维修，确保使用安全。

（7）操作平台上应按消防要求设置灭火器，施工消防供水系统应随爬模施工同步设置。在操作平台上进行电、气焊作业时，应有防火措施和专人看护。

（8）上、下操作平台均应满铺脚手板。上架体、下架体全高范围及下端平台底部均应安装防护栏及安全网；下操作台及下架体下端平台与结构表面之间应设置翻板和兜网。

（9）对后退进行清理的外墙模板应及时恢复停放在原合模位置，并应临时拉接固定；架体爬升时，模板距结构表面不应大于300mm。

（10）遇有六级以上强风、浓雾、雷电等恶劣天气，停止爬模施工作业，并应采取可靠的加固措施。

（11）操作平台与地面之间应有可靠的通信联络。爬升和拆除过程中应分工明确、各负其责，应实行统一指挥、规范指令。爬升和拆除指令只能由爬模总指挥一人下达，操作人员发现的不安全问题，应及时处理、排除并立即向总指挥反馈信息。

（12）爬升前爬模总指挥应告知平台上所操作人员，清除影响爬升的障碍物。

（13）爬模装置拆除时，参加拆除的人员必须系好安全带并扣好保险钩；每起吊一段模板或架体前，操作人员必须离开。

12.4 超高层建筑起重吊装安全技术

12.4.1 概述

目前，超高层、大跨度钢结构的施工在我国不断出现，超高层建筑的主体形式一般为钢混结构，外框主要采用钢结构。施工现场钢结构起重吊装量特别大，对现场的施工部署、起重机械、安全防护等有着特别的要求。

起重吊装工程是施工结构装配式部分的主要工序。所谓结构的装配式部分，是指建筑物的某些构件在工厂或施工现场预制成各个单体构件或单元，然后利用起重机械按图纸要求在施工现场完成组装。与现浇钢筋混凝土结构施工方法相比，它具有设计标准化、构件定型化、生产工厂化、安装机械化的优点，是建筑业施工现代化的重要途径之一。

超高层起重吊装工程的突出特点可总结为：

(1) 施工中为减少吊装次数,设计的吊装构件朝大型化、单元化发展。

(2) 吊装构件受力复杂。在构件安放和起吊过程中,其受力的大小、性质不断改变因而须对构件在施工全过程中的承载力和变形进行验算,并采取相应的措施。

(3) 起重吊装过程安全风险极大。对施工方法、人员技能、气候条件等有着很高的要求。

12.4.2 起重吊装安全技术

1. 吊装索具、工具

(1) 钢丝绳

钢丝绳是由高强度钢丝搓捻而成的。它具有自重轻、强度高、耐磨损、弹性大、寿命长、在高速下运转平衡、没有噪声、安全可靠等优点。而且能承受冲击荷载,磨损后外部产生许多毛刺,容易检查,便于预防事故,是结构吊装作业中常用的绳索之一。

1) 钢丝绳的构造和种类。

结构吊装中常用的钢丝绳采用六股钢丝绳,每股由 19 根、37 根、61 根直径为 0.4~3.0mm 的高强度钢丝组成。通常表示方法是:6×19+1、6×37+1、6×61+1;前两种使用最多,6×19 钢丝绳多用作缆风绳和吊索;6×37 钢丝绳多用于穿滑车组和作吊索。

2) 钢丝绳的安全检查。

钢丝绳使用一段时间后,就会产生断丝、腐蚀和磨损现象,其承载力降低。一般规定,钢丝绳在一个节距内断丝数量超过表 12-2 的数字时就应当报废,以免造成事故。

钢丝绳的报废标准(一个节距内的断丝数)　　　表 12-2

采用的安全系数	钢丝绳种类					
	6×19		6×37		6×61	
	交互捻	同向捻	交互捻	同向捻	交互捻	同向捻
6 以下	12	6	22	11	36	18
6~7	14	7	26	13	38	19
7 以上	16	8	30	15	40	20

当钢丝绳表面锈蚀或磨损使钢丝绳的直径显著减少时,应将表 12-2 报废标准按表 12-3 折减,并按折减后的断丝数报废。

钢丝绳锈蚀或磨损时报废标准的折减系数　　　表 12-3

钢丝绳表面锈蚀或磨损量(%)	10	15	20	25	30~40	大于 40
折减系数	85	75	70	60	50	报废

3) 钢丝绳的使用注意事项。

① 钢丝绳解开使用时,应按正确的方法进行,以免钢丝绳产生扭结。钢丝绳切断前,用应在切口两侧用细钢丝绑扎,以防切断后绳头松散。

② 钢丝绳穿过滑轮时,滑轮槽的直径应比绳的直径大 1~3.5mm。滑轮槽过大钢

丝绳容易压扁；过小则容易磨损。滑轮的直径不得小于钢丝绳直径的10～12倍，以减小绳的弯曲应力。禁止使用轮缘破损的滑轮。

③ 钢丝绳使用一段时间（4个月左右）后应进行保养，保养用油膏配方可为干黄油90%，牛油或石油沥青10%。

④ 存放在仓库里的钢丝绳应成卷排列，避免重叠堆置，库中应保持干燥，以防钢丝锈蚀。

⑤ 绑扎边缘锐利的构件时，应使用半钢管或麻袋、木板等物予以保护。

⑥ 使用中，如绳股间有大量的油挤出，表明钢丝绳的荷载已相当大，这时必须勤加检查，以防发生事故。

(2) 绳夹

1) 绳卡类型。

绳夹又称绳卡、卡头，是用来夹紧钢丝绳端，或将两根钢丝绳固定在一起的一种索具。用它来固定和夹紧钢丝绳不但牢固，而且装拆方便。绳夹通常用骑马式、压板式（U形）、拳握式（L形）三种类型，其中骑马式绳夹最为常见。

2) 安全检查。

吊装作业中，须重点检查绳卡配备的数量及间距。一定直径的钢丝绳需按表12-4的要求配备一定数量绳卡，绳卡间距须按要求设置。

绳卡配备要求 表12-4

钢丝绳直径(mm)	$\phi \leqslant 19$	$19 < \phi \leqslant 32$	$32 < \phi \leqslant 38$	$38 < \phi \leqslant 44$
绳卡数量(个)	3	4	5	6

3) 使用注意事项。

① 钢丝绳夹必须有出厂合格证和质量证明书。螺母与螺栓的配合应符合要求，螺母应能用手拧入，但无松旷现象，螺纹部位应加润滑油。

② 作用时，应根据所卡夹钢丝绳的直径大小选择相应规格的钢丝绳夹，严禁代用（大代小或小代大）或采用在钢丝绳中加垫料的方法拧紧绳夹。

③ 每个钢丝绳夹都要拧紧，以压扁钢绳直径1/3左右为宜，并应将压板式绳夹部分卡在绳头（即活头）的一边，这是因为压板式绳夹与钢丝绳的接触面小容易使钢丝绳产生弯曲，如有松动或滑移，绳头也不会从压板式绳夹环中滑出，只是钢丝绳夹与主绳滑动，有利于安全。

④ 卡绳时，应将两根钢丝绳理顺，使其紧密相靠，不能一根紧一根松，否则钢丝绳夹不能同时起作用，将会影响安全使用。

⑤ 钢丝绳受力后，应立即检查绳夹是否走动。由于钢丝绳受力后会产生变形，因此，绳夹在实际使用中受荷1～2次后，要对绳夹要进行二次拧紧。

⑥ 离套环最近的绳夹应尽可能地紧靠套环，紧固绳夹时要考虑每个绳夹的合理受力，离套环最远的绳夹不得首先单独紧固。

⑦ 吊装重要的设备或构件时，为了便于检查，可在绳头的尾部加一保险绳卡，并放出一个"安全弯"。当接头的钢丝绳发生滑动时，"安全弯"即被拉直，可及时采取相

应措施保证作业安全。

⑧ 钢丝绳夹使用后,要检查螺栓的螺纹有无损坏。暂时不用时,应在螺纹处涂上防锈油,并存放于干燥处备用。

(3) 吊装带

1) 构造和种类

吊装带一般采用高强力聚酯长丝制作,具有强度高,耐磨损、抗氧化、抗紫外线等多重优点,同时质地柔软,不导电,无腐蚀(对人体无任何伤害)。

吊装带的种类很多,常规吊装带(按吊装带外观)分为四类:环形穿芯、环形扁平、双眼穿芯、双眼扁平四类。

吊装带具有携带轻便、维护方便和良好的抗化学性,以及具有重量轻、强度高、不易损伤吊装物体表面等优异特点。

2) 安全检查

① 对吊装带进行全长表面检查,吊装带表面不应有横向、纵向擦破或割断,边缘、软环及末端件的损坏。

② 吊装带不应有腐蚀,造成表面纤维脱落或擦掉等缺陷。

③ 吊装带边缘不应有割断缺陷。

④ 缝合处不得有不平整、变质。

3) 使用注意事项

① 吊装带在工作时,不得拖拉,以防损坏吊装带。

② 吊装带不得打结使用,承载时不得转动货物使吊装带打拧。

③ 不得使用没有护套的吊装带吊装有尖角、棱边的货物,以防损伤吊装带。

④ 不得长时间悬吊货物。

⑤ 不得将吊装带存放在有明火或其他热源附近,应注意避光保存。

⑥ 要定期清洗吊装带。

2. 吊装防护

(1) 操作人员进行高处作业时,必须正确使用安全带,一般应高挂低用,即安全绳端钩环挂于高处,而人在低处操作。

(2) 雨天和雪天进行高处作业时,必须采取可靠的防滑、防寒、防冻措施。作业处与构件上有水、冰、霜、雪均应及时清除。

(3) 登高梯子的上端应予固定,立梯工作角度以 75°为宜,踏板上下间距以 30cm 为宜,不得有缺挡。

(4) 高空用的吊篮和临时工作台应绑扎牢靠,吊篮和工作台的脚手板应铺平绑牢,严禁出现探头板。吊移操作平台时,平台上方不得站人。

(5) 在高处独根横梁、屋面、屋架以及在其他危险边缘进行工作时,在临空一面应装设栏杆和安全网。

(6) 进行高空构件安装,需在梁上行走时,应设置护栏横杆或绳索,当使用绳索作安全绳时,钢丝绳的自然下垂度不应大于绳长的 1/20,并不应大于 100mm。

(7) 当构件吊起时,所有人员不得站在吊物下方,并应保持一定的安全距离。

3. 吊装安全技术

（1）起重吊装作业前，必须编制吊装作业的专项施工方案，并应进行安全技术措施交底；作业中，未经技术负责人批准，不得随意更改。

（2）起重机操作人员、起重信号工、司索工等特种作业人员必须持特种作业资格证书上岗。严禁非起重机驾驶人员驾驶、操作起重机。

（3）起重吊装作业前，应检查所使用的机械、滑轮、吊具和地锚等，必须符合安全要求。

（4）吊装作业区域四周应设置明显标志，严禁非操作人员入内。夜间不宜作业，当确需夜间作业时，应有足够的照明。

（5）绑扎所用的吊索、卡环、绳扣等的规格应根据计算确定。起吊前，应对起重机钢丝绳及连接部位和吊具进行检查。

（6）高空吊装梁和采用斜吊绑扎吊装柱时，应在构件两端绑扎溜绳，由操作人员控制构件的平衡和稳定。构件的吊点应符合设计规定。对异形构件或当无设计规定时，应经计算确定，保证构件起吊平稳。

（7）安装所使用的螺栓、钢楔、木楔、钢垫板和垫木等的材质，应符合设计要求及国家现行标准的有关规定。

（8）吊装大、重构件和采用新的吊装工艺时，应先进行试吊，确认无问题后，方可正式起吊。

（9）吊起的构件应确保在起重机吊杆顶的正下方，严禁采用斜拉、斜吊，严禁起吊埋于地下或粘结在地上的构件。

（10）起重机靠近架空输电线路作业或在架空输电线路下行走时，与架空输电线的安全距离应符合现行行业标准《施工现场临时用电安全技术规范》JGJ 46 和其他相关标准的规定。

（11）开始起吊时，应先将构件吊离地面 200～300mm 后暂停，检查起重机的稳定性、制动装置的可靠性、构件的平衡性和绑扎的牢固性等，确认无误后，方可继续起吊。已吊起的构件不得长久停滞在空中。严禁超载和吊装重量不明的重型构件和设备。

（12）严禁在吊起的构件上行走或站立，不得用起重机载运人员，不得在构件上堆放或悬挂零星物件。严禁在已吊起的构件下面或起重臂下旋转范围内作业或行走。起吊时应匀速，不得突然制动。回转时动作应平稳，当回转未停稳前不得做反向动作。

（13）暂停作业时，对吊装作业中未形成稳定体系的部分，必须采取临时固定措施。

（14）吊装中的焊接作业，应有严格的防火措施，并应设专人看护。在作业部位下面周围 10m 范围内不得有人。

（15）已安装好的结构构件，未经有关设计和技术部门批准不得随意凿洞开孔。严禁在其上堆放超过设计荷载的施工荷载。

（16）对临时固定的构件，必须在完成了永久固定，并经检查确认无误后，方可解除临时固定措施。

（17）对起吊物进行移动、吊升、停止、安装时的全过程应采用旗语或通用手势信号进行指挥，信号不明不得启动，上下联系应相互协调，也可采用通信工具。

12.5 超高层建筑幕墙施工安全技术

12.5.1 概述

在我国，随着超高层建筑物的日益增多，建筑幕墙也得到了迅猛的发展。近几年，单元式幕墙发展尤为迅速，现已成为超高层建筑幕墙的主要类型。单元式幕墙加工时，选择技术先进、质量有保证的加工厂，可以有效控制单元板块加工质量和进度，实现超高层建筑幕墙施工的工业化。单元式幕墙在现场依靠专用设备进行吊装，到达预定位置后，直接进行定位安装，节约了现场塔式起重机、施工升降机的用量，加快了施工现场的施工进度。

超高层建筑单元式幕墙设计、加工根据现场的情况确定，往往单块重量较大，在运输过程中需借助机械设备才能完成。运输过程中，受制于现场的条件及作业人员违章等因素，往往容易导致幕墙玻璃倒塌伤人事故。

单元式幕墙的安装依靠吊装设备完成，吊装设备通常根据安装位置分层布置，吊运过程需要控制的风险项较多，稍有不慎就会导致幕墙掉落伤人事故。

超高层建筑幕墙施工一般与主体施工同步进行，面临上部作业和地面作业两个方向的交叉作业施工，施工作业安全风险较大。

超高层建筑幕墙在施工时依靠吊装进行，楼层周边临边防护因施工需要，往往要进行局部拆除，作业层施工作业人员面临的高处坠落风险极大。

12.5.2 超高层幕墙施工安全技术

1. 总体要求

（1）超高层建筑玻璃幕墙的安装施工应单独编制施工组织设计，并应包括下列内容：

1）工程进度计划；
2）与主体结构施工、设备安装、装饰装修的协调配合方案；
3）搬运、吊装方法；
4）测量方法；
5）安装方法；
6）安装顺序；
7）构件、组件和成品的现场保护方法；
8）检查验收；
9）安全措施。

（2）单元式玻璃幕墙的安装施工组织设计尚应包括以下内容：

1）吊具的类型和吊具的移动方法，单元组件起吊地点、垂直运输与楼层上水平运输方法和机具；

2) 收口单元位置、收口闭合工艺及操作方法;

3) 单元组件吊装顺序以及吊装、调整、定位固定等方法和措施。

(3) 幕墙施工组织设计应与主体工程施工组织设计的衔接,单元幕墙收口部位应与总施工平面图中施工机具的布置协调。如果采用塔式起重机直接吊装单元组件,应使塔式起重机臂覆盖全部安装位置。

2. 超高层幕墙运输及储存

(1) 幕墙单元构件运输应符合下列要求:

1) 运输前单元板块应顺序编号,并做好成品保护;

2) 装卸及运输过程中,应采用有足够承载力和刚度的周转架,衬垫弹性垫,保证板块相互隔开相对固定,不得相互挤压和串动;

3) 超过运输允许尺寸的单元板块,应采取特殊措施;

4) 单元板块应按顺序摆放平衡,不应造成板块或型材变形;

5) 运输过程中,应采取措施减小颠簸。

(2) 幕墙单元构件在场内堆放时,应符合下列要求:

1) 宜设置专用堆放场地,并应有安全保护措施;

2) 宜存放在周转架上;

3) 应依照安装顺序先出后进的原则按编号排列放置;

4) 不应直接叠层堆放;

5) 不应频繁装卸。

3. 幕墙吊装

(1) 单元吊装机具准备应符合下列要求:

1) 应根据单元板块选择适当的吊装机具,并于主体结构安装牢固;

2) 吊装机具使用前,应进行全面质量、安全检验;

3) 吊具设计应使其在吊装中与单元板块之间不产生水平方向分力;

4) 吊具运行速度应可控制,并有安全保护措施;

5) 吊装机具应采取防止单元板块摆动的措施。

(2) 起吊和就位应符合下列要求:

1) 吊点和挂点应符合设计要求,吊点不应少于2个。必要时可增设吊点加固措施并试吊;

2) 起吊单元板块时,应使各吊点均匀受力,起吊过程应保持单元板块平稳;

3) 吊装升降和平移应使单元板块不摆动、不撞击其他物体;

4) 吊装过程应采取措施保证装饰面不受磨损和挤压;

5) 单元板块就位时,应先将其挂到主体结构的挂点上,板块未固定前,吊具不得拆除。

(3) 单轨吊是用于幕墙单元板吊装的专用设备,由悬挂在楼板四周的Ⅰ型钢轨道与电葫芦等设备组成。它具有操作方便、灵活、安装速度快等特点。单轨吊的安装位置应根据工程实际情况确定:

1) 安装方法:

① 定做好的单轨道运输到需要安装的楼层，分别放置在需要安装的位置旁边。

② 因单轨道安装在结构楼板的外侧，所以安装时要防止坠落，必须采取有效的安全措施（用安全绳连接轨道再进行安装）。

2）安装程序：

① 角钢（固定支点）与预埋件固定。

② 单轨道安装时两端各二人用绳子系好轨道两端，移至安装位置，用螺栓连接到固定支点上，方可松开绳子。

③ 单轨道比较长时，要用手拉葫芦提升至安装位置，手拉葫芦与上层楼板底梁连接

④ 安装楼层设置安全绳与柱子连接，高度约2m，系安全带用。安装部位下方设安全警戒线。

⑤ 根据轨道图纸进行施工调试。

3）注意事项：

① 使用期间操作人员、安全人员要经常检运转情况，严禁带病工作。

② 每次使用前必须先试运转正常后方可以使用，收工后要将电机移至安全的地方，并切断电源。电动葫芦要用防水布包裹以防止渗水烧坏机体。雷雨天气禁止使用。

（4）吊装平台安装：

1）安装方法

在设置平台的上层楼面，将两根保险绳分别固定在预先焊在梁上的专用吊钩上，也可采用在柱上绑扎固定的方式，或固定在上层板底梁的预制构件上，钢丝绳的另一端连接一个5t的卸扣，将钢丝绳从平台外端两侧的吊环及对称的另两吊环中穿入，并用卡扣锁牢用。塔式起重机将平台吊至安装楼面就位，在平台外端吊环上安装已悬挂好的受力钢丝绳，在内侧吊环上系好保险钢丝绳，在平台另一端吊环内固定受力钢丝绳，另一通过卸扣固定在预先设定的梁上，收紧钢丝检查平台安装牢固后，将两根保险绳上的花篮螺栓略微松开，使之处于收紧但不受力，将平台与本层的预制吊钩用钢丝连接固定。或用锚栓与本层楼板固定，防止平台外移松开塔式起重机吊钩。每次钢平台移动，均按重复以上过程。

2）平台安装注意事项

安装平台时地面应设警戒区，并有安全员监护和塔式起重机司机密切配合。钢丝绳与楼板边缘接触处加垫块，并在钢丝绳上加胶管保护。平台外侧设置向内开开启的门，门仅在使用状态下开启。保险丝绳上使用的葫芦挂钩需有保险锁，弯钩朝上吊索保险绳每端不少于3只，钢丝头拍杆和钢平台之间不得留有空隙。

（5）单元体式幕墙单元体吊装：

1）吊装准备

① 吊运前，吊运人员根据吊运计划对将要吊运的单元板块做最后检验，确保无质量、安全隐患后，分组码放，准备吊运。

② 对吊运相关人员进行安全技术交底，明确路线、停放位置。预防吊运过程中造

成板块损坏或安全事故。

③吊装设备操作人员按照操作规程,了解当班任务,对吊装设备进行检查,确保吊装设备能正常使用。

④单元体板块的固定:先将钢架和玻璃吸盘固定,通过吸盘吸住单元板块上的玻璃后,将钢架、吸盘和单元板块用防护绳捆绑固定,防止意外脱落。此时再将钢架吊起,即可达到吊装的目的。

2)地面转运

①地面转运人员根据吊运计划,将存放的单元板块,重新码放,码放层数不超过三层。

②使用叉车进行运输,在交通员的指挥下驶向吊运存放点,行驶时注意施工现场交通安全。

③卸货。叉车按起重机信号员的要求,将板块卸于起吊点,然后驶回板块存放点,继续执行地面转运任务。

④地面转运人员在单元板块转运架的吊点装上绳索,等待吊运。吊绳连接必须牢固,注意防止吊绳滑脱与摩擦板块。

3)垂直吊运

①在地面信号员的指挥下,卷扬机操作员放下吊钩,接近地面时,减慢吊钩速度,并按信号员指挥停车,等待吊挂。

②地面转运人员将吊绳挂在吊钩上,扶住单元板块转运架,防止晃动,起重机开始提升,升高0.5m,确认正常后,人员应从起吊点撤离,起重机提速上行,启动时应低速运行,然后逐步加快达到全速。

③提升过程中,注意保持匀速,平稳上行,一次起升工作高程后进行变幅动作,操作平稳,在到达限位开关时,要减速停车。起吊过程中遇到暴风骤起,应将起吊物放下。

4)楼内转运存放

①在接料平台上的信号员指挥下,卷扬机操作人员进行变幅动作,操作力求平稳,逐步减速而停车,不得猛然制动。

②缓慢将单元板块移动到转运平台上,并悬停,高度小于0.5m。

③待楼层转运人员在转运架下方安装上尼龙万向轮后,慢慢放下,取下吊钩,卸下吊绳,将板块推进楼内,起重机将楼内空闲的单元板块转运架吊起,运到楼下。

④楼层转运人员将转运架推至板块存放处,卸下尼龙万向轮,将板块存放在楼内,板块间保持0.5m间距,便于操作人员检查,并应空出楼内的运输通道。

5)水平转运

①将堆放在楼层内的单元板块人工转至发射车上,推到接料平台上,单元体正面平放,采用环形轨道上的电动葫芦起吊,在起吊时应注意保护单元板块免受碰撞。

②环形轨道沿建筑四周布置,转弯处弯曲要求顺弯、均匀。

用手拉葫芦和简易支架配合安装电动葫芦，安装完后进行调试运行，自检合格后，报监理单位验收合格后才能使用。

③将固定在特制钢架上的单元板块与电动葫芦挂钩连接，钩好钢丝绳慢慢启动吊机使单元板块沿钢丝绳缓缓提升，然后再水平输到安装位置，严格控制提升速度和重量，防止单元板块与结构发生碰撞，造成表面的损坏。单元板块沿环形轨道运至安装位置进行最后的就位安装。

（6）吊装机具在使用前，应进行严格检查。电动工具应进行绝缘电压测试；手持玻璃吸盘及玻璃吸盘机应进行吸附重量和吸附持续时间试验。

（7）当超高层建筑的玻璃幕墙安装与主体结构施工交叉作业时，在主体结构的施工层下方应设置防护网；在距离地面约3m高度处，应设置挑出宽度不小于6m的水平防护网。

12.6 超高层建筑施工消防安全技术

12.6.1 概述

超高层建筑施工具有多专业、多楼层、立体交叉作业的特点，现场施工易燃物较多，加之施工过程中消防体系尚不完善，导致超高层建筑发生火灾的几率大增。特别是消防安全事故，是高层建筑的施工安全管理重点。

超高层建筑一旦发生火灾，扑救及疏散极为困难，造成的人员伤亡和财产损失都是相当严重的，具体表现在：

（1）易形成"烟囱效应"，引发火灾传播速度快。
（2）受风力的影响大。
（3）火灾温度高，对结构本身安全影响大。
（4）毒气危害大，容易造成重大伤亡事故。
（5）疏散营救难度大。

12.6.2 超高层建筑施工消防安全技术

1. 超高层建筑消防设施布置

（1）一般规定

1）现场应设置灭火器、临时消防给水系统和应急照明等临时消防设施。

2）临时消防设施应与超高层建筑主体的施工同步设置，临时消防设施的设置与主体结构施工进度的差距不应超过3层。

3）施工现场的消火栓泵应采用专用消防配电线路。专用消防配电线路应自施工现场总配电箱的总断路器上端接入，且应保持不间断供电。

4）临时消防给水系统的贮水池、消火栓泵、室内消防竖管及水泵接合器等应设置醒目标识。

（2）灭火器

超高层建筑的下列场所应配置灭火器。

1）易燃易爆危险品存放及使用场所。

2）动火作业场所。

3）可燃材料存放、加工及使用场所。

4）变配电房、设备用房、办公用房、宿舍等临时用房。

5）其他具有火灾危险的场所。

且灭火器的类型应与配备场所可能发生的火灾类型相匹配，灭火器的配置数量应按现行国家标准《建筑灭火器配置设计规范》GB 50140 的有关规定经计算确定，且每个场所的灭火器数量不应少于 2 具。

（3）临时消防给水系统

1）施工现场或其附近应设置稳定、可靠的水源，并应能满足施工现场临时消防用水的需要。

2）消防水源可采用市政给水管网或天然水源。当采用天然水源时，应采取确保冰冻季节、枯水期最低水位时顺利取水的措施，并应满足临时消防用水量的要求。

3）临时消防用水量应为临时室外消防用水量与临时室内消防用水量之和。

4）临时室外消防用水量应按临时用房和超高层建筑的临时室外消防用水量的较大者确定，施工现场火灾次数可按同时发生 1 次确定。

5）临时用房建筑面积之和大于 100m² 或超高层建筑单体体积大于 10000m³ 时，应设置临时室外消防给水系统。当施工现场处于市政消火栓 150m 保护范围内，且市政消火栓的数量满足室外消防用水量要求时，可不设置临时室外消防给水系统。

6）临时用房的临时室外消防用水量不应小于表 12-5 的规定。

临时用房室外消防用水量　　　　　　　　　　　表 12-5

临时用房的建筑面积之和	火灾延续时间 (h)	消火栓用水量 (L/s)	每支水枪最小流量 (L/s)
1000m² ＜面积≤5000m²	1	10	5
面积＞5000m²		15	5

7）超高层建筑的临时室外消防用水量不应小于表 12-6 的规定。

超高层建筑室外消防用水量　　　　　　　　　　　表 12-6

超高层建筑（单体）体积	火灾延续时间 (h)	消火栓用水量 (L/s)	每支水枪最小流量 (L/s)
10000m³ ＜体积≤30000m³	1	15	5
体积＞30000m³	2	20	5

8）施工现场临时室外消防给水系统的设置应符合下列规定：

① 给水管网宜布置成环状。

② 临时室外消防给水干管的管径,应根据施工现场临时消防用水量和干管内水流计算速度计算确定,且不应小于 DN100。

③ 室外消火栓应沿超高层建筑、临时用房可燃材料堆场及其加工场均匀布置,与超高层建筑、临时用房可燃材料堆场及其加工场的外边线的距离不应小于 5m。

④ 消火栓的间距不应大于 120m。

⑤ 消火栓的最大保护半径不应大于 150m。

9) 超高层建筑应设置临时室内消防给水系统。临时室内消防用水量不应小于表 12-7 的规定。

临时室内消防用水量表　　　表 12-7

高度、建筑体积	火灾延续时间 (h)	消火栓用水量 (L/s)	每支水枪最小流量 (L/s)
建筑高度＞50m 或体积＞50000m³	1	15	5

10) 超高层建筑临时室内消防竖管的设置应符合下列规定:

① 消防竖管的设置位置应便于消防人员操作,其数量不应少于 2 根,当结构封顶时,应将消防竖管设置成环状。

② 消防竖管的管径应根据超高层建筑临时消防用水量、竖管内水流计算速度计算确定,且不应小于 DN100。

11) 设置室内消防给水系统的超高层建筑,应设置消防水泵接合器。消防水泵接合器应设置在室外便于消防车取水的部位,与室外消火栓或消防水池取水口的距离宜为 15~40m。

12) 设置临时室内消防给水系统的超高层建筑,各结构层均应设置室内消火栓接口及消防软管接口,并应符合下列规定:

① 消火栓接口及软管接口应设置在位置明显且易于操作的部位。

② 消火栓接口的前端应设置截止阀。

③ 消火栓接口或软管接口的间距不应大于 30m。

13) 超高层建筑结构施工完毕的每层楼梯处应设置消防水枪、水带及软管,且每个设置点不应少于 2 套。

14) 超高层建筑应在适当楼层增设临时中转水池及加压水泵。中转水池的有效容积不应少于 10m³,上、下两个中转水池的高差不宜超过 100m。

15) 临时消防给水系统的给水压力应满足消防水枪充实水柱长度不小于 10m 的要求;给水压力不能满足要求时,应设置消火栓泵,消火栓泵不应少于 2 台,且应互为备用;消火栓泵宜设置自动启动装置。

16) 当外部消防水源不能满足施工现场的临时消防用水量要求时,应在施工现场设置临时贮水池。临时贮水池宜设置在便于消防车取水的部位,其有效容积不应小于施工现场火灾延续时间内一次灭火的全部消防用水量。

17）超高层建筑施工现场临时消防给水系统应与施工现场生产、生活给水系统合并设置，但应设置将生产、生活用水转为消防用水的应急阀门。应急阀门不应超过2个，且应设置在易于操作的场所，并应设置明显标识。

18）严寒和寒冷地区的超高层临时消防给水系统应采取防冻措施。

（4）应急照明

1）超高层建筑的下列场所应配备临时应急照明：

① 自备发电机房及变配电房。

② 水泵房。

③ 无天然采光的作业场所及疏散通道。

④ 超高层建筑室内疏散通道。

⑤ 发生火灾时仍需坚持工作的其他场所。

2）作业场所应急照明的照度不应低于正常工作所需照度的90%，疏散通道的照度值不应小于0.5lx。

3）临时消防应急照明灯具宜选用自备电源的应急照明灯具，自备电源的连续供电时间不应小于60min。

（5）消防疏散及应急避难层

1）消防疏散设施

① 建筑物内、作业面应设消防疏散通道，疏散通道材质应满足防火要求，且应设置明显标识。疏散通道应保持畅通，不得在疏散通道和安全出口部位设置影响疏散的障碍物。

② 消防疏散通道应当具备良好的照明，应同时设置应急照明、诱导指示灯、出口指示灯并设发光指示标识。

③ 消防疏散通道周边的临边应装设防护栏杆，洞口部位应进行封闭防护。

2）消防避难层

① 超高层建筑施工过程中，由于工程正式避难层形成较晚，应当根据建筑高度在相应楼层设置避难层。

② 避难层的地面、顶棚及核心筒墙体洞口应全部封闭，以防火灾发生时烟气进入。

③ 避难层应设置防毒面具、担架、生活用水、消防设施等。

2. 超高层建筑防火管理

（1）现场的消防安全管理应由施工单位负责。实行施工总承包时，应由总承包单位负责。分包单位应向总承包单位负责，并应服从总承包单位的管理，同时应承担国家法律、法规规定的消防责任和义务。

（2）施工单位应根据建设项目规模、现场消防安全管理的重点，在施工现场建立消防安全管理组织机构及义务消防组织，并应确定消防安全负责人和消防安全管理人员，同时应落实相关人员的消防安全管理责任。

（3）施工单位应针对施工现场可能导致火灾发生的施工作业及其他活动，制订消防安全管理制度。消防安全管理制度应包括下列主要内容：

1）消防安全教育与培训制度。

2）可燃及易燃易爆危险品管理制度。

3）用火、用电、用气管理制度。

4）消防安全检查制度。

5）应急预案演练制度。

（4）施工单位应编制施工现场防火技术方案，并应根据现场情况及时对其修改、完善。防火技术方案应包括下列主要内容：

1）施工现场重大火灾危险源辨识。

2）防火技术措施。

3）临时消防设施、临时疏散设施配备。

4）临时消防设施和消防警示标识布置图。

（5）施工单位应编制施工现场灭火及应急疏散预案。灭火及应急疏散预案应包括下列主要内容：

1）应急灭火处置机构及各级人员应急处置职责。

2）报警、接警处置的程序和通信联络的方式。

3）扑救初起火灾的程序和措施。

4）应急疏散及救援的程序和措施。

（6）施工人员进场时，施工现场的消防安全管理人员应向施工人员进行消防安全教育和培训。消防安全教育和培训应包括下列内容：

1）施工现场消防安全管理制度、防火技术方案、灭火及应急疏散预案的主要内容。

2）施工现场临时消防设施的性能及使用、维护方法。

3）扑灭初起火灾及自救逃生的知识和技能。

4）报警、接警的程序和方法。

（7）施工作业前，施工现场的施工管理人员应向作业人员进行消防安全技术交底。消防安全技术交底应包括下列主要内容：

1）施工过程中可能发生火灾的部位或环节。

2）施工过程应采取的防火措施及应配备的临时消防设施。

3）初起火灾的扑救方法及注意事项。

4）逃生方法及路线。

（8）施工过程中，施工现场的消防安全负责人应定期组织消防安全管理人员对施工现场的消防安全进行检查。消防安全检查应包括下列主要内容：

1）可燃物及易燃易爆危险品的管理是否落实。

2）动火作业的防火措施是否落实。

3）用火、用电、用气是否存在违章操作，电、气焊及保温防水施工是否执行操作规程。

4）临时消防设施是否完好有效。

5）临时消防车道及临时疏散设施是否畅通。

（9）施工单位应依据灭火及应急疏散预案，定期开展灭火及应急疏散的演练。

（10）施工单位应做好并保存施工现场消防安全管理的相关文件和记录，并应建立现场消防安全管理档案。

12.7 超高层建筑施工安全防护技术

12.7.1 概述

随着超高层建筑在越来越多的城市出现，施工过程中的安全防护风险越来越大。由于超高层建筑的"高"，施工楼层数增大、工序较多、工艺复杂、坠落高度加大、高处风力变化等因素，给超高层建筑的安全防护带来了很大的难度，需要引起广大从业人员的高度重视。

（1）洞口防护难度大。超高层建筑往往在30层以上，相比普通建筑，层数较多，因而楼内预留洞口、管道井口、电梯井口、楼梯口等数量均较普通建筑有大幅的增加。

（2）临边防护难度大。超高层建筑大多使用钢混结构，一般不搭设外脚手架，对临边部位采取栏杆防护或定型防护，临边防护设施的搭设质量和维护工作显得尤为重要。

（3）交叉作业风险大。超高层建筑由于施工周期较长，主体结构施工的同时，往往穿插装饰装修工作，甚至一些超高层建筑的主体尚处于施工阶段，裙房等下部工程已投入使用，交叉作业管理风险尤为突出。

（4）高处坠落风险大。超高层建筑核心筒施工、钢结构施工存在大量的高处作业，作业人员面临的高处坠落风险较多。

12.7.2 超高层建筑施工安全防护技术

1. 总体要求

（1）超高层建筑施工中凡涉及临边与洞口作业、攀登与悬空作业、操作平台、交叉作业及安全网搭设的，应在施工组织设计或施工方案中制定高处作业安全技术措施。

（2）高处作业施工前，应按类别对安全防护设施进行检查、验收，验收合格后方可进行作业，并应做验收记录。验收可分层或分阶段进行。

（3）高处作业施工前，应对作业人员进行安全技术交底，并应记录。应对初次作业人员进行培训。

（4）应根据要求将各类安全警示标志挂于施工现场各相应部位，夜间应设红灯警示。高处作业施工前，应检查高处作业的安全标志、工具、仪表、电气设施和设备，确认其完好后，方可进行施工。

（5）高处作业人员应根据作业的实际情况配备相应的高处作业安全防护用品，并应按规定正确佩戴和使用相应的安全防护用品、用具。

（6）对施工作业现场可能坠落的物料，应及时拆除或采取固定措施。高处作业所用的物料应堆放平稳，不得妨碍通行和装卸。工具应随手放入工具袋；作业中的走道、通道板和登高用具，应随时清理干净；拆卸下的物料及余料和废料应及时清理运走，不得随意放置或向下丢弃。传递物料时不得抛掷。

(7) 在雨、霜、雾、雪等天气进行高处作业时,应采取防滑、防冻和防雷措施,并应及时清除作业面上的水、冰、雪、霜。当遇有6级及以上强风、浓雾、沙尘暴等恶劣气候,不得进行露天攀登与悬空高处作业。雨雪天气后,应对高处作业安全设施进行检查,当发现有松动、变形、损坏或脱落等现象时,应立即修理完善,维修合格后方可使用。

(8) 对需临时拆除或变动的安全防护设施,采取可靠措施作业后应立即恢复。

(9) 安全防护设施验收应包括下列主要内容:

1) 防护栏杆的设置与搭设;
2) 攀登与悬空作业的用具与设施搭设;
3) 操作平台及平台防护设施的搭设;
4) 防护棚的搭设;
5) 安全网的设置;
6) 安全防护设施、设备的性能与质量、所用的材料、配件的规格;
7) 设施的节点构造,材料配件的规格、材质及其与建筑物的固定、连接状况。

(10) 安全防护设施验收资料应包括下列主要内容:

1) 施工组织设计中的安全技术措施或施工方案;
2) 安全防护用品用具、材料和设备产品合格证明;
3) 安全防护设施验收记录;
4) 预埋件隐蔽验收记录;
5) 安全防护设施变更记录。

(11) 应有专人对各类安全防护设施进行检查和维修保养,发现隐患应及时采取整改措施。

(12) 安全防护设施宜采用定型化、工具化设施,防护栏应为黑黄或红白相间的条纹标示,盖件应为黄或红色标示。

2. 临边与洞口作业

(1) 临边作业。

1) 坠落高度基准面2m及以上进行临边作业时,应在临空一侧设置防护栏杆,并应采用密目式安全立网或工具式栏板封闭。

2) 施工的楼梯口、楼梯平台和梯段边,应安装防护栏杆;外设楼梯口、楼梯平台和梯段边还应采用密目式安全立网封闭。

3) 建筑物外围边沿处,对没有设置外脚手架的工程,应设置防护栏杆;对有外脚手架的工程,应用密目式安全立网全封闭。密目式安全立网应设置在脚手架外侧立杆上,并应与脚手杆紧密连接。

4) 施工升降机在建筑物间设置的停层平台两侧边,应设置防护栏杆、挡脚板,并应采用密目式安全立网或工具式栏板封闭。

5) 停层平台口应设置高度不低于1.8m的楼层防护门,并应设置防外开装置。

(2) 洞口作业。

1) 洞口作业时,应采取防坠落措施,并应符合下列规定:

① 当竖向洞口短边边长小于500mm时，应采取封堵措施；当垂直洞口短边边长大于或等于500mm时，应在临空一侧设置高度不小于1.2m的防护栏杆，并应采用密目式安全立网或工具式栏板封闭，设置挡脚板；

② 当非竖向洞口短边边长为25～500mm时，应采用承载力满足使用要求的盖板覆盖，盖板四周搁置应均衡，且应防止盖板移位。

③ 当非竖向洞口短边边长为500～1500mm时，应采用盖板覆盖或防护栏杆等措施，并应固定牢固。

④ 当非竖向洞口短边边长大于或等于1500mm时，应在洞口作业侧设置高度不小于1.2m的防护栏杆，洞口应采用安全平网封闭。

2）电梯井口应设置防护门，其高度不应小于1.5m，防护门底端距地面高度不应大于50mm，并应设置挡脚板。

3）在电梯施工前，电梯井道内应每隔2层且不大于10m加设一道安全平网。电梯井内的施工层上部，应设置隔离防护设施。

4）洞口盖板应能承受不小于1kN的集中荷载和不小于$2kN/m^2$的均布荷载，有特殊要求的盖板应另行设计。

5）墙面等处落地的竖向洞口、窗台高度低于800mm的竖向洞口及框架结构在浇筑完混凝土未砌筑墙体时的洞口，应按临边防护要求设置防护栏杆。

（3）防护栏杆。

1）临边作业的防护栏杆应由横杆、立杆及挡脚板组成，防护栏杆应符合下列规定：

① 防护栏杆应为两道横杆，上杆距地面高度应为1.2m，下杆应在上杆和挡脚板中间设置；

② 当防护栏杆高度大于1.2m时，应增设横杆，横杆间距不应大于600mm；

③ 防护栏杆立杆间距不应大于2m；

④ 挡脚板高度不应小于180mm。

2）防护栏杆立杆底端应固定牢固，并应符合下列规定：

① 当在混凝土楼面、地面、屋面或墙面固定时，应将预埋件与立杆连接牢固；

② 当在砌体上固定时，应预先砌入相应规格含有预埋件的混凝土块，预埋件应与立杆连接牢固。

3）防护栏杆杆件的规格及连接，应符合下列规定：

① 当采用钢管作为防护栏杆杆件时，横杆及栏杆立杆应采用脚手钢管，并应采用扣件、焊接、定型套管等方式进行连接固定；

② 当采用其他材料作防护栏杆杆件时，应选用与钢管材质强度相当的材料，并应采用螺栓、销轴或焊接等方式进行连接固定。

4）防护栏杆的立杆和横杆的设置、固定及连接，应确保防护栏杆在上下横杆和立杆任何部位处，均能承受任何方向1kN的外力作用。当栏杆所处位置有发生人群拥挤、物件碰撞等可能时，应加大横杆截面或加密立杆间距。

5）防护栏杆应张挂密目式安全立网或其他材料封闭。

3. 悬空作业

（1）悬空作业的立足处的设置应牢固，并应配置登高和防坠落装置及设施。

（2）构件吊装和管道安装时的悬空作业应符合下列规定：

1）钢结构吊装，构件宜在地面组装，安全设施应一并设置；

2）吊装钢筋混凝土屋架、梁、柱等大型构件前，应在构件上预先设置登高通道、操作立足点等安全设施；

3）在高空安装大模板、吊装第一块预制构件或单独的大中型预制构件时，应站在作业平台上操作；

4）钢结构安装施工宜在施工层搭设水平通道，水平通道两侧应设置防护栏杆；当利用钢梁作为水平通道时，应在钢梁一侧设置连续的安全绳，安全绳宜采用钢丝绳；

（3）严禁在未固定、无防护设施的构件及管道上进行作业或通行。

（4）当利用吊车梁等构件作为水平通道时，临空面的一侧应设置连续的栏杆等防护措施。当安全绳为钢索时，钢索的一端应采用花篮螺栓收紧；当安全绳为钢丝绳时，钢丝绳的自然下垂度不应大于绳长的1/20，并不应大于100mm。

（5）模板支撑体系搭设和拆卸的悬空作业，应符合下列规定：

1）模板支撑的搭设和拆卸应按规定程序进行，不得在上下同一垂直面上同时装拆模板；

2）在坠落基准面2m及以上高处搭设与拆除柱模板及悬挑结构的模板时，应设置操作平台；

3）在进行高处拆模作业时应配置登高用具或搭设支架。

4. 交叉作业

（1）一般规定。

1）交叉作业时，下层作业位置应处于上层作业的坠落半径之外，高空作业坠落半径应按表12-8确定。安全防护棚和警戒隔离区范围的设置应视上层作业高度确定，并应大于坠落半径。

坠落半径 表12-8

序号	上层作业高度(h_b)	坠落半径(m)
1	$2 \leqslant h_b \leqslant 5$	3
2	$5 < h_b \leqslant 15$	4
3	$15 < h_b \leqslant 30$	5
4	$h_b > 30$	6

2）交叉作业时，坠落半径内应设置安全防护棚或安全防护网等安全隔离措施。当尚未设置安全隔离措施时，应设置警戒隔离区，人员严禁进入隔离区。

3）处于起重机臂架回转范围内的通道，应搭设安全防护棚。

4）施工现场人员进出的通道口，应搭设安全防护棚。

5）不得在安全防护棚棚顶堆放物料。

6）对不搭设脚手架和设置安全防护棚时的交叉作业，应设置安全防护网。超高层建筑外立面施工时,应在二层及每隔四层设一道固定的安全防护网,同时设一道随施工高度提升的安全防护网。

(2) 安全措施。

安全防护棚搭设应符合下列规定：

① 采用木质板搭设时,应搭设双层安全防护棚。两层防护的间距不应小于700mm,安全防护棚的高度不应小于4m。

② 当安全防护棚的顶棚采用竹笆或木质板搭设时,应采用双层搭设,间距不应小于700mm；当采用木质板或与其等强度的其他材料搭设时,可采用单层搭设,木板厚度不应小于5mm。防护棚的长度应根据建筑物高度与可能坠落半径确定。

③ 安全防护网搭设应符合下列规定：

a. 安全防护网搭设时,应每隔3m设一根支撑杆,支撑杆水平夹角不宜小于45°。

b. 当在楼层设支撑杆时,应预埋钢筋环或在结构内外侧各设一道横杆。

c. 安全防护网应外高里低,网与网之间应拼接严密。

第13章 信息化技术与安全生产

13.1 信息化技术在安全生产中的运用概述

随着《国务院办公厅关于促进建筑业持续健康发展的意见》（国办发〔2017〕19号）、《建筑业发展"十三五"规划》、《住房城乡建设科技创新"十三五"专项规划》等国家各项政策不断落地，数字建模、传感互联、虚拟全息、增强交互、人工智能等信息化技术得到广泛应用，建筑产业转型升级的"一个方向"也开始明晰——将建筑业提升至现代工业化水平。建筑业要走出一条具有核心竞争力、资源集约、环境友好的可持续发展之路，需要在数字技术引领下，以新型建筑工业化为核心，以信息化技术为有效支撑，通过绿色化、工业化与信息化的深度融合，对建筑业全产业链进行更新、改造和升级，再通过技术创新与管理创新，带动企业与人员能力的提升，推动建筑产品全过程、全要素、全参与方的升级，摆脱传统粗放式发展模式，向工业化、精细化方向转型。

工程项目安全事关人民群众切身利益、国民经济投资效益和建筑业可持续发展。《建设工程安全生产管理条例》明确规定了施工单位作为责任主体之一对建设工程的施工安全负责，而工程施工安全管控又贯穿于施工全过程的所有工序。由于整个施工过程中的工序较多，各分部、分项工程的各工序都具有不同的技术要求和工艺要求，并且由不同的班组操作和实施，传统的验收交接和技术交底都由人工操作和手工记录，疏漏和人为偏差在所难免，从而容易形成安全隐患，甚至酿成安全事故。因此，国务院和住房城乡建设部多次发文要求督促工程各方参建主体严格落实工程质量安全生产主体责任，强化施工现场管理，特别要强化对深基坑、高支模、起重机械等危险性较大的分部分项工程的管理，推进信息化技术应用。

以信息化技术和BIM为特征的智慧工地将彻底改变工程建设安全管理模式。通过物联网信息技术利用移动互联和大数据、云计算等技术实时上传、汇总，并利用数据挖掘和分析技术对质量安全数据进行智能分析处理，构成实时、完整、准确反映工程施工全过程质量安全动态的虚拟施工生产流水线，及时发现工程质量安全隐患，并予以警示。通过FRID、二维码标识各工序所涉及的建筑材料、建筑构配件、机械设备及作业人员等要素，并利用传感、测控等技术自动采集各要素的安全动态信息，如人员基本信息数据、起重机械的运行安全数据、工序验收数据等物联网信息技术将施工过程中涉及的人、机、料、法、环等全部要素相关信息采集并整合在一个工作平台上，形成一个虚拟的、智能化的生产流水线，使生产（施工作业）的全过程都处于受控制状态，从而大幅提升施工全过程管控的有效性，提高施工安全管理水平。

13.2 BIM 技术在安全生产中的运用

建设工程施工安全直接关系到施工从业人员的生命和财产安全,也会影响建筑业可持续的良性健康发展。然而,长期以来施工安全事故频发,给行业发展造成了巨大困扰。因此,应用新型技术提升安全管理十分必要。

BIM 技术就是把建筑数字化、模型化,是建筑实体的虚拟再现,能够详细记录工程从设计到施工以及运维过程中的主要信息,可直观查看建筑的三维模型,模拟各工序的操作,规范各工序的验收交接和技术交底,有效避免疏漏和偏差,及时发现生产过程中的安全隐患并予以警示,跟踪处理过程并形成管理闭环,从而确保生产(施工作业)的全过程安全的有效管控。

尽管传统的施工安全管理不断融合新的方法和技术,但面对动态复杂的施工现场环境仍会遇到一些问题,然而基于 BIM 的可视化与智慧安全管控相结合的管理方法和技术有望解决这些工程安全管控难点问题。例如,在设计阶段,通过构建设计安全规则,以 BIM 模型为基础实现不安全设计因素的自动识别,可以帮助设计师和工程师在施工前自动完成对设计不安全因素的识别,并在系统中呈现直观的可视化表达;在施工阶段,通过集成 BIM 与定位技术,实现在施工过程中对作业人员和不安全环境因素的动态追踪与安全预警,有利于现场各方实时进行有效沟通。从而,辅助施工安全管理,减少施工现场安全事故的发生。

13.3 信息化技术在人员管理中的运用

13.3.1 现场人员智能教育培训系统

1. 概述

《中华人民共和国安全生产法》、《国务院安委会关于进一步加强安全培训工作的决定》(安委〔2012〕10 号)等法律、规范中均有提到:生产经营单位应当对从业人员进行安全生产教育和培训,保证从业人员具备必要的安全生产知识。文件中强调要扎实推进安全培训内容规范化、方式多样化、管理信息化、方法现代化和监督日常化,努力实施全覆盖、多手段、高质量的安全培训。然而传统的安全培训往往流于形式,亟需引入新型、高效的培训模式来提升培训效果,解决人员教育培训中存在的问题。BIM-VR 虚拟安全体验馆系统相对于传统的安全体验区,它的科技感、沉浸式体验、互动式体验对受训者更具有吸引力。相对于传统的实体安全体验区,它具有科技应用水平高、培训成效好、安装部署快,使用成本低等显著特点。

2. 基于智慧工地的现场人员智能教育培训系统应用

(1) 功能介绍

BIM-VR虚拟安全体验馆系统是基于施工现场BIM模型构建，通过现场BIM模型和虚拟危险源的结合，让体验者可以走进真实的虚拟现实场景中，通过沉浸式和互动式体验让体验者得到更深刻的安全意识教育以提升全员的生产安全意识水平。能够让受训者身临其境的体验危险源发生过程，具有深刻安全教育作用，相较于说教式培训更具有吸引力和作用力。

（2）系统构成（图13-1）

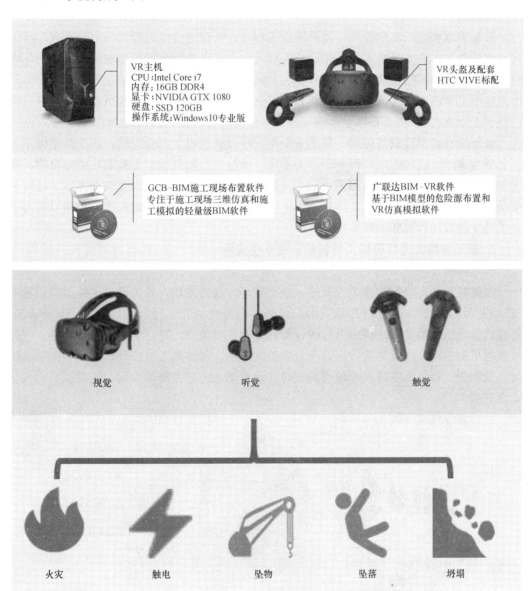

图13-1 BIM-VR系统示意图

3. 应用价值

在建设工程中，绝大部分事故是由于人的不安全行为引起的，而绝大部分不安全行为都是由缺乏安全意识引起的，因此组织人员进行安全教育培训十分重要，通过智能化的培训方式，结合现场 BIM 模型实景的仿真模拟，模拟生产环境，并且可以结合视觉、听觉、触觉等形成更生动的沉浸式的培训内容，而从真正提高人员安全意识，转变安全观念。

13.3.2 现场人员智能定位系统

1. 概述

劳务管理和现场安全管理一直是建设工程现场管理的难点，很大一部分原因是难以实时追踪现场作业人员的不安全作业行为以及由于不安全行为可能造成的不安全的环境因素。通过政府部门长期以来对劳务实名制的要求，各个建筑工地陆续开始应用，但是作为应用主体的项目部迫切希望将实名制落到实处，能够实时掌握人员在场情况（包含位置、工作内容），利于安排生产，加强安全预警机制，避免出现安全事故。

最新研发的智能设备应用—智能安全帽，可以解决以上部分问题，该产品是以工人实名制为基础，以物联网＋智能硬件为手段，通过工人佩戴装载智能芯片的安全帽，现场安装"工地宝"数据采集和传输，实现数据自动收集、上传和语音安全提示，最后在移动端实时数据整理、分析，清楚了解工人现场分布、个人考勤数据等，给项目管理者提供科学的现场管理和决策依据。

2. 基于智慧工地的现场人员智能定位系统应用

（1）功能介绍

当佩戴智能安全帽的施工人员进入施工现场，通过考勤点或关键进出通道口设置的"工地宝"，主动感应安全帽芯片发出的信号，记录时间和位置；通过 3G 上传到云端，再经过云端服务器处理，得出人员的位置和分布区域信息，并绘制全天移动轨迹。服务器数据可提供人员出勤异常数据，区分队伍和工种，可监测人员出勤情况，辅助项目进行人员调配；提供人员进入工地现场长时间没有出来的异常滞留提醒，辅助项目对人员安全监测。

（2）系统构成（图 13-2）

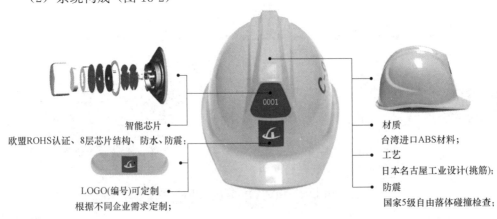

图 13-2 智能安全帽

3. 应用价值

1) 可结合项目部场地布置模型，分析输出人员轨迹和位置区域信息；
2) 及时准确的人员考勤，自动生成个人考勤表；
3) 提供人员出勤异常数据，人员异动信息自动推送；提供人员进入工地现场长时间没有出来的异常提醒，辅助项目对人员安全监测；
4) 协助企业、项目部落实劳务实名制：发放安全帽的同时，关联人员id和安全帽芯片，真正实现人、证、图像、安全帽统一。

13.3.3 现场人员健康监测系统

1. 概述

随着我国的城市化速度加快，建筑工地逐年增加，对劳动力的需求增大，并常年保持在3000万人以上的规模。随着国家经济和科学技术的发展，党和政府对保障建筑施工工人的人身安全越来越重视。施工场地工人健康监测系统是通过物联网技术手段实时监测建筑工人的作业安全和人身安全。

2. 基于智慧工地的现场人员健康监测系统应用

（1）功能介绍

施工现场人员健康监测系统主要由工人身体状态测试仪和智能设备App端两个部分组成。现场人员身体状态测试仪是整套系统的服务器和数据库中心，直接进行数据的接收和处理，主要有体温、血压这类主要体征和血液酒精浓度检测、人员位置查询和图像识别等功能，其中App端便于对各项数据的查看。

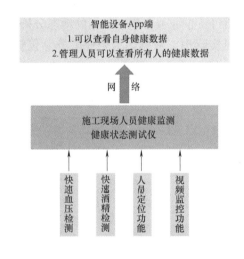

图 13-3 施工现场人员健康监测

（2）系统构成（图13-3）

3. 应用价值

该系统通过监测现场工人的体温、血压和酒精浓度，确保施工现场人员在不带病的状态下参加工作；另外还可以对工人进行危险作业时进行监控，实时检测工人位置，保证工人在整个作业过程中的人身安全。

13.3.4 现场人员门禁管理系统

1. 概述

建筑业是高劳动强度行业，加班加点现象非常普遍。劳动强度极大，农民工流动性强，绝大多数建筑农民工是以工程建设周期为合同周期流动的，年均流动在两次以上，钢筋工、混凝土工、架子工等专业技术工人的流动更为频繁。劳务实名制管理系统通过

"云+端"、大数据提升项目管理能力,致力于企业集中统筹与企业劳务实名制管理标准化落地。

劳务实名制系统通过软硬件结合的方式,实现对工人实名登记、及时记录和掌握工人安全教育情况,实时统计现场劳务用工情况,分析劳务工种配置;监控人员流动情况,监管工资发放,逐步实现不同项目、企业、地域劳务人员信息的共享和互通。结合互联网云、风险预警、内置管理规则、手机应用等手段落实企业劳务标准化建设和用工数据的积累与分析,达到安全生产、维护作业人员及施工企业合法权益、提高企业效益的目的。

2. 基于智慧工地的现场人员门禁管理系统应用

(1) 功能介绍

劳务实名制系统立足项目劳务管理诉求,该系统利用互联网、云技术,实现系统集中部署,各项目分布应用,将物理上各自独立的项目部实现信息化整合,实现劳务分包商合格名录共享,解决黑名单实时共享,实现现场劳务业务数据实时整合,为企业及项目部劳务风险控制提供应用支撑。

通过信息化系统+各类智能硬件设备,对工人进场登记、安全教育培训、出勤记录、工资发放、过程奖惩、退场等进行全过程管理,设定风险预警提醒,为企业及项目部保障生产安全提供数据决策依据。

同时通过云端大数据的不断积累,实现对项目、企业劳务用工数据的动态分析,可以分析各项目的实际工效数据,可以分析各项目实际用工数据,为企业劳务分包管理,分包合同履约管理及结算提供大数据支撑。

(2) 系统构成(图13-4)

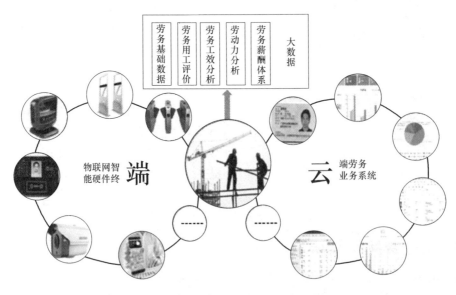

图13-4 现场人员门禁管理系统

常用智能门禁终端设备方案:通过配置身份证识别器、IC卡读写器(或人脸识别设备、二维码扫描设备)、通道闸机设备、监控抓拍摄录设备、现场显示设备(液晶显示屏、LED设备)、硬件控制台及其他保护支持设备(UPS电源、稳压器)等形成配合信息化系统的智能门禁控制设备,可以实现对工人身份采集、进出场控制、刷卡考勤信息采集、人员刷卡抓拍留存、现场劳务数据展示(图13-5)。

图13-5 门禁多种通行方案

3. 应用价值

1) 进行实名认证进场:身份证认证进场,确保可进场作业人员信息真实准确

2) 安全教育培训:进场前、施工中安全教育培训有据可查,未进行或未通过安全教育人员可禁止入场

3) 工人考勤监管:通过进出场闸机实时监控工人考勤,输出工人考勤记录,保证工资发放人员与现场作业人员出勤吻合、准确

4) 风险预警提醒:设定风险预警条件,对于有不良记录的劳务班组设置其禁止进场,一旦发生时及时提醒相关人员

5) 手机实时监控:通过手机端可随时随地掌握企业和项目现场劳务管理工作

13.3.5 现场人员智能摄像监控系统

1. 概述

建筑工地属于环境复杂,人员复杂的区域。考虑到工程监督、项目进度、设备及人

员的安全，一套有效的视频监控系统对于管理者来说是非常有必要的。通过远程视频监控系统，管理者可以了解到现场的施工进度，可以远程监控现场人员的生产操作过程，可以远程监控现场材料的安全。

智能摄像监控系统是综合利用视频、网络、通信等先进技术，实现管控的一种科技手段。该系统可以加强建筑工地施工现场安全防护管理，实时监测施工现场安全生产措施的落实情况，对施工操作工作面上的各安全要素如塔式起重机、施工电梯、中小型施工机械、安全网、外脚手架、临时用电线路架设、基坑防护、边坡支护，以及施工人员安全帽佩戴（识别率达90%以上）等实施有效监控，随时将上述各类信息提供给相关单位监督管理，及时消除施工安全隐患。

2. 基于智慧工地的现场人员智能摄像监控系统应用

(1) 功能介绍

通过在项目现场重点区域内安装摄像头，项目部指挥室内电视墙可实时显示项目现场情况，可以对施工现场进行全过程、全方位的监控，同时也方便随时对施工现场进行指导、讨论、分析；同时可配置大容量硬盘，对监控录像进行实时存储，可进行时间、日期、摄像机标题、运行状态、图形、图像等字符叠加，按录像通道、时间进行自由检索，后期需要可远程回放到电视墙

(2) 系统构成（图13-6）

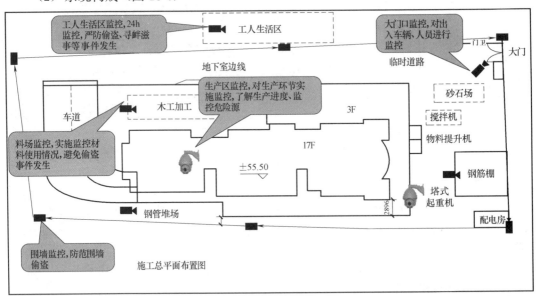

图13-6 现场人员智能摄像监控系统

对施工现场的各种动态信息能够做到及时掌握，具体可以概括为以下4方面的内容：

(1) 工程设备、设施、材料进场；工作人员进出施工现场；安全通道设置；安全"七牌二图"宣传告示等情况；

(2) 材料堆放、材料加工场、大型机械使用、基坑开挖放坡、围护及坑边堆载等情况；

(3) 作业人员安全装置、脚手架、临边围挡及危险作业安全防范措施；
(4) 作业面的作业人数、形象部位：如：劳动力作业面分布情况、钢筋绑扎、模板支设、混凝土浇筑、现场情况等。

3. 应用价值（图 13-7）

图 13-7 现场人员智能摄像监控系统应用价值

1) 对施工现场进行全过程、全方位的监控。

2) 层级管理更明确，企业层面直管项目的能力得到进一步提升。利用监控系统，企业层面监控人员可以直接对施工现场情况进行实时监控，不仅能直观地监视和记录工作现场的施工质量、安全生产情况，而且能及时发现施工的质量、安全事故隐患，防患于未然。

3) 提升企业自身管理形象，克服管理盲区，提高管理效率。作为总承包单位在工地现场安装远程监控端，好似请了一个质量、安全方面的电子专家，既节约成本又能及时掌握工地在建项目的质量、安全物资管控情况；同时通过施工现场远程监控系统，项目管理人员能够在办公室随时看到工地生产施工情况，掌握工程项目施工进度，并能实现远程协调、指导工作，提高工作效率和管理水平，即加强了工程项目的施工管理，并能有效地节约施工管理费用。

13.4 信息化技术在设备、设施管理中的运用

13.4.1 塔式起重机防碰撞系统

1. 概述

建筑施工环境艰苦恶劣，危险系数高，特种设备型号杂、状况不一，建筑施工企业也面临巨大的设备安全管理困难。尤其是针对特种设备远程实时监控管理难度大；多数

施工现场使用的特种设备，多为使用年限长、租赁设备，每个塔机自身状况不一，塔式起重机较分散，管理人员无法远程获取各个塔式起重机作业信息、无法及时针对灾害临界点做出正确决策，各塔式起重机之间也无法进行联动避免群塔碰撞事故。因此，特种设备的远程实时监控、塔式起重机防碰撞功能需求非常强烈。

塔式起重机安全监控管理系统基于传感器技术、嵌入式技术、数据采集技术、数据融合处理、无线传感网络与远程数据通信技术，严格遵守各项国标要求，通过独特的算法，达到安全性高、功耗低、GIS可视化、数据精准的开放式实时动态监控，通过对各个塔式起重机的长时间工作状态监控，分析计算塔式起重机之间是否存在风险。

2. 基于智慧工地的（现场）塔式起重机防碰撞系统应用

（1）功能介绍

1）基础功能

对塔式起重机运行数据采集：通过精密传感器实时采集吊重、变幅、高度、回转、环境风速等多项安全作业工况实时数据；工作状态实时显示：通过显示屏以图形数值方式实时显示当前实际工作参数和塔机额定工作能力参数，使司机直观了解塔式起重机工作状态，正确操作；数据上传云端及历史数据分析：监控设备本地存储工作循环16000次以上，数据实时上传至云端并存储，云端采用大数据处理将塔式起重机的历史运行状态直观、形象地反映给监管人员。

2）群塔防碰撞功能

很多项目塔式起重机类型多，交叉密度深度较大，存在钢绳碰起重臂、钢绳碰平衡臂、下垂钢绳碰起重臂、起重臂碰高塔下垂配重、钢绳碰拉杆、拉杆碰下垂钢绳、起重臂碰低塔拉杆等多种形式安全隐患；通过安装塔式起重机黑匣子监控设备，群塔作业时，通过相应模块实现组网通信，结合变幅、位置信息等，起重机司机可直观全面地掌握周边塔式起重机与本起重机当前干涉情况，并在发现碰撞危险时自动进行声光预警和实时报警，并且系统会自行停止塔式起重机向危险区域继续运行。

（2）系统构成（图13-8、图13-9）

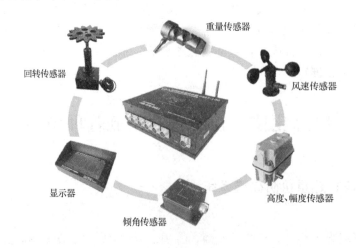

图13-8 塔式起重机防碰撞系统示意

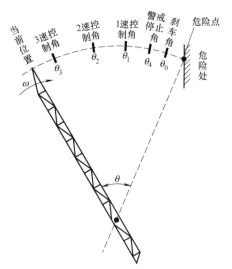

图 13-9 防碰撞—智能控制示意图

3. 应用价值

1) 对塔式起重机环境状态（垂直度、风速等）进行实时预警。

2) 保障塔式起重机使用安全（限位、限幅、群塔防碰撞），监管司机是否有不当操作行为。

13.4.2 塔式起重机超载报警系统

1. 概述

建筑施工危险系数高，特种设备型号繁多、状况不一，建筑施工企业也面临巨大的设备安全管理困难，比如像由于传统塔式起重机监控采取机械限位方式进行超载等危险操作，不能提前预警、检测方式单一、精度难以控制，因此各塔式起重机厂及塔式起重机租赁公司迫切需要采集的智能预防、限位的特种设备监控系统来规避恶意操作，并记录塔式起重机的历史操作数据，实现问题可追溯并有效地提前预防事故的发生。

2. 基于智慧工地的（现场）塔式起重机超载报警系统应用

（1）功能介绍

运用物联网的技术对现场塔吊运行使用过程进行吊重监控管理及隐患辅助控制，一旦发生吊重超载情况及时进行预警及报警，同时还会通过监控云平台等各种方式通知现场管理人员，及时采取相应措施。该系统还可以在塔式起重机工作前进行吊重设置，提前预防，综合提高对塔式起重机使用的管理能力。

（2）系统构成（图 13-10）

3. 应用价值

保障塔式起重机使用安全（防超载），有效避免事故的发生。

13.4.3 塔式起重机吊钩可视系统

1. 概述

过去塔式起重机司机吊装材料，需要司索、指挥等通过对讲机反复协调、沟通才能作业。即使如此，由于塔式起重机吊距超高以及存在视线盲区，时常发生塔式起重机吊钩不准或吊钩脱落，导致材料散落，造成安全事故。

塔式起重机吊钩可视化监控系统：采用高清红外球形摄像机、通过对塔式起重机变幅和起升高度实时监测，自动计算幅度和高度的距离自动变焦、实现对吊钩运作画面的智能追踪，自动控制高清摄像机自动聚焦、360°无死角追踪拍摄、危险状况实时可见、可以杜绝盲吊、降低"隔山吊"等安全隐患。

图 13-10 塔式起重机监控管理平台

2. 基于智慧工地的（现场）塔式起重机吊钩可视系统应用

（1）功能介绍

在臂尖安装高清球形摄像机，与塔式起重机监控设备紧密结合，根据塔式起重机吊钩的实时状态自动跟踪拍摄，并直观地显示在驾驶室的司机面前，通过无线传输技术将视频信号发送至项目部及云平台，让司机一目了然地看到吊钩及吊载重物附近的景象，令远程监管人员更方便地观察塔式起重机的吊载情况。

（2）系统构成（图13-11）

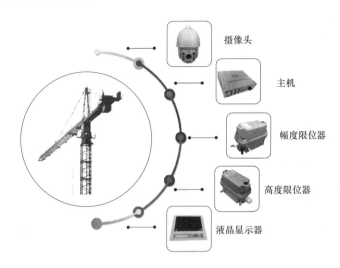

图13-11 吊钩视频智能追踪

3. 应用价值

塔式起重机配置了吊钩可视化系统，大臂端部安装了数字式电子记录装置，就像汽车"雷达"一样，可实时采集吊钩工作状况，及时将影像传输至塔式起重机驾驶室，解决了超高层塔式起重机吊距超高、视线存在盲区的问题，司机在几十米高的驾驶室里就可以清晰地看到吊钩实时状态，材料是否绑好、周围是否有人、吊装是否有障碍物，然后再进行起吊，从而有效确保了塔式起重机作业的安全。

该引导系统能实时以高清晰图像向塔式起重机司机展现吊钩周围实时的视频图像，使司机能够快速准确地做出正确的操作和判断，解决了施工现场塔式起重机司机的视觉死角、远距离视觉模糊、语音引导易出差错等行业难题。能够有效避免事故的发生，高清球形摄像机完成塔式起重机吊钩图像信息的捕捉，视频信息直接显示在液晶显示器供塔式起重机司机查看吊钩及所吊物品的状态。

13.4.4 特种设备操作人员身份识别系统

1. 概述

建筑施工环境危险系数高，特种设备型号杂、状况不一，建筑施工企业也面临巨大的设备安全管理困难，特种设备人员身份识别系统可以有效地防止因无证人员操作或因操作不当而引发的事故。

2. 基于智慧工地的（现场）特种设备操作人员身份识别系统应用

（1）功能介绍

该系统具备特种设备操作人员身份识别功能，监控支持IC卡、虹膜、人脸、指纹等识别方式，认证成功后方可操作特种设备，真正的杜绝非专业人员操作。

（2）系统构成（图13-12）

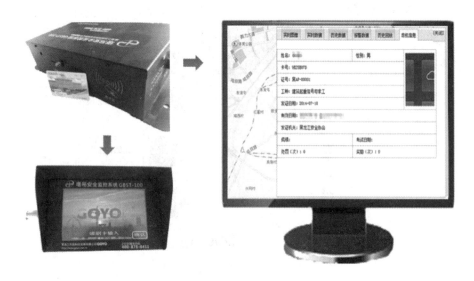

图 13-12 特种设备操作人员身份识别系统

3. 应用价值

通过对操作员身份识别，实现人机锁定，避免未经专业培训人员进行特种设备操作，避免和减少事故发生。

13.4.5 卸料平台超载报警系统

1. 概述

近年来施工现场由于卸料平台倒塌、坠落造成的事故频频发生，不仅造成人员伤亡，也带来巨大的经济损失。除了在制作卸料平台时需要严格按照设计进行，在项目进行过程中也应对卸料平台的使用管理重点关注，严格要求。

2. 基于智慧工地的（现场）卸料平台超载报警系统应用

（1）功能介绍

通过重量传感器进行实时监控，可对卸料平台上现场重量校准，一旦发现超载即刻进行声光报警，同时可同步把载重数据传到数据库中。APP 移动端可显示在线状态及实时载重数据，并统计最近 7 天报警数据。

（2）系统构成（图 13-13）

3. 应用价值

通过重量传感器对卸料平台进行实时监控，可以有效地避免可能发生的倾覆和坠落等事故的发生。该监控系统在卸料平台内设置重量传感器，将传感器与显示器及声光报警装置连接，当作业人员在装料过程中超过额定重量时，报警装置会自动发出声光报警，及时提示现场作业人员立即纠正，如持续报警，系统将自动记录违章信息。

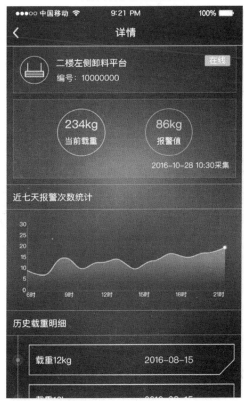

图 13-13 卸料平台超载报警系统

13.4.6 临边防护缺失报警系统

1. 概述

建筑施工现场环境复杂多变,部分临边洞口危险区域可能无法及时布设物理防护设施,抑或是现场人员没有意识到危险区域,临建区域一直缺少一种临时性的安全防护手段。为了填补这一空白,应运而生了一种适用于临时安全防护的便携式周界防护系统,用于提示现场施工人员规避尚无完备防护设施的临边洞口等危险区域。

2. 基于智慧工地的(现场)临边防护缺失报警系统应用

(1)功能介绍

针对施工现场的四口五临边以及重点防护部位可以通过红外对射仪+声光报警器相组合的方式进行安全预警,当防护栏被非法移动或破坏时,触发警报,系统就会自动进行声光报警,提醒管理者前往相应的防护点进行稽查,告警信息会在后台系统上显示,也可以推送给手机 APP 提醒管理者。一旦出现临边防护缺失或被破坏提醒警示现场人员。

(2)系统构成(图 13-14)

图 13-14 临边防护缺失报警系统

3. 应用价值

临边防护缺失报警系统覆盖楼层每个安装临边防护栏的位置，能降低安全检查时部分死角无法及时发现安全隐患这一问题。

13.5 信息化技术在日常管理中的运用

13.5.1 施工现场扬尘监测系统

1. 概述

长期以来，对于建设工地扬尘带来的空气质量监管方面，由于不能得到实时的监测数据，或者收到举报无法得到与事实相对应的直接数据，一直是令政府监管部门十分困扰的事情。建筑工地扬尘污染监控是建筑施工过程中排放的无组织颗粒物污染监控，既包括施工工地内部各种施工环节造成的一次扬尘，也包括因施工运输车辆粘带泥土以及建筑材料逸散在工地外部道路上所造成的二次交通扬尘监控。

通过远程数据监测系统可以对工地区域扬尘进行实时有效的监测管理。

2. 基于智慧工地的施工现场扬尘监测系统

（1）功能介绍

施工现场扬尘监测系统集成了物联网、大数据和云计算技术，通过传感器参数采集设备和采集传输等设备，实现了实时、远程、自动监控颗粒物浓度以及噪声状况；数据通过采用 3G/4G 网络传输，可以在智能移动平台、桌面 PC 机等多终端访问；监控平台还具有多种统计和高浓度报警功能,可广泛应用在散货堆场和码头、混凝土搅拌站以及工厂企业无组织排放的实时监控。

(2)系统构成(图13-15)

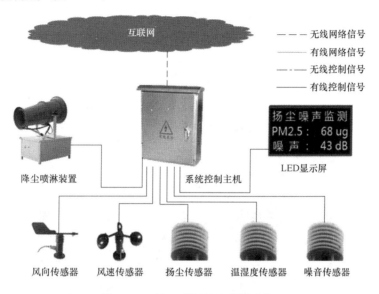

图13-15 施工现场扬尘监测系统

3. 应用价值

监测终端系统集成了TSP、PM10、PM2.5、温度、湿度、风向和风速、大气压、降雨量等多个环境参数,全天候24h在线连续监测,全天候提供工地的空气质量数据,超过报警值时还能自动启动监控设备,具有多参数、实时性、智能化等特性;变从前的被动管理为主动管理,大幅度减轻人员巡视工作量,为工地现场环境管理,为完成环境空气质量达标打下坚实基础。

13.5.2 深基坑监测预警系统

1. 概述

随着我国城市发展和建筑施工的要求,基坑施工工程不仅越来越多。而且开挖深度越来越深。由于基坑工程的复杂性、施工风险高、施工难度大等特点,使其成为建筑三大危险源之一,一旦发生事故,就会造成巨大的经济损失和严重的人身伤亡。因此,相关单位对基坑的监测工作越来越重视。而目前只根据地质勘查资料和土工试验,定点观测等简单的技术手段,已经不能满足当前各方对基坑监测的要求。

现阶段在基坑监测实际应用的基础上,结合相关技术规范,总结了现有技术及产品的优缺点,开发出了一套基坑在线监测系统。可对整个基坑施工过程进行实时采集、无线传输、数据汇总分析、超限预警报警等功能。系统兼容性高,功能强大,可兼容市场上多种类型的传感器,在各种基坑项目中得到了广泛的应用并获得了好评。

2. 基于智慧工地的深基坑工程安全监测预警系统

(1) 功能介绍

深基坑工程安全监测预警系统可支持 32 通道 128 个数据采集,超低功耗,自带电池,可实现 24h 不间断采集。高效稳定的数据通信网络,可以保证监测数据的及时传输支持多种类型的传感器,即插即用的完善的超限报警功能,强大的数据分析软件,多种类型的分析模式,监测结果一目了然。

(2) 系统构成(图 13-16、图 13-17)

图 13-16 深基坑工程安全监测预警系统

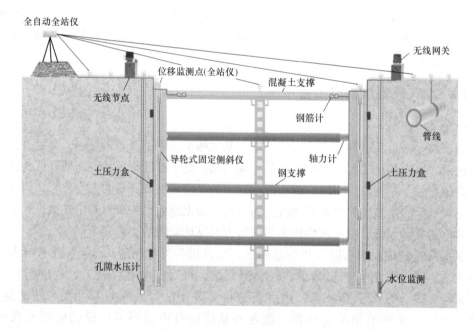

图 13-17 深基坑前端检测设备

3. 应用价值（图 13-18）

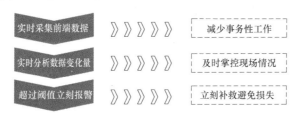

图 13-18 深基坑工程安全监测应用价值

13.5.3 高支模监测预警系统

1. 概述

近年来高支模体系自动化实时监测技术已在全国各地推广，利用信息化手段加强对施工现场高支模作业过程中实时监控管理，对危险性较大的高支模进行监测和混凝土浇筑关键部位进行监测，而且强调积极采用自动化实时监测措施。

2. 基于智慧工地的高支模监测预警系统

（1）功能介绍

高大模板支撑系统在混凝土浇筑过程中和浇筑后一段时间内，由于受压可能发生一定的沉降和位移，如变化过大可能发生垮塌事故。为及时反映高支模支撑系统的变化情况，预防事故的发生，需要对支撑系统进行沉降和位移监测。高支模实时监测警报系统采用自动化的监测手段，对高支模的模板沉降、支架变形和立杆轴力实时监测，可以实现"实时监测、超限预警、危险报警、预防事故、减少损失"的功能。

（2）系统构成（图 13-19）

(a)   *(b)*   *(c)*   *(d)*

图 13-19 高支模前端检测设备
（*a*）无线倾角传感器；（*b*）无线位移传感器；（*c*）无线压力传感器；（*d*）无线声光报警器

3. 应用价值（图 13-20）

13.5.4 现场安全巡检系统

1. 基于智慧工地的现场安全巡检系统应用

（1）功能介绍

现场安全巡检系统可以对项目和企业的安全状况做详细和深入的查询，生成各类表单、报告、考评排名；领导随时掌握企业和项目部的安全状况，按时段分析项目的安全管理状况、管理人员等的履职情况、隐患分布情况、隐患的发展趋势、为大数据的分析提供支撑。移动端提供海量的隐患清单、危险源清单，大量的学习资料，可提高个人能力意识。

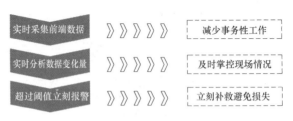

图 13-20　高支模监测预警系统应用价值

（2）系统构成（图 13-21、图 13-22）

图 13-21　流程图

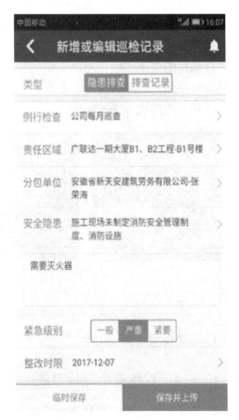

图 13-22　现场安全巡检系统（一）

图 13-22 现场安全巡检系统（二）

2. 应用价值（图 13-23）

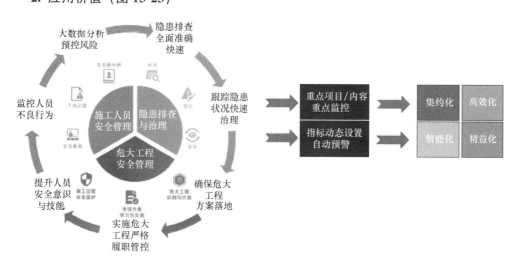

图 13-23 现场安全巡检系统应用价值（一）

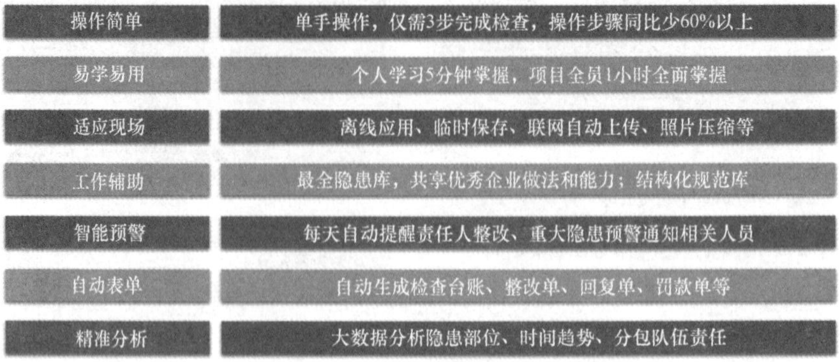

操作简单	单手操作,仅需3步完成检查,操作步骤同比少60%以上
易学易用	个人学习5分钟掌握,项目全员1小时全面掌握
适应现场	离线应用、临时保存、联网自动上传、照片压缩等
工作辅助	最全隐患库,共享优秀企业做法和能力;结构化规范库
智能预警	每天自动提醒责任人整改、重大隐患预警通知相关人员
自动表单	自动生成检查台账、整改单、回复单、罚款单等
精准分析	大数据分析隐患部位、时间趋势、分包队伍责任

图 13-23 现场安全巡检系统应用价值（二）

（1）工作业绩客观呈现、表单自动生成替代手工，最终通过检查-整改-复查-合格，能将职责制度落地。

（2）实现了减少个人抵触、作业高效；自动推送减少顾虑、规范日常行为。

第14章 拆除工程

14.1 施工准备

（1）拆除工程施工前，应掌握有关图纸和资料。

（2）拆除工程施工前，应进行现场勘查，调查了解地上、地下建筑物及设施和毗邻建筑物、构筑物等分布情况。

（3）对拆除工程施工的区域，应设置硬质封闭围挡及安全警示标志，严禁无关人员进入施工区域。

（4）拆除工程施工前，应对影响施工的管线、设施和树木等进行迁移工作。需保留的管线、设施和树木应采取相应的防护措施。

（5）拆除工程施工作业前，必须对影响作业的管线、设施和树木的挪移或防护措施等进行复查，确认安全后方可施工。

（6）当拟拆除物与毗邻建筑及道路的安全距离不能满足要求时，必须采取相应的安全防护措施。

（7）拆除工程施工前，应对所使用的机械设备和防护用具进行进场验收和检查，合格后方可作业。

14.2 拆除工程安全施工管理

（1）拆除工程施工组织设计和安全专项施工方案，应经审批后实施；当施工过程中发生变更情况时，应履行相应的审批和论证程序。

（2）拆除工程施工前，应对作业人员进行岗前安全教育和培训，考核合格后方可上岗作业。

（3）拆除工程施工前，必须对施工作业人员进行书面安全技术交底，且应有记录并签字确认。

（4）拆除工程施工必须按施工组织设计、安全专项施工方案实施；在拆除施工现场划定危险区域，设置警戒线和相关的安全警示标志，并应由专人监护。

（5）拆除工程使用的脚手架、安全网，必须由专业人员按专项施工方案搭设，经验收合格后方可使用。

（6）安全防护设施验收时，应按类别逐项查验，并应有验收记录。

(7) 拆除工程施工作业人员应按现行行业标准《建筑施工作业劳动防护用品配备及使用标准》JGJ 184 的规定，配备相应的劳动防护用品，并应正确使用。

(8) 当遇大雨、大雪、大雾或六级及以上风力等影响施工安全的恶劣天气时，严禁进行露天拆除作业。

(9) 当日拆除施工结束后或暂停施工时，机械设备应停放在安全位置，并应采取固定措施。

(10) 拆除工程施工必须建立消防管理制度。

(11) 拆除工程应根据施工现场作业环境，制定相应的消防安全措施。现场消防设施应按现行国家标准《建设工程施工现场消防安全技术规范》GB 50720 的规定执行。

(12) 当拆除作业遇有易燃易爆材料时，应采取有效的防火防爆措施。

(13) 对管道或容器进行切割作业前，应检查并确认管道或容器内无可燃气体或爆炸性粉尘等残留物。

(14) 施工现场临时用电应按现行行业标准《施工现场临时用电安全技术规范》JGJ 46 的规定执行。

(15) 当拆除工程施工过程中发生事故时，应及时启动生产安全事故应急预案，抢救伤员、保护现场，并应向有关部门报告。

(16) 拆除工程施工应建立安全技术档案，应包括下列主要内容：
1) 拆除工程施工合同及安全生产管理协议；
2) 拆除工程施工组织设计、安全专项施工方案和生产安全事故应急预案；
3) 安全技术交底及记录；
4) 脚手架及安全防护设施检查验收记录；
5) 劳务分包合同及安全生产管理协议；
6) 机械租赁合同及安全生产管理协议；
7) 安全教育和培训记录。

14.3 人工拆除

(1) 人工拆除施工应从上至下逐层拆除，并应分段进行，不得垂直交叉作业。当框架结构采用人工拆除施工时，应按楼板、次梁、主梁、结构柱的顺序依次进行。

(2) 当进行人工拆除作业时，水平构件上严禁人员聚集或集中堆放物料，作业人员应在稳定的结构或脚手架上操作。

(3) 当人工拆除建筑墙体时，严禁采用底部掏掘或推倒的方法。

(4) 当拆除建筑的栏杆、楼梯、楼板等构件时，应与建筑结构整体拆除进度相配合，不得先行拆除。建筑的承重梁柱，应在其所承载的全部构件拆除后，再进行拆除。

(5) 当拆除梁或悬挑构件时，应采取有效的控制下落措施。

(6) 当采用牵引方式拆除结构柱时，应沿结构柱底部剔凿出钢筋，定向牵引后，保留牵引方向同侧的钢筋，切断结构柱其他钢筋后再进行后续作业。

（7）当拆除管道或容器时，必须查清残留物的性质，并应采取相应措施，方可进行拆除施工。

（8）拆除现场使用的小型机具，严禁超负荷或带故障运转。

（9）对人工拆除施工作业面的孔洞，应采取防护措施。

14.4 机械拆除

（1）对拆除施工使用的机械设备，应符合施工组织设计要求，严禁超载作业或任意扩大使用范围。供机械设备停放、作业的场地应具有足够的承载力。

（2）当采用机械拆除建筑时，应从上至下逐层拆除，并应分段进行；应先拆除非承重结构，再拆除承重结构。

（3）当采用机械拆除建筑时，机械设备前端工作装置的作业高度应超过拟拆除物的高度。

（4）对拆除作业中较大尺寸的构件或沉重物料，应采用起重机具及时吊运。

（5）当拆除作业采用双机同时起吊同一构件时，每台起重机载荷不得超过允许载荷的80%，且应对第一吊次进行试吊作业，施工中两台起重机应同步作业。

（6）当拆除屋架等大型构件时，必须采用吊索具将构件锁定牢固，待起重机吊稳后，方可进行切割作业。吊运过程中，应采用辅助措施使被吊物处于稳定状态。

（7）当拆除桥梁时，应先拆除桥面系及附属结构，再拆除主体。

（8）当机械拆除需人工拆除配合时，人员与机械不得在同一作业面上同时作业。

14.5 爆破拆除

（1）爆破拆除作业的分级和爆破器材的购买、运输、储存及爆破作业应按现行国家标准《爆破安全规程》GB 6722执行。

（2）爆破拆除设计前，应对爆破对象进行勘测，对爆区影响范围内地上、地下建筑物、构筑物、管线等进行核实确认。

（3）爆破拆除的预拆除施工，不得影响建筑结构的安全和稳定。预拆除作业应在装药前全部完成，严禁预拆除与装药交叉作业。

（4）当采用爆破拆除时，爆破震动、空气冲击波、个别飞散物等有害效应的安全允许标准，应按现行国家标准《爆破安全规程》GB 6722执行。

（5）对高大建筑物、构筑物的爆破拆除设计，应控制倒塌的触落地震动及爆破后坐、滚动、触地飞溅、前冲等危害，并应采取相应的安全技术措施。

（6）装药前应对每一个炮孔的位置、间距、排距和深度等进行验收；对验收不合格的炮孔，应按设计要求进行施工纠正或由爆破技术负责人进行设计修改。

（7）当爆破拆除施工时，应按设计要求进行防护和覆盖，起爆前应由现场负责人检查验收；防护材料应有一定的重量和抗冲击能力，应透气、易于悬挂并便于连接固定。

（8）爆破拆除可采用电力起爆网路、导爆管起爆网路或电子雷管起爆网路。电力起爆网路的电阻和起爆电源功率应满足设计要求；导爆管起爆网路应采用复式交叉闭合网路；当爆区附近有高压输电线和电信发射台等装置时，不宜采用电力起爆网路。装药前，应对爆破器材进行性能检测。试验爆破和起爆网路模拟试验应在安全场所进行。

（9）爆破拆除应设置安全警戒，安全警戒的范围应符合设计要求。爆破后应对盲炮、爆堆、爆破拆除效果以及对周围环境的影响等进行检查，发现问题应及时处理。

14.6 静力破碎拆除

（1）对建筑物、构筑物的整体拆除或承重构件拆除，均不得采用静力破碎的方法拆除。

（2）当采用静力破碎剂作业时，施工人员必须佩戴防护手套和防护眼镜。

（3）孔内注入破碎剂后，作业人员应保持安全距离，严禁在注孔区域行走或停留。

（4）静力破碎剂严禁与其他材料混放，应存放在干燥场所，不得受潮。

（5）当静力破碎作业发生异常情况时，必须立即停止作业，查清原因，并应采取相应安全措施后，方可继续施工。

14.7 拆除工程文明施工管理

（1）拆除工程施工组织设计中应包括相应的文明施工、绿色施工管理内容。

（2）施工总平面布置应按设计要求进行优化，减少占用场地。

（3）拆除工程施工，应采取节水措施。

（4）拆除工程施工，应采取控制扬尘和降低噪声的措施。

（5）施工现场严禁焚烧各类废弃物。

（6）电气焊作业应采取防光污染和防火等措施。

（7）拆除工程的各类拆除物料应分类，宜回收再生利用；废弃物应及时清运出场。

（8）施工现场应设置车辆冲洗设施，运输车辆驶出施工现场前应将车轮和车身等部位清洗干净。运输渣土的车辆应采取封闭或覆盖等防扬尘、防遗撒的措施。

（9）拆除工程完成后，应将现场清理干净。裸露的场地应采取覆盖、硬化或绿化等防扬尘的措施。对临时占用的场地应及时腾退并恢复原貌。

附录 试题

第1章 建筑施工安全技术概论

一、单项选择题

1. 如果人们不能认识某些物质的特性，正确地加以利用，使物质能量或有害因子失去控制、（　　）、越轨、变形，就会转化为破坏力，造成各种事故。
   A. 外溢　　　　B. 爆炸　　　　C. 受保障　　　　D. 碰撞

   正确答案：A

2. 现代科学的发展和每一项新科学技术的诞生，一方面为人类带来了物质文明和精神文明，推动了社会进步，但是另一方面由于人们在生产中大量采用新技术、新工艺、（　　）、新材料，从而也产生辐射、有毒烟尘、噪声、振动及污染环境等危害因素。
   A. 新方法　　　B. 新模式　　　C. 新设备　　　　D. 新组织

   正确答案：C

3. 从施工现场触目惊心的流血事故中，反映出加强施工现场各项防护设施的改造和完善工作，健全（　　）管理是控制各类事故发生的一项重要工作。
   A. 安全防护　　B. 资源　　　　C. 进度　　　　　D. 成本与质量

   正确答案：A

4. 加强建筑安全技术防护水平的提高，对控制伤亡事故发生，达到本质安全化，同时也是做好（　　）管理的一项基础性工作。
   A. 资源　　　　B. 人员　　　　C. 费用　　　　　D. 安全生产预控

   正确答案：D

5. 为了适应当前施工的需要，有效的控制和减少建筑行业的伤亡事故，我们还必须大力加强和提高建筑（　　）管理工作。
   A. 安全技术　　B. 安全投入　　C. 安全评估　　　D. 事故处罚

   正确答案：A

6. 建筑施工过程中，安全（　　）与防护对策的实施是保障人员生命财产安全及企业利益的关键。
   A. 培训　　　　B. 教育　　　　C. 技术　　　　　D. 防护

   正确答案：C

7. 安全一般意义上讲是以追求人的生命安全与健康、生活的保障与（　）为目的。

  A. 国家安定 B. 社会安定 C. 家庭和睦 D. 人身安全

正确答案：B

8. 美国政府对安全的督促主要通过监察来实现。在保护生命安全方面，采用（　）的制度设计。

  A. 雇主担责 B. 风险共担式 C. 雇员担责 D. 劳务合同

正确答案：B

9. 建筑安全事故损失的计算方面，国外对事故损失内容和范围的划分主要采用美国海因里希提出的直接和间接损失。下列属于直接损失的是：（　）。

  A. 事故处置费用 B. 工时损失 C. 医疗费 D. 减停产损失

正确答案：C

10. 在20世纪90年代的经济条件下，我国生产安全的投入产出比为（　）。

  A. 1∶4 B. 1∶5.83 C. 1∶5 D. 1∶6

正确答案：B

二、多项选择题

1. 随着国家现代化建设事业的蓬勃发展和科学技术的不断进步，建筑安全技术也有了日新月异的变化。主要表现在：（　）。

  A. 人体手动操作转为半机械化、电气化

  B. 国家制定相关规范，将建筑工地安全生产纳入标准化轨道

  C. 建筑工地加强安全设施的投入

  D. 人们自身安全意识的加强

  E. 相关单位不断兼容与合并

正确答案：ABC

2. 一项标准的制定或是一项措施的实施，都不是固定不变的，都需要在一定的时间和条件下，加以充实和完善使之更加（　）。

  A. 规范化 B. 合理化 C. 全面化

  D. 标准化 E. 科学化

正确答案：BCE

3. 对建筑行业各项防护措施的改进，需要全员参与，集思广益地挖掘革新潜力，才能使我们的各项防护设施更加（　），以保证安全生产。

  A. 全员化 B. 合理化 C. 大众化

  D. 科学化 E. 标准化

正确答案：DE

4. 英国健康与安全执行局（HSE）在安全管理方面曾提出过包括44项行动要点的行动计划，主要包括以下（　）方面。

  A. 通过向雇主说明良好的健康安全制度对产业带来的好处以更大程度地调动他们

的积极性

 B. 促进和扩展职业健康工作的覆盖面并强调康复规定的重要性

 C. 雇员与雇主的自身合同协调

 D. 在教育课程中包含更多风险概念方面的内容

 E. 雇主要以雇员健康为主，而不是利益

正确答案：ABD

5. 为防止出现人员伤亡、减少建筑事故损失。日本政府采取了（ ）措施来防止这些问题的发生。

 A. 照搬国外相关模式

 B. 提高中小型工地专业施工人员的安全卫生管理能力，采取综合性战略措施促进工人领导的培训，由工人领导召集没有工作经验的工人学习

 C. 全部使用木结构房屋

 D. 普及具备吊车功能的拖拉铲运机，促进检测危险系统等安全对策的实施

 E. 在脚手架工地普及栏杆的安装，使其成为操作标准

正确答案：BDE

三、判断题

1. 科学是人类在与自然作斗争中形成的知识与智慧长期发展与积累的结晶。（ ）

 A. 正确   B. 错误

正确答案：A

2. 现代科学的发展和每一项新科学技术的诞生，一方面为人类带来了物质文明和精神文明，推动了社会进步，另一方面也给环境带来了问题，从而危害着人的身体健康。（ ）

 A. 正确   B. 错误

正确答案：A

3. 安全施工技术是建筑行业全方位的一项综合性施工技术，它贯穿于一项工程任务的全过程。（ ）

 A. 正确   B. 错误

正确答案：A

4. 建筑安全技术日新月异的变化，使工人逐步从沉重的体力劳动和落后的手工操作中解放出来，部分作业实现半机械化、电气化，这是科学技术的进步。（ ）

 A. 正确   B. 错误

正确答案：A

5. 加强建筑安全技术防护水平的提高，对控制伤亡事故发生，达到本质安全化，是做好安全生产预控管理的一项基础性工作。（ ）

 A. 正确   B. 错误

正确答案：A

6. 不断发展的安全施工技术不仅确保了安全施工，而且提高了工效，更改善了劳动条件，改善了工地安全文明生产面貌。（　　）

　　A. 正确　　　　B. 错误

正确答案：A

7. 在建筑安全事故损失的计算方面，国外对事故损失内容和范围的划分主要采用美国海因里希提出的直接损失法。（　　）

　　A. 正确　　　　B. 错误

正确答案：B

8. 安全一般意义上讲是以追求社会和谐与社会安定为目的。（　　）

　　A. 正确　　　　B. 错误

正确答案：B

9. 安全技术就是研究人们在劳动生产过程中的安全、卫生问题，采取科学的行之有效的技术措施，防止与消除有害因素，改善劳动条件。（　　）

　　A. 正确　　　　B. 错误

正确答案：B

10. 依靠科技加强对现有各项防护措施的研究、改善和完善工作，是当前搞好安全生产的一项重要工作。（　　）

　　A. 正确　　　　B. 错误

正确答案：A

四、案例题

1. 建筑行业从业人员众多，从已发布的数据来看，不管是发达国家还是发展中国家，建筑业都属于高危险行业，生产安全事故时有发生。请回答一下问题：

（1）一些发达国家的研究指出，合理的安全投入产生有效的价值，其投入产出比是（　　）。

　　A. 1∶3　　　　B. 1∶4　　　　C. 1∶5　　　　D. 1∶6

正确答案：D

（2）从已发布的数据来看，不管是发达国家还是发展中国家，建筑业都属于高危险行业。本书"概论"中以（　　）国家为例进行阐述。

　　A. 美国　　　　B. 法国　　　　C. 英国
　　D. 日本　　　　E. 新加坡

正确答案：ACD

（3）在保护生命安全方面，美国的雇员有权拒绝在有损健康的危险环境下工作，如果雇主出高薪让雇员出工，雇主违法。雇员即使收了钱，也不算违法。

　　A. 正确　　　　B. 错误

正确答案：B

（4）安全从一般意义上讲，是以追求人的生命安全与健康、生活的保障与社会安定为目的。为此人们需要付出成本，从这一意义上讲，安全投入无所谓投资的意义。

A. 正确　　　　　B. 错误

正确答案：A

第 2 章　土石方工程

一、单选题

1. 土石根据其坚硬程度和开挖方法及使用工具可分为（　　）类。
A. 8　　　　　B. 7　　　　　C. 6　　　　　D. 5

正确答案：A

2. 野外鉴别人工填土，它的颜色为（　　）。
A. 红色　　　　B. 黄色　　　　C. 有固定颜色　　D. 无固定颜色

正确答案：D

3. 人工开挖土方时，作业人员的安全操作间距应保持不小于（　　）m。
A. 0.5　　　　B. 1　　　　　C. 2　　　　　D. 3

正确答案：C

4. 湿土地区开挖时，人工降水，需降至基坑底以下（　　）m 时方可开挖。
A. 0.5　　　　B. 1　　　　　C. 1.5　　　　D. 0.5～1

正确答案：D

5. 在滑坡地段挖土方时，不宜在（　　）季节施工。
A. 春季　　　　B. 冬季　　　　C. 雨季　　　　D. 夏季

正确答案：C

6. 在膨胀土地区开挖土方时，开挖前应做好（　　）准备工作。
A. 排水　　　　B. 边坡加固　　C. 弃土　　　　D. 边坡卸载

正确答案：A

7. 对于高度在 5m 以内的挡土墙一般多采用（　　）挡土墙。
A. 钢筋混凝土　B. 锚杆　　　　C. 锚定板　　　D. 重力式

正确答案：D

8. 在临边堆放弃土、材料、设备，或产生动荷载的移动施工机械，应与坑边保持不小于（　　）m 的安全距离。
A. 0.5　　　　　　　　　　　　B. 1
C. 1.5　　　　　　　　　　　　D. 按施工方案规定确定

正确答案：D

9. 对于（　　）的基坑或基槽开挖时，不适宜采用天然冻结法施工。
A. 黏土　　　　B. 干燥砂土　　C. 黄土　　　　D. 软土

正确答案：B

10. 明排水法适宜在（　　）地层下采用。

A. 粗粒土　　　　B. 黄土　　　　C. 黏土　　　　D. 软土

正确答案：A

11. 轻型井点一般用于土壤渗透系数 $K=$（　　）的土壤。
A. $<10^{-4}\,\text{cm/s}$
B. $<10^{-5}\,\text{cm/s}$
C. $<10^{-2}\sim10^{-5}\,\text{cm/s}$
D. $<10^{-6}\,\text{cm/s}$

正确答案：C

12. 深井井点一般用于土壤渗透系数 $K=$（　　）的土壤。
A. $\geqslant 10^{-5}\,\text{cm/s}$
B. $\geqslant 10^{-4}\,\text{cm/s}$
C. $\geqslant 10^{-3}\,\text{cm/s}$
D. $\geqslant 10^{-6}\,\text{cm/s}$

正确答案：A

13. 锚索（杆）宜张拉至设计荷载的（　　）倍后，再按设计要求锁定。
A. 0.7～1.0　　B. 0.75～1.0　　C. 0.8～1.0　　D. 0.9～1.0

正确答案：D

14. 锚索（杆）张拉控制应力不应超过锚索（杆）强度标准值的（　　）倍。
A. 0.7　　B. 0.75　　C. 0.8　　D. 0.85

正确答案：B

15. 锚索（杆）张拉与施加预应力（锁定）应符合锚固段强度大于（　　）并不小于设计强度等级的（　　）后可进行张拉。
A. 10MPa　75%　　B. 10MPa　85%　　C. 15MPa　75%　　D. 15MPa　85%

正确答案：C

16. 地下连续墙钢筋笼起吊环应采用 HPB235 级钢筋制作，严禁使用冷加工钢筋。
A. HPB235　　B. HRB335　　C. HRB400　　D. RRB400

正确答案：A

17. 喷锚支护适用于无流砂、含水量不高、不是淤泥等流塑土层的基坑，开挖深度不宜大于（　　）m。
A. 10　　B. 15　　C. 18　　D. 20

正确答案：C

18. 采用土钉墙基坑支护，基坑深度不宜大于（　　）m。
A. 10　　B. 12　　C. 15　　D. 18

正确答案：B

19. 采用钢板桩基坑（槽）支护，基坑（槽）深度不宜大于（　　）m。
A. 10　　B. 12　　C. 15　　D. 18

正确答案：A

20. 开挖深度大于 15m 的基坑工程，施工安全等级为（　　）。
A. 四级　　B. 三级　　C. 二级　　D. 一级

正确答案：D

21. 开挖深度较大的基坑，当采用放坡挖土宜设置多级平台多层开挖，每级平台宽度不宜小于（　　）m。

A. 1.0　　　　　B. 1.5　　　　　C. 2　　　　　D. 2.5

正确答案：B

22. 深基坑开挖时，钢支撑的架设与基坑开挖必须严格执行（　　）的施工顺序。
A. 先挖后撑　　B. 随挖随撑　　C. 先撑后挖　　D. 不挖不撑

正确答案：C

23. 深基坑开挖后施工主体结构，钢支撑拆除前，应先对（　　）钢支撑进行一次预加轴力，达到设计要求以保证基坑安全。
A. 上一层　　　B. 本层相邻　　C. 下一层　　　D. 上下相邻层

正确答案：A

24. 锚索（杆）张拉与施加预应力（锁定），张拉宜采用分级加载，每级加载应稳定（　　）min，最后一级加载应稳定5min。
A. 1　　　　　B. 2　　　　　C. 3　　　　　D. 4

正确答案：C

25. 锚索（杆）张拉与施加预应力（锁定），张拉宜采用分级加载，每级加载应稳定3min，最后一级加载应稳定（　　）min。
A. 3　　　　　B. 4　　　　　C. 5　　　　　D. 6

正确答案：C

26. 土钉墙支护墙面的坡度不宜大于（　　）。
A. 1∶0.05　　B. 1∶0.1　　　C. 1∶0.15　　D. 1∶2

正确答案：B

27. 土钉墙支护喷射混凝土的强度等级不宜低于（　　）。
A. C35　　　　B. C30　　　　C. C25　　　　D. C20

正确答案：D

28. 土钉墙支护的质量检测：土钉采用抗拉试验检测承载力，同一条件下，试验数量不宜少于土钉总数的1%，且不少于（　　）根。
A. 2　　　　　B. 3　　　　　C. 5　　　　　D. 6

正确答案：B

29. 土钉墙支护墙面喷射混凝土厚度应采用钻孔检测，钻孔数应为每（　　）m^2墙面积一组，每组不应少于3点。
A. 100　　　　B. 200　　　　C. 500　　　　D. 1000

正确答案：A

30. 爆破施工作业单位应具有爆破施工企业资质证书，并取得爆炸物品的购买、存储、运输和（　　）。
A. 爆破生产证　B. 爆破营业执照　C. 安全生产证　D. 爆破作业许可证

正确答案：D

31. 爆破施工作业单位应当将领取、发放爆炸物品的原始记录保存（　　）年备查。
A. 1　　　　　B. 2　　　　　C. 3　　　　　D. 5

正确答案：B

32. 隧道爆破后，作业人员进入工作面之前，须经充分通风排烟，（　　）min后安全检查人员方可进入开挖工作面。
    A. 5　　　　　　　B. 10　　　　　　　C. 15　　　　　　　D. 20
正确答案：C

33. 隧道贯通前，掌子面相距（　　）m时，必须从一个工作面向前钻爆掘进。
    A. 5~10　　　　　B. 10~20　　　　　C. 15~20　　　　　D. 30~50
正确答案：C

34. 瓦斯隧道爆破作业面附近20m内风流中瓦斯浓度达到（　　）%时，必须停止钻孔作业。
    A. 0.5　　　　　　B. 1　　　　　　　C. 1.5　　　　　　D. 2
正确答案：B

35. 瓦斯隧道爆破作业面附近20m内风流中瓦斯浓度达到（　　）%时，必须停止一切作业，撤出工作人员，切断电源。
    A. 0.5　　　　　　B. 1　　　　　　　C. 1.5　　　　　　D. 2
正确答案：C

36. 地下暗挖工程施工一般不适用于全断面开挖法围岩为（　　）级。
    A. Ⅰ　　　　　　　B. Ⅱ　　　　　　　C. Ⅲ　　　　　　　D. Ⅳ
正确答案：D

37. 地下工程光面爆破的硬岩炮眼痕迹保存率不应小于（　　）%。
    A. 90　　　　　　　B. 85　　　　　　　C. 80　　　　　　　D. 75
正确答案：C

38. 地下工程光面爆破的中硬岩炮眼痕迹保存率不应小于（　　）%。
    A. 90　　　　　　　B. 80　　　　　　　C. 70　　　　　　　D. 60
正确答案：D

39. 地下工程交叉中隔壁法开挖，同一层左、右侧两部开挖工作面纵向间距不宜大于（　　）m。
    A. 15　　　　　　　B. 12　　　　　　　C. 10　　　　　　　D. 5
正确答案：A

40. 通过对周边环境调查、盾构区间地质补勘后进一步核实盾构施工中危险源的性质与等级，确认监测方案的适宜性，编制（　　）方案。
    A. 施工　　　　　　B. 施工检测　　　　C. 施工监测　　　　D. 施工安全
正确答案：C

41. 边长在（　　）cm以上的洞口，四周设防护栏杆，洞口下张设安全平网。
    A. 50　　　　　　　B. 100　　　　　　C. 150　　　　　　D. 200
正确答案：C

42. 盾构机应配置二次通风设备，二次通风设备供风量必须满足要求，氧气含量不小于（　　），严禁使用纯氧通风换气。

A. 10％   B. 20％   C. 25％   D. 30％

正确答案：B

43. 开仓作业前，应对选定的开仓位置进行地质环境风险辨识，选择开仓作业方式，编制（　　）。
    A. 开仓作业专项方案　　　　B. 开仓作业安全措施
    C. 开仓作业安全防护措施　　D. 应急预案

正确答案：A

44. 皮带输送机应定期清扫，由（　　）负责操作，检修时必须停机停电。
    A. 电工　　B. 机修　　C. 专人　　D. 操作手

正确答案：C

45. 盾构机上要配置（　　），当检测到有毒有害气体含量超标时能及时发出警报。
    A. 气体检测仪　B. 警报器　C. 蜂鸣器　D. 监测仪

正确答案：A

46. 电气设备的主要控制系统应设置（　　）。
    A. 断路器　　B. 急停开关　　C. 检测器　　D. 控制开关

正确答案：B

47. 在隧道内注浆作业过程中，除设置防护设施与安全标志外，要在操作平台处设置（　　）标志，并派专人负责禁戒。
    A. 正在作业　B. 严禁靠近　C. 注意安全　D. 红灯警示

正确答案：D

48. 在对钢丝绳、吊钩经常检查，（　　）不得使用不合格的吊索具，严禁超负荷吊运。
    A. 吊车司机　　B. 司索工　　C. 机修工　　D. 电工

正确答案：B

49. 为避免运输车溜车时撞击盾构机本体，危及作业面施工人员，应在后配套拖车上增加（　　）装置。
    A. 减速　　B. 刹车　　C. 防撞　　D. 警报

正确答案：C

二、多选题

1. 按地基承载力及其与地质成因的关系，将土石分为（　　）。
   A. 砂石　　B. 岩石　　C. 黏土
   D. 人工填土　E. 碎石土

正确答案：BCDE

2. 在滑坡地段开挖土前应了解（　　）。
   A. 地形　　B. 地貌　　C. 滑坡迹象
   D. 地质勘察资料　E. 周围环境

正确答案：ABCD

3. 安全专项施工方案中的安全技术措施必须具有（   ）。
A. 统一性　　　　B. 原则性　　　　C. 针对性
D. 可操作性　　　E. 实效性
正确答案：CDE

4. 基坑土方工程施工组织设计应收集下列资料（   ）。
A. 岩土工程的勘察报告　　　　B. 邻近建（构）筑物位置、基础标高
C. 地下设施分布情况　　　　　D. 结构设计图
E. 建筑施工图
正确答案：ABC

5. 土石一般以（   ）分成8类。
A. 坚固系数　　　B. 颜色　　　　C. 分布区域
D. 密度　　　　　E. 抗压强度
正确答案：ADE

6. 在可能发生冻胀土地区开挖时，要（   ）。
A. 快速开挖、快速施工　　　　B. 防坍塌
C. 防冻　　　　　　　　　　　D. 对坑壁采用保温措施和遮阳
E. 提前人工降水
正确答案：ABCD

7. 挡土墙基础深度，应根据地基土的（   ）。
A. 自重荷载　　　B. 冻结深度　　C. 岩石风化程度
D. 雨水冲刷　　　E. 容许承载力
正确答案：BCDE

8. 土层锚杆的组成有（   ）。
A. 管件　　　　　B. 拉杆　　　　C. 锚固体
D. 锚头　　　　　E. 螺栓
正确答案：BCD

9. 深基坑土方开挖的顺序、方法必须遵循下列原则（   ）。
A. 先挖后撑　　　B. 先撑后挖　　C. 边挖边撑
D. 分层分断开挖　E. 不宜超挖
正确答案：BD

10. 基坑（槽）排水方法有（   ）。
A. 集水井法　　　B. 排水沟法　　C. 集水井集水法
D. 明排水法　　　E. 人工降低地下水位法
正确答案：ABDE

11. 井点降水方法有（   ）
A. 轻型井点　　　B. 喷射井点　　C. 渗井井点
D. 深井井点　　　E. 电渗井点
正确答案：ABDE

12. 土钉墙支护为一种边坡稳定式支护结构,具有结构简单,可以阻水,施工方便、快速,节省材料,费用较低廉等优点,适用于( )等地基。
A. 淤泥　　　　B. 淤泥质土　　　　C. 黏土
D. 粉质黏土　　E. 沙石

正确答案:ABCD

13. 挡土墙土的计算包括( )。
A. 倾覆稳定性验算　　B. 土压力计算　　C. 墙体抗压验算
D. 墙体抗拉验算　　　E. 墙身强度验算

正确答案:ABE

14. 基坑(槽)开挖后,基坑(槽)内外的水土压力平衡问题就要依靠围护桩(墙)和支撑体系来实现,支护结构一般有( )破坏情况。
A. 倾覆破坏
B. 围护桩(墙)因本身强度不足而发生断裂破坏
C. 围护桩(墙)下端土体滑移造成围护结构整体倾覆
D. 支撑失稳或强度破坏而引起围护结构破坏
E. 墙身自身破坏

正确答案:BCD

15. 基坑开挖监测过程中,应根据设计要求提交完整的监测报告,报告内容应包括( )。
A. 工程概况
B. 监测项目和各测点的平面和立面布置图
C. 采用仪器设备和监测方法
D. 监测数据处理方法和监测结果过程曲线
E. 监测结果存档

正确答案:ABCD

16. 爆破施工作业单位应具有爆破施工企业资质证书,并取得爆炸物品的( )许可证,否则不得从事爆破作业。
A. 购买　　　　B. 存储监测项目和各测点的平面和立面布置图
C. 爆破作业　　D. 运输许可证采用仪器设备和监测方法
E. 生产

正确答案:ABCD

17. 爆炸物品的管理、运输、使用应符合国家及地方规定,爆炸物品管理和爆破施工作业应按照( )安全规定经常、定期检查。
A. 地方　　　　B. 行业　　　　C. 国家
D. 建设单位　　E. 施工企业

正确答案:ABDE

18. 爆破、爆炸物品销毁以及爆炸物品库意外爆炸时,爆炸源与人员和其他保护对象之间的安全允许距离,应按爆破( )有害效应分别核定,并取最大值确定安全允

329

许距离。

  A. 爆炸波   B. 威力   C. 地震波
  D. 飞散物   E. 冲击波

正确答案：CDE

19. 超前地质预报，采用钻探法预报时，钻孔作业应符合（　　）。

  A. 孔口管必须安装牢固
  B. 钻机使用的风、水的各种连接件应配相应配件
  C. 管路连接到位
  D. 所有人员禁入工作区域
  E. 钻孔时应在钻机前方安设挡板

正确答案：AE

20. 地下暗挖工程施工方法有（　　）。

  A. 全断面法   B. 平面法   C. 双侧壁导坑法
  D. 环形开挖预留核心土法   E. 中隔壁法

正确答案：ACDE

21. 盾构机壳体由（　　）等部分组成。

  A. 切口环   B. 支承环   C. 盾尾
  D. 刀盘   E. 盾体

正确答案：ABC

22. 盾构机的基本构造包括（　　）。

  A. 盾构壳体   B. 推进系统   C. 电气系统
  D. 拼装系统   E. 推进系统

正确答案：ABD

23. 目前在我国地下工程施工中，盾构机主要分为（　　）等类。

  A. 手掘式盾构   B. 挤压式盾构   C. 半机械式盾构
  D. 机械式盾构   E. 气压式盾构

正确答案：ABCD

24. 应进行职业健康危害因素分析，建立健全职业健康管理制度和（　　）。

  A. 操作规程   B. 安全档案   C. 职业健康管理档案
  D. 职业病危害事故应急救援预案   E. 防范制度

正确答案：ACD

25. 对（　　）等超过设定值可能发生危险的零部件，应装设保险装置。

  A. 压力   B. 载荷   C. 温度
  D. 高度   E. 行程

正确答案：ABCE

26. 电气设备应具备（　　）功能

  A. 漏电保护   B. 零序保护   C. 短路保护
  D. 过载保护   E. 失效保护

正确答案：ABCD

27. 注浆泵、注浆管均为高压装置，需具备制造厂商的（　　）。
A. 产品说明书　　B. 营业执照　　C. 产品合格证
D. 测试报告　　　E. 生产许可证

正确答案：CD

28. 盾构机始发存在相当大的风险，包括（　　）
A. 洞门涌水涌砂　　B. 反力架位移或变形　　C. 盾构机姿态突变
D. 地质情况突变　　E. 盾构机滚转

正确答案：ABCE

29、开仓换到作业时严禁仓外作业人员进行（　　）等危及仓内作业人员安全的操作。
A. 启动空压机　　B. 转动刀盘　　C. 出渣
D. 泥浆循环　　　E. 关闭电源

正确答案：BCD

30. 盾构机起吊前应检查机械（　　）等是否符合要求并应进行试吊。
A. 索具　　B. 夹具　　C. 合格证
D. 吊环　　E. 安全证

正确答案：ABD

三、判断题

1. 土体经过挖掘后，组织受到破坏，体积减小的性质称为可松性。　　（　）
A. 正确　　B. 错误

正确答案：B

2. 土体边坡坡度应根据土体性质和边坡高度，结合当地同类土体稳定坡度值确定。
（　）
A. 正确　　B. 错误

正确答案：A

3. 基坑（槽）施工中一般可不防止地面水流入坑（槽）内。　　（　）
A. 正确　　B. 错误

正确答案：B

4. 挡土墙的作用主要用来维护土体边坡的稳定，防止坡体的滑移和边坡坍塌。
（　）
A. 正确　　B. 错误

正确答案：A

5. 当动水力不小于土的浸水重度，则土的颗粒失去自重，处于悬浮状态，此时土颗粒随着渗流的水一起流动，此种现象称为"流砂"。　　（　）
A. 正确　　B. 错误

正确答案：A

6. 锚杆可用钢筋或钢绞线，其长度应保证锚碇在土的破坏棱体以内。（　）

  A. 正确　　　　　　　B. 错误

正确答案：B

7. 隧道采用中隔壁法施工时，各部分开挖周边轮廓应尽量圆顺，减小应力集中。（　）

  A. 正确　　　　　　　B. 错误

正确答案：A

8. 挖掘机行走和自卸汽年卸土时，必须注意上空电线。如在架空输电线一侧工作时，在110~220kV电压时，垂直安全距离为1.5m；水平安全距离为4~6m。（　）

  A. 正确　　　　　　　B. 错误

正确答案：B

9. 开挖边坡土方，严禁切割坡脚，防导致边坡失稳；当山坡坡度陡于1/5，或在软土地段，不得在挖方上侧堆土。（　）

  A. 正确　　　　　　　B. 错误

正确答案：A

10. 深基坑支护的钢支撑拆除前，应先对相邻的钢支撑进行一次预加轴力，达到设计要求以保证基坑安全。（　）

  A. 正确　　　　　　　B. 错误

正确答案：B

11. 盾构施工策划时应合理规划盾构机吊装使用的吊车类型、起重吊装参数，做好盾构机吊装场地合理布局，确保盾构机吊装安全。（　）

  A. 正确　　　　　　　B. 错误

正确答案：A

12. 盾构施工前应开展盾构施工应急救援演练。（　）

  A. 正确　　　　　　　B. 错误

正确答案：A

13. 梯笼安装必须稳固，可以悬挂、悬空设置。（　）

  A. 正确　　　　　　　B. 错误

正确答案：B

14. 连续启动二台及以上电动机时可以在第一台电动机运转指示灯未亮时，便启动下一台电动机。（　）

  A. 正确　　　　　　　B. 错误

正确答案：B

15. 控制室内控制面板上的部分锁定开关如维修保养开关，非专业授权人员，可以进行操作。（　）

  A. 正确　　　　　　　B. 错误

正确答案：B

16. 管片安装到位后，及时伸出相应位置的推进油缸顶紧管片，其顶推力应大于稳

定管片所需力,然后方可移开管片安装机。 ( )
   A. 正确   B. 错误

正确答案:A

17. 盾构机操作只能由操作手进行操作,操作过程应严格遵守操作规程。 ( )
   A. 正确   B. 错误

正确答案:A

18. 螺旋输送机闸门的开、闭应无卡滞,开、闭限位应可靠,开、闭状态显示应正确,紧急关闭装置性能应可靠。 ( )
   A. 正确   B. 错误

正确答案:A

19. 如需转动刀盘,需将操作室内连锁开关锁上并到人闸内手动操作,转动刀盘前必须确认土仓内作业人员已全部撤出。 ( )
   A. 正确   B. 错误

正确答案:A

20. 盾构机接收施工后编制施工方案及安全措施。 ( )
   A. 正确   B. 错误

正确答案:B

四、案例题

1. 某公司在某城市轨道交通工程隧道的上导坑段进行喷锚支护施工,本段为黄土浅埋地质隧道。施工时间正值汛期,某天,未封闭承环的约10m初期支护突然发生整体坍塌,正在作业的3名工人被埋,项目部随即组织人员、设备进行紧急抢险,最终2人抢救无效死亡、另1人重伤。

(1) 该起事故为非生产安全责任事故,而是一起意外事故。 ( )
   A. 正确   B. 错误

正确答案:B

(2) 该起事故直接原因是初期支护未及时形成封闭环形结构。 ( )
   A 正确   B. 错误

正确答案:B

(3) 该起事故直接原因是汛期集中降雨导致黄土浅埋隧道拱顶黄土层含水量骤增、围岩强度降低、自承能力丧失。 ( )
   A. 正确   B. 错误

正确答案:A

(4) 该起事故为较大生产安全事故。 ( )
   A. 正确   B. 错误

正确答案:B

2. 某公司开挖一条长为50m、宽为3m、深为5.5m的管沟,采用间断式水平支撑作边坡支撑。开工前该公司虽编制相应专项方案,但没有组织专家论证,也没有将该专项方案细化成安全技术交底,还没有逐个向劳务公司的作业人员实施安全技术交底和安全教育培训,施工过程中未实施旁站监督管理,导致支撑安装不到位、不规范,造成沟槽边坡坍塌。

(1) 该基槽不是深基坑,故不需按深基坑要求组织专家论证该安全专项施工方案。 ( )

  A. 正确   B. 错误

正确答案:B

(2) 安全技术交底不仅要交底到作业班组长,还应交底到从事该基槽开挖及支护的每位作业人员,并留下交底签字记录。 ( )

  A. 正确   B. 错误

正确答案:A

(3) 可将安全专项施工方案发给作业班组作为安全技术交底,有的作业人员不会签字,可找他人代签。 ( )

  A. 正确   B. 错误

正确答案:B

(4) 该起事故为生产安全事故,主要由于施工单位存有管理不规范、不到位的原因,故此劳务公司不负有责任。 ( )

  A. 正确   B. 错误

正确答案:B

3. 某工程设置了一道重力式挡土墙,该地质松软,挡土墙基础埋深设计为0.8m,墙后有一道山坡。在施工后,挡土墙倒塌,引起土方边坡坍塌。

(1) 该挡土墙埋深过浅。 ( )

  A. 正确   B. 错误

正确答案:A

(2) 山坡一边对挡土墙的侧压力过大,导致挡土墙失稳。 ( )

  A. 正确   B. 错误

正确答案:A

(3) 在地质松软的部位设置挡土墙的基础埋深应不小于1m。 ( )

  A. 正确   B. 错误

正确答案:A

(4) 虽然设计施工图有明显错误,但是施工单位只要严格依照设计施工图纸施工,就可不负有责任。 ( )

  A. 正确   B. 错误

正确答案:B

4. 一市政污水管道改建工程,需在土质松软的部位开挖123个深为2~3.8m深的污水井。大部分污水井开挖无放坡,也未支护,作业人员按常规施工。然而有一污水井体开挖完成后实施井壁砼浇筑施工时,井壁出现坍塌,导致1名工人被埋,同时原污水管道与新污水井贯通;另1工人发现后立即下井施救,出现窒息,最终造成2名工人死亡。

(1) 污水井开挖没有支护也没有放坡处理,是导致该起事故的直接原因。 ( )

A. 正确　　　　　　B. 错误

正确答案：A

（2）作业人员冒险在无支护无放坡的污水井中浇筑作业，是导致该起事故的主要原因。
（　　）

A. 正确　　　　　　B. 错误

正确答案：B

（3）施工单位对污水井基坑边坡变形监管不到位，是导致该事故的管理原因之一。
（　　）

A. 正确　　　　　　B. 错误

正确答案：A

（4）对于污水井坑（有限空间）作业前，应实施通风和空气检测；对于进入污水井实施抢险，应佩戴相应防毒面罩和氧气瓶等应急装备。（　　）

A. 正确　　　　　　B. 错误

正确答案：A

5. 某工地将开挖的弃土堆放在离基坑 30m 以外的一道砖砌围墙边，围墙外侧是一所小学操场边道路，弃土堆放高度高于围墙。一场大雨过后，土堆滑塌至围墙，导致围墙刹间倒塌，造成将围墙外侧 4 名玩耍的小学生压死在围墙底下。

（1）小学生在围墙边玩耍，是该起事故发生的直接原因。（　　）

A. 正确　　　　　　B. 错误

正确答案：B

（2）施工单位没有紧挨着围墙堆弃土，围墙倒塌是因为大雨导致堆土滑塌而造成的，故此施工单位不应负有责任。（　　）

A. 正确　　　　　　B. 错误

正确答案：B

（3）施工单位挖基坑（槽）应按规定堆弃土，应考虑堆弃土滑塌等风险。（　　）

A. 正确　　　　　　B. 错误

正确答案：A

（4）挖基坑（槽）堆弃土，不应紧挨着在围墙边堆放，更不能高于围墙，应考虑弃土对围墙侧压力所产生的风险。（　　）

A. 正确　　　　　　B. 错误

正确答案：A

第 3 章　脚手架工程

一、单选题

1. 采用扣件式钢管脚手架作立柱支撑时，立柱必须设置纵横向扫地杆，纵上横下，使直角扣件与立杆扣牢须在离地（   ）mm 处。

A. 200　　　　B. 250　　　　C. 300　　　　D. 350

正确答案：A

2. 门架支架立柱为群柱架时的高宽比大于（   ）时必须使用缆风绳保证该方向的稳定。

A. 1　　　　B. 2　　　　C. 3　　　　D. 5

正确答案：D

3. 在悬空部位作业时，操作人员应（   ）。

A. 遵守操作规定　　　　　　　　B. 进行安全技术交底
C. 戴好安全帽　　　　　　　　　D. 系好安全带

正确答案：D

4. 扣件钢管脚手架作组合式格构柱使用时，主立杆间距不得大于1m，纵横杆间距不应大于（   ）。

A. 0.8m　　　　B. 1.0m　　　　C. 1.2m　　　　D. 1.5m

正确答案：C

5. 支架立柱底部基土应按规定处理：单排立柱时应于单排立柱的两边每隔3m架设支撑，每边不少于两根，斜支撑与地面的夹角为（   ）。

A. 60°　　　　B. 50°　　　　C. 40°
D. 30°　　　　E. 20°

正确答案：A

6. 拆除工程必须制定生产安全事故应急救援预案，成立（   ），并应配备抢险救援器材。

A. 安全部门　　B. 抢救队伍　　C. 抢险队伍　　D. 组织机构

正确答案：D

7. 对从事拆除作业的人员，应由（   ）依法办理意外伤害保险。

A. 施工单位　　B. 建设单位　　C. 监理单位　　D. 政府部门

正确答案：A

8. 拆除施工采用的脚手架、（   ），必须由专业人员搭设，经有关人员验收合格后，方可使用。

A. 安全带　　　B. 工具　　　　C. 安全网　　　D. 安全帽

正确答案：C

9. 作业人员必须配备相应的（   ）用品，并正确使用。

A. 生产　　　　　　　　　　　　B. 安全
C. 防护　　　　　　　　　　　　D. 个人劳动保护用品

正确答案：D

10. 拆除工程施工前，必须对施工作业人员进行书面（   ）交底。

A. 生产　　　　B. 质量　　　　C. 施工　　　　D. 安全技术

正确答案：D

11. 扣件式钢管脚手架所用的钢管规格尺寸（　　）。
A. $\phi 48.3 \times 3.6$ B. $\phi 48 \times 3.5$ C. $\phi 38 \times 2.5$ D. $\phi 62 \times 4$

正确答案：A

12. 扣件式钢管脚手架所用的扣件应采用（　　）。
A. 钢板压制扣件
B. 可锻铸铁制作的扣件
C. 材质符合《钢管脚手架扣件》GB 15831 规定的可锻铸铁制作的扣件
D. 其他新型扣件

正确答案：C

13. 脚手架底层步距不应大于（　　）m。
A. 2   B. 3   C. 3.5   D. 4.5

正确答案：A

14. 高度 24m 以上的双排脚手架连墙件构造规定为（　　）。
A. 可以采用拉筋和顶撑配合的连墙件
B. 可以采用仅有拉筋的柔性连墙件
C. 可采用顶撑顶在建筑物上的连墙件
D. 必须采用刚性连墙件与建筑物可靠连接

正确答案：D

15. 剪刀撑斜杆与地面的倾角宜（　　）。
A. 在 45°～75°之间   B. 在 45°～60°之间
C. 在 30°～60°之间   D. 在 30°～75°之间

正确答案：B

16. 连墙件必须（　　）。
A. 采用可承受压力的构造   B. 采用可承受拉力的构造
C. 采用可承受压力和拉力的构造   D. 采用仅有拉筋或仅有顶撑的构造

正确答案：C

17. 剪刀撑的设置宽度（　　）。
A. 不应小于 4 跨，且不应小于 6m   B. 不应小于 3 跨，且不应小于 4.5m
C. 不应小于 3 跨，且不应小于 5m   D. 不应大于 4 跨，且不应大于 6m

正确答案：A

18. 脚手架拆除时必须是（　　）。
A. 必须由上而下逐层进行，严禁上下同时作业
B. 可以上下同时拆除
C. 由下部往上逐层拆除
D. 对于不需要的部分，可以随意拆除

正确答案：A

19. 下列属于作业脚手架按节点连接方式划分是（　　）。

A. 钢管脚手架 B. 扣件式钢管脚手架
C. 悬挑脚手架 D. 防护架

正确答案：B

20. 脚手架所使用的钢丝绳承载力应具有足够的安全储备，钢丝绳安全系数取值应符合规定，其中用作吊索，无弯曲的钢丝绳安全系数不应小于（　　）；有弯曲的钢丝绳安全系数不应小于（　　）。

A. 6；8 B. 4；8 C. 6；4 D. 4；10

正确答案：A

21. 钢管直径小于 20mm 时，根据相关规定其外径允许偏差为（　　）。

A. ±0.3 B. ±0.5 C. ±0.2 D. ±0.4

正确答案：A

22. 竹脚手架主要受力杆件应选用生长期为（　　）年的毛竹，竹竿应挺直、坚韧，不得使用枯脆、腐烂、虫蛀及裂纹连通两节以上的竹竿。

A. 4～5 B. 1～2 C. 2～3 D. 3～4

正确答案：D

23. 用于砌筑工程作业的作业脚手架的施工荷载标准值为（　　）kN/m^2。

A. 3.0 B. 2.0 C. 2.5 D. 4.0

正确答案：A

24. 脚手架上振动、冲击物体应按物体自重乘以动力系数取值计入可变荷载标准值，动力系数可取值为（　　）。

A. 1.45 B. 1.35 C. 2.35 D. 2.45

正确答案：B

25. 作业脚手架验算地基承载力时，在永久荷载作用时的荷载分项系数为（　　）。

A. 1.4 B. 1.3 C. 1.2 D. 1.0

正确答案：C

26. 支撑脚手架验算挠度时，在可变荷载作用时的荷载分项系数为（　　）。

A. 1.4 B. 0.9 C. 1.2 D. 0

正确答案：D

27. 作业脚手架的连墙件在架体的转角处、开口型作业脚手架端部应增设连墙件，连墙件的垂直间距不应大于建筑物层高，且不应大于（　　）m。

A. 4.0 B. 4.5 C. 5.0 D. 5.5

正确答案：A

28. 可移动的满堂支撑脚手架搭设高度不应超过 12m，高宽比不应大于 1.5。应在外侧立面、内部纵向和横向间隔不大于 4m 由（　　）连续设置一道竖向剪刀撑。

A. 顶到底 B. 底到顶 C. 左到右 D. 右到左

正确答案：B

29. 搭拆脚手架，应设置警戒区，并派专人警戒。遇有（　　）以上大风和恶劣气候，应停止脚手架搭拆工作。

A. 4级   B. 5级   C. 6级   D. 7级

正确答案：C

30. 沉降是否进入稳定阶段，应由沉降量与时间关系曲线判定，一般情况下，若沉降速度不大于（ ），可认为已进入稳定阶段。

A. 6mm/12h   B. 4mm/12h   C. 3mm/12h   D. 2mm/12h

正确答案：D

31. 扣件钢管脚手架作组合式格构柱使用时，主立杆间距不得大于（ ）m。

A. 0.5   B. 1.0   C. 1.5   D. 2.0

正确答案：B

32. 横向水平杆（小横杆）的长度宜为（ ）mm。

A. 3500   B. 4000   C. 2200   D. 5000

正确答案：C

33. 纵向水平杆（大横杆）的最大长度应为（ ）mm。

A. 6500   B. 5000   C. 4500   D. 4000

正确答案：A

34. 在脚手架主节点处必须设置一根横向水平杆（小横杆），用直角扣件扣紧，且严禁拆除，这是因为（ ）。

A. 横向水平杆是构成脚手架整体刚度的必不可少的杆件
B. 横向水平杆是承传竖向荷载的重要受力构件
C. 横向水平杆是承传竖向、水平荷载的重要受力构件
D. 横向水平杆是承受竖向荷载的重要受力构件，又是保证脚手架的整体刚度的不可缺少的杆件

正确答案：D

35. 脚手架作业层上非主节点处的横向水平杆设置应满足要求（ ）。

A. 宜等间距设置，间距不大于纵距的1/3
B. 宜等间距设置，间距不大于纵距的1/2
C. 宜等间距设置，间距不大于1000mm
D. 宜等间距设置，间距不大于纵距的1/4

正确答案：B

36. 对一字型、开口型脚手架连墙件的设置规定（ ）。

A. 是相同的   B. 要求较低
C. 无特别考虑   D. 更为严格有专条规定

正确答案：D

37. 双排脚手架横向水平杆靠墙一端至墙装饰面的距离不宜大于（ ）mm。

A. 100   B. 600   C. 500   D. 400

正确答案：A

38. 脚手架搭设时，应遵守（ ）。

A. 一次搭设高度不应超过相邻连墙件以上两步

B. 一次搭设高度可以不考虑连墙件的位置

C. 一次搭设高度可以在相邻连墙件以上四步

D. 一次搭设高度可以在相邻连墙件以上五步

正确答案：A

39. 开始搭设立杆时，应遵守（ ）规定。

A. 每隔 6 跨设置一根抛撑，直至连墙件安装稳定后，方可拆除

B. 搭设立杆时，不必设置抛撑，可以一直搭到顶

C. 待立杆搭设到顶后，再回过头来安装连墙件

D. 相邻立杆的对接扣件都可在同一个水平面内

正确答案：A

40. 当脚手架采取分段，分立面拆除时，对不拆除的脚手架应（ ）。

A. 应在两端按规定设置连墙件和横向斜撑加固

B. 可不设加固措施

C. 不必设连墙件

D. 设置卸荷措施

正确答案：A

41. 脚手架上各构配件拆除时（ ）。

A. 严禁抛掷至地面

B. 可将配件一个个的抛掷到地面

C. 应在高处将构配件捆绑在一起，一次抛掷到地面

D. 待下班后，工地上没有人时，再将构配件抛掷到地面

正确答案：A

42. 高度在 24m 以下的单、双排脚手架，均必须在外侧立面设剪刀撑，其规定为（ ）。

A. 两端各设一道，并从底到上连续设置，中间每道剪刀撑净距不应大于 15m

B. 无论多长的脚手架只需在两端各设一道剪刀撑

C. 剪刀撑不要从底到上连续设置

D. 剪刀撑的设置没有规定，可随意设置

正确答案：A

43. 建筑工程外脚手架外侧采用的全封闭立网，其网目密度不应低于（ ）。

A. 800 目/100cm² B. 1000 目/100cm²

C. 1500 目/100cm² D. 2000 目/100cm²

正确答案：D

44. 采用钢板冲压整体成型时，钢板应符合《碳素结构钢》GB/T 700 中 Q235 级钢的要求，板材厚度不得小于（ ）mm。

A. 2 B. 4 C. 6 D. 8

正确答案：B

45. 上碗扣沿水平方向受拉承载力不应小于（　　）kN。
   A. 25   B. 30   C. 50   D. 60

   正确答案：B

46. 支架安装应从一端向另一端或从跨中向两端延伸，按照（　　）的顺序自下而上逐层搭设。
   A. 垫木、立杆、底座、水平杆、剪刀撑
   B. 垫木、底座、立杆、剪刀撑、水平杆
   C. 垫木、底座、立杆、水平杆、剪刀撑
   D. 垫木、立杆、底座、剪刀撑、水平杆

   正确答案：C

47. 碗扣式支架水平杆安装时应控制直线度和水平度；各层水平框架的纵、横向直线度应小于立杆间距的（　　），相邻水平杆的高差应小于（　　）。
   A. 1/200，±5mm   B. 1/100，±5mm
   C. 1/200，±6mm   D. 1/100，±6mm

   正确答案：A

48. 铸钢、钢板热锻或钢板冲压制作的插销厚度不应小于（　　），允许尺寸偏差应为（　　）。
   A. 8mm，±0.1mm   B. 6mm，±0.1mm
   C. 8mm，±0.2mm   D. 6mm，±0.2mm

   正确答案：A

49. 悬挑钢梁悬挑长度应按设计确定，固定段长度不应小于悬挑段长度的（　　）倍。
   A. 1.15   B. 1.2   C. 1.25   D. 1.35

   正确答案：C

50. 安全钢丝绳下端应安装重量不小于（　　）的重锤，其底部距地面（　　）。
   A. 3.0kg，200～300mm   B. 5.0kg，200～300mm
   C. 3.0kg，100～200mm   D. 5.0kg，100～200mm

   正确答案：D

二、多选题

1. 扣件式钢管脚手架的钢管规格、间距、扣件应符合设计要求，每根立杆底部应设置（　　）。
   A. 底座   B. 垫板   C. 砖块   D. 石板   E. 水泥块

   正确答案：AB

2. 作业脚手架根据搭设方法，可划分为（　　）。
   A. 钢管脚手架   B. 落地脚手架
   C. 悬挑脚手架   D. 附着式升降脚手架
   E. 防护架

   正确答案：BCDE

3. 脚手架的可变荷载应包含：（　　）。
   A. 施工荷载　　　　　　　　　B. 风荷载
   C. 脚手架结构件自重　　　　　D. 脚手板、安全网、栏杆等附件的自重
   E. 其他可变荷载

   正确答案：ABE

4. 当脚手架出现（　　）时，应判定为超过正常使用极限状态。
   A. 影响正常使用的变形　　　　B. 地基失去继续承载的能力
   C. 影响正常使用的其他状态　　D. 脚手架结构转变为机动体系
   E. 脚手架结构整体或局部杆件失稳

   正确答案：AC

5. 竹脚手架应只用于（　　）。
   A. 作业脚手架　　　　　　　　B. 门式钢管承重支架
   C. 木承重支架　　　　　　　　D. 落地满堂支撑脚手架
   E. 混凝土模板（承重）支架

   正确答案：AD

6. 脚手架所用钢管应采用 Q235A 钢，此钢材的重要质量标准和性能是（　　）。
   A. 标准屈服强度不低于 235N/mm² B. 可焊性能好
   C. 抗锈蚀性能好　　　　　　　D. 抗冲击性好
   E. 管壁厚度不均匀

   正确答案：AC

7. 一字型、开口型脚手架连墙件设置做了专门的规定，它们是（　　）。
   A. 在脚手架的两端必须设置连墙件
   B. 在脚手架的两端宜设置连墙件
   C. 连墙件间距竖向不应大于建筑物层高，并不应大于 4m（两步）
   D. 连墙件间距竖向不应大于建筑物层高，并不应大于 6m（三步）
   E. 连墙件的设置与封圈型架相同

   正确答案：AC

8. 在荷载分类中，将脚手板重量归于（　　）。
   A. 可变荷载　　　　　　　　　B. 永久荷载
   C. 施工荷载　　　　　　　　　D. 构配件自重
   E. 变型荷载

   正确答案：BD

9. 设计承重脚手架时，应根据使用过程中可能出现的荷载取其最不利组合进行计算，（　　）符合设计计算要求。
   A. 对纵、横向水平杆强度、变形应考虑：永久荷载＋0.85（施工荷载＋风荷载）的组合
   B. 对纵、横向水平杆强度、变形应考虑：永久荷载＋施工荷载的组合
   C. 对立杆稳定应考虑：永久荷载＋施工荷载和永久荷载＋0.85（施工荷载＋风荷

载）的两种组合

D. 对立杆稳定应考虑：永久荷载＋施工荷载和永久荷载＋施工荷载＋风荷载

E. 对立杆的稳定只考虑荷载

正确答案：BC

10. 纵、横向水平杆的计算内容应有（   ）。
    A. 抗弯强度和挠度 B. 抗剪强度和挠度
    C. 抗压强度和挠度 D. 与立杆的连接扣件抗滑承载力
    E. 地基承载力

正确答案：AD

11. 为保证脚手架立杆的安全、使用，规范规定对其计算内容应有（   ）。
    A. 抗压强度 B. 稳定
    C. 容许长细比 D. 抗弯强度
    E. 抗剪强度

正确答案：BC

12. 计算脚手架立杆稳定时，应进行不同的荷载效应组合，它们是（   ）。
    A. 永久荷载＋施工荷载 B. 永久荷载＋0.85 施工荷载
    C. 永久荷载＋施工荷载＋风荷载 D. 永久荷载＋0.85（施工荷载＋风荷载）
    E. 永久荷载

正确答案：AD

13. 计算立杆稳定性时，应选取其危险部位（或称最不利部位），当脚手架以相同步距、纵距、横距和连墙件布置，且风荷不大时，危险部位在（   ）。
    A. 脚手架顶层立杆段 B. 脚手架半高处立杆段
    C. 脚手架底层立杆段 D. 双管立杆变截面处的单立杆段
    E. 双管立杆的双管立杆段

正确答案：CD

14. 使用旧扣件时，应遵守下列有关规定（   ）。
    A. 有裂缝、变形的严禁使用 B. 有裂缝但不变形的可以使用
    C. 有变形但无裂缝的可以使用 D. 出现滑丝的必须更换
    E. 螺栓锈蚀，变曲变形可以使用

正确答案：AD

15. 脚手架底部的构造要求是（   ）。
    A. 每根立杆底端应设底座或垫板，且应设纵向、横向扫地杆
    B. 纵向扫地杆距底座上皮不大于200mm，并采用直角扣件与立杆固定
    C. 纵向扫地杆距底座上皮不大于1000mm，并采用直角扣件与立杆固定
    D. 横向扫地杆应采用直角扣件固定在紧靠纵向扫地杆下方的立杆上
    E. 横向扫地杆设在距底面上 0.8m 处

正确答案：ABD

16. 连墙件设置位置要求有（   ）。

A. 偏离主节点的距离不应大于 300mm

B. 偏离主节点的距离不应大于 600mm

C. 宜靠近主节点设置

D. 应从脚手架底层第一步纵向水平杆处开始设置

E. 应在脚手架第二步纵向水平杆处开始设置

正确答案：ACD

17. 纵向水平杆（大横杆）的接头可以搭接或对接。搭接时应符合（　　）要求。

A. 搭接长度不应小于 1m

B. 等间距设置 3 个旋转扣件固定

C. 端部扣件盖板边缘至搭接杆端的距离不应小于 500mm

D. 端部扣件盖板边缘至搭接杆端的距离不应小于 100mm

E. 搭接长度 0.5m

正确答案：ABD

18. 符合横向斜撑设置要求的有（　　）。

A. 一字型、开口型双排脚手架的两端必须设置

B. 高度 24m 以上的封圈型双排架除在拐角处设置外，中间应每隔 6 跨设置一道

C. 高度在 24m 以下的封圈型双排架可不设置

D. 高度在 24m 以下的封圈型双排架应在拐角处设置

E. 20m 高度以下的封圈型双排架须在拐角处设置

正确答案：ABC

19. 连墙件的数量、间距设置应满足（　　）要求。

A. 计算　　　　　　　　B. 最大竖向、水平向间距

C. 每一连墙件覆盖的最小面积　　D. 每一连墙件覆盖的最大面积

E. 不考虑覆盖面积的

正确答案：ABD

20. 在脚手架使用期间，严禁拆除（　　）。

A. 主节点处的纵向横向水平杆　　B. 非施工层上，非主节点处的横向水平杆

C. 连墙件　　　　　　D. 纵横向扫地杆

E. 非作业层上的踏脚板

正确答案：ACD

21. 纵向水平杆的对接接头应交错布置，具体要求是（　　）。

A. 两个相邻接头不宜设在同步、同跨内

B. 各接头中心至最近主节点的距离不宜大于纵距的 1/3

C. 各接头中心至最近主节点的距离不宜大于纵距的 1/2

D. 不同步、不同跨的两相邻接头水平向错开距离不应小于 500mm

E. 不同步、不同跨的两相邻接头水平向可在同一个平面上

正确答案：ABD

22. 脚手架作业层上的栏杆及挡脚板的设置要求为（　　）。

A. 栏杆和挡脚板均应搭设在外立杆的内侧
B. 上栏杆上皮高度应为1.2m
C. 挡脚板高度不应小于120mm
D. 挡脚板高度不应小于180mm
E. 不设挡脚板

正确答案：ABD

23. 双排脚手架连墙件的间距除应满足计算要求外还应（　　）。
A. 脚手架高度不大于50m时，竖向不大于3步距，横向不大于3跨距
B. 脚手架高度不大于50m时，竖向不大于4步距，横向不大于4跨距
C. 脚手架高度大于50m时，竖向不大于2步距，横向不大于3跨距
D. 脚手架高度大于50m时，竖向不大于2步距，横向不大于4跨距
E. 脚手架高度大于50m时，竖向不大于5步距，横向大于5跨距

正确答案：AC

24. 双排脚手架每一连墙件的覆盖面积应不大于（　　）。
A. 架高不大于50m时，40m^2　　B. 架高不大于50m时，50m^2
C. 架高大于50m时，30m^2　　D. 架高大于50m时，27m^2
E. 架高大于50m时，60m^2

正确答案：AD

25. 一字型、开口型脚手架连墙件设置做了专门的规定，它们是（　　）。
A. 在脚手架的两端必须设置连墙件
B. 在脚手架的两端宜设置连墙件
C. 连墙件间距竖向不应大于建筑物层高，并不应大于4m（两步）
D. 连墙件间距竖向不应大于建筑物层高，并不应大于6m（三步）
E. 连墙件的设置与封圈型架相同

正确答案：AC

26. 根据整架加荷试验得知，影响双排脚手架稳定承载能力的因素较多，其中主要的并反映在计算的有（　　）。
A. 立杆的纵距、横距　　　B. 大横杆的步距
C. 脚手架的连墙杆布置　　D. 支撑设置
E. 挡脚板的设置

正确答案：ABC

27. 符合脚手架底部构造要求的有（　　）。
A. 每根立杆底端应设底座或垫板，且应设纵向、横向扫地杆
B. 纵向扫地杆距底座上皮不大于200mm，并采用直角扣件与立杆固定
C. 纵向扫地杆距底座上皮不大于1000mm，并采用直角扣件与立杆固定
D. 横向扫地杆应采用直角扣件固定在紧靠纵向扫地杆下方的立杆上
E. 横向扫地杆设在距底面上0.8m处

正确答案：ABD

28. 搭设承插型盘扣式支撑架，每搭完一步支架后，应及时校正（　　）。
   A. 水平杆步距　　　　　　B. 立杆的纵横距
   C. 立杆的垂直偏差　　　　D. 水平杆的纵横距
   E. 水平杆的水平偏差

   正确答案：ABCE

29. 附着式升降脚手架结构构造的尺寸应符合下列（　　）规定。
   A. 架体高度不得大于 5 倍楼层高
   B. 架体宽度不得大于 1.2m
   C. 直线布置的架体支承跨度不得大于 7m，折线或曲线布置的架体，相邻两框架支撑点处的架体外侧距离不得大于 5.4m
   D. 架体的水平悬挑长度不得大于 2m. 且不得大于跨度的 1/2
   E. 架体全高与支承跨度的乘积不得大于 120m²

   正确答案：BCD

30. 附着式升降脚手架的升降操作应符合下列（　　）规定。
   A. 操作人员不得停留在架体上
   B. 升降过程中不得有施工荷载
   C. 所有妨碍升降的障碍物应已拆除
   D. 所有影响升降作业的约束已经拆开
   E. 各相邻提升点间的高差不得大于 40mm，整体架最大升降差不得大于 80mm

   正确答案：ABCD

三、判断题

1. 附着升降脚手架就是悬吊于悬挑梁或工程结构之下的脚手架。　　（　　）
   A. 正确　　　　B. 错误

   正确答案：B

2. 在脚手架搭设和拆除作业前，应根据工程特点编制专项施工方案，并应经审批后组织实施。　　（　　）
   A. 正确　　　　B. 错误

   正确答案：A

3. 支撑脚手架的搭设高度、荷载中任一项不满足安全等级为Ⅱ级的条件时，其安全等级应划为Ⅰ级。　　（　　）
   A. 正确　　　　B. 错误

   正确答案：A

4. 脚手架所使用的钢丝绳承载力应具有足够的安全储备，钢丝绳安全系数取值应符合相关规定，其中缆风绳用的钢丝绳安全系数应为 2.5。　　（　　）
   A. 正确　　　　B. 错误

   正确答案：B

5. 当钢管直径为 51～70mm 时，根据相关规定其外径允许偏差是±0.5mm。　（　　）

A. 正确 　　　　B. 错误

正确答案：B

6. 脚手板应满足强度、耐久性和重复使用要求，钢脚手板材质应符合现行国家标准《碳素结构钢》GB/T 700 中 Q235 级钢的规定；冲压钢板脚手板的钢板厚度不宜小于 1.5mm，板面冲孔内切圆直径应小于 25mm。（　　）

A. 正确 　　　　B. 错误

正确答案：A

7. 脚手架挂扣式连接、承插式连接的连接件应有防止退出或防止脱落的措施。（　　）

A. 正确 　　　　B. 错误

正确答案：A

8. 当作业脚手架上同时存在 2 个及以上作业层作业时，在同一跨距内各操作层的施工荷载标准值总和取值不得小于 4.0kN/m²。（　　）

A. 正确 　　　　B. 错误

正确答案：A

9. 高耸塔式结构、悬臂结构等特殊脚手架结构在水平风荷载标准值计算时，可不计入风振系数。（　　）

A. 正确 　　　　B. 错误

正确答案：B

10. 当脚手架上有集中荷载作用时，尚应选取集中荷载作用范围内受力最大的杆件、构配件作为计算单元。（　　）

A. 正确 　　　　B. 错误

正确答案：A

11. 当立杆与立杆节点连接形式是承插式连接并且其节点受拉时，则其承载力设计值不应小于 15kN。（　　）

A. 正确 　　　　B. 错误

正确答案：A

12. 脚手架构配件强度应按构配件毛截面计算；构配件稳定性和变形应按构配件净截面计算。（　　）

A. 正确 　　　　B. 错误

正确答案：B

13. 作业脚手架的宽度不应小于 0.8m，且不宜大于 1.2m。作业层高度不应小于 1.7m，且不宜大于 2.0m。（　　）

A. 正确 　　　　B. 错误

正确答案：A

14. 在作业脚手架的纵向外侧立面上应设置竖向剪刀撑，搭设高度在 24m 以下时，应在架体两端、转角及中间每隔不超过 15m 各设置一道剪刀撑，并由底至顶连续设置；搭设高度在 24m 及以上时，应在全外侧立面上由底至顶连续设置。（　　）

A. 正确　　　　B. 错误

正确答案：A

15. 作业脚手架底部立杆上应设置纵向和横向扫地杆。（　）

A. 正确　　　　B. 错误

正确答案：A

16. 支撑脚手架的立杆间距和步距应按设计计算确定，且间距不宜大于 1.5m，步距不应大于 3.0m。（　）

A. 正确　　　　B. 错误

正确答案：B

17. 支撑脚手架剪刀撑或斜撑杆、交叉拉杆的布置应均匀、对称。（　）

A. 正确　　　　B. 错误

正确答案：A

18. 安全等级为Ⅰ级的支撑脚手架顶层两步距范围内架体的纵向和横向水平杆宜按加大步距宽松设置。（　）

A. 正确　　　　B. 错误

正确答案：B

19. 脚手架工程施工单位必须具有相应的专业资质及安全生产许可证，并在其资质许可范围及法定有效期内从事其内脚手架的搭设与拆除作业。（　）

A. 正确　　　　B. 错误

正确答案：A

20. 建筑架子工属于建筑施工特种作业人员，必须经建设行政主管部门考核合格，取得建筑施工特种作业人员操作资格证书，方可上岗从事脚手架的搭设与拆除作业。（　）

A. 正确　　　　B. 错误

正确答案：A

21. 脚手架拆除必须有项目经理或工程施工负责人签字确认可拆除通知书，方准进行拆除。（　）

A. 正确　　　　B. 错误

正确答案：A

22. 碗扣式支架水平杆接头、斜杆接头应采用碳素铸钢制造。（　）

A. 正确　　　　B. 错误

正确答案：A

23. 上碗扣和水平杆接头可以采用钢板冲压成型。（　）

A. 正确　　　　B. 错误

正确答案：B

24. 立杆间距和水平杆步距应根据支架所承受的荷载通过设计计算确定，并利于支架安装、拆除作业。（　）

A. 正确　　　　B. 错误

正确答案：A

25. 立杆横向间距应根据梁体高度分段设置，纵向间距对应梁体腹板、底板、翼缘板等不同部位分别设置。（　　）
 A. 正确　　　B. 错误

正确答案：B

26. 铸钢制作的杆端和接头应与立杆钢管外表面形成良好的弧面接触，并应有不小于500mm²的接触面积。（　　）
 A. 正确　　　B. 错误

正确答案：A

27. 每个型钢悬挑梁外端宜设置钢丝绳或钢拉杆与上一层建筑结构斜拉结，钢丝绳、钢拉杆参与悬挑钢梁受力计算。（　　）
 A. 正确　　　B. 错误

正确答案：B

28. 型钢悬挑梁宜采用双轴对称截面的型钢。（　　）
 A. 正确　　　B. 错误

正确答案：A

29. 用于锚固的U型钢筋拉环或螺栓应采用冷弯成型。（　　）
 A. 正确　　　B. 错误

正确答案：A

30. 悬挑钢梁锚固位置设置在楼板上时，楼板的厚度不宜小于100mm。（　　）
 A. 正确　　　B. 错误

正确答案：B

31. 锚固型钢的主体结构混凝土强度等级不得低于C20。（　　）
 A. 正确　　　B. 错误

正确答案：A

32. 连墙件应靠近主节点设置，偏离主节点的距离不应大于200mm。（　　）
 A. 正确　　　B. 错误

正确答案：B

33. 连墙件中的连墙杆应呈水平设置，当不能水平设置时，应向脚手架一端下斜连接。（　　）
 A. 正确　　　B. 错误

正确答案：A

34. 当脚手架下部暂不能设连墙件时应采取防倾覆措施。当搭设抛撑时，抛撑应采用通长杆件，并用旋转扣件固定在脚手架上，与地面的倾角应在50°～60°之间。（　　）
 A. 正确　　　B. 错误

正确答案：B

35. 架高超过40m且有风涡流作用时，应采取抗上升翻流作用的连墙措施。（　　）
 A. 正确　　　B. 错误

正确答案：A

36. 防倾覆装置必须有可靠的刚度和足够的强度，其导向件应通过螺栓连接固定在附墙支座上，不能前后左右移动。（　　）

　　A. 正确　　　　B. 错误

正确答案：A

37. 钢吊杆式防坠落装置，钢吊杆规格应由计算确定，且不应小于 $\phi 20\text{mm}$。
（　　）

　　A. 正确　　　　B. 错误

正确答案：B

38. 附着式升降脚手架升降时，必须配备有限制荷载或水平高差的同步控制系统。
（　　）

　　A. 正确　　　　B. 错误

正确答案：A

39. 吊篮的安装与拆卸工作应由具有相应资质的安装单位承担。使用单位不得擅自安装、移位、拆卸吊篮。（　　）

　　A. 正确　　　　B. 错误

正确答案：A

40. 在吊篮安装与拆卸作业时，应设置警戒区，禁止无关人员进入安装与拆卸施工现场。（　　）

　　A. 正确　　　　B. 错误

正确答案：A

四、案例分析

1. 某办公楼工程，建筑面积 23723m^2，框架剪力墙结构，地下1层，地上12层，首层高4.8m，标准层高3.6m，工程结构施工采用外双排落地脚手架。台风期间，安全员巡查脚手架，发现部分脚手架倒塌，随即报项目部，所幸台风来临前已通知施工队停止施工，因此未造成人员伤亡。后经检查发现脚手架的连墙件布置存在问题。回答下列问题：

（1）脚手架搭设完毕后，应由（　　）组织验收。

　　A. 项目负责人　　B. 施工队长　　C. 项目总工　　D. 安全员

正确答案：A

（2）作用于脚手架的荷载有（　　）。

　　A. 永久荷载　　　　　　　　B. 偶然荷载
　　C. 可变荷载　　　　　　　　D. 地震作用
　　E. 风荷载

正确答案：AC

（3）此工程采用的脚手架的连墙件布置的竖向间距应为3步距。（　　）

　　A. 正确　　　　B. 错误

正确答案：A

（4）本工程结构施工脚手架不需要编制专项施工方案　　　　　　　（　　）
A. 正确　　　　　　B. 错误

正确答案：B

2. 某市新建市民图书馆工程，为全现浇框架剪力墙结构，周圈为框架结构，核心筒为剪力墙体，该图书馆地上12层，采用落地式钢管脚手架。某施工总承包单位中标后成立了项目部组织施工。项目部编制了《脚手架专项施工方案》。在搭设脚手架期间正值秋季大风天气，风力达六级以上，对高处作业安全造成极大影响。考虑到工期紧张，仍继续进行结构施工。

（1）钢管脚手架的钢材强度设计值等技术参数取值，应符合相关规定。焊接钢管、冷弯成型的厚度小于（　　）mm 的钢构件，应按现行国家标准《冷弯薄壁型钢结构技术规范》GB 50018 的规定取用

A. 4　　　　　B. 5　　　　　C. 6　　　　　D. 7

正确答案：C

（2）下列（　　）属于落地作业脚手架计算应包括的内容。
A. 水平杆件抗弯强度、挠度、节点连接强度
B. 立杆稳定承载力
C. 地基承载力
D. 连墙件强度、稳定承载力、连接强度
E. 架体抗倾覆能力

正确答案：ABCD

（3）当风力达到六级时，脚手架搭设为赶工期可继续施工。　　　（　　）
A. 正确　　　　　　B. 错误

正确答案：B

（4）脚手架工程施工时，应首先由脚手架工程技术负责人，向架子班组作业人员进行安全技术交底，并有交底书，交底后双方应签字注明交底日期。　　（　　）
A. 正确　　　　　　B. 错误

正确答案：A

3. 某公司机械厂住宅楼工地，一抹灰工在五层顶贴抹灰用分隔条时，脚手板滑脱发生坠落事故，该工程采用的是扣件式钢管脚手架。坠落过程中将首层兜网系节点冲开，装在一层脚手架小横杆上，抢救无效死亡。事故原因：脚手架未固定好，作业人员未系安全带。请回答以下问题：

（1）扣件在螺栓拧紧扭力矩达到（　　）N·m 时，不得发生破坏。
A. 60　　　　　B. 55　　　　　C. 65　　　　　D. 70

正确答案：C

（2）在脚手架使用期间，严禁拆除（　　）杆件。
A. 立杆
B. 主节点处的纵、横向水平杆，纵、横向扫地杆

C. 连接棒

D. 锁臂

E. 连墙件

正确答案：BE

(3) 临街搭设脚手架时，外侧必须有防止坠物伤人的防护措施。（　　）

A. 正确　　　　　　B. 错误

正确答案：A

(4) 脚手板一般应至少两层，上层为作业层，下层为防护层。只设一层脚手板时，应在脚手板下设随层兜网。自顶层作业层的脚手板向下宜每隔12m满铺一层脚手板。

（　　）

A. 正确　　　　　　B. 错误

正确答案：A

4. 某工程，框架结构，地下一层，地上五层，层高3.6m，面积1850m^2，外脚手架采用门式钢管脚手架，设计高度21m。工程开工前，施工单位编制了专项施工方案。某日施工过程中，由于一名工人的操作失误，导致部分脚手架发生倒塌。以致使三名正在工作的工人死亡，及2名工人受重伤。事后经调查，发现该名工人未持证上岗，缺乏相关的专业知识。门式支架立杆钢管直径及杆的纵横距离不满足要求。

(1) 门式支架立杆钢管直径不小于（　　）mm，立杆的纵横距离不应大于（　　）mm。

A. 48；1000　　　B. 60；1200　　　C. 48；1200　　　D. 60；1000

正确答案：C

(2) 下列（　　）属于纵、横向水平加固杆设置符合规定的。

A. 水平加固杆应在每步门架上纵、横向连续设置，并采用扣件固定在门架立杆下端扣接点距门架接头不得大于150mm

B. 水平加固杆应采用与门架立杆相同规格的扣件式钢管

C. 支架底层应设置纵、横向扫地杆，扫地杆距地面高度不应大于150mm

D. 支架底层应设置纵、横向扫地杆，扫地杆距地面高度不应大于350mm

E. 水平加固杆应在每步门架上纵、横向连续设置，并采用扣件固定在门架立杆下端扣接点距门架接头不得大于350mm

正确答案：ABD

(3) 建筑架子工虽然不属于建筑施工特种作业人员，但也必须经建设行政主管部门考核合格，取得建筑施工特种作业人员操作资格证书，方可上岗从事脚手架的搭设与拆除作业。（　　）

A. 正确　　　　　　B. 错误

正确答案：B

(4) 门式支架的可调底座、可调托座宜采取有效措施，防止砂浆、水泥浆等污物填塞螺纹。（　　）

A. 正确　　　　　　B. 错误

正确答案：A

5. 某工地一台吊篮在距离地面约20余米的6楼停下来后，2名工人收拾好工具正要开始施工，突然吊篮悬吊平台剧烈晃动，紧接着吊篮（悬吊平台）上的一根钢丝绳从中间断裂，吊篮（悬吊平台）猛地向一侧翻过去，2人坠落至地面，当即死亡。请回答以下问题：

（1）对出厂年限超过（　　）的提升机，每年应进行一次安全评估，评估合格的，可继续使用。评估不合格的，应予以报废。

A. 4年　　　　　　B. 5年　　　　　　C. 6年　　　　　　D. 7年

正确答案：C

（2）操作人员应严格按照有关标准规范和安全操作规程进行操作，并严格遵守（　　）规定。

A. 进入悬吊平台的人员应系安全带，并将自锁器正确扣牢在独立悬挂的安全绳上

B. 每根安全绳悬挂人数不宜超过1名，当悬吊平台上的作业人员需要超过2名时，应每人配备1根独立悬挂的安全绳

C. 任何人员不得直接从建筑物窗口、孔洞等位置进出悬吊平台，使用吊篮不得超载

D. 不得将吊篮作为垂直运输设备使用，不得在悬吊平台内用梯子或垫脚物取得较高工作位置

E. 吊篮内操作人员不得超过3人

正确答案：ACD

（3）工作钢丝绳与安全钢丝绳应分别安装在独立的悬挂点上。（　　）

A. 正确　　　　　　B. 错误

正确答案：A

（4）使用单位应在吊篮下方可能造成坠物伤害的范围，设置安全隔离区或明显的安全警示标志或设专人负责安全管理。（　　）

A. 正确　　　　　　B. 错误

正确答案：A

6. 2016年11月8日9时许，某一建筑工地一台正在30多米高空施工的吊篮，屋顶上吊篮悬挂机构（一侧悬挑端）突然弯曲，致使吊篮悬吊平台严重倾斜，在悬吊平台上作业的4名作业人员因系有安全绳，事发后救援人员将4名工人营救出吊篮。请回答以下问题：

（1）在吊篮安装与拆卸作业前，应由（　　）向作业人员进行安全技术交底，并由双方签字确认。

A. 技术负责人　　　　　　　　　　B. 专业技术人员
C. 指挥人员　　　　　　　　　　　D. 专职安全监护人员

正确答案：B

（2）有下列（　　）情形之一的吊篮不得购置。

A. 未经过检测机构进行产品型式检验的

353

B. 型式检验达不到现行国家标准《高处作业吊篮》GB/T 19155 有关规定的
C. 在提升机和安全锁外壳上，制造厂商已标明出厂日期钢印的
D. 超过规定使用年限，且未通过安全评估的
E. 工作钢丝绳和安全钢丝绳直径一致的

正确答案：ABD

（3）悬挂装置的横梁应水平设置，其偏差不应超过横梁长度的 4%，且不应前低后高。（　　）

　　A. 正确　　　　　　B. 错误

正确答案：A

（4）在运行过程中，可对吊篮进行保养、调整和检修工作。（　　）

　　A. 正确　　　　　　B. 错误

正确答案：B

第 4 章　模 板 工 程

一、单选题

1. 监理单位对高大模板支撑系统的搭设、拆除及混凝土浇筑实施巡视检查，发现安全隐患应当责令整改，对施工单位拒不整改或者拒不停止施工的，应当及时向（　　）报告。

　　A. 城管　　　　B. 政府机关　　　　C. 公安机关　　　　D. 建设单位

正确答案：D

2. 模板工程作业高度在（　　）及以上时，应根据高处作业安全技术规范的要求进行操作和防护。

　　A. 2m　　　　B. 3m　　　　C. 4m　　　　D. 5m

正确答案：A

3. 国内使用的钢模板大致可分为两类：一类为小块钢模，另一类是大模板，它用于墙体的支模，多用在（　　）结构中

　　A. 挡土墙　　　　B. 承重墙　　　　C. 防火墙　　　　D. 剪力墙

正确答案：D

4. 钢质建筑模板一般均做成定型建筑模板，在使用过程中应注意保管和维护、防止（　　）以延长钢质建筑模板的使用寿命。

　　A. 超重　　　　B. 风化　　　　C. 酸化　　　　D. 生锈

正确答案：D

5. 用大模板浇筑墙体，待浇筑的混凝土的强度达到（　　）就可拆除大模板，待混凝土强度达到（　　）及以上时才能在其上吊装楼板。

　　A. 1MPa，4MPa　　B. 1MPa，2MPa　　C. 2MPa，6MPa　　D. 5MPa，10MPa

正确答案：A

6. 在模板中，（　　）模板具备自爬的能力，因此不需起重机械的吊运，这可以减少了施工中运输机械的吊运工作量。
　　A. 飞模　　　　B. 爬模　　　　C. 隧道模　　　　D. 滑动模板

正确答案：B

7. 与常用的组合钢模板相比，（　　）可节省一半的劳动力，工期缩短1/2以上。
　　A. 隧道模　　　B. 大模板　　　C. 滑动模板　　　D. 爬模

正确答案：A

8. 现浇钢筋混凝土梁、板，当跨度大于（　　）时，模板应起拱。
　　A. 2m　　　　　B. 3m　　　　　C. 4m　　　　　D. 5m

正确答案：C

9. 拼装高度为（　　）以上的竖向模板，不得站在下层模板上拼装上层模板。
　　A. 2m　　　　　B. 3m　　　　　C. 4m　　　　　D. 5m

正确答案：A

10. 钢管扫地杆、水平拉杆应采用（　　），剪刀撑应采用（　　）。
　　A. 对接，搭接　B. 对接，焊接　C. 搭接，对接　D. 拼接，铰接

正确答案：A

11. 当模板安装高度超过（　　）时，必须搭设脚手架，除操作人员外，脚手架下不得站其他人。
　　A. 2m　　　　　B. 3m　　　　　C. 4m　　　　　D. 5m

正确答案：B

12. 木立柱支撑的安装过程中，当仅为单排立柱时，应于单排立柱的两边每隔3m加设（　　）。
　　A. 斜支撑　　　B. 水平剪刀撑　C. 竖向剪刀撑　D. 对称

正确答案：A

13. 地面以下支模应先检查土壁的稳定情况，当有裂纹及塌方危险迹象时，应采取安全防范措施后，方可下人作业。当深度超过（　　）时，操作人员应设梯上下。
　　A. 2m　　　　　B. 3m　　　　　C. 4m　　　　　D. 5m

正确答案：A

14. 现场拼装柱模时，应适时地按设临时支撑进行固定，斜撑与地面的倾角宜为（　　），严禁将大片模板系于柱子钢筋上。
　　A. 30°　　　　B. 40°　　　　C. 50°　　　　D. 60°

正确答案：D

15. 爬升模板的安装顺序应为（　　）。
①底座　　　②立柱　　　③爬升设备　　　④大模板　　　⑤模板外侧吊脚手
　　A. ①②③④⑤　B. ①③②④⑤　C. ①③②⑤④　D. ①②③⑤④

正确答案：A

16. 大模板爬升时，新浇混凝土的强度不应低于达到（　　）。支架爬升时的附

墙架穿墙螺栓受力处的新浇混凝土强度应达到（　　）以上。

A．1.2N/mm²，10N/mm²　　　　B．1.3N/mm²，12N/mm²
C．1.2N/mm²，20N/mm²　　　　D．1.5N/mm²，15N/mm²

正确答案：A

17．特殊模板安装过程中，所有螺栓孔均应安装螺栓，螺栓应采用（　　）的扭矩紧固。

A．30～40N·m　　B．40～50N·m　　C．50～60N·m　　D．60～70N·m

正确答案：C

18．飞模起吊时，应在吊离地面（　　）后停下，待飞模完全平衡后再起吊。

A．0.2m　　　　B．0.3m　　　　C．0.4m　　　　D．0.5m

正确答案：D

19．隧道模安装过程：合模后应采用千斤顶升降模板的底沿，按导墙上所确定的水准点调整到（　　），并应采用斜支撑和垂直支撑调整模板的水平度和垂直度，再将连接螺栓拧紧。

A．地面标高　　　B．施工高度　　　C．相对标高　　　D．设计标高

正确答案：D

20．平台桁架中立柱下面的垫板，必须落在楼板边缘以内400mm左右，并应在楼层下相应位置加设临时（　　）。

A．剪刀撑　　　B．横向水平支撑　　　C．纵向水平支撑　　　D．垂直支撑

正确答案：D

21．模板拆除规定中：在承重焊接钢筋骨架作配筋的结构中，承受混凝土重量的模板，应在混凝土达到设计强度的（　　）后方可拆除承重模板。

A．25％　　　　B．30％　　　　C．45％　　　　D．50％

正确答案：A

22．模板拆除规定中：大体积混凝土的拆模时间除应满足混凝土强度要求外，还应使混凝土内外温差降低到（　　）以下时方可拆模。否则应采取有效措施防止产生温度裂缝。

A．15°　　　　B．25°　　　　C．35°　　　　D．45°

正确答案：B

23．高处拆除模板时，应遵守有关高处作业的规定。严禁使用大锤和撬棍，操作层上临时拆下的模板堆放不能超过（　　）层。

A．1层　　　　B．2层　　　　C．3层　　　　D．4层

正确答案：C

24．遇（　　）大风时，应暂停室外的高处作业。雨、雪、霜后应先清扫施工现场，方可进行工作。

A．≥6级　　　B．≥7级　　　C．≥8级　　　D．≥9级

正确答案：A

25．支架立柱拆除要求中规定：当拆除钢楞、木楞、钢桁架时，应在其下面临时搭

设（　　）。

A. 沙袋　　　　B. 垫层　　　　C. 防护网　　　　D. 防护支架

正确答案：D

26. 飞模拆除要求中规定：梁、板混凝土强度等级不得小于设计强度的（　　）时，方准脱模。

A. 15％　　　　B. 25％　　　　C. 45％　　　　D. 75％

正确答案：D

27. 现浇结构模板安装中，（　　）适用于轴线位置的检查。

A. 钢尺　　　　B. 经纬仪　　　　C. 拉线　　　　D. 水准仪

正确答案：A

28. 现浇结构模板安装中，（　　）不适用于层高垂直度的检查。

A. 经纬仪　　　　B. 吊线　　　　C. 钢尺检查　　　　D. 水准仪

正确答案：D

29. 水平吊运整体模板不少于（　　）。

A. 1个点　　　　B. 2个点　　　　C. 4个点　　　　D. 6个点

正确答案：C

30. 在悬空部位作业时，操作人员应（　　）。

A. 遵守操作规定　　　　B. 进行安全技术交底
C. 戴好安全帽　　　　D. 系好安全带

正确答案：D

31. 模板及其支架在安装过程中，必须设置（　　）。

A. 保证工程质量措施　　　　B. 提高施工速度措施
C. 保证节约材料计划　　　　D. 有效防倾覆的临时固定设施

正确答案：D

32. 吊运模板时规定：木料应堆放于下风向，离火源不得小于（　　），且料场四周应设置灭火器材。

A. 30m　　　　B. 40m　　　　C. 50m　　　　D. 60m

正确答案：A

33. 立柱钢管构造要求中钢管的外径与壁厚之比不得超过（　　）。

A. 50　　　　B. 100　　　　C. 150　　　　D. 200

正确答案：B

34. 模板结构受压构件长细比：支架立柱及桁架不应大于（　　）。

A. 80　　　　B. 150　　　　C. 160　　　　D. 170

正确答案：B

35. 在立柱底距地面200mm高处，沿纵横水平方向应按纵下横上的程序设（　　）。

A. 扫地杆　　　　B. 满堂支架　　　　C. 剪刀撑　　　　D. 千斤顶

正确答案：A

36. 在起重作业中广泛用于吊索、构件或吊环之间的连接的栓连工具是（　　）。

A. 链条 B. 卡环 C. 绳夹 D. 钢丝绳

正确答案：B

37. 斜支撑与侧模的夹角不应小于（ ）。
A. 0 度 B. 35 度 C. 40 度 D. 45 度

正确答案：D

38. 安装电梯井内墙模前，必须于板底下（ ）处牢固地满铺一层脚手板。
A. 100mm B. 200mm C. 300mm D. 400mm

正确答案：B

39. 模板拼接时的 U 形卡应正反交替安装，间距不得大于（ ），两块模板对接接缝处的 U 形卡应满装。
A. 100mm B. 200mm C. 300mm D. 400mm

正确答案：C

40. 施工单位应对拆除工程的（ ）管理负直接责任。
A. 安全技术
B. 在建工程的安全生产
C. 在建工程的经济合同
D. 在建工程的施工进度

正确答案：A

二、多选题

1. 一般模板的组成部分为（ ）。
A. 模板面 B. 支撑结构
C. 连接配件 D. 加固
E. 螺栓

正确答案：ABC

2. 模板工程的实施必须经过（ ）。
A. 支撑杆的设计 B. 绘制模板施工图
C. 制订相应的施工安全技术措施 D. 施工组织设计
E. 现场勘察

正确答案：ABCD

3. 设计模板及其支架时应根据（ ）。
A. 工程结构形式 B. 荷载大小
C. 地基承载力 D. 施工设备
E. 气候条件

正确答案：ABCD

4. 柱箍用于直接支承和夹紧柱模板应用（ ）。
A. 扁钢 B. J 角钢
C. 槽钢 D. 木楞
E. 竹杆

正确答案：ABCD

5. 多层悬挑结构模板的立柱应（　　）。
   A. 连续支撑
   B. 不小于二层
   C. 不少于三层
   D. 不小于四层
   E. 不小于五层

   正确答案：AC

6. 组合钢模板、大模板、滑升模板的安装应符合（　　）。
   A. 施工设计要求
   B. 组合钢模板技术规范
   C. 大模板多层住宅结构设计与施工规程
   D. 液压滑动模板施工技术规范
   E. 地方有关规定

   正确答案：BCD

7. 模板工程指新浇混凝土成型的模板以及支承模板的一整套构造体系，其中，接触混凝土并控制预定（　　）的构造部分称为模板。
   A. 质量
   B. 重心
   C. 尺寸
   D. 形状
   E. 位置

   正确答案：CDE

8. 施工现场常用的木模板多为多层胶合板，用胶合板制作模板的优点（　　）。
   A. 加工成形比较省力
   B. 材质坚韧
   C. 不透水
   D. 自重轻
   E. 透水性好

   正确答案：ABCD

9. 普通模板拆除中，下列行为正确的是（　　）。
   A. 拆除模板时，施工人员必须站在安全地方
   B. 应先拆木面板，再拆内外木楞
   C. 钢模板应先拆U形卡和L形插销，后拆钩头螺栓和内外钢楞
   D. 拆下的钢模板应妥善传递或用绳钩放置地面，不得抛掷
   E. 拆下的小型零配件应装入工具袋内或小型箱笼内，不得随处乱扔

   正确答案：ADE

10. 拆除梁、板模板过程中，下列操作正确的是（　　）。
    A. 梁、板模板应先拆板底模，再拆梁侧模，最后拆除梁底模，并应分段分片进行
    B. 拆除时，作业人员应站在安全的地方进行操作
    C. 拆除模板时，严禁用铁棍或铁锤乱砸
    D. 严禁作业人员站在悬臂结构边缘敲拆下面的底模
    E. 待分片、分段的模板全部拆除后，方允许将模板、支架、零配件等按指定地点运出堆放

    正确答案：BCDE

11. 下列选项哪些是属于危大工程专项施工方案的内容（　　）。
    A. 工程概况
    B. 编制依据

C. 施工安全保证措施　　　　　　　D. 施工管理及作业人员配备和分工

E. 安全技术交底

正确答案：ABCD

12. 危大工程专项施工方案的内容中施工计划包括（　　）。

A. 机械设备采购计划　　　　　　　B. 施工人员进出场登记计划

C. 施工组织设计计划　　　　　　　D. 施工进度计划

E. 材料与设备计划

正确答案：DE

13. 下列选项哪些属于施工工艺技术（　　）。

A. 一机一档　　　　　　　　　　　B. 技术参数

C. 工艺流程　　　　　　　　　　　D. 施工方法

E. 操作要求

正确答案：BCDE

14. 高大模板支撑系统应在搭设完成后，经验收合格后，施工单位应当在施工现场明显位置设置验收标识牌，公示验收时间及责任人员，经施工单位（　　）签字后，方可进入后续工序的施工。

A. 项目技术负责人　　　　　　　　B. 项目总监理工程师

C. 安全员　　　　　　　　　　　　D. 综合办公室主任

E. 实验室主任

正确答案：AB

15. 爬模是爬升模板的简称，国外也叫跳模。它由（　　）组成。

A. 爬升模板　　　　　　　　　　　B. 爬架

C. 爬升设备　　　　　　　　　　　D. 吊车

E. 电梯

正确答案：ABC

16. 独立梁或整体楼盖梁结构模板安装时（　　）。

A. 底模板与横楞应拉结好　　　　　B. 横楞与支架立柱应连接牢固

C. 多加支撑点　　　　　　　　　　D. 加斜撑

E. 墙体增加连结点

正确答案：AB

17. 建筑工程模板承受的恒载标准值的种类有（　　）。

A. 模板及其支架自重　　　　　　　B. 新浇混凝土自重

C. 钢筋自重　　　　　　　　　　　D. 立柱自重

E. 新浇注的混凝土作用于模板的侧压力

正确答案 ABCE

18. 建筑工程模板承受的荷载标准值的种类有（　　）。

A. 施工人员及设备荷载

B. 振捣混凝土时产生的荷载

C. 风荷载
D. 倾倒混凝土时对垂直面板产生的水平荷载
E. 堆放材料的荷载

正确答案：ABD

19. 安装独立梁模板时应设安全操作平台，严禁操作人员有下列行为（　　）。
A. 站在独立梁底模操作
B. 站在支柱架上操作
C. 站在柱模支架上操作
D. 站在扶梯上操作
E. 在底模、柱模支架上通行

正确答案：ABCE

20. 攀登和悬空高处作业人员以及搭设高处作业安全设施的人员必须经过（　　）合格，持证上岗。
A. 专业考试合格
B. 体格检查
C. 专业技术培训
D. 思想教育
E. 技术教育

正确答案：AC

21. 进行模板支撑和拆卸时的悬空作业，下列哪些规定是正确的（　　）。
A. 严禁在连接件和支撑上攀登上下
B. 允许在上下同一垂直面上装拆模板
C. 支设临空构筑物模板时，应搭设支架或脚手架
D. 模板上留有预留洞时，应在安装后将洞口覆盖
E. 拆模的高处作业，应配置登高用具或搭设支架

正确答案：ACDE

22. 模板安装过程中下列规定满足要求的是（　　）。
A. 模板配置时应统一编号，安装时好对号入座
B. 在浇筑混凝土之前，应对模板工程进行验收
C. 柱模板外抱箍沿层高间距不得大于500mm
D. 现浇楼面板的支撑间距控制在0.5m左右
E. 交叉作业允许在同一垂直作业面进行

正确答案：ABC

23. 采用贝雷梁桁架作支架纵梁时，下列构造要求正确的是（　　）。
A. 贝雷梁顶、底面应保证整洁、平整，不得有凹凸变形等
B. 分配梁与贝雷梁之间应可靠连接，严禁出现悬空现象
C. 分配梁与砂箱间应紧密连接，严禁出现悬空现象
D. 立柱横向承重梁应缩短，以便于支架纵横梁拆除
E. 应在贝雷梁支承位置设置侧向限位装置，不宜将贝雷梁直接焊接在其支承结构上

正确答案：ABCE

24. 下列哪些选项满足爬升模板拆除要求（　　）。

A. 拆除爬模应有拆除方案，拆除前应向有关人员进行安全技术交底后，方可实施
B. 拆除时应先清除脚手架上的垃圾杂物，并应设置警戒区由专人监护
C. 拆除顺序应为：爬升设备、爬升支架、悬挂脚手架和模板
D. 拆除时应设专人指挥，严禁交叉作业
E. 已拆除的物件应及时清理、整修和保养，并运至指定地点备用

正确答案：ABDE

25. 模板按其功能分类，常用的模板主要有（ ）。
A. 定型组合模板　　　　　　B. 墙体大模板
C. 飞模　　　　　　　　　　D. 滑动模板
E. 铜模板

正确答案：ABCD

三、判断题

1. 模板工程是施工中的一种临时结构。（ ）
A. 正确　　　B. 错误

正确答案：A

2. 对于滑动模板，自升模板则增设提升动力以及提升架、平台等构成。（ ）
A. 正确　　　B. 错误

正确答案：A

3. 模板是混凝土浇筑成形的模壳和支架。按材料的性质可分为木模板、钢模板、塑料模板等。（ ）
A. 正确　　　B. 错误

正确答案：A

4. 模板安装过程中，当层间高度大于5m时，可采用木立柱支模。当层间高度小于或等于5m时，应选用桁架支模或钢管立柱支模。（ ）
A. 正确　　　B. 错误

正确答案：B

5. 当钢管的长细比大于150时，应采用连接系形成格构式框架柱；连接系与钢管之间通过节点板进行连接，连接强度必须小于连接系自身强度。（ ）
A. 正确　　　B. 错误

正确答案：B

6. 爬模的外附脚手架或悬挂脚手架应满铺脚手板，脚手架外侧应设防护栏杆和安全网。（ ）
A. 正确　　　B. 错误

正确答案：A

7. 后张预应力混凝土结构的侧模宜在施加预应力前拆除，底模应在施加预应力后拆除。（ ）
A. 正确　　　B. 错误

正确答案：A

8. 已拆除了模板的结构，若在未达到设计强度以前，需在结构上加置施工荷载时，应另行核算，强度不足时，无须加设临时支撑。（ ）
   A. 正确　　　　　B. 错误

正确答案：B

9. 当立柱的水平拉杆超出 2 层时，应首先拆除 2 层以上的拉杆。当拆除最后一道水平拉杆时，应和拆除立柱分开进行。（ ）
   A. 正确　　　　　B. 错误

正确答案：B

10. 柱模拆除应分别采用分散拆和分片拆两种方法。（ ）
    A. 正确　　　　　B. 错误

正确答案：A

11. 木立柱的扫地杆、水平拉杆、剪刀撑应采用 40mm×50mm 木条或 25mm×80mm 的木板条与木立柱钉牢。钢管立柱的扫地杆、水平拉杆、剪刀撑应采用 φ48.3×3.6mm 钢管，用扣件与钢管立柱扣牢。（ ）
    A. 正确　　　　　B. 错误

正确答案：A

12. 木扫地杆、水平拉杆、剪刀撑应采用搭接，并应用铁钉钉牢。（ ）
    A. 正确　　　　　B. 错误

正确答案：A

13. 拆除导墙模板应在新浇混凝土强度达到 10N/mm² 后，方准拆模。（ ）
    A. 正确　　　　　B. 错误

正确答案：B

14. 检查检验对跨度不小于 4m 的现浇钢筋混凝土梁、板，其模板应按设计要求起拱；当设计无具体要求时，起拱高度宜为跨度的 1/2000～3/5000。（ ）
    A. 正确　　　　　B. 错误

正确答案：B

15. 相邻两板表面高低差的检查方法是钢尺检查。（ ）
    A. 正确　　　　　B. 错误

正确答案：A

16. 加劲肋多用槽钢或角钢；支撑桁架用槽钢和角钢组成。（ ）
    A. 正确　　　　　B. 错误

正确答案：A

17. 安装钢筋模板组合体时，吊索应按模板设计的吊点位置绑扎。（ ）
    A. 正确　　　　　B. 错误

正确答案：A

18. 若地基土达不到承载要求，无法防止立柱下沉，则应先分层回填夯实基土，再施工地面下的工程。（ ）

A. 正确　　　　B. 错误

正确答案：B

19. 7级风及其以上应停止一切吊运作业。　　　　　　　　　　　（　　）

A. 正确　　　　B. 错误

正确答案：B

20. 贝雷梁两端及支承位置均应设置通长横向连接系，且其间距应大于9m。

（　　）

A. 正确　　　　B. 错误

正确答案：B

21. 承重梁安装时应严格控制侧向弯曲，侧向弯曲矢高应小于跨度的1/3000且不大于20mm。　　　　　　　　　　　　　　　　　　　　　　　　（　　）

A. 正确　　　　B. 错误

正确答案：B

22. 立柱底部可采用垫块垫高，但不得采用单码砖垫高，垫高高度不得超过300mm。　　　　　　　　　　　　　　　　　　　　　　　　　　（　　）

A. 正确　　　　B. 错误

正确答案：A

23. 木立柱底部与垫木之间应设置硬木对角楔调整标高，并应用铁钉将其固定于垫木上。　　　　　　　　　　　　　　　　　　　　　　　　　（　　）

A. 正确　　　　B. 错误

正确答案：A

24. 斜撑与地面的夹角宜为90°，下端尚应有防滑移的措施。　　　（　　）

A. 正确　　　　B. 错误

正确答案：B

25. 当用散拼定型模板支模时，应自上而下进行，必须在下一层模板全部紧固后，方可进行上一层安装。　　　　　　　　　　　　　　　　　　（　　）

A. 正确　　　　B. 错误

正确答案：B

26. 安装独立梁模板时应设安全操作平台，并严禁操作人员站在独立梁底模或柱模支架上操作及上下通行。　　　　　　　　　　　　　　　　　（　　）

A. 正确　　　　B. 错误

正确答案：A

27. 当预组合模板块较大时，应加钢楞后方可吊运。　　　　　　　（　　）

A. 正确　　　　B. 错误

正确答案：A

28. 飞模就位后，应立即在外侧设置防护栏，其高度不得小于0.6m。（　　）

A. 正确　　　　B. 错误

正确答案：B

29. U形卡承托的间距不得大于1.5m。 （ ）
A. 正确   B. 错误

正确答案：A

30. 拆除每一大块墙模的最后两个对拉螺栓后，作业人员应撤离大模板下侧，以后的操作均应在上部进行。 （ ）
A. 正确   B. 错误

正确答案：A

四、案例题

1. 某市一运动中心项目为四层框架结构。模板支撑体系由分包单位木工班组搭设完成，在施工过程中恰逢当天刮起六级大风，项目部在知情的情况下仍组织人员继续施工，施工到一半时，其中一名工人因没站稳从四层框架结构顶上摔落，当场死亡。请根据模板工程安全技术管理要求，回答下列问题：

（1）高大模板支撑系统应在搭设完成后，由施工单位（　　）组织验收。
A. 技术负责人   B. 项目负责人   C. 项目技术负责人   D. 专职安全员

正确答案：B

（2）根据模板施工过程中的管理规定，下列说法正确的有（　　）。
A. 施工单位应当严格按照专项施工方案组织施工
B. 模板施工中应设专人负责安全检查
C. 混凝土浇筑前，施工单位项目负责人和项目总监理工程师应确认具备条件，签署混凝土浇筑令
D. 发现异常时可以继续施工，但应采取相应防护措施
E. 发现险情立即停止施工并采取应急措施，排除险情后方可继续施工

正确答案：ABE

（3）7级大风及以上应停止户外高处作业。 （ ）
A. 正确   B. 错误

正确答案：B

（4）此事故是一起重大生产安全责任事故。 （ ）
A. 正确   B. 错误

正确答案：B

2. 某演播厅屋盖（面积624m²，高38m，其中地上高29.3m）模板支架（高36.4m），在浇筑刚过中部大梁后突然发生坍塌，整个过程仅延续4s，造成6人死亡、25人受伤。如此高大的模板支架工程竟无设计和计算，任由工人凭经验搭设，且均未设置扫地杆。回答下列问题：

（1）高大模板支撑系统搭设是指搭设高度超过（　　）的模板支撑系统。
A. 4m   B. 6m   C. 8m   D. 10m

正确答案：C

（2）所有参加模板安装工程的人员必须经过（　　）合格，持证上岗。

A. 专业考试合格 B. 体格检查
C. 专业技术培训 D. 思想教育
E. 素质教育

正确答案：AC

(3) 在立柱底距地面 200mm 高处，沿纵横水平方向应按纵下横上的程序设扫地杆。

A. 正确 B. 错误

正确答案：A

(4) 模板及其支架应根据工程结构形式、荷载大小、地基土类别、施工设备和材料供应等条件进行设计。

A. 正确 B. 错误

正确答案：A

3. 某公司的两层砌体结构仓库工程，层高分别为 5m 和 4.5m，没有办理任何手续，仅凭一张平面示意图就雇佣民工动工兴建。在二层楼板浇筑 7d 后，就拆除其下模板支架，移支上层，在仅完成屋面混凝土浇筑的 20% 时，模板支撑系统失稳，屋面板突然坍塌，对二层楼面造成严重冲击和震动，又导致其下砖柱错位断裂，引发仓库整体坍塌，将现场 80 名作业人员中的 45 人压埋在坍塌的建筑下面，造成死亡 7 人、38 人受伤。回答下列问题：

(1) 在常温条件下，墙体混凝土强度必须超过（ ）N/mm^2 时方可拆模。
A. 0.5 B. 0.7 C. 1 D. 1.2

正确答案：D

(2) 高大模板支撑系统拆除前，（ ）应当核查混凝土同条件试块强度报告，浇筑混凝土达到拆模强度后方可拆除，并履行拆模审批签字手续。
A. 项目技术负责人 B. 项目总监
C. 公司老板 D. 监理
E. 施工队长

正确答案：AB

(3) 拆模如遇中途停歇，应将已拆松动、悬空、浮吊的模板或支架进行临时支撑牢固或相互连接稳固。对活动部件必须一次拆除。

A. 正确 B. 错误

正确答案：A

(4) 拆除带有拉杆拱的模板时，应在拆除后将拉杆拉紧。

A. 正确 B. 错误

正确答案：B

4. 某工程出于对施工安排因素的考虑，在其三面邻跨楼盖混凝土均未浇筑的情况下，项目部临时决定先浇筑位于其间的中庭楼盖。该工程没有按规定对施工方案进行专家组论证，且存在混用碗扣架和随意搭设情况突出等各种问题。当楼盖浇筑快接近完成时，从楼盖中部偏西南部位突然发生凹陷式坍塌，造成死亡 8 人、重伤 2 人的事故。回答下列问题：

(1) 分包单位编制专项施工方案，由（　　）审查签字、加盖执业印章后方可实施。

　　A. 计量员　　　　　B. 项目副经理　　　　C. 安全员　　　　　D. 总监理工程师

正确答案：D

(2) 模板工程专项施工组织设计应包括（　　）。

　　A. 模板结构设计计算书
　　B. 模板结构布置图、构件详图、节点大样
　　C. 安装与拆除程序与方法
　　D. 基坑支护方案
　　E. 施工安全、消防措施

正确答案：ABCE

(3) 模板工程在混凝土施工中是一种临时结构。

　　A. 正确　　　　　B. 错误

正确答案：A

(4) 模板安装应按设计与施工说明书顺序拼装。木杆、钢管、门架及碗扣式等支架立柱可以混用。

　　A. 正确　　　　　B. 错误

正确答案：B

5. 一名工人未经相关培训及相关施工资质仅凭施工经验进入某工地参加模板工程的建设，站在3楼的窗台上与墙顶的另一工人共同安装钢模板，半小时后，工人站在毫无防护设施的墙顶上不小心从墙上摔下。回答下列问题：

(1) 施工单位项目技术负责人或者方案编制人员应当根据专项施工方案和有关规范要求，对现场施工人员进行（　　）。

　　A. 安全技术交底　　　　　B. 安全演练
　　C. 口头说教　　　　　　　D. 教育培训

正确答案：A

(2) 下列哪些选项属于施工安全管理主要内容（　　）。

　　A. 安全技术交底　　　　　B. 作业人员的施工培训和技术资质
　　C. 检查验收　　　　　　　D. 安全投入保证体系
　　E. 工伤保险

正确答案：ABCD

(3) 该施工现场的防护设施符合规范要求。

　　A. 正确　　　　　B. 错误

正确答案：B

(4) 该工人站在毫无防护设施的墙顶上不小心从墙上摔下，属于高处坠落事故。

　　A. 正确　　　　　B. 错误

正确答案：A

第5章 起重吊装

一、单选题（30题）

1. 在起重吊装设备中，（　　）不是轻小型起重设备。
   A. 螺旋千斤顶　　B. 油压千斤顶　　C. 吊环型滑车　　D. 缆索型起重机
   正确答案：D

2. 在起重吊装设备中，（　　）不是滑车。
   A. 吊钩型滑车　　B. 链环型滑车　　C. 吊环型滑车　　D. 滑轮
   正确答案：D

3. 在起重吊装设备中，（　　）起重机不是桥架型起重机。
   A. 梁式　　B. 桥式　　C. 门式　　D. 门坐式
   正确答案：D

4. 在起重吊装设备中，（　　）起重机不是臂架型起重机。
   A. 装卸桥　　B. 门座　　C. 塔式　　D. 固定式
   正确答案：A

5. 起重吊装作业中应用最广泛的是（　　）起重机。
   A. 流动式　　B. 门座　　C. 塔式　　D. 固定式
   正确答案：A

6. 起重量大，安全性高；机动性好，可以方便地转移场地，这类起重机是（　　）起重机。
   A. 流动式　　B. 门座　　C. 塔式　　D. 固定式
   正确答案：A

7. 适用于在某一范围内数量多，单件重量较小的设备、构件吊装，这类起重机是（　　）起重机。
   A. 流动式　　B. 门座　　C. 塔式　　D. 固定式
   正确答案：C

8. 用于条件受限、流动式起重机无法应用的项目上，这类起重机是（　　）起重机。
   A. 流动式　　B. 门座　　C. 塔式　　D. 桅杆
   正确答案：D

9. 常用于中、小型设备的水平运输、垂直运输、位置的微量调整等，这类设备是（　　）。
   A. 流动式起重设备　　　　　B. 门座起重机
   C. 起重设备　　　　　　　　D. 轻小型起重设备
   正确答案：D

10. 在起重吊装设备中，（　　）具有质地柔韧、轻便、易于捆绑、结扣及解脱方便等优点，主要用于捆绑物体；起吊轻小物件。

A. 麻绳　　　　　　B. 钢丝绳　　　　　C. 多股钢丝绳　　　D. 链条

正确答案：A

11. 麻绳（　　）。

A. 不能在有酸、碱的地方使用　　　　B. 沾染酸碱后可降级使用
C. 可在有酸、碱的地方使用　　　　　D. 沾染酸碱后可继续使用

正确答案：A

12. 在起重吊装时，（　　）不得使用麻绳。

A. 受力不大的缆风　　　　　　　　　B. 溜绳
C. 起吊轻小物件　　　　　　　　　　D. 机动的起重机械或受力较大的地方

正确答案：D

13. 在起重吊装设备中，（　　）是起重作业中最常用的绳索。

A. 麻绳　　　　　　B. 溜绳　　　　　　C. 吊带　　　　　　D. 钢丝绳

正确答案：D

14. 常见的钢丝绳为（　　）钢丝绳。

A. 三角股　　　　　B. 扁带股　　　　　C. 交互捻　　　　　D. 单层股

正确答案：D

15. 钢丝绳用作绑扎的千斤绳，安全系数是（　　）。

A. 5～6　　　　　　B. 6～7　　　　　　C. 7～8　　　　　　D. 8～10

正确答案：D

16. 钢丝绳用于机动起重设备，安全系数是（　　）。

A. 5～6　　　　　　B. 6～7　　　　　　C. 7～8　　　　　　D. 8～10

正确答案：A

17. （　　）是钢丝绳破坏的主要原因之一。

A. 多次弯曲造成的弯曲疲劳　　　　　B. 多次拉伸造成的弯曲疲劳
C. 多次弯曲造成的拉伸疲劳　　　　　D. 制造误差

正确答案：A

18. （　　）绳夹连接力强，应用广泛。

A. 骑马式　　　　　B. U形　　　　　　C. L形　　　　　　D. W形

正确答案：A

19. 在起重作业中，用绳夹固定钢丝绳时，绳夹的数量不得少于（　　）个。

A. 3　　　　　　　　B. 4　　　　　　　　C. 5　　　　　　　　D. 6

正确答案：A

20. 千斤顶能保证把重物（　　）的高度上。

A. 准确地停在一定　　　　　　　　　B. 准确地停在任意
C. 顶升，却无法固定在一定　　　　　D. 顶升，然后用绳索固定在一定

正确答案：A

21. 在千斤顶中，（　　）千斤顶是起重工作中用得较多的一种千斤顶，常用来顶升较重的重物，其起重能力可达 300t 以上。

  A. 液压   B. 螺旋   C. 齿条式   D. 齿轮式

正确答案：A

22. 用手拉葫芦作业，正确做法是（　　）。

  A. 两钩受力可不在一条直线上

  B. 可吊钩直接挂在工件上

  C. 手拉葫芦放松时，起重链条应保留 1 个以上扣环

  D. 手拉葫芦起重作业暂停或将工件悬吊空中时，应将拉链封好

正确答案：D

23. 卷扬机作业时，正确做法是（　　）。

  A. 钢丝绳在卷筒起始位置时，应与卷筒轴线成直角

  B. 卷筒与第一个导向滑轮的距离应大于卷筒长度的 20 倍，且不得小于 15m

  C. 场地狭小时，卷筒与第一个导向滑轮的距离可为卷筒长度的 5 倍

  D. 钢丝绳不许完全放出，最少应保留 1 圈

正确答案：B

24. 关于动滑轮，正确说法是动滑轮（　　）拉力的方向。

  A. 能减少拉力，但不能改变   B. 能减少拉力，也能改变

  C. 能减少拉力，同时改变   D. 不能减少拉力，可改变

正确答案：A

25. 流动式起重机的吊装能力主要取决于三个性能参数：（　　）。

  A. 额定起重量、幅度、起升高度   B. 设备重量、幅度、起升高度

  C. 额定起重量、臂长、起升高度   D. 额定起重量、幅度、底盘高度

正确答案：A

26. 流动式起重机起重臂曲线图表示了（　　）之间的关系。

  A. 起重臂长度、工作幅度与允许吊装高度

  B. 设备重量、幅度、起升高度

  C. 额定起重量、臂长、起升高度

  D. 起重臂长度、工作幅度与设备安装高度

正确答案：A

27. 施工场地较好，需经常进行长距离转场，且工期较短时，优先选择（　　）起重机。

  A. 履带   B. 轮胎   C. 汽车   D. 塔式

正确答案：C

28. 利用起重机吊装时，下列说法正确的是（　　）。

  A. 双机和多机抬吊细高立式物件，应设置平衡装置，每个单机吊重不得超过其额定负荷

  B. 起重臂下严禁站人，需要时，可在吊物上站人

C. 履带起重机吊重物行走时，回转、变幅和起升机构可随时调整
D. 吊装时严禁斜吊和吊拔埋地的物体

正确答案：D

29. 利用起重机吊装时，下列说法正确的是（　　）。
A. 双机和多机抬吊细高立式物件，应设置平衡装置，每个单机吊重不得超过其额定负荷
B. 起重臂下严禁站人，需要时，可在吊物上站人
C. 履带起重机吊重物行走时，回转、变幅和起升机构可随时调整
D. 吊装时严禁斜吊和吊拔埋地的物体

正确答案：D

30. 属于"超过一定规模的危险性较大的分部分项工程"的起重吊装是（　　）。
A. 采用非常规起重设备、方法，且单件起吊重量在100kN及以上的起重吊装工程
B. 采用非常规起重设备、方法，且单件起吊重量在10kN及以上的起重吊装工程
C. 单件起吊重量在100kN及以上的起重吊装工程
D. 单件起吊重量在1000kN及以上的起重吊装工程

正确答案：A

二、多选题

1. 按照《起重机械分类》GB/T 20776—2006规定，常用的起重机械可分为（　　）。
A. 轻小型起重设备　　　　　　B. 起重机
C. 轻型起重机　　　　　　　　D. 中型起重机
E. 重型起重机

正确答案：AB

2. 轻小型起重设备可分为（　　）。
A. 千斤顶　　　　　　　　　　B. 滑车
C. 起重葫芦　　　　　　　　　D. 卷扬机
E. 轻小型起重机

正确答案：ABCD

3. 千斤顶可分为（　　）千斤顶。
A. 机械　　　　　　　　　　　B. 油压
C. 起重　　　　　　　　　　　D. 动力
E. 轻小型

正确答案：AB

4. 起重葫芦可分为（　　）葫芦。
A. 手拉　　　　　　　　　　　B. 电动
C. 气动　　　　　　　　　　　D. 液动
E. 轻型

正确答案：ABCD

5. 起重机可分为（　　）起重机。
A. 桥架型 B. 臂架型
C. 缆索型 D. 卷扬机
E. 轻型

正确答案：ABC

6. 流动式起重机主要有（　　）起重机。
A. 履带 B. 汽车
C. 轮胎 D. 全地面
E. 塔式

正确答案：ABCD

7. 麻绳常用于（　　）。
A. 起吊轻小物件 B. 用做缆风
C. 用做溜绳 D. 主要吊索
E. 吊装大型设备

正确答案：ABC

8. 麻绳应（　　）。
A. 存放在干燥的木板上 B. 通风良好的地方
C. 不能受潮 D. 不能高温烘烤
E. 存放在密闭场所

正确答案：ABCD

9. 麻绳（　　）时，严禁使用。
A. 断丝 B. 腐烂
C. 割伤 D. 变形严重
E. 表面污染

正确答案：ABCD

10. 起重吊装常用钢丝绳型号有（　　）。
A. 6×19 B. 6×37
C. 6×61 D. 6×20
E. 6×41

正确答案：ABC

11. 钢丝绳报废基准有（　　）。
A. 可见断丝达到报废标准 B. 钢丝绳直径的减小超过10%
C. 断股 D. 有明显的局部减小
E. 表面腐蚀

正确答案：ABCD

12. 用绳夹固定钢丝绳时，下列说法正确的是（　　）。
A. 一般绳夹的间距最小为钢丝绳直径的6倍
B. 绳夹的数量不得少于3个

C. 使用绳夹时，开口应朝一个方向排列

D. 为保证安全，每个绳夹应拧紧至卡子内钢丝绳压扁 1/3

E. 当绳夹用于钢丝绳对接时，绳夹应朝一个方向排列

正确答案：ABCD

13. 吊索用于（   ）。

A. 把物体连接在吊钩、吊环上　　　　B. 固定滑车、卷扬机等吊机具

C. 穿绕滑车，组成滑车组　　　　　　D. 穿绕卷扬机，组成牵引机构

E. 固定汽车起重机

正确答案：AB

14. 关于合成纤维吊带正确使用，下列说法正确的是（   ）。

A. 吊带应力求传力直接，减少应力集中

B. 绳端固定，不允许用绳夹或打结方法

C. 要远离明火和高温，不得在露天长期暴晒

D. 严禁将烟头等明火扔在绳堆中

E. 吊带柔韧性强，直接用死结捆扎设备，确保安全

正确答案：ABCD

15. 用多台千斤顶同时工作时，（   ）。

A. 应采用规格型号相同的千斤顶

B. 应采取措施使载荷合理分布

C. 每台千斤顶的荷载应不超过其额定起重量的 80％

D. 千斤顶的动作应相互协调，升降应平稳

E. 必要时，倾斜及局部过载

正确答案：ABCD

三、判断题

1. 按照《起重机械分类》GB/T 20776—2006 规定，常用的起重机械是大型起重设备。　　　　　　　　　　　　　　　　　　　　　　　　　　　　（   ）

A. 正确　　　　　B. 错误

正确答案：B

2. 千斤顶是轻小型起重设备。　　　　　　　　　　　　　　　　　（   ）

A. 正确　　　　　B. 错误

正确答案：A

3. 滑车就是滑车组。　　　　　　　　　　　　　　　　　　　　　（   ）

A. 正确　　　　　B. 错误

正确答案：B

4. 螺旋千斤顶是机械千斤顶的一种。　　　　　　　　　　　　　　（   ）

A. 正确　　　　　B. 错误

正确答案：A

5. 手扳葫芦是起重葫芦的一种。 （ ）
　　A. 正确　　　　B. 错误

正确答案：A

6. 起重吊装作业中应用最广泛的是流动式起重机。 （ ）
　　A. 正确　　　　B. 错误

正确答案：A

7. 门式起重机、门座起重机是同一类起重机。 （ ）
　　A. 正确　　　　B. 错误

正确答案：B

8. 麻绳是起重作业中最常用的吊带，主要用于捆绑物体。 （ ）
　　A. 正确　　　　B. 错误

正确答案：B

9. 起重作业中应用最普遍的麻绳是线麻绳。 （ ）
　　A. 正确　　　　B. 错误

正确答案：B

10. 麻绳表面污染时，严禁使用。 （ ）
　　A. 正确　　　　B. 错误

正确答案：B

11. 麻绳用于吊装有棱角的构件或设备时，应该用麻袋或其他软物包垫完善，以免伤割麻绳。 （ ）
　　A. 正确　　　　B. 错误

正确答案：A

12. 打结的麻绳禁止在滑轮中使用。 （ ）
　　A. 正确　　　　B. 错误

正确答案：A

13. 钢丝绳是至少有两层钢丝围绕一个中心钢丝或多个股围绕一个绳芯旋转捻制而成的结构。 （ ）
　　A. 正确　　　　B. 错误

正确答案：A

14. 钢丝绳用于起重吊装时，受力小于破断拉力即可确保安全。 （ ）
　　A. 正确　　　　B. 错误

正确答案：B

15. 当钢丝绳失去正常形状，而产生可见形状畸变时，应予以报废。 （ ）
　　A. 正确　　　　B. 错误

正确答案：A

16. 钢丝绳在使用中不能与电线接触，避免电弧打坏钢丝绳或引起触电事故。（ ）
　　A. 正确　　　　B. 错误

正确答案：A

17. 在起重作业中，对于钢丝绳的末端要加以固定，通常使用绳夹来实现。（ ）
   A. 正确   B. 错误

   正确答案：A

18. 钢丝绳受力后产生变形时，要对绳夹进行二次拧紧。   （ ）
   A. 正确   B. 错误

   正确答案：A

19. 合成纤维吊带是用化纤绳穿插而成的。   （ ）
   A. 正确   B. 错误

   正确答案：B

20. 在使用卸扣中，不必考虑其受力方向，各方向承载力相同。   （ ）
   A. 正确   B. 错误

   正确答案：B

21. 千斤顶常用作重物的短距离起升或设备安装时用于校正位置。   （ ）
   A. 正确   B. 错误

   正确答案：A

22. 千斤顶应有足够的支承面积，并使作用力通过承压中心。   （ ）
   A. 正确   B. 错误

   正确答案：A

23. 手拉葫芦的两钩受力应在一条直线上。   （ ）
   A. 正确   B. 错误

   正确答案：A

24. 定滑轮只能改变拉力的方向，不能减少拉力。   （ ）
   A. 正确   B. 错误

   正确答案：A

25. 滑车组两滑车之间的净距不宜小于滑轮直径的 5 倍。滑车贴地面设置时应防止杂物进入滑轮槽内。   （ ）
   A. 正确   B. 错误

   正确答案：A

26. 单桅杆缆风绳的数量不得少于 6 根，且均匀分布。   （ ）
   A. 正确   B. 错误

   正确答案：A

27. 汽车起重机又称为轮胎吊。   （ ）
   A. 正确   B. 错误

   正确答案：B

28. 如考虑起重性能问题，一般情况下，同吨位起重机中，履带起重机最好，轮胎起重机较好，汽车起重机较差。   （ ）
   A. 正确   B. 错误

   正确答案：A

29. 采用起重机械进行安装的工程属于危大工程。　　　　　　　　　　（　）

A. 正确　　　　B. 错误

正确答案：A

30. 属于危大工程的，施工单位应当在施工前组织工程技术人员编制专项施工方案。　　　　　　　　　　　　　　　　　　　　　　　　　　　　　　　　（　）

A. 正确　　　　B. 错误

正确答案：A

四、案例题

1. 属于危大工程的起重吊装作业，应严格执行文件管理规定。请根据有关法规，回答下列问题：

（1）房屋建筑和市政基础设施工程在施工过程中，容易导致人员群死群伤或者造成重大经济损失的分部分项工程，称为（　　）。

A. 危险性较大的分部分项工程
B. 超过一定规模的危险性较大的分部分项工程
C. 危险工程
D. 重要工程

正确答案：A

（2）属于危大工程的起重吊装有（　　）。

A. 采用非常规起重设备、方法，且单件起吊重量在 10kN 及以上的起重吊装工程
B. 采用起重机械进行安装的工程
C. 起重机械安装和拆卸工程
D. 单件起吊重量在 10kN 及以上的起重吊装工程
E. 采用起重机械进行吊装的工程

正确答案：ABC

（3）危大工程实行分包的，专项施工方案可以由相关专业分包单位组织编制。

A. 正确　　　　B. 错误

正确答案：A

（4）危大工程实行分包并由分包单位编制专项施工方案的，专项施工方案应当由总承包单位技术负责人及分包单位技术负责人共同审核签字并加盖单位公章。

A. 正确　　　　B. 错误

正确答案：A

2. 属于超过一定规模的危险性较大的分部分项工程的起重吊装作业，应严格执行文件管理规定。请根据有关法规，回答下列问题：

（1）属于"超过一定规模的危险性较大的分部分项工程"的起重吊装工程是（　　）。

A. 采用非常规起重设备、方法，且单件起吊重量在 100kN 及以上的起重吊装工程
B. 单件起吊重量在 100kN 及以上的起重吊装工程
C. 采用非常规起重设备、方法的吊装工程

D. 采用起重机械进行安装的工程

正确答案：A

（2）对于超过一定规模的危大工程，施工单位的正确做法是（　　）。

A. 组织召开专家论证会对专项施工方案进行论证
B. 实行施工总承包的，由施工总承包单位组织召开专家论证会
C. 专家论证前专项施工方案应当通过施工单位审核和总监理工程师审查
D. 专项施工方案经论证不通过的，施工单位修改后应当按照本规定的要求重新组织专家论证
E. 专家论证前专项施工方案应当通过施工单位审核

正确答案：ABCD

（3）施工单位应当严格按照专项施工方案组织施工，不得擅自修改专项施工方案。

（　　）

A. 正确　　　　B. 错误

正确答案：A

（4）施工现场管理人员应当向作业人员进行安全技术交底，并由双方和项目专职安全生产管理人员共同签字确认。（　　）

A. 正确　　　　B. 错误

正确答案：A

3. 起重机械安装和拆卸工程，应严格执行文件管理规定。请根据有关法规，回答下列问题：

（1）起重机械安装和拆卸工程属于（　　）。

A. 危险性较大的分部分项工程
B. 超过一定规模的危险性较大的分部分项工程
C. 起重机械安装和拆卸分部工程
D. 危险工程

正确答案：A

（2）起重机械安装和拆卸过程中，正确做法是（　　）。

A. 对危大工程施工作业人员进行登记
B. 项目负责人应当在施工现场履职
C. 项目专职安全生产管理人员应当对专项施工方案实施情况进行现场监督
D. 监理单位应当结合危大工程专项施工方案编制监理实施细则
E. 监理单位应当对全部工程编制监理实施细则

正确答案：ABCD

（3）起重机械安装结束后，施工单位、监理单位应当组织相关人员进行验收。（　　）

A. 正确　　　　B. 错误

正确答案：A

（4）起重机械收合格后，施工单位应当在施工现场明显位置设置验收标识牌，公示验收时间及责任人员。

（　　）

A. 正确   B. 错误

正确答案：A

4. 某工程采用起重机进行吊装作业。请根据有关规定，回答下列问题：

(1) 采用单主吊车、双主吊车或者多台吊车直接吊装设备、构件，通过提升、回转等动作，将设备、构件吊运到安装位置就位，这种工艺称为（　　）。

A. 直接提升法   B. 扳转法
C. 抬吊递送法   D. 吊车滑移法

正确答案：A

(2) 采用起重机进行吊装作业，正确做法是（　　）。

A. 设备吊装重量不得大于吊车在该工况下的额定起重量
B. 设备与吊臂之间的安全距离宜大于 500mm
C. 吊装过程中，吊钩侧偏角应小于 1°
D. 设备吊装时应设置警戒区，无关人员不得入内
E. 吊车司机应按吊车操作规程进行操作，可同时进行两种及以上动作

正确答案：ABCD

(3) 立式设备吊点位置应设置在重心以上，且宜采用管轴式吊耳形式。（　　）

A. 正确   B. 错误

正确答案：A

(4) 卧式设备吊点应对称设置在重心两侧，宜采用兜捆形式或板耳式吊耳。（　　）

A. 正确   B. 错误

正确答案：B

5. 某工程采用滚移法进行设备的水平运输。请根据有关规定，回答下列问题：

(1) 有一些施工现场，由于道路狭窄，障碍物较多，不便采用机械化运输方法。在这种情况下，一般采用（　　）。

A. 叉车、轮胎起重机直接搬运   B. 载重汽车搬运
C. 气垫搬运法搬运   D. 滚移法

正确答案：D

(2) 采用滚移法时，需要的机具有（　　）。

A. 滚杠   B. 拖排
C. 牵引设备   D. 滑轮
E. 叉车

正确答案：ABCD

(3) 当直线运动时，滚杠垂直于走向。（　　）

A. 正确   B. 错误

正确答案：A

(4) 在物件搬运过程中发现滚杠不正时，可以用手直接调整转弯角度。（　　）

A. 正确   B. 错误

正确答案：B

第6章 建筑施工机械

一、单选题

1. 反铲作业时,履带式挖掘机的履带与工作面边缘距离应大于( )m。
   A. 0.5   B. 1.0   C. 1.5   D. 2.0

   正确答案:B

2. 如确需调整挖掘机分配阀压力,应由( )进行检查调整。
   A. 挖掘机操作人员   B. 机械管理人员
   C. 工程技术人员   D. 专业维修人员

   正确答案:D

3. 推土机的型号用字母( )表示,L 表示轮式,Y 表示液压式,S 表示湿地,后面的数字表示功率。
   A. D   B. P   C. T   D. W

   正确答案:C

4. 两台以上推土机在同一地区作业时,前后距离应大于( )m;左右距离应大于 1.5m。
   A. 5.0   B. 6.0   C. 7.0   D. 8.0

   正确答案:D

5. 装载机行驶过程中应测试( )的可靠性。
   A. 制动器   B. 发动机   C. 铰接部分   D. 工作装置

   正确答案:A

6. 下列用作完成大面积土壤的平整和整形作业的土方工程机械是( )。
   A. 推土机   B. 平地机   C. 装载机   D. 压路机

   正确答案:B

7. 平地机刮刀角铲土和齿耙松地时应采用( )档速度行驶。
   A. 一   B. 二   C. 三   D. 四

   正确答案:A

8. 下列压实机械的种类按其工作原理,说法错误的是( )。
   A. 静作用碾压   B. 振动碾压   C. 动作用碾压   D. 夯实

   正确答案:C

9. 在桩基础的施工中所采用的各种机械,通称为( )。
   A. 施工机械   B. 桩基础机械   C. 压桩机械   D. 桩工机械

   正确答案:D

10. 现代的桩架一般可配置多种桩基施工的( )。
    A. 悬挂装置   B. 工作装置   C. 行走装置   D. 钻孔装置

正确答案：B

11. 柴油打桩锤的柴油锤启动后，应提升起落架，在锤击过程中起落架与上汽缸顶部之间的距离不应小于（　　）m。
    A. 1.0　　　　B. 1.5　　　　C. 2.0　　　　D. 2.5
    正确答案：C

12. 振动桩锤在沉桩前，应以桩的前端定位，并按使用说明书的要求调整导轨与桩的（　　）。
    A. 垂直度　　　B. 水平度　　　C. 准确度　　　D. 偏差度
    正确答案：A

13. 静力压桩机在压桩时，非工作人员应离机（　　）m以外，起重机的起重臂及桩机配重下方严禁站人。
    A. 4　　　　　B. 6　　　　　C. 8　　　　　D. 10
    正确答案：D

14. 旋挖钻孔机的卷扬机提升钻杆、钻头和其他钻具时，重物应位于桅杆（　　）。
    A. 两侧　　　　B. 正前方　　　C. 正后方　　　D. 正上方
    正确答案：B

15. 转盘钻孔机钻架的吊重中心、钻机的卡孔和护进管中心应在同一垂直线上，钻杆中心偏差不应大于（　　）mm。
    A. 10　　　　　B. 20　　　　　C. 30　　　　　D. 40
    正确答案：B

16. 成槽机起重臂最大仰角不得超过（　　）。
    A. 70°　　　　B. 75°　　　　C. 78°　　　　D. 80°
    正确答案：C

17. 混凝土机械主要分为三大类，以下不属于混凝土机械分类的是（　　）。
    A. 灌注机械　　B. 生产机械　　C. 运输机械　　D. 泵送机械
    正确答案：A

18. 混凝土搅拌机开关箱应设置在距搅拌机（　　）m的范围内。
    A. 2　　　　　B. 3　　　　　C. 4　　　　　D. 5
    正确答案：D

19. 混凝土搅拌运输车行驶前，应确认操作手柄处于（　　）位置并锁定，卸料槽锁扣应扣牢。
    A. 搅动　　　　B. 制动　　　　C. 浮动　　　　D. 自由
    正确答案：A

20. 混凝土泵车作业前，应将支腿打开，并应采用垫木垫平，车身的倾斜度不应大于（　　）。
    A. 1°　　　　　B. 2°　　　　　C. 3°　　　　　D. 4°
    正确答案：C

21. 插入式振捣器操作时应将振捣器垂直插入混凝土，深度不宜超过（　　）mm。

A. 500　　　　B. 600　　　　C. 700　　　　D. 800

正确答案：B

22. 混凝土布料机作业时，当风速达到（　　）m/s 及以上或大雨、大雾等恶劣天气应停止作业。
    A. 7.8　　　　B. 8.8　　　　C. 9.8　　　　D. 10.8

正确答案：D

23. 以下不属于钢筋成型机械的是（　　）。
    A. 钢筋冷拉机　　　　　　B. 钢筋调直切断机
    C. 钢筋切断机　　　　　　D. 钢筋弯曲机

正确答案：A

24. 钢筋调直切断机是钢筋加工机械之一，用于调直和切断直径（　　）mm 以下的钢筋，并进行除锈。
    A. 10　　　　B. 12　　　　C. 14　　　　D. 16

正确答案：C

25. 当钢筋调直切断机调直后的钢筋仍有慢弯时，可逐渐（　　）调直块的偏移量，直到调直为止。
    A. 加大　　　　B. 减小　　　　C. 偏移　　　　D. 拉伸

正确答案：A

26. 钢筋切断机一次切断多根钢筋时，其（　　）应在规定范围内。
    A. 总根数　　　B. 总截面积　　　C. 总宽度　　　D. 总厚度

正确答案：B

27. 切断短料时，手和切刀之间的距离应大于（　　）mm，并应采用套管或夹具将切断的短料压住或夹牢。
    A. 50　　　　B. 100　　　　C. 150　　　　D. 200

正确答案：C

28. 应根据冷拉钢筋的（　　），合理选用冷拉卷扬机。
    A. 材质　　　　B. 质量　　　　C. 长短　　　　D. 直径

正确答案：D

29. 钢筋冷拔机作业时，操作人员的手与轧辊应保持（　　）mm 的距离。
    A. 100~300　　B. 300~500　　C. 500~800　　D. 800~1000

正确答案：B

30. 加工较长的钢筋时，应有专人帮扶，应听从（　　）指挥，不得任意推拉。
    A. 机械操作人员　B. 帮扶人员　　C. 安全员　　D. 施工员

正确答案：A

31. 长期停用的交流电焊机启用时，应（　　）通电一定时间，进行干燥处理。
    A. 带载　　　　B. 满载　　　　C. 半载　　　　D. 空载

正确答案：D

32. 点焊机正常工作的控制箱的预热时间不得少于（　　）min。

A. 5　　　　　B. 10　　　　　C. 15　　　　　D. 20

正确答案：A

33. 对焊机焊接前，应根据所焊接钢筋的（　　），调整二次电压。
A. 长度　　　B. 材质　　　C. 截面　　　D. 大小

正确答案：C

34. 电焊机接地电阻不得大于（　　）Ω。
A. 2　　　　B. 4　　　　C. 6　　　　D. 8

正确答案：B

35. 焊割铜、铝、锌、锡等有色金属时，应（　　），焊割人员应戴防毒面罩或采取其他防毒措施。
A. 道路畅通　　B. 有人帮扶　　C. 通风良好　　D. 加强照明

正确答案：C

36. 雨雪天不得在（　　）电焊。
A. 低处　　　B. 高处　　　C. 室内　　　D. 露天

正确答案：D

37. 木工圆盘锯的锯片不得有裂纹，锯片不得有连续（　　）个及以上的缺齿。
A. 1　　　　B. 2　　　　C. 3　　　　D. 4

正确答案：B

38. 木工圆盘锯作业遇木节时，应（　　）送料。
A. 缓慢　　　B. 快速　　　C. 加力　　　D. 暂停

正确答案：A

39. 带锯机作业中，操作人员应站在带锯机的（　　），跑车开动后，行程范围内的轨道周围不应站人，不应在运行中跑车。
A. 前方　　　B. 后方　　　C. 上方　　　D. 两侧

正确答案：D

40. 在平面刨刨大面时，手应按在木料（　　）。
A. 前面　　　B. 后面　　　C. 上面　　　D. 下面

正确答案：C

41. 木工机械的电源安装和拆除及机械电气故障的排除，应由（　　）进行。
A. 机械修理工　　B. 专业电工　　C. 木工　　　D. 安全员

正确答案：B

42. 下列不属于水磨石机分类的是（　　）。
A. 转盘式　　B. 单盘式　　C. 双盘式　　D. 侧式

正确答案：A

43. 水磨石机作业中，使用的冷却水不得间断，用水量宜调至工作面（　　）。
A. 不发硬　　B. 不发软　　C. 不发糙　　D. 不发干

正确答案：D

44. 挤压式灰浆泵使用前，应先接好输送管道，往料斗加注（　　），启动灰浆泵。

A. 清水　　　　B. 白灰膏　　　　C. 灰浆　　　　D. 润滑剂

正确答案：A

45. 喷浆机长期存放前，应清除前、后轴承座内的灰浆积料，堵塞进浆口，从出浆口注入机油约50mL，再堵塞出浆口，开机运转约（　　）s，使泵体内润滑防锈。
A. 10　　　　B. 20　　　　C. 30　　　　D. 40

正确答案：C

46. 下列灰浆输送泵按结构划分说法错误的是（　　）。
A. 柱塞泵　　　B. 螺旋泵　　　C. 隔膜泵　　　D. 挤压泵

正确答案：B

47. 柱塞式灰浆泵泵送过程中，当泵送压力超过预定的（　　）MPa时，应反向泵送。
A. 0.5　　　　B. 1.0　　　　C. 1.5　　　　D. 2.0

正确答案：C

48. 数台离心水泵并列安装时，每台之间应有（　　）m的距离。
A. 0.6～0.8　　B. 0.8～1.0　　C. 1.0～1.2　　D. 1.2～1.4

正确答案：B

49. 潜水泵应装设保护接零和漏电保护装置，工作时，泵周围（　　）m以内水面，不得有人、畜进入。
A. 15　　　　B. 20　　　　C. 25　　　　D. 30

正确答案：D

50. 有多档速度的泥浆泵，在每班运转中，应将几档速度分别运转，运转时间不得少于（　　）min。
A. 10　　　　B. 20　　　　C. 30　　　　D. 40

正确答案：C

二、多选题

1. 下列属于挖掘机主要参数的有（　　）。
A. 标准斗容量　　　　　B. 机重
C. 额定功率　　　　　　D. 最大挖掘半径
E. 最大挖掘深度

正确答案：ABC

2. 下列属于挖掘机作业前应重点检查的项目有（　　）。
A. 燃油　　　　　　　　B. 润滑油
C. 润滑脂　　　　　　　D. 液压油
E. 刹车油

正确答案：ABD

3. 挖掘机作业时，符合铲斗操纵要求的有（　　）。
A. 提升不得过猛　　　　B. 下降不得过猛

C. 不得撞碰车架　　　　　　D. 不得撞碰履带

E. 不得接触工作面

正确答案：ABCD

4. 作业结束后，挖掘机应（　　）。

A. 停放在高边坡附近

B. 停放在填方区

C. 停放在坚实、平坦、安全的位置

D. 不得将铲斗放在地面上

E. 所有操纵杆置于中位，关闭操纵室和机棚

正确答案：CE

5. 与轮胎式推土机相比，履带式推土机具有（　　）优点。

A. 牵引力大　　　　　　　　B. 接地比压高

C. 爬坡能力强　　　　　　　D. 适用于条件较差地带作业

E. 机动性强

正确答案：ACD

6. 推土机主要由（　　）、电气系统和辅助设备等组成。

A. 发动机　　　　　　　　　B. 底盘

C. 回转机构　　　　　　　　D. 液压系统

E. 工作装置

正确答案：ABDE

7. 推土机在推土或松土作业时，下列符合安全技术要求说法的有（　　）。

A. 不得损坏松土器　　　　　B. 不得损坏铲刀

C. 不得损坏推土架　　　　　D. 可以短时超载

E. 各项操作应缓慢平稳

正确答案：ABCE

8. 下列装载机向汽车装料符合安全技术要求的有（　　）。

A. 装料时宜升高铲斗高度

B. 如汽车驾驶室顶无防护，驾驶室内不得有人

C. 铲斗可以在汽车驾驶室上方越过

D. 装料不得偏载

E. 装料不得超载

正确答案：BDE

9. 装载机在坡、沟边卸料符合安全技术要求的说法有（　　）。

A. 在坡、沟边卸料时，轮胎离边缘应保留安全距离

B. 安全距离应大于1.5m

C. 铲斗不宜伸出坡、沟边缘

D. 在大于3°的坡面上，装载机不得朝上坡方向俯身卸料

E. 在大于3°的坡面上，装载机可以朝下坡方向俯身卸料

正确答案：ABC

10. 平地机按机架结构形式分类的有（　　）机架式平地机。
A. 整体　　　　　　　　　B. 铰接
C. 链接　　　　　　　　　D. 钢构
E. 钢性

正确答案：AB

11. 平地机作业前应重点检查的项目有（　　）。
A. 动力装置　　　　　　　B. 燃油
C. 润滑油　　　　　　　　D. 液压油
E. 轮胎气压

正确答案：ABCD

12. 轮胎驱动振动压路机主要由（　　）、驾驶操纵等部分组成。
A. 发动机　　　　　　　　B. 传动系统
C. 回转机构　　　　　　　D. 振动装置
E. 履带行走装置

正确答案：ABD

13. 在施工现场，需要在压路机底部进行修理时，应将（　　）。
A. 发动机熄火　　　　　　B. 放尽燃油
C. 放尽液压油　　　　　　D. 刹车制动
E. 楔住滚轮

正确答案：ADE

14. 常用的桩架有（　　）。
A. 履带式　　　　　　　　B. 轮胎式
C. 步履式　　　　　　　　D. 滚管式
E. 轨道式

正确答案：ACDE

15. 下列符合振动桩锤安全技术要求的有（　　）。
A. 悬挂振动桩锤的起重机吊钩应有防松脱的保护装置
B. 振动桩锤启动时间不应超过使用说明书的规定
C. 当启动后的电流降到正常值时，开始作业
D. 夹桩时，夹紧装置和桩的头部之间应留有空隙
E. 沉桩时，当电流急剧上升时，应停机检查

正确答案：ABCE

16. 下列静力压桩机施工时说法正确的有（　　）。
A. 无振动　　　　　　　　B. 无噪声
C. 无废气污染　　　　　　D. 对地基及周围建筑物影响较大
E. 容易破坏桩头和桩身

正确答案：ABC

17. 静力压装机发生浮机时，如起重机已起吊物体，应（   ）后，方可继续施工。

  A. 疏散作业人员　　　　　　　　B. 慢速起吊物体

  C. 暂停压桩　　　　　　　　　　D. 查明原因

  E. 取相应措施

正确答案：CDE

18. 下列符合静力压桩机安全技术要求的有（   ）。

  A. 压桩作业时，应有统一指挥

  B. 压桩人员和吊桩人员应密切联系，相互配合

  C. 操作人员应按桩机技术性能作业

  D. 操作时动作不应过猛，应避免冲击

  E. 压桩时，操作人员应经常进入压桩台与机身之中进行察看

正确答案：ABCD

19. 在旋挖钻孔机（   ）时，应有专人指挥，并确认附近不得有非作业人员和障碍。

  A. 启动发动机　　　　　　　　　B. 转移工作点

  C. 装卸钻具钻杆　　　　　　　　D. 收臂放塔

  E. 检修调试

正确答案：BCDE

20. 转盘钻孔机主要由（   ）减速器、底座、液压系统、反循环泵组、工具总成等组成。

  A. 转盘　　　　　　　　　　　　B. 卷扬机

  C. 动力头　　　　　　　　　　　D. 传动装置

  E. 钻塔

正确答案：ABDE

21. 安装成槽机时，下列做法符合安全技术要求的有（   ）。

  A. 成槽抓斗应放置在把杆铅垂线下方的地面上

  B. 把杆角度应为 70°～75°

  C. 起升把杆时，成槽抓斗应随着逐渐慢速提升

  D. 电缆与油管应同步卷起

  E. 接油管时应保持油管的清洁

正确答案：ACDE

22. 下列符合混凝土搅拌机安全技术要求的有（   ）。

  A. 作业区应排水通畅，并应设置沉淀池及防尘设施

  B. 操作台应铺设绝缘垫板

  C. 搅拌机不宜空载启动

  D. 料斗提升时，人员严禁在料斗下停留或通过

  E. 搅拌机运转时，不得进行维修、清理工作

正确答案：ABDE

23. 混凝土搅拌运输车除载重汽车底盘外，主要由（　　）等组成。
　A. 传动系统　　　　　　　　B. 操作系统
　C. 供水系统　　　　　　　　D. 卷扬机构
　E. 搅拌装置

正确答案：ABCE

24. 下列符合混凝土泵车安全技术要求的有（　　）。
　A. 作业前应重点检查安全装置
　B. 应先操作臂架后再支撑调整好支腿
　C. 布料杆在升离支架后不得回转
　D. 不得用布料杆起吊或拖拉物件
　E. 泵送时，不得调整、修理正在运转的部件

正确答案：ADE

25. 钢筋加工机械种类繁多，按其加工工艺可分为（　　）等加工机械。
　A. 钢筋成型机械　　　　　　B. 钢筋处理机械
　C. 钢筋强化机械　　　　　　D. 钢筋焊接机械
　E. 钢筋预应力机械

正确答案：ACDE

26. 下列符合钢筋切断机安全技术要求的有（　　）。
　A. 机械未达到正常转速前，不得切料
　B. 操作人员应使用切刀的中、下部位切料
　C. 应站在固定刀片另一侧用力压住钢筋
　D. 防止钢筋末端弹出伤人
　E. 应用双手分在刀片两边握住钢筋切料

正确答案：ABD

27. 下列符合对焊机安全技术要求的有（　　）。
　A. 对焊机应有可靠的接地或接零
　B. 焊接较短钢筋时，应设置托架
　C. 闪光区应设挡板，与焊接无关的人员不得入内
　D. 冬期施焊时，温度不应低于3℃
　E. 冬期作业后，应放尽机内冷却水

正确答案：ACE

28. 下列符合电焊机安全技术要求的有（　　）。
　A. 一次侧电源线长度不应大于5m
　B. 二次线电缆长度不应大于10m
　C. 当需要加长导线时，应相应增加导线的截面积
　D. 接头不得超过5个
　E. 当导线绝缘受损或断股时，应立即更换

正确答案：ACE

29. 木工机械主要包括（　　）压刨床、开榫机、打眼机等。
A. 圆盘锯　　　　　　　　B. 带锯机
C. 平刨机　　　　　　　　D. 木工铣床
E. 木工车床

正确答案：ABCE

30. 下列符合木工机械安全技术要求的有（　　）。
A. 机械作业场所应配备齐全可靠的消防器材
B. 工作场所的木料应堆放整齐，道路应畅通
C. 机械应保持清洁，工作台上不得放置杂物
D. 加工前，应清除木料中的铁钉、铁丝等金属物
E. 机械运行中，应经常测量工件尺寸

正确答案：ABCD

三、判断题

1. 挖掘机在坑边进行挖掘作业，当发现有塌方危险时，应立即处理险情，或将挖掘机撤至安全地带。（　　）
A. 正确　　　　　　　　B. 错误

正确答案：A

2. 当运输车辆驾驶室内无人时，挖掘机铲斗可以从运输车辆驾驶室顶上越过。（　　）
A. 正确　　　　　　　　B. 错误

正确答案：B

3. 保养或检修挖掘机时，应将发动机熄火，并将液压系统卸荷，铲斗落地。（　　）
A. 正确　　　　　　　　B. 错误

正确答案：A

4. 推土机按行走装置不同分为履带式推土机、轮胎式推土机和平地式推土机。（　　）
A. 正确　　　　　　　　B. 错误

正确答案：B

5. 以TY220型推土机为例，其中T表示推土机，Y表示液压传动，220表示机重。（　　）
A. 正确　　　　　　　　B. 错误

正确答案：B

6. 推土机启动后，当水温、机油温度达到使用说明书的要求时，方可全载荷作业。（　　）
A. 正确　　　　　　　　B. 错误

正确答案：A

7. 不得用推土机推石灰、烟灰等粉尘物料,不得进行碾碎石块的作业。（　　）
   A. 正确　　　　　B. 错误

   正确答案：A

8. 推土机上坡途中,当发动机突然熄灭,应立即将变速杆放到空挡位置,并锁住自动踏板。（　　）
   A. 正确　　　　　B. 错误

   正确答案：B

9. 装载机低速铲装时,应采用前轮驱动。（　　）
   A. 正确　　　　　B. 错误

   正确答案：B

10. 装载机铲斗提升到最高位置时,不得运输物料。（　　）
    A. 正确　　　　　B. 错误

    正确答案：A

11. 平地机作业区内不得有树根、大石块等障碍物。（　　）
    A. 正确　　　　　B. 错误

    正确答案：A

12. 起伏较大的地面宜先用平地机平整,再用推土机推平。（　　）
    A. 正确　　　　　B. 错误

    正确答案：B

13. 两台以上压路机同时作业时,前后间距不得小于8m,在坡道上不得纵队行驶。（　　）
    A. 正确　　　　　B. 错误

    正确答案：B

14. 振动压路机作业时,应先起振后起步,发动机应先置于中速,然后再调至高速。（　　）
    A. 正确　　　　　B. 错误

    正确答案：B

15. 静力压桩机的起重机吊桩进入夹持机构,进行接桩或插桩作业后,操作人员在压桩前应确认吊钩已安全脱离桩体。（　　）
    A. 正确　　　　　B. 错误

    正确答案：A

16. 静力压桩机在压桩过程中,当桩产生倾斜时,应采用桩机行走的方法进行纠正。（　　）
    A. 正确　　　　　B. 错误

    正确答案：B

17. 静力压桩机作业后,应将控制器放在"零位",并依次切断各部电源,锁闭门窗,冬期应放尽各部积水。（　　）
    A. 正确　　　　　B. 错误

正确答案：A

18. 旋挖钻孔机操作人员进出操纵室时，应利用操纵杆当扶手使用。　（　）
    A. 正确　　　　B. 错误

正确答案：B

19. 转盘钻孔机不适用于高层建筑、桥梁、港口基桩孔等工程施工。　（　）
    A. 正确　　　　B. 错误

正确答案：B

20. 转盘钻孔机开钻时，钻压应轻，转速应慢。　（　）
    A. 正确　　　　B. 错误

正确答案：A

21. 转盘钻孔机换档时，应先停钻，挂上档后再开钻。　（　）
    A. 正确　　　　B. 错误

正确答案：A

22. 成槽机工作场地应平坦坚实，在松软地面作业时，应在履带下铺设厚度在30mm以上的钢板，钢板纵向间距不应大于20mm。　（　）
    A. 正确　　　　B. 错误

正确答案：B

23. 成槽机作业中，不得同时进行两种及以上动作。　（　）
    A. 正确　　　　B. 错误

正确答案：A

24. 成槽机行走履带应平行槽边，并应尽可能使主机远离槽边，以防槽段塌方。
　（　）
    A. 正确　　　　B. 错误

正确答案：A

25. 当作业人员需进入混凝土搅拌机的搅拌筒内作业时，应先切断电源，锁好开关箱，悬挂"禁止合闸"的警示牌，并应派专人监护。　（　）
    A. 正确　　　　B. 错误

正确答案：A

26. 混凝土搅拌运输车出料作业时，应将搅拌运输车停靠在地势平坦处，应与基坑及输电线路保持安全距离，并应锁定制动系统。　（　）
    A. 正确　　　　B. 错误

正确答案：A

27. 混凝土泵车应先收好支腿后才能将臂架收拢放于臂架主支撑上。　（　）
    A. 正确　　　　B. 错误

正确答案：B

28. 混凝土振捣器软管的弯曲半径不得小于800mm。　（　）
    A. 正确　　　　B. 错误

正确答案：B

29. 在同一块混凝土模板上同时使用多台附着式振捣器时，各振捣器的振频应不同，安装位置宜交错设置。　　　　　　　　　　　　　　　　　　　　（　　）
   A. 正确　　　　　　B. 错误

正确答案：B

30. 混凝土模板在混凝土振动台上不得约束振动。　　　　　　　　　　（　　）
   A. 正确　　　　　　B. 错误

正确答案：B

31. 手动式混凝土布料机应有可靠的防倾覆措施。　　　　　　　　　　（　　）
   A. 正确　　　　　　B. 错误

正确答案：A

32. 插入式、平板式振捣器的漏电保护器应采用防溅型产品，其额定漏电动作电流不应大于30mA；额定漏电动作时间不应大于0.1s。
   A. 正确　　　　　　B. 错误

正确答案：B

33. 钢筋调直切断机的调直块的孔径应比钢筋直径大1～3mm。　　　　（　　）
   A. 正确　　　　　　B. 错误

正确答案：B

34. 采用延伸率控制的钢筋冷拉机，应设置明显的限位标志，并应有专人负责指挥。　　　　　　　　　　　　　　　　　　　　　　　　　　　　（　　）
   A. 正确　　　　　　B. 错误

正确答案：A

35. 钢筋冷拔机在冷拔过程中，当出现断丝或钢筋打结乱盘时，应立即停机处理。
   　　　　　　　　　　　　　　　　　　　　　　　　　　　　　　　（　　）
   A. 正确　　　　　　B. 错误

正确答案：A

36. 钢筋加工机械在加工较长的钢筋时，应有专人帮扶。机械操作人员应听从帮扶人员指挥，不得任意推拉。　　　　　　　　　　　　　　　　　　（　　）
   A. 正确　　　　　　B. 错误

正确答案：B

37. 焊接机械可分为手工焊接设备和自动焊接设备。　　　　　　　　　（　　）
   A. 正确　　　　　　B. 错误

正确答案：A

38. 移动交流电焊机时，应切断电源，不得用拖拉电缆的方法移动焊机。（　　）
   A. 正确　　　　　　B. 错误

正确答案：A

39. 现场使用的电焊机应设有防雨、防潮、防晒、防砸的措施。　　　　（　　）
   A. 正确　　　　　　B. 错误

正确答案：A

40. 焊、割密闭容器时，容器内照明电压不得超过 24V。 （   ）

A. 正确　　　　B. 错误

正确答案：B

41. 木工圆盘锯作业时，操作人员应戴防护眼镜，手臂不得跨越锯片，人员不得站在锯片的旋转方向。 （   ）

A. 正确　　　　B. 错误

正确答案：A

42. 带锯机运转中，当木屑堵塞吸尘管口时，不得清理管口。 （   ）

A. 正确　　　　B. 错误

正确答案：A

43. 厚度小于 30mm，或长度小于 400mm 的木料，不得在平面刨上加工。（   ）

A. 正确　　　　B. 错误

正确答案：B

44. 木工机械操作人员与辅助人员应密切配合，并应同步匀速接送料。 （   ）

A. 正确　　　　B. 错误

正确答案：A

45. 水磨石机作业中，当发现磨盘跳动或异响，应立即停机检修。停机时，应先关机后提升磨盘。 （   ）

A. 正确　　　　B. 错误

正确答案：B

46. 柱塞式灰浆泵因故障停机时，应先打开泄浆阀使压力下降，然后排除故障。
 （   ）

A. 正确　　　　B. 错误

正确答案：A

47. 挤压式灰浆泵工作间歇时，应先停止送气，后停止送灰，并应防止气嘴被灰浆堵塞。 （   ）

A. 正确　　　　B. 错误

正确答案：B

48. 潜水泵应横卧于水中，水深不得小于 0.5m，不宜在含大量泥砂的水中使用。
 （   ）

A. 正确　　　　B. 错误

正确答案：B

49. 深井泵不得在无水情况下空转。 （   ）

A. 正确　　　　B. 错误

正确答案：A

50. 泥浆泵应在空载时停泵。 （   ）

A. 正确　　　　B. 错误

正确答案：A

四、案例题

1. 小张经过装载机课程的理论知识学习后，进行装载机的实际操作，很快掌握了装载机的基本操作技能，但在操作细节方面还存在一些问题，请结合装载机安全技术要求回答下列问题：

（1）装载机 ZL50C 型号中的 50 是表示装载机的（　　）。
A. 发动机功率　　B. 额定载重量　　C. 轮胎直径　　D. 速度

正确答案：B

（2）下列说法中符合轮胎式装载机安全技术要求的有（　　）。
A. 向汽车装料，宜降低铲斗高度　　B. 铲斗应从正面铲料
C. 在装载散料时，铲斗不可单边受力　　D. 应低速缓慢举臂翻转铲斗卸料
E. 满载时铲臂应快速下降，保持稳定

正确答案：ABCD

（3）在装载机驾驶人员保证安全的情况下，装载机铲斗可以载人。　　　　（　　）
A. 正确　　　　B. 错误

正确答案：B

（4）装载机高速行驶时应采用后轮驱动。　　　　　　　　　　　　　　　（　　）
A. 正确　　　　B. 错误

正确答案：B

2. 某工程有限公司为增强企业竞争力，提高土方机械作业人员的技术水平，组织压路机等工种的操作人员进行专业知识学习，请根据所学的静作用压路机安全技术知识回答下列问题：

（1）压路机作业前，应检查并确认滚轮的（　　）应平整良好。
A. 保护板　　　B. 挡板　　　C. 侧板　　　D. 刮泥板

正确答案：D

（2）当光轮压路机需要增加机重时，可在滚轮内加（　　）。
A. 铁块　　　　　　　　B. 水泥
C. 石块　　　　　　　　D. 砂
E. 水

正确答案：DE

（3）不得将压路机的换向离合器当作制动器使用。　　　　　　　　　　　（　　）
A. 正确　　　　B. 错误

正确答案：A

（4）两台以上压路机同时作业时，前后间距不得小于 5m。　　　　　　　（　　）
A. 正确　　　　B. 错误

正确答案：B

3. 小李通过努力学习虽然取得旋挖钻孔机操作证书，但他对旋挖钻孔机的安全技术要求并没有完全掌握，在一次旋挖钻孔机挂钻杆回转时突然侧翻，造成事故。请您结

合旋挖钻孔机安全技术要求,回答下列问题:

(1) 作业前,履带式旋挖钻孔机应将履带的轨距伸至( )位置。
A. 中间　　　　B. 最小　　　　C. 最大　　　　D. 任意

正确答案:C

(2) 下列符合旋挖钻孔机安全技术要求的有( )。
A. 工作坡度不得大于3°
B. 开始钻孔时,钻杆保持垂直,位置正确,慢速钻进
C. 在钻头进入土层后,再加速钻进
D. 提钻时,钻头不得转动
E. 当钻头穿过软硬土层交界处时,应快速钻进

正确答案:BCD

(3) 作业中,发生浮机现象时,应立即停止作业,查明原因并正确处理。( )
A. 正确　　　　B. 错误

正确答案:A

(4) 作业中,钻机作业范围内任何人员不得进入。( )
A. 正确　　　　B. 错误

正确答案:B

4. 某基础工程公司承接一幢高层建筑的桩基础工程业务。项目部使用转盘钻孔机进行作业,在施工过程中,因高压胶管连接固定不牢,掉落下来砸中一名施工人员,此人倒地后头部严重碰伤。请您结合转盘钻孔机安全技术要求,回答下列问题:

(1) 钻机下和井孔周围( )m以内及高压胶管下,不得站人。
A. 1　　　　B. 2　　　　C. 3　　　　D. 4

正确答案:B

(2) 下列说法正确的有( )。
A. 开钻时,应先开钻后送浆
B. 停机时,应先停浆后停钻
C. 对泥浆质量和浆面高度应随时测量和调整
D. 随时清除沉淀池中杂物
E. 出现漏浆现象时应及时补充

正确答案:CDE

(3) 钻头和钻杆连接螺纹应良好,滑扣的不得使用。( )
A. 正确　　　　B. 错误

正确答案:A

(4) 钻头焊接应牢固可靠,裂纹长度不得超过使用说明书的规定。( )
A. 正确　　　　B. 错误

正确答案:B

5. 某工地一名钢筋工在钢筋弯曲机上操作,突然被工件上飞出的一块铁皮击中右眼,紧急送医后,经治疗保住了眼睛,但右眼视力受到较大影响。请您结合钢筋弯曲机

安全技术要求，回答下列问题：

（1）钢筋弯曲机芯轴直径应为钢筋直径的（　　）倍。
A. 1.0　　　　B. 1.5　　　　C. 2.0　　　　D. 2.5

正确答案：D

（2）下列说法中符合钢筋弯曲机安全技术要求的有（　　）。
A. 在带载运转并确认正常后，开始作业
B. 对超过机械铭牌规定直径的钢筋不得进行弯曲
C. 在弯曲未经冷拉或带有锈皮的钢筋时，应戴防护镜
D. 操作人员应站在机身设有固定销的一侧
E. 成品钢筋应堆放整齐，弯钩不得朝下

正确答案：BCD

（3）钢筋弯曲机弯曲作业时，不得更换轴芯、销子和变换角度以及调速，不得进行清扫和加油。（　　）
A. 正确　　　　B. 错误

正确答案：A

（4）钢筋弯曲机在弯曲高强度钢筋时，应进行钢筋直径换算，钢筋根数不得超过机械允许的最大弯曲能力。（　　）
A. 正确　　　　B. 错误

正确答案：B

第7章　建筑起重机械

一、单选题

1. 塔式起重机按（　　）分为快装式塔式起重机和非快装式塔式起重机。
A. 变幅方式　　B. 回转部位　　C. 爬升方式　　D. 架设方式

正确答案：D

2. 塔式起重机按（　　）分为动臂变幅塔式起重机和小车变幅塔式起重机。
A. 变幅方式　　B. 架设方式　　C. 臂架结构形式　D. 回转部位

正确答案：A

3. 空载时，塔式起重机回转中心线至吊钩中心垂线的水平距离是（　　）。
A. 起升高度　　B. 幅度　　C. 起重力矩　　D. 额定起重量

正确答案：B

4. 起重量与相应幅度的乘积为（　　）。
A. 起升高度　　B. 额定起重量　　C. 起重力矩　　D. 幅度

正确答案：C

5. 塔式起重机小车变幅速度是指起吊最大幅度时的额定起重量、风速小于（　　）

m/s 时，小车稳定运行的速度。

  A. 2   B. 3   C. 4   D. 5

                        正确答案：B

6. 下列不属于塔式起重机重量的是（ ）。

  A. 额定起重量 B. 自重   C. 平衡重   D. 压重

                        正确答案：A

7. 以 QTZ80 塔式起重机为例，80 表示（ ）。

  A. 总功率   B. 额定起重量 C. 起升高度   D. 额定起重力矩

                        正确答案：D

8. 下列关于塔式起重机基础的尺寸说法错误的是（ ）。

  A. 满足塔式起重机工作状态稳定性 B. 满足塔式起重机非工作状态稳定性

  C. 满足塔式起重机安装拆卸的方便 D. 满足地基承载能力的要求

                        正确答案：C

9. 塔式起重机标准节的节间用高强度螺栓或销轴连接，螺栓级别通常是（ ）级。

  A. 7.9   B. 8.9   C. 9.9   D. 10.9

                        正确答案：D

10. 当塔式起重机的起重力矩大于相应工况下的额定值并小于该额定值的（ ）%时，应切断上升和幅度增大方向的电源，但机构可作下降和减小幅度方向的运动。

  A. 90   B. 100   C. 110   D. 120

                        正确答案：C

11. 对回转部分不设集电器的塔式起重机，回转限位开关动作时臂架旋转角度应不大于（ ）。

  A. ±360°   B. ±450°   C. ±540°   D. ±630°

                        正确答案：C

12. 塔式起重机的滑轮、起升卷筒及动臂变幅卷筒均应设有钢丝绳防脱装置，该装置与滑轮或卷筒侧板最外缘的间隙不应超过钢丝绳直径的（ ）%。

  A. 20   B. 30   C. 40   D. 50

                        正确答案：A

13. 报警装置在塔式起重机达到额定起重力矩或额定起重量的（ ）%以上时，发出断续的声光报警。

  A. 80   B. 90   C. 100   D. 110

                        正确答案：B

14. 臂根铰点高度超过（ ）m 的塔式起重机，应配备风速仪。

  A. 40   B. 50   C. 60   D. 70

                        正确答案：B

15. 塔式起重机安装拆卸单位应按照安全技术标准及塔式起重机性能要求，编制装拆工程专项施工方案，并由（ ）签字。

  A. 单位技术负责人   B. 单位安全负责人

C. 项目技术负责人　　　　　　D. 项目经理

正确答案：A

16. 塔式起重机安装单位的专业技术人员、（　　）应当在塔式起重机安装现场进行监督。

A. 安全部门负责人　　　　　　B. 技术负责人
C. 项目经理　　　　　　　　　D. 专职安全生产管理人员

正确答案：D

17. 塔式起重机安装完毕后，（　　）应当按照安全技术标准及安装使用说明书的有关要求对塔式起重机进行自检、调试和试运转。

A. 安装单位　　B. 建设单位　　C. 监理单位　　D. 使用单位

正确答案：A

18. 塔式起重机在无载荷情况下，塔身的垂直度允许偏差应为（　　）。

A. 2/1000　　B. 3/1000　　C. 4/1000　　D. 5/1000

正确答案：C

19. 配电箱应设置在距塔式起重机（　　）m范围内或轨道中部，且明显可见。

A. 2　　　　B. 3　　　　C. 4　　　　D. 5

正确答案：B

20. 允许带载变幅的动臂式塔式起重机，当载荷达到额定起重量的（　　）及以上时，不得增加幅度。

A. 60%　　　B. 70%　　　C. 80%　　　D. 90%

正确答案：D

21. 塔式起重机载人专用电梯停用时，应降至塔身（　　）位置，不得长时间悬在空中。

A. 最高　　　B. 中间　　　C. 底部　　　D. 任意

正确答案：C

22. 目前施工现场使用的人货两用的施工升降机以（　　）传动为主。

A. 钢丝绳式　　B. 混合式　　C. 蜗轮蜗杆式　　D. 齿轮齿条式

正确答案：D

23. 施工升降机额定载重量是（　　）下吊笼允许的最大荷载。

A. 工作状况　　B. 非工作状况　　C. 安拆状况　　D. 常规状况

正确答案：A

24. 施工升降机地基上平整度允许偏差为（　　）mm。

A. 10　　　B. 20　　　C. 30　　　D. 4

正确答案：A

25. 施工升降机的（　　）是用以支承和引导吊笼、对重等装置运行的金属构架。

A. 机架　　　B. 导轨架　　C. 底架　　　D. 附墙架

正确答案：B

26. 在施工升降机吊笼的顶部设有紧急逃离出口，出口面积不小于（　　）。

A. 0.2m×0.4m　　　　　　　B. 0.2m×0.6m
C. 0.4m×0.6m　　　　　　　D. 0.4m×0.8m

正确答案：C

27. 施工升降机地面防护围栏的高度不应低于（　　）m。
A. 1.2　　　B. 1.4　　　C. 1.6　　　D. 1.8

正确答案：D

28. 对于钢丝绳式的货用施工升降机，其地面防护围栏的高度不应低于（　　）m。
A. 1.2　　　B. 1.5　　　C. 1.8　　　D. 2.0

正确答案：B

29. 当施工升降机吊笼底板离停层平台在（　　）m以内时，该平台的层门方可打开。
A. ±0.15　　B. ±0.25　　C. ±0.35　　D. ±0.45

正确答案：B

30. 施工升降机的对重用以平衡吊笼的自重，从而提高电动机功率（　　）和吊笼载重量。
A. 使用率　　B. 通用率　　C. 完好率　　D. 利用率

正确答案：D

31. 施工升降机的附墙架是按一定间距连接导轨架与（　　）或其他固定结构，用以支撑导轨架的构件。
A. 塔式起重机　　B. 脚手架　　C. 建筑物　　D. 模板

正确答案：C

32. 当导轨架高度超过最大独立高度时施工升降机应安装（　　）。
A. 附着装置　　B. 力矩限制器　　C. 起重量限制器　　D. 高度限位器

正确答案：A

33. 防坠安全器按其制动特点可分为（　　）两种形式。
A. 缓慢式和瞬时式　　　　B. 渐进式和瞬时式
C. 渐进式和快速式　　　　D. 缓慢式和快速式

正确答案：B

34. 施工升降机在使用中每隔（　　）个月应进行一次额定载重量的坠落试验。
A. 3　　　B. 6　　　C. 9　　　D. 12

正确答案：A

35. 在风速达到（　　）m/s及以上大风、大雨、大雾天气以及导轨架、电缆等结冰时，施工升降机必须停止运行。
A. 8　　　B. 13　　　C. 15　　　D. 20

正确答案：D

36. 物料提升机的基础应能承受（　　）工作条件下的全部荷载。
A. 正常　　B. 非正常　　C. 最不利　　D. 最有利

正确答案：C

37. 当物料提升机吊笼处于最低位置时，卷筒上的钢丝绳应不少于（　　）圈。

A. 3 B. 4 C. 5 D. 6

正确答案：A

38. 物料提升机地面进料口防护围栏高度不应小于（　　）m
A. 1.2 B. 1.4 C. 1.6 D. 1.8

正确答案：D

39. 物料提升机应采用（　　）提供的标准附墙杆件。
A. 总承包单位 B. 使用单位 C. 制造商 D. 出租单位

正确答案：C

40. 当物料提升机安装高度大于或等于（　　）m时，不得使用缆风绳。
A. 20 B. 30 C. 40 D. 50

正确答案：B

二、多选题

1. 塔式起重机的技术参数有（　　）等。
A. 幅度
B. 起升高度
C. 起重力矩
D. 小车变化速度
E. 额定起重量

正确答案：ABCE

2. 下列属于塔式起重机重量的有（　　）。
A. 吊物重量
B. 基础
C. 自重
D. 平衡重
E. 压重

正确答案：CDE

3. 塔式起重机型号编制由（　　）和变型更新等代号组成。
A. 组
B. 型
C. 特性
D. 主参数
E. 功率

正确答案：ABCD

4. 塔式起重机的基本构造由（　　）和安全装置等部分组成。
A. 基础
B. 燃油供给系统
C. 钢结构
D. 工作机构
E. 电气系统

正确答案：ACDE

5. 常见塔式起重机的底座型式有（　　）等。
A. 弓字形
B. 十字梁形
C. 独立底座形
D. 井字形
E. 八字形

正确答案：BCD

6. 塔式起重机附着装置的作用是将作用于塔身的（   ）、和传递到建筑物上。
   A. 重量   B. 垂直力
   C. 水平力   D. 弯矩
   E. 扭矩

   正确答案：CDE

7. 塔式起重机的变幅方式有（   ）。
   A. 小车变幅式   B. 钢丝绳变幅式
   C. 蜗轮蜗杆变幅式   D. 行走变幅式
   E. 动臂变幅式

   正确答案：AE

8. 塔式起重机装拆人员应使用合格的（   ）。
   A. 工具   B. 墨镜
   C. 安全帽   D. 安全带
   E. 安全网

   正确答案：ACD

9. 下列符合塔式起重机安装拆卸作业安全技术的有（   ）。
   A. 指挥人员应熟悉装拆作业方案   B. 遵守装拆工艺和操作规程
   C. 使用明确的指挥信号   D. 参与装拆作业的人员，应听从指挥
   E. 发现指挥信号不清或有错误时，应先请示，不得擅自停止作业

   正确答案：ABCD

10. 下列关于安装塔式起重机时使用高强度螺栓说法正确的有（   ）。
    A. 高强度螺栓应由专业厂家制造
    B. 高强度螺栓应有合格证
    C. 安装高强度螺栓时，应采用扭矩扳手
    D. 安装高强度螺栓时，不能预紧
    E. 高强度螺栓严禁焊接

    正确答案：ABCE

11. 塔式起重机在（   ）附近施工时，与吊钩接触的作业人员，应戴绝缘手套和穿绝缘鞋，并应在吊钩上挂接临时放电装置。
    A. 电影院   B. 无线电台
    C. 电视台   D. 其他电磁波发射天线
    E. 发电厂

    正确答案：BCD

12. 当（   ）时，应立即将控制器扳到零位，并切断电源。
    A. 视线不清   B. 指挥信号不明
    C. 噪声较大   D. 停电
    E. 电压下降

    正确答案：DE

13. 下列关于塔式起重机停机时做法正确的有（　　）。
   A. 将每个控制器拨到档位　　　B. 依次断开各开关
   C. 关闭操作室门窗　　　　　　D. 断开电源总开关
   E. 打开高空障碍灯

   正确答案：BCDE

14. 下列施工升降机按传动形式分类的有（　　）。
   A. 齿轮齿条式　　　　　　　　B. 钢丝绳式
   C. 混合式　　　　　　　　　　D. 蜗轮蜗杆式
   E. 链轮式

   正确答案：ABC

15. 齿轮齿条式施工升降机按驱动传动的方式不同可以分为（　　）。
   A. 普通双驱动形式　　　　　　B. 普通三驱动形式
   C. 变频调速驱动形式　　　　　D. 发动机直接驱动形式
   E. 液压传动驱动形式

   正确答案：ABCE

16. 施工升降机的性能参数主要有（　　）额定安装载重量、标准节尺寸、对重重量等。
   A. 额定载重量　　　　　　　　B. 额定起重力矩
   C. 额定提升速度　　　　　　　D. 吊笼净空尺寸
   E. 最大提升高度

   正确答案：ACDE

17. 施工升降机的型号由（　　）和变型更新等代号组成。
   A. 组　　　　　　　　　　　　B. 型
   C. 特性　　　　　　　　　　　D. 主参数
   E. 装机容量

   正确答案：ABCD

18. 型号为 SCD200/200 施工升降机是表示（　　）。
   A. 齿轮齿条式施工升降机　　　B. 钢丝绳式施工升降机
   C. 有对重　　　　　　　　　　D. 二个吊笼
   E. 额定载重量均为 200kg

   正确答案：ABCD

19. 下列符合施工升降机层门要求的有（　　）。
   A. 施工升降机的每一个停层平台应设置层门
   B. 层门安装和开启不得突出到吊笼的升降通道上
   C. 层门不可与吊笼作电气或机械连锁
   D. 层门关闭时，门下部间隙不大于 35mm
   E. 层门应设置安全警示标识

   正确答案：ABDE

20. 施工升降机吊笼内乘人或载物时,(   )。
   A. 载荷均匀分布   B. 不得偏重运行
   C. 严禁超载运行   D. 不得缓慢运行
   E. 不得停层等人
                                                    正确答案:ABC

21. 下列说法中符合施工升降机安全使用要求的有(   )。
   A. 操作人员应根据指挥信号操作
   B. 运行中发现有异常情况,应立即停机并采取有效措施将吊笼就近停靠楼层
   C. 在运行中发现电气失控时,应立即按下急停按钮
   D. 在风速达到13m/s及以上时,必须停止运行
   E. 施工升降机运行到最上层时,可以用行程限位开关作为停止运行的控制开关
                                                    正确答案:ABC

22. 按结构形式的不同,物料提升机可分为(   )。
   A. 流动式物料提升机   B. 固定式物料提升机
   C. 桁架式物料提升机   D. 龙门架式物料提升机
   E. 井架式物料提升机
                                                    正确答案:DE

23. 30m以下物料提升机的基础,当设计无要求时应符合的规定有(   )。
   A. 基础土层的承载力,不应小于80kPa
   B. 基础混凝土强度等级不应低于C20,厚度不应小于500mm
   C. 基础表面应平整,水平度不应大于10mm
   D. 基础周边应有排水设施
   E. 基础的长度不应小于2000mm
                                                    正确答案:ACD

24. 当物料提升机标准附墙杆件结构尺寸不能满足要求时,可采用非标附墙杆件,应符合的规定有(   )。
   A. 经原制造单位设计计算
   B. 附墙杆件的材质应与导轨架相一致
   C. 附墙杆件与导轨架及建筑结构采用柔性连接
   D. 不得与脚手架连接
   E. 附墙杆件间距不应大于使用说明书的规定值
                                                    正确答案:ABDE

25. 下列符合井架和龙门架物料提升机安全使用的有(   )。
   A. 基础应符合使用说明书要求   B. 提升机的制动器应灵敏可靠
   C. 不得和脚手架连接   D. 吊笼各构件连接应牢固、可靠
   E. 只有在维修物料提升机时吊笼方可载人
                                                    正确答案:ABCD

三、判断题

1. 塔式起重机按回转部位分为上回转塔式起重机和下回转塔式起重机。（　　）
   A. 正确　　　　B. 错误

   正确答案：A

2. 塔式起重机按架设方式分为动臂变幅塔式起重机和小车变幅塔式起重机。（　　）
   A. 正确　　　　B. 错误

   正确答案：B

3. 塔式起重机起重力矩的计量单位为 kg·m。（　　）
   A. 正确　　　　B. 错误

   正确答案：B

4. TC6012A 塔式起重机表示最大工作幅度 60m，最大工作幅度处额定起重量 12kg。
   （　　）
   A. 正确　　　　B. 错误

   正确答案：B

5. 起重臂的横截面一般为等腰三角形，两根下弦杆是起重小车运行的轨道。（　　）
   A. 正确　　　　B. 错误

   正确答案：A

6. 起升机构是塔式起重机最主要的工作机构，用于实现重物水平运动。（　　）
   A. 正确　　　　B. 错误

   正确答案：B

7. 当塔式起重机安装高度超过最大独立状态时，需安装附着装置。（　　）
   A. 正确　　　　B. 错误

   正确答案：A

8. 安全监控装置是安装在塔式起重机上的使用数字化技术来对塔式起重机进行辅助安全管理的装置。（　　）
   A. 正确　　　　B. 错误

   正确答案：A

9. 塔式起重机安装单位应当建立塔式起重机技术档案。（　　）
   A. 正确　　　　B. 错误

   正确答案：B

10. 液压顶升机构用来完成塔式起重机加高的顶升加节工作，液压顶升机构主要由顶升套架、作业平台和液压顶升装置组成。（　　）
    A. 正确　　　　B. 错误

    正确答案：A

11. 起重力矩限制器的作用是控制塔式起重机在使用时不得超过最大额定起重量。
    （　　）
    A. 正确　　　　B. 错误

正确答案：B

12. 起重量限制器的作用是限制最大起重量，防止塔式起重机的吊物超过最大额定荷载，避免发生机械损坏事故。（　）

    A. 正确　　　　　　B. 错误

正确答案：A

13. 小车行程限位开关动作后应保证小车停车时其端部距缓冲装置最小距离为400mm。（　）

    A. 正确　　　　　　B. 错误

正确答案：B

14. 对于小车变幅式塔式起重机，为了防止小车牵引绳断裂导致小车失控，变幅的双向均设置小车断绳保护装置。（　）

    A. 正确　　　　　　B. 错误

正确答案：A

15. 两台塔式起重机之间的最小架设距离应保证处于低位塔式起重机的起重臂端部与另一台塔式起重机的塔身之间至少有2m的距离；（　）

    A. 正确　　　　　　B. 错误

正确答案：A

16. 塔式起重机遇大风停止作业时，应将回转机构的制动器锁紧。（　）

    A. 正确　　　　　　B. 错误

正确答案：B

17. 检修人员对高空部位的塔身、起重臂、平衡臂等检修时，应系好安全带。（　）

    A. 正确　　　　　　B. 错误

正确答案：A

18. 动臂式和未附着塔式起重机及附着以上塔式起重机桁架上可以悬挂标语牌。（　）

    A. 正确　　　　　　B. 错误

正确答案：B

19. 齿轮齿条式施工升降机每个吊笼上均装配有二个渐进式防坠落安全器。（　）

    A. 正确　　　　　　B. 错误

正确答案：B

20. 钢丝绳式施工升降机是采用钢丝绳提升的施工升降机，可分为人货两用和货用施工升降机两类。（　）

    A. 正确　　　　　　B. 错误

正确答案：A

21. 施工升降机的基础及周围应有排水设施，不得积水。（　）

    A. 正确　　　　　　B. 错误

正确答案：A

22. 施工升降机的导轨架必须垂直并有足够的强度和硬度。（　）

A. 正确 B. 错误

正确答案：B

23. 施工升降机的吊笼只能运输人员，不能运输货物。（ ）
A. 正确 B. 错误

正确答案：B

24. 施工升降机紧急逃离出口上装有向下打开的天窗盖板。（ ）
A. 正确 B. 错误

正确答案：B

25. 施工升降机安全钩是防止吊笼倾翻的挡块，其作用是防止吊笼脱离导轨架或防坠安全器输出端齿轮脱离齿条。（ ）
A. 正确 B. 错误

正确答案：A

26. 遇大雨、大雪、大雾或风速大于20m/s等恶劣天气时，应停止施工升降机安装作业。（ ）
A. 正确 B. 错误

正确答案：B

27. 施工升降机应按使用说明书要求进行维护保养，并按使用说明书规定定期检验制动器的可靠性，制动力矩必须达到使用说明书要求。（ ）
A. 正确 B. 错误

正确答案：A

28. 在施工升降机未切断总电源开关前，操作人员不得离开操作岗位。（ ）
A. 正确 B. 错误

正确答案：A

29. 暴风雨等恶劣天气后，应对施工升降机各有关安全装置反复进行多次检查。（ ）
A. 正确 B. 错误

正确答案：B

30. 施工升降机作业后，不得将吊笼降到底层，防止非工作人员进入。（ ）
A. 正确 B. 错误

正确答案：B

31. 施工现场使用的物料提升机不但可以载人，也能载物。（ ）
A. 正确 B. 错误

正确答案：B

32. 30m及以上物料提升机的基础应进行设计计算。（ ）
A. 正确 B. 错误

正确答案：A

33. 物料提升机吊笼是装载物料沿架体上的导轨作上下运行的部件。（ ）
A. 正确 B. 错误

正确答案：A

34. 当物料提升机荷载达到额定起重量的 90％时，起重量限制器应发出警示信号。
（　　）
A. 正确　　　　　　B. 错误

正确答案：A

35. 紧急断电开关应为自动复位型，设在司机便于操作的位置。（　　）
A. 正确　　　　　　B. 错误

正确答案：B

36. 当物料提升机司机对吊笼升降运行、停层观察视线不清时，必须设置通信装置。（　　）
A. 正确　　　　　　B. 错误

正确答案：A

37. 物料提升机与各楼层进料口一般均搭设了运料通道。在楼层进料口与运料通道的结合处必须设置平台门。（　　）
A. 正确　　　　　　B. 错误

正确答案：A

38. 物料提升机进料口防护棚的搭设可借助于提升机架体或脚手架立杆作为防护棚传力杆件。（　　）
A. 正确　　　　　　B. 错误

正确答案：B

39. 物料提升机吊笼下方不得有人员停留或通过。（　　）
A. 正确　　　　　　B. 错误

正确答案：A

40. 物料提升机司机下班前，应将吊笼降到最低位置，各控制开关置于零位，切断电源，锁好开关箱。（　　）
A. 正确　　　　　　B. 错误

正确答案：A

四、案例题

1. 某工地项目负责人因工期紧，违规将塔式起重机上的有些安全保护装置拆除，达到多吊快干的目的。在一次吊运钢筋向外变幅时，因超载等原因，造成塔式起重机起重臂折断，发生事故。请您根据塔式起重机的相关知识，回答下来问题：

（1）下列属于塔式起重机必须配备的安全保护装置是（　　）。
A. 力矩缓冲器　　B. 力矩控制器　　C. 力矩超载器　　D. 力矩限制器

正确答案：D

（2）下列属于塔式起重机安全保护装置的有（　　）。
A. 起重量限制器　　　　　　B. 起升高度限位器
C. 长度限位器　　　　　　　D. 回转限位器

E. 钢丝绳防脱装置

正确答案：ABDE

（3）为了保证塔式起重机的安全作业，防止各种意外事故的发生，塔式起重机必须配备安全保护装置。　　　　　　　　　　　　　　　　　　　　　　　（　　）
　　A. 正确　　　　　　B. 错误

正确答案：A

（4）起吊重物时，重物和吊具的总重量不得超过塔式起重机相应幅度下规定的起升速度。　　　　　　　　　　　　　　　　　　　　　　　　　　　　　（　　）
　　A. 正确　　　　　　B. 错误

正确答案：B

2. 某工地有多台塔式起重机在现场作业，其中一台高位塔式起重机的起升钢丝绳与一台低位塔式起重机的起重臂时有接触。在一次摩擦接触中，高位塔式起重机的起升钢丝绳被低位塔式起重机的起重臂磨断，发生安全事故。请您根据塔式起重机的安全使用要求，回答下列问题：

（1）当同一施工地点有两台以上塔式起重机作业时，处于高位塔式起重机的最低位置的部件与低位塔式起重机处于最高位置部件之间的垂直距离不应小于（　　）m。
　　A. 1　　　　B. 2　　　　C. 3　　　　D. 4

正确答案：B

（2）下列说法中符合塔式起重机安全使用的有（　　）。
　　A. 作业前，应进行空载运转
　　B. 重物水平移动时，重物底部应高出障碍物2.0m以上
　　C. 作业中，只有操作人员临时离开操作室时，可不切断电源
　　D. 动臂式塔式起重机的变幅动作应单独进行
　　E. 在非工作状态时，应松开回转制动器，回转部分应能自由旋转

正确答案：ADE

（3）雨天后，对固定式塔式起重机，应检查混凝土基础不均匀沉降。　（　　）
　　A. 正确　　　　　　B. 错误

正确答案：A

（4）配电箱应设置在距塔式起重机5m范围内，且明显可见。　　　　（　　）
　　A. 正确　　　　　　B. 错误

正确答案：B

3. 某工地使用的SC型施工升降机下降过程中突然失速，而渐进式防坠安全器失灵，未起到有效的安全保护作用，升降机吊笼直接坠落，造成事故。请您根据施工升降机的相关知识，回答下列问题：

（1）防坠安全器的使用寿命为（　　）年。
　　A. 3　　　　B. 4　　　　C. 5　　　　D. 6

正确答案：C

（2）下列属于施工升降机安全保护装置的有（　　）。

A. 防坠安全器 B. 机械联锁装置
C. 缓冲装置 D. 安全链
E. 急停开关

正确答案：ABCE

(3) 防坠安全器是防止吊笼坠落的机械式安全保护装置。
A. 正确 B. 错误

正确答案：A

(4) 防坠安全器有效使用标定期为三年。
A. 正确 B. 错误

正确答案：B

4. 某单位承接一处房屋建筑工程，因公司的建筑起重机械安装拆卸人员少，领导临时派 3 名机械修理工参加施工升降机的安装工作。这些修理工对施工升降机安装工艺及安全技术要求都不懂，在安装过程中，其中 1 人从 3m 高处坠落，造成重伤。请您根据施工升降机的安装拆卸要求，回答下列问题：

(1) 安拆单位在施工升降机安装、拆卸作业时应配备的人员是（　　）等人员。
A. 安装拆卸工、锻工、木工 B. 安装拆卸工、车工、木工
C. 安装拆卸工、车工、起重司机 D. 安装拆卸工、电工、起重司机

正确答案：D

(2) 施工升降机在安装前，应对施工升降机进行检查，发现有下列（　　）情况之一的，不得安装和使用。
A. 属国家明令淘汰或禁止使用的
B. 超过安全技术标准或制造厂家规定使用年限的
C. 经检验达不到安全技术标准规定的
D. 有完整安全技术档案的
E. 有齐全有效的安全保护装置的

正确答案：ABC

(3) 施工升降机的安装作业范围应设置警戒线及明显的警示标志。（　　）
A. 正确 B. 错误

正确答案：A

(4) 在安拆施工升降机时，高处作业人员应系安全带、穿防滑鞋。（　　）
A. 正确 B. 错误

正确答案：A

5. 某省某综合楼施工采用物料提升机垂直运输预应力空心预制板，当准备安装第四层楼板时，由 8 人自物料提升机吊篮内抬板，由于重量超载以及其他的原因，此时吊篮突然坠落，造成多人死伤事故。请您根据物料提升机的相关知识，回答下列问题：

(1) 当荷载达到额定起重量的（　　）%时，起重量限制器应切断上升电路电源，使吊笼制动。

A. 90　　　　　B. 100　　　　　C. 110　　　　　D. 120

正确答案：C

（2）物料提升机的安全保护装置有（　　）。
A. 行走限位器　　　　　　　B. 起重量限制器
C. 防坠安全器　　　　　　　D. 安全停层装置
E. 缓冲器

正确答案：BCDE

（3）物料提升机的吊笼可采用瞬时式防坠落安全器。（　　）
A. 正确　　　　B. 错误

正确答案：A

（4）物料提升机安全停层装置应为柔性结构。（　　）
A. 正确　　　　B. 错误

正确答案：B

第8章　高处作业

一、单选题

1. 在坠落高度基准面（　　）有可能坠落的高处进行的作业，属于高处作业。
A. ≥2m　　　B. ≥3m　　　C. ≥4m　　　D. ≥5m

正确答案：A

2. 绑扎（　　）的柱钢筋，应设置脚手架或操作平台。
A. ≥2m　　　B. ≥3m　　　C. ≥4m　　　D. ≥5m

正确答案：A

3. 对施工作业现场可能坠落的物料，应及时（　　）或采取固定措施。
A. 拆卸　　　B. 拆除　　　C. 丢弃　　　D. 清理

正确答案：B

4. 安全防护设施宜采用定型化、工具化设施，防护栏应为黑黄或（　　）相间的条纹标示。
A. 红白　　　B. 黄绿　　　C. 红黄　　　D. 黑黄

正确答案：B

5. 施工升降机停层平台口应设置高度不低于（　　）的楼层防护门，并应设置防外开装置。
A. 1.5m　　　B. 1.8m　　　C. 2m　　　D. 2.2m

正确答案：B

6. 当垂直洞口短边边长（　　）时，应在临空一侧设置高度不小于1.2m的防护栏杆。
A. ≥0.5m　　　B. ≥0.8m　　　C. ≥1m　　　D. ≥1.5m

正确答案：A

7. 当非竖向洞口短边边长为（   ）时，应采用承载力满足使用要求的盖板覆盖，盖板四周搁置应均衡，且应防止盖板移位。
   A. 2.5～25mm   B. 25～500mm
   C. 50～1500mm   D. ≥1500mm

正确答案：B

8. 当非竖向洞口短边边长为（   ）时，应在洞口作业侧设置高度不小于1.2m的防护栏杆，洞口应采用安全平网封闭。
   A. 2.5～25mm   B. 25～500mm
   C. 50～1500mm   D. ≥1500mm

正确答案：D

9. 在电梯施工前，电梯井道内应每隔2层且不大于（   ）加设一道安全平网。
   A. 6m   B. 8m   C. 10m   D. 12m

正确答案：C

10. 墙面等处落地的竖向洞口、窗台高度低于（   ）的竖向洞口及框架结构在浇筑完混凝土未砌筑墙体时的洞口，应按临边防护要求设置防护栏杆。
    A. 500m   B. 800m   C. 1000m   D. 1200m

正确答案：B

11. 临边作业的防护栏杆的立杆间距不应大于（   ）。
    A. 1.5m   B. 2m   C. 2.5m   D. 3m

正确答案：B

12. 挡脚板高度不应小于（   ）。
    A. 100mm   B. 150mm   C. 180mm   D. 200mm

正确答案：C

13. 防护栏杆的立杆和横杆的设置、固定及连接，应确保防护栏杆在上下横杆和立杆任何部位处，均能承受任何方向（   ）的外力作用。
    A. 0.2kN   B. 0.5kN   C. 1kN   D. 2kN

正确答案：C

14. 使用固定式直梯攀登作业时，当攀登高度超过（   ）时，应设置梯间平台。
    A. 5m   B. 8m   C. 10m   D. 12m

正确答案：B

15. 在坠落基准面（   ）及以上高处绑扎柱钢筋和进行预应力张拉时，应搭设操作平台。
    A. 1.2m   B. 1.5m   C. 2m   D. 2.5m

正确答案：C

16. 在坡度大于25°的屋面上作业，当无外脚手架时，应在屋檐边设置不低于（   ）高的防护栏杆。
    A. 1.2m   B. 1.5m   C. 2m   D. 2.5m

正确答案：B

17. 落地式操作平台高度不应大于（　　）。
A. 5m　　　　B. 10m　　　　C. 15m　　　　D. 20m

正确答案：C

18. 落地式操作平台应从底层第一步水平杆起逐层设置连墙件，且连墙件间隔不应大于（　　）。
A. 2m　　　　B. 4m　　　　C. 5m　　　　D. 6m

正确答案：B

19. 落地式操作平台一次搭设高度不应超过相邻连墙件以上（　　）。
A. 一步　　　　B. 两步　　　　C. 三步　　　　D. 四步

正确答案：B

20. 电梯井内平网网体与井壁的空隙不得大于（　　），安全网拉结应牢固。
A. 10mm　　　　B. 25mm　　　　C. 30mm　　　　D. 50mm

正确答案：C

二、多选题

1. 操作平台是指由钢管、型钢及其他等效性能材料等组装搭设制作的供施工现场高处作业和载物的平台，包括（　　）等平台。
A. 移动式　　　　　　B. 落地式
C. 悬挑式　　　　　　D. 架空式
E. 钢结构

正确答案：ABC

2. 高处作业施工前，应检查高处作业的（　　），确认其完好后，方可进行施工。
A. 安全标志　　　　　B. 工具
C. 仪表　　　　　　　D. 电气设施
E. 构配件

正确答案：ABCD

3. 当遇有（　　）等恶劣气候，不得进行露天攀登与悬空高处作业。
A. 6级及以上强风　　　B. 强风
C. 浓雾　　　　　　　D. 沙尘暴
E. 高温

正确答案：ABCD

4. 安全防护设施验收资料应包括（　　）等主要内容。
A. 安全防护用品用具、材料和设备产品合格证明
B. 安全防护设施验收记录
C. 预埋件隐蔽验收记录
D. 安全防护设施变更记录
E. 交底记录

正确答案：ABCD

5. 临边作业的防护栏杆应由（   ）组成。
   A. 横杆
   B. 立杆
   C. 挡脚板
   D. 斜撑
   E. 剪刀撑

正确答案：ABC

6. 落地式操作平台检查验收应符合下列规定（   ）。
   A. 操作平台的钢管和扣件应有产品合格证
   B. 搭设前应对基础进行检查验收
   C. 搭设中应随施工进度按结构层对操作平台进行检查验收
   D. 遇 6 级以上大风、雷雨、大雪等恶劣天气，恢复使用前，应进行检查
   E. 停用超过 6 个月，恢复使用前，应进行检查

正确答案：ABCD

7. 对不搭设脚手架和设置安全防护棚时的交叉作业，应设置安全防护网，当在多层、高层建筑外立面施工时，应在（   ）设一道固定的安全防护网。
   A. 二层
   B. 每隔二层
   C. 每隔三层
   D. 每隔四层
   E. 随施工高度提升

正确答案：ADE

8. 密目式安全立网使用前，应检查（   ），确认合格方可使用。
   A. 产品分类标记
   B. 产品合格证
   C. 网目数
   D. 网体重量
   E. 观感质量

正确答案：ABCD

9. 下列说法中正确的是（   ）。
   A. 对施工作业现场可能坠落的物料，一律加固
   B. 高处作业所用的物料应堆放平稳，不得妨碍通行和装卸
   C. 工具应随手放入工具袋
   D. 传递物料时不得抛掷
   E. 作业中的走道、通道板和登高用具，应随时清理干净

正确答案：BCDE

10. 临边作业的防护栏杆应符合（   ）规定。
    A. 防护栏杆应为两道横杆，上杆距地面高度应为 1.2m，下杆应在上杆和挡脚板中间设置
    B. 当防护栏杆高度大于 1.2m 时，应增设横杆，横杆间距不应大于 600mm
    C. 防护栏杆立杆间距不应大于 2m
    D. 挡脚板高度不应小于 180mm
    E. 当防护栏杆高度大于 1.2m 时，应增设斜撑

正确答案：ABCD

三、判断题

1. 施工作业场所有坠落可能的物件必须一律先行撤除或加以固定。　（　）
   A. 正确　　　　B. 错误

   正确答案：A

2. 临边作业是指在工作面边沿无围护或围护设施高度低于600mm的高处作业。
   　（　）
   A. 正确　　　　B. 错误

   正确答案：B

3. 高处作业传递物料时不得抛掷。　（　）
   A. 正确　　　　B. 错误

   正确答案：A

4. 对需临时拆除或变动的安全防护设施，应采取可靠措施，作业后应立即恢复。
   　（　）
   A. 正确　　　　B. 错误

   正确答案：A

5. 建筑物外围边沿处，对未设置外脚手架的工程，应设置防护栏杆。　（　）
   A. 正确　　　　B. 错误

   正确答案：B

6. 外脚手架密目式安全立网应设置在脚手架内侧立杆上，并应与脚手杆紧密连接。
   　（　）
   A. 正确　　　　B. 错误

   正确答案：B

7. 施工升降机、龙门架和井架物料提升机等在建筑物间设置的停层平台两侧边，应设置防护栏杆、挡脚板。　（　）
   A. 正确　　　　B. 错误

   正确答案：A

8. 当采用梯子攀爬作用时，踏面荷载不应大于1.1kN。　（　）
   A. 正确　　　　B. 错误

   正确答案：A

9. 同一梯子上不得两人同时作业。　（　）
   A. 正确　　　　B. 错误

   正确答案：A

10. 因实际需要，脚手架操作层上可以架设梯子作业。　（　）
    A. 正确　　　　B. 错误

    正确答案：B

11. 单梯不得垫高使用。　（　）

413

A. 正确　　　　B. 错误

正确答案：A

12. 作业人员严禁沿坑壁、支撑或乘运土工具上下。（　　）

A. 正确　　　　B. 错误

正确答案：A

13. 严禁在未固定、无防护设施的构件及管道上进行作业或通行。（　　）

A. 正确　　　　B. 错误

正确答案：A

14. 高处作业不得使用座板式单人吊具，可使用自制吊篮。（　　）

A. 正确　　　　B. 错误

正确答案：B

15. 应在操作平台明显位置设置标明允许负载值的限载牌及限定允许的作业人数，物料应及时转运，不得超重、超高堆放。（　　）

A. 正确　　　　B. 错误

正确答案：A

16. 操作平台应与建筑物进行刚性连接或加设防倾措施，可与脚手架连接。（　　）

A. 正确　　　　B. 错误

正确答案：B

17. 采用斜拉方式的悬挑式操作平台，平台两侧的连接吊环应与前后两道斜拉钢丝绳连接，每一道钢丝绳应能承载该侧所有荷载。（　　）

A. 正确　　　　B. 错误

正确答案：A

18. 采用悬臂梁式的操作平台，宜采用型钢制作悬挑梁或悬挑桁架，也可使用钢管。（　　）

A. 正确　　　　B. 错误

正确答案：B

19. 处于起重机臂架回转范围内的通道，应搭设安全防护棚。（　　）

A. 正确　　　　B. 错误

正确答案：A

20. 采用平网防护时，可使用密目式安全立网代替平网使用。（　　）

A. 正确　　　　B. 错误

正确答案：B

四、案例题

1. 2014年4月15日，某工地3名工人在6层28区中庭位置盘扣式脚手架上进行安装顶部GRG板作业。王某在下脚手架过程中，失足坠落至5层楼板上（坠落高度约8m），经送医院抢救无效死亡。这起事故造成1人死亡，直接经济损失78万元。请回答以下问题：

（1）安全带的正确挂扣应该是（　　）。
    A. 低挂高用   B. 高挂低用   C. 平挂平用   D. 高挂高用

正确答案：B

（2）建筑施工中凡涉及（　　）的，应在施工组织设计或施工方案中制定高处作业安全技术措施。
    A. 临边与洞口   B. 攀登与悬空作业
    C. 操作平台   D 交叉作业及安全网
    E. 安全防护

正确答案：ABCD

（3）操作平台应通过设计计算，并应编制专项方案，架体构造与材质应满足国家现行相关标准的规定。（　　）
    A. 正确   B. 错误

正确答案：A

（4）操作平台使用中应每半年不少于1次定期检查，应由专人进行日常维护工作，及时消除安全隐患。（　　）
    A. 正确   B. 错误

正确答案：B

2. 2010年元月9日，某工程11层卸料平台转运楼层支模钢管扣件时，平台突然坍塌，导致在平台上操作的3名木工从11层坠落至地面，2人当场死亡，另外1人送医院抢救无效也于当日死亡。经对事故现场勘察，发生事故时卸料平台承超过设计载荷的2.7倍，是事故的直接技术原因，另外方案中安全保证措施不全面，悬挑梁搁置端与楼板板面未设计锚固点，吊环安装违反规范要求等也是事故发生的重要原因。请回答以下问题：

（1）悬挑式操作平台应设置（　　）个吊环，吊运时应使用卡环，不得使吊钩直接钩挂吊环。
    A. 2   B. 4   C. 6   D. 8

正确答案：B

（2）悬挑式操作平台的（　　）应设置在稳定的土体结构上，且应可靠连接。
    A. 搁置点   B. 拉结点
    C. 支撑点   D. 立杆
    E. 水平杆

正确答案：ABC

（3）操作平台的搁置点应设置在稳定的主体结构上，且应可靠连接。（　　）
    A. 正确   B. 错误

正确答案：A

（4）悬挑式操作平台的悬挑长度应大于5m。（　　）
    A. 正确   B. 错误

正确答案：B

3. 2017年11月2日,某工地瓦工刘某在A楼五层11号电梯间抹灰作业时,不慎从电梯井口坠落至一楼地面(高度约19m)。事故发生后,送医抢救无效死亡。请回答以下问题:

(1) 电梯井口应设置防护门,其高度不应小于(　　)。
A. 1.5m　　　B. 1.8m　　　C. 2m　　　D. 2.2m

正确答案:A

(2) 电梯井口应设置(　　)。
A. 防护门　　B. 防护栏杆　　C. 设置挡脚板　　D. 安全平网　　E. 安全立网

正确答案:AC

(3) 在电梯施工前,电梯井道内应每隔2层且不大于15m加设一道安全平网。
A. 正确　　　B. 错误

正确答案:B

(4) 刘某从电梯井口坠落,属于机械伤害事故。
A. 正确　　　B. 错误

正确答案:B

4. 2015年5月12日,某工地瓦工杨某在施工过程中,不慎从该项目大楼内11层混凝土泵管预留洞口处坠落至9层(坠落高度约7.4m),送医抢救无效死亡。请回答以下问题:

(1) 洞口作业是指在地面、楼面、屋面和墙面等有可能使人和物料坠落,其坠落高度(　　)洞口处的高处作业。
A. ≥2m　　　B. ≥3m　　　C. ≥4m　　　D. ≥5m

正确答案:A

(2) 洞口作业时,应采取防坠落措施,并应符合(　　)规定。

A. 当竖向洞口短边边长小于500mm时,应采取封堵措施;当垂直洞口短边边长大于或等于500mm时,应在临空一侧设置高度不小于1.2m的防护栏杆,并应采用密目式安全立网或工具式栏板封闭,设置挡脚板

B. 当非竖向洞口短边边长为2.5～500mm时,应采用承载力满足使用要求的盖板覆盖,盖板四周搁置应均衡,且应防止盖板移位

C. 当非竖向洞口短边边长为25～500mm时,应采用承载力满足使用要求的盖板覆盖,盖板四周搁置应均衡,且应防止盖板移位

D. 当非竖向洞口短边边长为500～1500mm时,应采用盖板覆盖或防护栏杆等措施,并应固定牢固

E. 当非竖向洞口短边边长大于或等于1500mm时,应在洞口作业侧设置高度不小于1.2m的防护栏杆,洞口应采用安全平网封闭

正确答案:ACDE

(3) 高处作业施工前,应对作业人员进行安全技术交底,并应记录。应对初次作业人员进行培训。
A. 正确　　　B. 错误

正确答案：A

(4) 高处作业施工前，应按类别对安全防护设施进行检查、验收，验收合格后方可进行作业，并应做验收记录。验收可分层或分阶段进行。

A. 正确　　　　B. 错误

正确答案：A

5. 2014年10月5日，某工地工人刘某在6层楼平台使用门式脚手架（1步高度约1.8米）安装吊顶过程中，坠落至2层平台（坠落高度约15m），送医抢救无效死亡。请回答以下问题：

(1) 移动式操作平台的轮子与平台架体连接应牢固，立柱底端离地面不得大于( )。

A. 50mm　　　B. 80mm　　　C. 100mm　　　D. 120mm

正确答案：B

(2) 移动式操作平台应满足（ ）的规定。

A. 面积不宜大于 10m^2　　　　B. 高度不宜大于 5m
C. 高宽比不应大于 2∶1　　　　D. 施工荷载不应大于 1.5kN/m^2
E. 必须设置抛撑

正确答案：ABCD

(3) 移动式操作平台的轮子与平台架体连接应牢固，行走轮和导向轮应配有制动器或刹车闸等制动措施。　　　　　　　　　　　　　　　　　　　　　　( )

A. 正确　　　　B. 错误

正确答案：A

(4) 移动式操作平台移动时，操作平台上可站人。　　　　　　　　　　　　( )

A. 正确　　　　B. 错误

正确答案：B

第9章　临 时 用 电

一、单选题

1. 管道内的照明系统应采用（ ）。

A. 高压电　　　B. 安全电压　　　C. 低压电　　　D. 汽车电瓶

正确答案：B

2. 雷电天气无（ ）的桩机，应停止作业。

A. 缆风绳　　　B. 避雨棚　　　C. 避雷装置　　　D. 保险装置

正确答案：C

3. 桩机作业结束后，应将桩锤落下，切断（ ）和电路开关、停机制动后人可离开。

A. 电源　　　B. 水源　　　C. 气源　　　D. 油路

正确答案：A

4. 工作停止，移动振动器时，应立即（　　）。
   A. 切断电源　　　　　　　B. 停止电动机转动
   C. 搬动　　　　　　　　　D. 切断总电源

正确答案：A

5. 木工机械距开关箱水平距离不得大于（　　）m，以便发生故障时，迅速切断电源。
   A. 1　　　B. 2　　　C. 3　　　D. 4

正确答案：C

6. 插入式振动器在搬动时应（　　）。
   A. 切断电源　　　　　　　B. 使电动机停止转动
   C. 用软管拖拉　　　　　　D. 随意拖拉

正确答案：A

7. 木工机械应安装（　　）开关。
   A. 按钮　　　B. 搬把　　　C. 闸刀　　　D. 负荷开关

正确答案：A

8. 多台焊机的接地装置应分别由接地极处引接，不得（　　）。
   A. 串联　　　B. 并联　　　C. 相同　　　D. 相连

正确答案：A

9. 对焊机应调整（　　）开关，使其在焊接时到达预定计压量时，能自动切断电源。
   A. 断路限位　　　B. 电源　　　C. 电路　　　D. 间隙

正确答案：A

10. 潜水泵应（　　）测定一次电动机转达子绕组绝缘电阻值。
    A. 每天　　　B. 每周　　　C. 每月　　　D. 每季

正确答案：B

11. 蛙夯手持移动式属于电动工具，应在电源首端装设漏电动作电流不大于（　　）mA，动作时间不大于0.1s的漏电保护器。
    A. 20　　　B. 30　　　C. 40　　　D. 50

正确答案：B

12. 施工现场专用的，电源中性点直接接地的220/380V三相四线制用电工程中，必须采用的接地保护型式是（　　）。
    A. TN　　　B. TN-S　　　C. TN-C　　　D. TT

正确答案：B

13. 施工现场用电工程中，PE线上每处重复接地的接地电阻值不应大于（　　）。
    A. 4Ω　　　B. 10Ω　　　C. 30Ω　　　D. 100Ω

正确答案：B

14. 工现场用电系统中，连接用电设备外露可导电部分的PE线应采用（　　）。
    A. 绝缘铜线　　　B. 绝缘铝线　　　C. 裸铜线　　　D. 钢筋

正确答案：A

15. 施工现场用电系统中，PE线的绝缘色应是（   ）。
    A. 绿色　　　　B. 黄色　　　　C. 淡蓝色　　　　D. 绿/黄双色

正确答案：D

16. 施工现场用电系统中，N线的绝缘色应是（   ）。
    A. 黑色　　　　B. 白色　　　　C. 淡蓝色　　　　D. 棕色

正确答案：C

17. 施工现场配电母线和架空配电线路中，标志L1（A）、L2（B）、L3（C）三相相序的绝缘色应是（   ）。
    A. 黄、绿、红　　B. 红、黄、绿　　C. 红、绿、黄　　D. 黄、红、绿

正确答案：A

18. 在建工程（含脚手架具）周边与10kV外电架空线路边线之间的最小安全操作距离应是（   ）。
    A. 4m　　　　B. 6m　　　　C. 8m　　　　D. 10m

正确答案：B

19. 施工现场的机动车道与220/380V架空线路交叉时的最小垂直距离应是（   ）。
    A. 4m　　　　B. 5m　　　　C. 6m　　　　D. 7m

正确答案：C

20. 施工现场用电工程的基本供配电系统应按（   ）设置。
    A. 一级　　　　B. 二级　　　　C. 三级　　　　D. 四级

正确答案：C

21. 施工现场用电工程中，PE线的重复接地点不应少于（   ）。
    A. 一处　　　　B. 二处　　　　C. 三处　　　　D. 四处

正确答案：C

22. 架空线路的同一横担上，L1、L2（B）、L3（C）、N、PE五条线的排列次序是面向负荷侧从左起依次为（   ）。
    A. L1、L2、L3、N、PE　　　　B. L1、N、L2、L3、PE
    C. L1、L2、N、L3、PE　　　　D. PE、N、L1、L2、L3

正确答案：B

23. 配电柜正面的操作通道宽度，单列布置或双列背对背布置时不应小于（   ）。
    A. 2m　　　　B. 1.5m　　　　C. 1.0m　　　　D. 0.5m

正确答案：B

24. 配电柜后面的维护通道宽度，单列布置或双列背对背布置时不应小于（   ）。
    A. 1.5m　　　　B. 1.0m　　　　C. 0.8m　　　　D. 0.5m

正确答案：A

25. 总配电箱中漏电保护器的额定漏电动作电流I_Δ和额定漏电动作时间T_Δ的选择要求是（   ）。
    A. $I_\Delta > 30mA.$，$T_\Delta = 0.1s$　　　　B. $I_\Delta = 30mA.$，$T_\Delta > 0.1s$

419

C. $I_\Delta > 30mA$,$T_\Delta > 0.1s$ D. $I_\Delta > 30mA$,$T_\Delta > 0.1s$,$I_\Delta \cdot T_\Delta \leq 30mA \cdot s$

正确答案：D

26. 铁质配电箱箱体的铁板厚度为大于（ ）。
 A. 1.0mm   B. 1.2mm   C. 1.5mm   D. 2.0mm

正确答案：C

27. 配电室内的裸母线与地面通道的垂直距离不应小于（ ）。
 A. 1.8m   B. 2.0m   C. 2.5m   D. 3.0m

正确答案：C

28. 移动式配电箱、开关箱中心点与地面的相对高度可为（ ）。
 A. 0.3m   B. 0.6m   C. 0.9m   D. 1.8m

正确答案：C

29. 开关箱中的刀开关可用于不频繁操作控制电动机的最大容量是（ ）。
 A. 2.2kW   B. 3.0kW   C. 4.0kW   D. 5.5kW

正确答案：B

30. 开关箱中设置刀型开关DK、断路器KK、漏电保护器RCD，则从电源进线端开始其联接次序应依次是（ ）。
 A. DK-KK-RCD   B. DK-RCD-KK   C. KK-RCD-DK   D. RCD-KK-DK

正确答案：A

31. 间接接触触电的主要保护措施是在配电装置中设置（ ）。
 A. 隔离开关   B. 漏电保护器   C. 断路器   D. 熔断器

正确答案：B

32. 分配电箱与开关箱的距离不得超过（ ）。
 A. 10m   B. 20m   C. 30m   D. 40m

正确答案：C

33. 开关箱与用电设备的水平距离不宜超过（ ）。
 A. 3m   B. 4m   C. 5m   D. 6m

正确答案：A

34. 固定式配电箱、开关箱中心点与地面的相对高度应为（ ）。
 A. 0.5m   B. 1.0m   C. 1.5m   D. 1.8m

正确答案：C

35. 一般场所开关箱中漏电保护器，其额定漏电动作电流为（ ）。
 A. 10mA   B. 20mA   C. 30mA   D. $\not> 30mA$

正确答案：C

36. 潮湿场所开关箱中的漏电保护器，其额定漏电动作电流为（ ）。
 A. 15mA   B. $\not> 15mA$ C. 30mA   D. $\not> 30mA$

正确答案：B

37. 开关箱中漏电保护器的额定漏电动作时间为（ ）。
 A. 0.1s   B. $\not> 0.1s$ C. 0.2s   D. $\not> 0.2s$

正确答案：B

38. 施工现场专用电力变压器或发电机中性点直接接地的工作接地电阻值一般情况下取为（ ）。
    A. 4Ω   B. ≯4Ω   C. 10Ω   D. ≯10Ω
    正确答案：B

39. 室内明敷主干线的距地高度不得小于（ ）。
    A. 1.5m   B. 2.0m   C. 2.5m   D. 3.0m
    正确答案：C

40. Ⅱ类手持式电动工具适用场所是（ ）。
    A. 潮湿场所   B. 金属容器内 C. 地沟中   D. 管道内
    正确答案：A

41. 电焊机一次侧电源线的长度不应大于（ ）。
    A. 3m   B. 5m   C. 10m   D. 15m
    正确答案：B

42. 电焊机二次线可采用（ ）。
    A. 防水橡皮护套铜芯软电缆   B. 绝缘铜线
    C. 绝缘铝线   D. 绝缘导线和结构钢筋（作为地线）
    正确答案：A

43. 必须采用Ⅲ类手持式电动工具的场所是（ ）。
    A. 狭窄管道内   B. 潮湿地面
    C. 混凝土地板   D. 户外气温高于30℃
    正确答案：A

44. 施工现场内所有防雷装置的冲击接地电阻值为不得大于（ ）。
    A. 1Ω   B. 4Ω   C. 10Ω   D. 30Ω
    正确答案：D

45. 在地沟、管道内等狭窄场所使用手持式电动工具时，必须选用（ ）。
    A. Ⅰ类工具   B. 塑料外壳Ⅱ类工具
    C. 金属外壳Ⅱ类工具   D. Ⅲ类工具
    正确答案：D

46. 室外固定式灯具的安装高度应为（ ）。
    A. 2m   B. 2.5m   C. >2.5m   D. ≥3m
    正确答案：D

47. 室内固定式灯具的安装高度应不低于（ ）。
    A. 2.5m   B. 2m   C. 1.8m   D. 1.5m
    正确答案：A

48. 聚光灯和碘钨灯等高热灯具距易燃物的防护距离为不小于（ ）。
    A. 200mm   B. 300mm   C. 500mm   D. 600mm
    正确答案：C

49. 白炽灯和日光灯等普通灯具距易燃物的防护距离为不小于（　　）。
   A. 200mm   B. 300mm   C. 400mm   D. 500mm
   正确答案：B

50. 在隧道内施工，照明电源电压不应大于（　　）。
   A. 36V   B. 24V   C. 12V   D. 6V
   正确答案：A

51. 在潮湿场所施工时照明电源电压不应大于（　　）。
   A. 36V   B. 24V   C. 12V   D. 6V
   正确答案：B

52. 在金属容器内施工时照明电源电压不应大于（　　）。
   A. 36V   B. 24V   C. 12V   D. 6V
   正确答案：C

53. 行灯的电源电压不应大于（　　）。
   A. 220V   B. 110V   C. 36V   D. 24V
   正确答案：C

54. 是否需要编制用电组织设计的依据是（　　）。
   A. 工程规模   B. 工程地点   C. 管理部门要求   D. 用电设备数量或容量
   正确答案：D

55. 施工现场用电工程建造的依据是（　　）。
   A. 项目经理的指示   B. 电工的经验
   C. 用电人员的要求   D. 用电组织设计
   正确答案：D

56. 施工现场用电工程应建立（　　）种档案。
   A. 2   B. 4   C. 6   D. 8
   正确答案：D

57. 高空施焊时必须使用标准的防火（　　），戴头罩。
   A. 焊具   B. 安全带   C. 工作服   D. 工具
   正确答案：B

58. 严禁将施焊把线绕在（　　）或搭在背上。
   A. 身上   B. 工件上   C. 工作服上   D. 工具箱上
   正确答案：A

59. 施焊完成或下班时必须拉闸断电、将地线和把线分开、确定火星（　　），方可离开现场。
   A. 周围无易爆物   B. 周围无易燃物   C. 已熄灭   D. 不会燃烧
   正确答案：C

60. 电焊时严禁借用金属管道、金属脚手架、结构钢筋等金属物搭接代替（　　）使用。
   A. 导线   B. 支撑物   C. 零线   D. 地线

正确答案：A

二、多选题

1. 插入式振动器电动机电源开关箱中，应（　　）。
   A. 安装漏电保护器　　　　B. 熔断器选配应符合要求
   C. 接地应安全可靠　　　　D. 加防护罩　　E. 加紧急断电按钮

   正确答案：ABC

2. 电缆线路可以（　　）敷设。
   A. 沿地面　　　　B. 埋地　　　　C. 沿围墙
   D. 沿电杆或支架　　　　E. 沿脚手架

   正确答案：BCD

3. 室内绝缘导线配电线路可采用（　　）敷设。
   A. 嵌绝缘槽　　B. 穿塑料管　　C. 沿钢索　　D. 直埋墙　　E. 直埋地

   正确答案：ABC

4. 对外电线路防护的基本措施是（　　）。
   A. 保证安全操作距离　　　　B. 搭设安全防护设施
   C. 迁移外电线路　　　　D. 停用外电线路
   E. 施工人员主观防范

   正确答案：ABCD

5. 搭设外电防护设施的主要材料是（　　）。
   A. 木材　　　　B. 竹材　　　　C. 钢管　　　　D. 钢筋　　　　E. 安全网

   正确答案：AB

6. 直接接触触电防护的适应性措施是（　　）。
   A. 绝缘　　　　B. 屏护
   C. 安全距离　　　　D. 采用220V及以下安全特低电压
   E. 采用漏电保护器

   正确答案：ABCE

7. 总配电箱电器设置种类的组合应是（　　）。
   A. 隔离开关、断路器、漏电保护器
   B. 隔离开关、熔断器、漏电保护器
   C. 隔离开关、断路器、熔断器、漏电保护器
   D. 隔离开关、断路器
   E. 断路器、漏电保护器

   正确答案：ABC

8. 配电箱中的隔离开关在正常情况下可用于（　　）。
   A. 接通空载电路　　　　B. 分断空载电路
   C. 电源隔离　　　　D. 接通负载电路　　E. 分断负载电路

   正确答案：ABC

9. 配电箱中的断路器在正常情况下可用于（　　）。

A. 接通与分断空载电路　　　　B. 接通与分断负载电路
C. 电源隔离　　　　　　　　　D. 电路的过载保护
E. 电路的短路保护

正确答案：ABDE

10. 总配电箱中的漏电断路器在正常情况下可用于（　　）。
A. 电源隔离　　　　B. 接通与分断电路　　C. 过载保护
D. 短路保护　　　　E. 漏电保护

正确答案：BCDE

11. 开关箱中的漏电断路器在正常情况下可用于（　　）。
A. 电源隔离　　　　B. 频繁通、断电路　　C. 电路的过载保护
D. 电路的短路保护　　E. 电路的漏电保护

正确答案：CDE

12. 照明开关箱中电器配置组合可以是（　　）。
A. 隔离开关、熔断器、漏电保护器　　B. 隔离开关、断路器、漏电保护器
C. 隔离开关、漏电断路器　　　　　　D. 断路器、漏电保护器
E. 隔离开关、熔断器

正确答案：ABC

13. 5.5kW以上电动机开关箱中电器配置组合可以是（　　）。
A. 隔离开关、断路器、漏电保护器　　B. 断路器、漏电保护器
C. 隔离开关、漏电断路器　　　　　　D. 隔离开关、熔断器、漏电保护器
E. 隔离开关、断路器

正确答案：AC

14. 配电箱、开关箱的箱体材料可采用（　　）。
A. 冷轧铁板　　　　B. 环氧树脂玻璃布板　　C. 木板
D. 木板包铁皮　　　E. 电木板

正确答案：ABE

15. 人工接地体材料可采用（　　）。
A. 圆钢　　B. 角钢　　C. 螺纹钢　　D. 钢管　　E. 铝板

正确答案：ABD

16. 在TN-S接零保护系统中，PE线的引出位置可以是（　　）。
A. 电力变压器中性点接地处
B. 总配电箱三相四线进线时，与N线相连接的PE端子板
C. 总配电箱三相四线进线时，总漏电保护器的N线进线端
D. 总配电箱三相四线进线时，总漏电保护器的N线出线端
E. 总配电箱三相四线进线时，与PE端子板电气连接的金属箱体

正确答案：ABCE

17. 36V照明适用的场所条件是（　　）。
A. 高温　　　　　　B. 有导电灰尘　　　　C. 潮湿

D. 易触及带电体   E. 灯高低于 2.5m

正确答案：ABE

18. 行灯的电源电压可以是（   ）。
    A. 220V   B. 110V   C. 36V   D. 24V   E. 12V

正确答案：CDE

19. Ⅱ类手持式电动工具适用的场所为（   ）。
    A. 潮湿场所   B. 金属构件上   C. 锅炉内   D. 地沟内   E. 管道内

正确答案：AB

20. 施工现场电工的职责是承担用电工程的（   ）。
    A. 安装   B. 巡检   C. 维修
    D. 拆除   E. 用电组织设计

正确答案：ABCD

21. 选择漏电保护器额定漏电动作参数的依据有（   ）。
    A. 负荷的大小   B. 负荷的种类   C. 设置的配电装置种类
    D. 设置的环境条件   E. 安全界限值

正确答案：ACDE

22. 总配电箱中漏电保护器的额定漏电动作电流 I_Δ 和额定漏电动作时间 T_Δ，可分别选择为（   ）。
    A. $I_\Delta=50\text{mA}$，$T_\Delta=0.2\text{s}$ B. $I_\Delta=75\text{mA}$，$T_\Delta=0.2\text{s}$
    C. $I_\Delta=100\text{mA}$，$T_\Delta=0.2\text{s}$ D. $I_\Delta=200\text{mA}$，$T_\Delta=0.15\text{s}$
    E. $I_\Delta=500\text{mA}$，$T_\Delta=0.1\text{s}$

正确答案：ABCD

23. 配电系统中漏电保护器的设置位置应是（   ）。
    A. 总配电箱总路、分配电箱总路   B. 分配电箱总路、开关箱
    C. 总配电箱总路、开关箱   D. 总配电箱各分路、开关箱
    E. 分配电箱各分路、开关箱

正确答案：CD

24. 施工现场需要编制用电组织设计的基准条件是（   ）。
    A. 用电设备 5 台及以上   B. 用电设备 10 台及以上
    C. 用电设备总容量 50kW 及以上   D. 用电设备总容量 100kW 及以上
    E. 用电设备 5 台及以上，且用电设备总容量 100kW 及以上

正确答案：AC

25. 雨期施工的用电（   ）说法是正确的。
    A. 各种露天使用的电气设备，闸箱的防雨措施要落实。
    B. 电气设备应选择较低的干燥处。
    C. 电闸箱要有防雨盖，电焊机应加防护雨罩。
    D. 雨季要检查现场电气设备的接零、接地保护措施是否可靠。
    E. 电线绝缘有损坏的要及时调换或包好。

正确答案：ACDE

26. 在建工程（含脚手架）的周边与外电架空线路的边线之间应保持的最小安全操作距离，正确的有（   ）。

   A. 距 1kV 以下线路，不小于 4.0m
   B. 距 1～10kV 线路，不小于 5.0m
   C. 距 35～110kV 线路，不小于 6.0m
   D. 距 220kV 线路，不小于 10m
   E. 距 330～500kV 线路，不小于 20m

正确答案：AD

27. 轨道式塔式起重机的防雷接地可以借助于机轮和轨道与接地装置连接，但还应附加（   ）措施。

   A. 轨道两端各设一组接地装置
   B. 轨道接头处作电气连接，两条轨道端部做环形电气连接
   C. 轨道较长时每隔不大于 10m 加装一组接地装置
   D. 轨道较长时每隔不大于 20m 加装一组接地装置
   E. 轨道较长时每隔不大于 30m 加装一组接地装置

正确答案：ABE

28. 各类手持式电动工具的外壳、手柄、插头、开关、负荷线等必须完好无损，其绝缘电阻应为（   ）。

   A. Ⅰ类工具≥2MΩ   B. Ⅰ类工具≥4MΩ
   C. Ⅱ类工具≥7MΩ   D. Ⅲ类工具≥1MΩ
   E. Ⅳ类工具≥1MΩ

正确答案：ACD

29. 对于低压触电事故，脱离方法有（   ）。

   A. 拉闸断电   B. 用力甩开电源体
   C. 用有绝缘手柄的工具切断电源   D. 用普通手柄的工具切断电源
   E. 用绝缘物拉开触电者或挑开电源线

正确答案：ACE

30. 架空线路的组成一般包括（   ）。

   A. 电杆   B. 横担   C. 绝缘子   D. 绝缘导线   E. 绝缘绳

正确答案：ABCD

三、判断题

1. 三级配电系统是指施工现场从电源进线开始至用电设备中间应经过三级配电装置配送电力。（   ）

   A. 正确   B. 错误

正确答案：A

2. 施工现场每一台用电设备必须有专用的开关箱，而每一个开关箱可以用于多台

用电设备配电。 （　　）

  A. 正确　　　　　B. 错误

正确答案：B

  3. 建设工程施工现场临时用电工程采用独立设置（专用）的电源中性点直接接地的 220/380V 三相四线制低压电力系统时，必须采用具有专用保护零线（PE 线）的 TN-S 接零保护系统。 （　　）

  A. 正确　　　　　B. 错误

正确答案：A

  4. 开关箱中的漏电保护器，其额定漏电动作电流应为：一般场所 $L\leqslant 30mA$，潮湿与腐蚀介质场所 $L\leqslant 25mA$，而其额定漏电动作时间则均应为 $T\leqslant 0.1s$。（　　）

  A. 正确　　　　　B. 错误

正确答案：B

  5. 配电室内的裸母线与地面通道的垂直距离不应小于 2m，小于 2m 时应采用遮栏隔离，遮栏下面的通道高度不应小于 1.9m。 （　　）

  A. 正确　　　　　B. 错误

正确答案：B

  6. 发电机组作为超长输电距离市电供电不够而单独设置的备用电源时，应采用具有专用保护零线的 TN-S 接零保护的供配电系统形式。 （　　）

  A. 正确　　　　　B. 错误

正确答案：A

  7. 电缆敷设应采用埋地或架空两种方式，严禁沿地面明设，以防机械损伤和介质腐蚀。 （　　）

  A. 正确　　　　　B. 错误

正确答案：A

  8. 室内配线分为明敷设和暗敷设两种，明敷设可采用瓷瓶、瓷（塑料）夹配线，嵌绝缘槽配线和钢索配线三种方式，不得悬空乱拉，明敷主干线的距地高度不得小于 2m。 （　　）

  A. 正确　　　　　B. 错误

正确答案：B

  9. 目前，在临时用电系统中要求做到"三级配电两级保护"，"两级保护"指在分配电箱和开关箱中分别装设漏电保护器，实行至少两级漏电保护。 （　　）

  A. 正确　　　　　B. 错误

正确答案：B

  10. 动力开关箱和照明开关箱无须分开设置。 （　　）

  A. 正确　　　　　B. 错误

正确答案：B

  11. 配电装置送电时，必须严格遵循"总配电箱（配电柜）→分配电箱→开关箱"的操作顺序。 （　　）

A. 正确　　　　B. 错误

正确答案：A

12. 移动式配电箱、开关箱的中心点与地面的垂直距离宜为1.4~1.6m。（　　）

A. 正确　　　　B. 错误

正确答案：B

13. 电力变压器（发电机组）的工作接地电阻值不大于10Ω。

A. 正确　　　　B. 错误

正确答案：B

14. 施工现场开挖沟槽时，如临近地下存在外电埋地电缆，则开挖沟槽与电缆沟槽之间应保持不小于0.5m的距离。（　　）

A. 正确　　　　B. 错误

正确答案：A

15. 手持式电动工具按其绝缘和防触电性能进行分类，共分为三类，其中Ⅰ类工具是指采用安全电压（例如36V、24V、12V、6V等）供电的工具。（　　）

A. 正确　　　　B. 错误

正确答案：B

16. 含有大量尘埃但无爆炸和火灾危险的场所，属于一般场所，必须选用防尘型照明器，以防尘埃影响照明器安全发光。（　　）

A. 正确　　　　B. 错误

正确答案：A

17. 特别潮湿、导电良好的地面、锅炉或金属容器等触电高度危险场所，照明电源电压不得大于12V。（　　）

A. 正确　　　　B. 错误

正确答案：A

18. 配电系统主要由配电线路、配电装置和接地装置三部分组成。（　　）

A. 正确　　　　B. 错误

正确答案：A

19. 照明灯具的选用必须符合使用场所环境条件的要求，可以将220V碘钨灯作行灯使用。（　　）

A. 正确　　　　B. 错误

正确答案：B

20. 扑救电气火灾，可选用卤代烷1211灭火器和干粉灭火器、二氧化碳灭火器；不得使用水、泡沫灭火器灭火。（　　）

A. 正确　　　　B. 错误

正确答案：A

21. 电缆接头的拆除与装配必须切断电源方可进行作业。（　　）

A. 正确　　　　B. 错误

正确答案：A

22. 需要三相五线制配电的电缆线路必须采用五芯电缆。　　　　　　（　）
   A. 正确　　　　B. 错误

   正确答案：A

23. 塔式起重机的机体已经接地，其电气设备的外露可导电部分可不再与 PE 线连接。　　　　　　　　　　　　　　　　　　　　　　　　　　　　（　）
   A. 正确　　　　B. 错误

   正确答案：B

24. 配电箱和开关箱中的 N、PE 接线端子板必须分别设置。其中 N 端子板与金属箱体绝缘；PE 端子板与金属箱体电气连接。　　　　　　　　　　（　）
   A. 正确　　　　B. 错误

   正确答案：A

25. 配电箱和开关箱中的隔离开关可采用普通断路器。　　　　　　（　）
   A. 正确　　　　B. 错误

   正确答案：B

26. 总配电箱总路设置的漏电保护器必须是三相四极型产品。　　　（　）
   A. 正确　　　　B. 错误

   正确答案：A

27. 需要三相五线制配电的电缆线路可以采用四芯电缆外加一根绝缘导线替代。
   　　　　　　　　　　　　　　　　　　　　　　　　　　　　（　）
   A. 正确　　　　B. 错误

   正确答案：B

28. 用电设备的开关箱中设置了漏电保护器以后，其外露可导电部分可不需连接 PE 线。　　　　　　　　　　　　　　　　　　　　　　　　　　（　）
   A. 正确　　　　B. 错误

   正确答案：B

29. 施工现场室外配电箱应防尘，可不防雨。　　　　　　　　　　（　）
   A. 正确　　　　B. 错误

   正确答案：B

30. 电工必须经过按国家现行标准考核合格后，持证上岗工作。　　（　）
   A. 正确　　　　B. 错误

   正确答案：A

31. 在 TN 接零保护系统中，PE 零线应单独敷设。重复接地线必须与 PE 线相连接，严禁与 N 线相连接。　　　　　　　　　　　　　　　　　　　（　）
   A. 正确　　　　B. 错误

   正确答案：A

32. 在 TN 接零保护系统中，通过总漏电保护器的工作零线与保护零线之间可以再做电气连接。　　　　　　　　　　　　　　　　　　　　　　　（　）

A. 正确　　　　　　B. 错误

正确答案：B

33. PE 线上严禁装设开关或熔断器，严禁通过工作电流，且严禁断线。（　　）

A. 正确　　　　　　B. 错误

正确答案：A

34. 机械设备或设施的防雷引下线可利用该设备或设施的金属结构体，但应保证电气连接。（　　）

A. 正确　　　　　　B. 错误

正确答案：A

35. 配电室内配电柜侧面的维护通道宽度不小于 0.5m。（　　）

A. 正确　　　　　　B. 错误

正确答案：B

36. 配电室的门向外开、并配锁。（　　）

A. 正确　　　　　　B. 错误

正确答案：A

37. 配电柜或配电线路停电维修时，应挂接地线，并应悬挂"禁止合闸、有人工作"停电标志牌。停送电必须由专人负责。（　　）

A. 正确　　　　　　B. 错误

正确答案：A

38. 架空线在一个档距内，每层导线的接头数不得超过该层导线条数的 50%，且一条导线应只有一个接头。（　　）

A. 正确　　　　　　B. 错误

正确答案：A

39. 电杆埋设深度宜为杆长的 1/10 加 0.5m，回填土应分层夯实。（　　）

A. 正确　　　　　　B. 错误

正确答案：B

40. 导线线间对地绝缘电阻应大于 1 兆欧。（　　）

A. 正确　　　　　　B. 错误

正确答案：B

四、案例题

1. 某建筑公司项目部采购了一批钢筋运至施工现场旁，项目部雇用了一辆起重机卸钢筋。吊车卸完了车上的两卷线材、四卷螺纹钢，项目部钢筋工负责人要求起重机司机将原来堆放在钢筋棚旁的一卷线材往钢筋棚处移动一下。起重机起重臂高过高压线，起重机司机按照钢筋工负责人的指示将线材吊了起来，线材刚离开地面，吊起的线材开始摆动，在摆动中起重机的钢丝绳与高压线接触在了一起，扶线材的工人被电流击倒在地，经送医抢救无效死亡。请根据施工现场临时用电安全技术规范要求，回答下列问题：

(1) 在外电架空线路附近吊装时，起重机的任何部位或被吊物边缘在最大偏斜时与架空线路边线的最小安全距离当为 10kV 电压时，沿垂直方向为 3m，沿水平方向为（   ）m。

  A. 1   B. 2   C. 3   D. 4

正确答案：B

(2) 防护设施与外电线路之间的最小安全距离当为 10kV 电压时，最小安全距离为（   ）。

  A. 1   B. 1.2   C. 1.5   D. 1.7

正确答案：D

(3) 架设防护设施时，防护设施应坚固、稳定，且对外电线路的隔离防护应达到 IP30 级。（   ）

  A. 正确   B. 错误

正确答案：A

(4) 在建工程不得在外电架空线路正下方施工、搭设作业棚、建造生活设施或堆放构件、架具、材料及其他杂物等。（   ）

  A. 正确   B. 错误

正确答案：A

2. 某施工现场电焊工作业时因焊钳手柄破损漏电，造成一名操作员当场死亡。经查看，施工现场配电线路出入混乱，私拉乱接现象严重，配电箱随地摆放，并且箱门未加锁，导致现场作业人员私自接线，一闸多机，无人管理，处于失控状态。请根据施工现场临时用电安全技术规范要求，回答下列问题：

(1) 配电箱、开关箱应采用冷轧钢板或阻燃绝缘材料制作，钢板厚度应为 1.2～2.0mm，其中开关箱箱体钢板厚度不得小于（   ）mm，配电箱箱体钢板厚度不得小于 1.5mm，箱体表面应做防腐处理。

  A. 0.5   B. 1   C. 1.2   D. 1.5

正确答案：C

(2) 埋地电缆与其附近外电电缆和管沟的平行间距不得小于 2m，交叉间距可以为（   ）m。

  A. 0.5 B. 0.7 C. 1.2 D. 1.5 E. 1.7

正确答案：CDE

(3) 每台用电设备必须有各自专用的开关箱，可以用同一个开关箱直接控制 2 台及 2 台以上用电设备（含插座）。（   ）

  A. 正确   B. 错误

正确答案：B

(4) 交流弧焊机变压器的一次侧电源线长度不应大于 5m，其电源进线处必须设置防护罩。（   ）

A. 正确　　　　　B. 错误

正确答案：A

3. 某营销公司负责布展汽车展销会，期间，连日下雨，会展场地大量积水导致无法铺设地毯。为此，该公司负责人决定在场地打孔安装潜水泵排水。民工张某等人便使用外借的电镐进行打孔作业，当打完孔将潜水泵放置孔中准备排水时，发现没电了。负责人余某安排电工王某去配电箱检查原因，张某跟着前去，将手中电镐交给一旁的民工裴某。裴某手扶电镐赤脚站立积水中。王某用电笔检查配电箱，发现B相电源连接的空气开关输出端带电，便将电镐、潜水泵电源插座的相线由与A相电源相连的空气开关输出端更换到与B相电源相连的空气开关的输出端上，并合上与B相电源相连的空气开关送电。手扶电镐的裴某当即触电倒地，后经抢救无效死亡。请根据施工现场临时用电安全技术规范要求，回答下列问题：

（1）空气湿度小于75%的一般场所可选用Ⅰ类或Ⅱ类手持式电动工具，其金属外壳与PE线的连接点不得少于（　　）处。

A. 2　　　　B. 4　　　　C. 6　　　　D. 8

正确答案：A

（2）总配电箱中漏电保护器的额定漏电动作电流应大于30mA，额定漏电动作时间应大于0.1s，但其额定漏电动作电流与额定漏电动作时间的乘积不大于（　　）。

A. 15mA·s　　B. 25mA·s　　C. 30mA·s　　D. 45mA·s　　E. 60mA·s

正确答案：C

（3）Ⅰ类手持电动工具不能在潮湿环境中使用。　　　　　　　　（　　）

A. 正确　　　　B. 错误

正确答案：A

（4）手持式电动工具中的塑料外壳Ⅱ类工具和一般场所手持式电动工具中的Ⅲ类工具可不连接PE线。　　　　　　　　　　　　　　　　　　　　　（　　）

A. 正确　　　　B. 错误

正确答案：A

4. 某市因台风下雨，施工现场工人人工挖孔桩施工停工，天晴雨停后，工人们返回工作岗位进行作业。约1h后，又下一阵雨，大部分工人停止作业返回宿舍，7号和8号桩孔因地质情况特殊需继续施工，此时，配电箱进线端电线因无穿管保护，被电箱进口处割破绝缘造成电箱外壳、PE线、提升机械以及钢丝绳、吊桶带电，负责7号和8号桩的工人触及带电的吊桶遭电击，经抢救无效死亡。请根据施工现场临时用电安全技术规范要求，回答下列问题：

（1）电缆类型应根据敷设方式、环境条件选择。埋地敷设宜选用铠装电缆；当选用无铠装电缆时，应能防水、防腐。架空敷设宜选用（　　）。

A. 铠装电缆　　B. 无铠装电缆　　C. 通信电缆　　D. 铝包钢绞线

正确答案：B

（2）架空线导线截面的选择应符合（　　）要求。

A. 导线中的计算负荷电流不大于其长期连续负荷允许载流量

B. 线路末端电压偏移不大于其额定电压的10%

C. 三相四线制线路的N线和PE线截面不小于相线截面的50%，单相线路的零线截面与相线截面相同

D. 按机械强度要求，绝缘铜线截面不小于10mm², 绝缘铝线截面不小于16mm²

E. 在跨越铁路、公路、河流、电力线路档距内，绝缘铜线截面不小于16mm², 绝缘铝线截面不小于25mm²

正确答案：ACDE

(3) 当施工现场与外电线路共用同一供电系统时，电气设备的接地、接零保护可以与原系统不一致。可一部分设备做保护接零，另一部分设备做保护接地。（　　）

A. 正确　　　B. 错误

正确答案：B

(4) 临时用电工程定期检查应按分部、分项工程进行，对安全隐患必须及时处理，并应履行复查验收手续。（　　）

A. 正确　　　B. 错误

正确答案：A

5. 水电某局二处二队工地值班电工梁某与李某到江水电站2号坝段去接电源线。途径尾水左导墙与2号坝段连接处，左导墙的钢管栏杆用作临时工地电源线路的终端杆，加之线路日晒雨淋和风水晃动磨损，导致线路端头破损漏电，致使栏杆带电，漏电电压216V。当梁某右手抓着距左导墙2m多高的拉模筋向上攀登时，致使栏杆、梁某的手脚、拉模筋对地构成回路，梁某立即大喊一声倒下，李某随即将其摆脱电源，进行人工呼吸，后送至医院，抢救无效死亡。请根据施工现场临时用电安全技术规范要求，回答下列问题：

(1) 架空线路的档距不得大于（　　）。

A. 35m　　　B. 40m　　　C. 45m　　　D. 50m

正确答案：A

(2) 施工现场临时用电必须建立安全技术档案，并应包括（　　）内容。

A. 用电组织设计的全部资料　　B. 修改用电组织设计的资料

C. 用电技术交底资料　　　　　D. 定期检（复）查表

E. 施工图纸

正确答案：ABCD

(3) 使用电气设备前必须按规定穿戴和配备好相应的劳动防护用品，并应检查电气装置和保护设施，严禁设备带"缺陷"运转。（　　）

A. 正确　　　B. 错误

正确答案：A

(4) 安装、巡检；维修或拆除临时用电设备和线路，必须由电工完成，并应有人监护。电工等级应同工程的难易程度和技术复杂性相适应。（　　）

A. 正确　　　B. 错误

正确答案：A

第 10 章 焊接工程

一、单选题

1. 通过适当的物理、化学过程使两个分离的金属（同种金属或异种金属）、非金属物体产生原子（或分子）间结合而连接成一体的连接方法称为（　　）。
   A. 焊接　　　　　　B. 连接　　　　　　C. 链接　　　　　　D. 固接
   正确答案：A

2. 使被连接的构件局部加热熔化成液体，添加填充金属或不添加填充金属，然后冷却结晶成一体的方法称为（　　）。
   A. 熔化焊接　　　　B. 电阻焊　　　　　C. 气体保护焊　　　D. 手工焊
   正确答案：A

3. 工件组合后通过电极施加压力，利用电流流过接头的接触面及邻近区域产生的电阻热进行焊接的方法称为（　　）。
   A. 熔化焊接　　　　B. 电阻焊　　　　　C. 气体保护焊　　　D. 手工焊
   正确答案：B

4. 电阻焊有两大显著特点：（　　）。
   A. 焊接的热源是电阻热，焊接时需施加压力
   B. 焊接的热源是电热，焊接时需施加压力
   C. 焊接的热源是电阻热
   D. 焊接时需施加压力
   正确答案：A

5. 利用可燃气体与助燃气体混合后燃烧产生的气体火焰来加热并熔化母材与填充焊丝的一种焊接方法称为（　　）。
   A. 气焊　　　　　　B. 电阻焊　　　　　C. 气体保护焊　　　D. 手工焊
   正确答案：A

6. 利用电弧放电时所产生的热量作为热源，加热、熔化焊条和焊件并使之相互熔化，形成牢固接头的焊接过程称为（　　）。
   A. 焊条电弧焊　　　B. 电阻焊　　　　　C. 气体保护焊　　　D. 手工焊
   正确答案：A

7. 利用焊丝和工件之间的电弧作为热源来熔化焊丝和母材金属，并向焊接区输送保护气体，使电弧、熔池及附近的母材金属免受周围空气侵害，这种焊接方法称为（　　）。
   A. 熔化极气体保护焊　B. 电阻焊　　　　　C. 气体保护焊　　　D. 手工焊
   正确答案：A

8. 利用焊丝和工件之间的电弧作为热源来熔化焊丝和母材金属，并向焊接区输送保

护气体，使电弧、熔池及附近的母材金属免受周围空气侵害，这种焊接方法称为（　　）。
A. 熔化极气体保护焊　　B. 电阻焊　　　　C. 气体保护焊　　　D. 手工焊
正确答案：A

9. 利用 CO_2 作为保护气体的熔化极气体保护焊称为（　　）。
A. 二氧化碳保护焊　　　　　　　　　B. 电阻焊
C. 气体保护焊　　　　　　　　　　　D. 手工焊
正确答案：A

10. 利用钨极和工件之间的电弧作为热源来熔化焊丝和母材金属，并向焊接区输送氩气，使电弧、熔化的及附近的母材金属免受周围空气侵害的一种焊接方法称为（　　）。
A. 二氧化碳保护焊　　　　　　　　　B. 电阻焊
C. 气体保护焊　　　　　　　　　　　D. 氩弧焊
正确答案：D

11. 常用的氩弧焊保护气体是（　　）。
A. 氧气　　　　　B. 乙炔气　　　　C. 氮气　　　　　D. 氩气
正确答案：D

12. 氩弧焊适用于（　　）。
A. 焊接易氧化的有色金属和合金钢　　　B. 碳钢
C. 巴氏合金　　　　　　　　　　　　　D. 储罐焊接
正确答案：A

13. 利用电弧作为热源的一种方法，由于在焊接时其电弧被一层可熔化的颗粒状焊剂所覆盖，弧光不外露，肉眼看不到，因而称为（　　）。
A. 埋弧焊　　　　B. 电阻焊　　　　C. 气体保护焊　　　D. 氩弧焊
正确答案：A

14. 电渣压力焊一般都是在（　　）焊接。
A. 直立位置　　　B. 水平位置　　　C. 45 度位置　　　D. 任意位置
正确答案：A

15. 闪光对焊可焊接（　　）。
A. 同种或异种金属　　B. 同种金属　　C. 异种金属　　D. 任意金属
正确答案：A

16. （　　）适用于有色金属（不锈钢、铝、铜、钛、镍）切割。
A. 等离子切割　　B. 气割　　　C. 非等离子切割　　D. 碳弧气刨
正确答案：A

17. （　　）主要用来刨槽、消除焊缝缺陷和背面清根。
A. 等离子切割　　B. 气割　　　C. 非等离子切割　　D. 碳弧气刨
正确答案：D

18. （　　）主要应用于薄钢板、低熔点材料（有色金属及其合金）、铸铁件、硬质合金刀具等材料的焊接。

435

A. 二氧化碳保护焊　　B. 电阻焊　　　　C. 气体保护焊　　　D. 气焊

正确答案：D

19. 每个氧气减压器和乙炔减压器上允许接（　　）。
A. 一把焊炬或一把割炬　　　　　　B. 2 把焊炬或割炬
C. 3 把焊炬或割炬　　　　　　　　D. 1 把焊炬和 1 把割炬

正确答案：A

20. 不同类型焊条（　　）。
A. 一般不能在同一炉中烘干　　　　B. 可以在同一炉中烘干
C. 特殊情况下可以在同一炉中烘干　D. 可在同一炉中反复烘干

正确答案：A

二、多选题

1. 按照焊接过程中金属所处的状态与工艺特点，常见的焊接方法可分为（　　）。
A. 熔焊　　　　　B. 电阻焊　　　　C. 电压焊
D. 手工焊　　　　E. 气焊

正确答案：AB

2. 建筑工地上常见的（　　）都属于熔焊范畴。
A. 焊条电弧焊　　B. 气焊　　　　　C. 二氧化碳保护焊
D. 埋弧焊　　　　E. 手工焊

正确答案：ABCD

3. 建筑工地上常见的（　　）都属于电阻焊范畴。
A. 电渣压力焊　　B. 电阻对焊　　　C. 闪光对焊
D. 埋弧焊　　　　E. 手工焊

正确答案：ABC

4. 气焊与电弧焊相比，具有（　　）的优点。
A. 设备简单且移动方便　　　　　　B. 熔池可见性好
C. 熔池温度、焊缝尺寸及形状容易控制　D. 易于实现单面焊双面成形
E. 需要电源

正确答案：ABCD

5. 气焊缺点有（　　）。
A. 热影响区大，接头的晶粒粗大，性能差且变形严重
B. 生产效率低，不适用焊接厚大工件
C. 易使焊接区的金属元素烧损，从而降低焊缝的性能
D. 焊接过程中，极易引起火灾、爆炸
E. 需要专人焊接，专人防护

正确答案：ABC

6. 焊条电弧焊是一种应用广泛的焊接技术，具有（　　）的优点。
A. 使用的设备比较简单，价格相对便宜并且轻便

B. 不需要辅助的气体保护

C. 操作灵活，适应性强

D. 能在空间任意位置焊接

E. 对焊工操作技术要求高

正确答案：ABCD

7. 焊条电弧焊有（   ）的缺点。

A. 要经常更换焊条及清理焊道熔渣

B. 焊接工艺参数选择范围大

C. 劳动条件差，有时处于高温烧烤和有毒有害的烟尘环境中

D. 焊工劳动强度大

E. 对焊工操作技术要求高

正确答案：ACDE

8. CO_2焊具有（   ）的优点。

A. 焊缝中含氢量少，提高了焊接低合金高钢抗冷裂纹的能力

B. 焊接速度快，焊后不需要清渣

C. CO_2气体和焊丝的价格低廉，成本低

D. 焊接薄板时，变形很小

E. 对焊工操作技术要求高

正确答案：ABCD

9. CO_2焊具有（   ）的缺点。

A. 与手弧焊相比设备较复杂，易出现故障，要求具有较高的维护设备的技术能力

B. 抗风能力差，给室外焊接作业带来一定困难

C. 弧光较强，必须注意劳动保护

D. 与手弧焊和埋弧焊相比，焊缝成形不够美观，焊接飞溅较大

E. 操作困难，对焊工操作技术要求高

正确答案：ABCD

10. 埋弧焊主要有（   ）的优点。

A. 焊接电流人，加上焊剂的隔热作用，故热效率高，熔深大

B. 单丝埋弧焊在不开坡口的情况下，一次可熔透20mm

C. 焊接速度快

D. 在有风的环境中焊接，埋弧焊的保护效果好

E. 自动焊时，焊接参数需手动调节保持稳定，焊接质量对人的依赖程度高

正确答案：ABCD

三、判断题

1. 异种金属间无法焊接。   （   ）

A. 正确   B. 错误

正确答案：B

2. 熔焊时，在金属熔化过程中一般要采取有效的隔离空气的保护措施。　（　）
   A. 正确　　　　　　　　B. 错误

   正确答案：A

3. 电阻焊焊接时，需施加压力。　（　）
   A. 正确　　　　　　　　B. 错误

   正确答案：A

4. 工程上，最常见的气焊是氧—乙炔焊。　（　）
   A. 正确　　　　　　　　B. 错误

   正确答案：A

5. 气焊是一种化学能转变化热能的熔化焊方法。　（　）
   A. 正确　　　　　　　　B. 错误

   正确答案：A

6. 焊条电弧焊是一种电能转变为热能的熔化焊方法。　（　）
   A. 正确　　　　　　　　B. 错误

   正确答案：A

7. 二氧化碳保护焊是熔化极气体保护焊中的一种。　（　）
   A. 正确　　　　　　　　B. 错误

   正确答案：A

8. 氩弧焊是熔化极气体保护焊中的一种。　（　）
   A. 正确　　　　　　　　B. 错误

   正确答案：B

9. 氩弧焊不适合通风条件不好的密闭空间。　（　）
   A. 正确　　　　　　　　B. 错误

   正确答案：A

10. 单丝埋弧焊在不开坡口的情况下，一次可熔透40mm。　（　）
    A. 正确　　　　　　　　B. 错误

    正确答案：B

11. 埋弧焊只适用于平焊位置。　（　）
    A. 正确　　　　　　　　B. 错误

    正确答案：A

12. 电渣压力焊一般要焊后热处理，如正火处理。　（　）
    A. 正确　　　　　　　　B. 错误

    正确答案：A

13. 电阻对焊接头的力学性能较低，大端面对焊尤为困难。　（　）
    A. 正确　　　　　　　　B. 错误

    正确答案：A

14. 闪光对焊对工件待焊面的准备和清理要求不严格。　（　）
    A. 正确　　　　　　　　B. 错误

15. 等离子切割在切割普通碳素钢薄板时，速度可达氧切割法的5～6倍、切割面光洁、热变形小、几乎没有热影响区。（ ）
    A. 正确　　　　　　　　B. 错误

正确答案：A

16. 碳弧气刨主要用于切割薄钢板。（ ）
    A. 正确　　　　　　　　B. 错误

正确答案：B

17. 气焊所用的可燃气体主要有乙炔，氧气为助燃气体。（ ）
    A. 正确　　　　　　　　B. 错误

正确答案：A

18. 气焊可用被焊板材上切下的条料作焊丝。（ ）
    A. 正确　　　　　　　　B. 错误

正确答案：A

19. 焊接材料（焊条、焊丝及焊剂），应有出厂质量证明书，当对质量证明书数据有疑问时，应对焊接材料进行复验，复验合格后方准使用。（ ）
    A. 正确　　　　　　　　B. 错误

正确答案：A

20. 用剩的焊条，不能露天存放，最好送回烘箱内。低氢型焊条次日使用前还要再烘干。（ ）
    A. 正确　　　　　　　　B. 错误

正确答案：A

四、案例题

1. 手工焊对焊条的要求较高。请根据规范要求，回答下列问题：

（1）碳钢焊条的选用一般按（　　）的原则选用。
   A. 焊缝与母材等强　　　　　　B. 焊缝强度必须低于母材
   C. 焊缝强度必须高于母材　　　D. 方便

正确答案：A

（2）对焊条的基本要求有（　　）。
   A. 满足接头的使用性能要求　　B. 满足焊接工艺性能要求
   C. 自身具有好的内在质量　　　D. 低的制造成本
   E. 观感质量要高

正确答案：ABCD

（3）焊材库必须干燥通风，库房内不得放置有害气体和腐蚀性介质。（ ）
   A. 正确　　　　　　　　B. 错误

正确答案：A

(4) 用剩的焊条，不能露天存放，最好送回烘箱内。低氢型焊条次日使用前还要再烘干。（　）

A. 正确　　　　　　　B. 错误

正确答案：A

2. 手工焊对焊接工艺的要求较高。请根据规范要求，回答下列问题：

(1) 焊条直径的选择依据（　）来确定。

A. 被焊工件的厚度、接头形状、焊接位置和预热条件
B. 被焊工件的厚度、对接方法、焊接位置和预热条件
C. 被焊工件的厚度、焊接位置和预热条件
D. 被焊工件的厚度、接头形状、焊接位置

正确答案：A

(2) 手工电弧焊的工艺参数包括（　）。

A. 焊条直径　　　　B. 焊接电流　　　　C. 电弧电压
D. 焊接速度　　　　E. 线密度

正确答案：ABCD

(3) 焊条保存时要注意防潮，使用前必须按规定的温度烘干待用。（　）

A. 正确　　　　　　　B. 错误

正确答案：A

(4) 同样直径的焊条焊接不同材质和厚度的工件，焊接电流亦不同。（　）

A. 正确　　　　　　　B. 错误

正确答案：A

3. 焊接的安全防护要求较高。请根据规范要求，回答下列问题：

(1) 所有交流、直流电焊机的外壳，均必须装设（　）。

A. 保护性接地或接零装置　　　　B. 保护性装置
C. 漏电保护装置　　　　　　　　D. 安全防护装置

正确答案：A

(2) 焊接与气割现场安全检查一般采取（　）。

A. 一嗅　　　　　　B. 二看　　　　　　C. 三测爆
D. 四送电　　　　　E. 五检测

正确答案：ABC

(3) 焊接电缆一般是用纯铜芯线外包胶皮绝缘套制成。（　）

A. 正确　　　　　　　B. 错误

正确答案：A

(4) 焊工要穿好工作服、工作鞋及戴好面罩，在固定场所工作要设防护屏，防止弧光对人体伤害。（　）

A. 正确　　　　　　　B. 错误

正确答案：A

第 11 章 装配式建筑技术与安全生产

一、单选题

1. 装配式框架—剪力墙体系根据预制构件部位的不同,可以分为三种形式,(　　)是错误的。
   A. 预制框架—现浇剪力墙结构
   B. 预制框架—现浇核心筒结构
   C. 预制框架—预制核心筒结构
   D. 预制框架—预制剪力墙结构
   正确答案:C

2. 预制墙板一般常见形式中,属于承重结构构件的是(　　)。
   A. 预制夹心保温墙板
   B. 预制外挂墙板
   C. 预制剪力墙板
   D. 非承重内隔墙板
   正确答案:C

3. 根据气候条件、生产计划,可对预制构件进行自然养护或(　　)养护。
   A. 浇水　　B. 蒸汽　　C. 保湿　　D. 电加热
   正确答案:B

4. 预制叠合楼板安装的正确流程为(　　)。
   ①构件编号检查;　②楼板起吊、调平;　③水电管线的铺设;
   ④板面筋绑扎;　⑤叠浇层混凝土的浇筑;
   A. ①②③④⑤　B. ①②④③⑤　C. ②①③④⑤　D. ②①④③⑤
   正确答案:A

5. 预制柱压力灌浆完成后,应保证浆料的养护时间,灌浆完成后(　　)h之内,预制柱不得受到扰动。
   A. 6　　B. 12　　C. 24　　D. 48
   正确答案:C

6. 构件连接部位后浇混凝土及灌浆料的强度达到(　　)要求后,方可拆除临时固定措施(可调斜支撑)。
   A. 设计　　B. 工序　　C. 24h　　D. 48h
   正确答案:A

7. 一道预制叠合梁根据跨度大小至少需要(　　)根或以上独立支撑。
   A. 1　　B. 2　　C. 3　　D. 4
   正确答案:B

8. 单块构件灌浆孔一次连续灌满,直至排气孔排出浆液稠度与灌浆口处相同,没有气泡排出,并保持压力(　　)min,将灌浆口封闭。
   A. 1　　B. 2　　C. 3　　D. 5
   正确答案:B

9. 每块预制剪力墙板上至少安装（　　）根可调斜支撑。
   A. 1   B. 2   C. 3   D. 4
   正确答案：B

10. 叠合板吊装过程中，在作业层上空（　　）mm 处略作停顿，根据叠合板位置调整叠合板方向进行定位。
   A. 100   B. 200   C. 300   D. 500
   正确答案：C

11. 叠合板是装配式混凝土结构中重要的结构构件，是在预制混凝土梁板顶部后浇混凝土而形成的整体（　　）构件。
   A. 受压   B. 受拉   C. 受剪   D. 受弯
   正确答案：D

12. （　　）构件是指预制混凝土梁、板、剪力墙在现场后浇部分混凝土而形成的构件。
   A. 混凝土叠合 B. 混凝土后浇 C. 混凝土叠浇 D. 混凝土装配
   正确答案：A

13. 预制柱安装就位后应在（　　）个方向采用可调斜支撑作临时固定，并应进行垂直度调整。
   A. 1   B. 2   C. 3   D. 4
   正确答案：B

14. 预制构件吊装前应检查机械索具、夹具、吊环等是否符合要求并应进行(　　)。
   A. 试验   B. 试拉   C. 试吊   D. 试装
   正确答案：C

15. 预制构件吊装时，所吊构件在未校正、焊牢或固定之前，（　　）松绳脱钩。
   A. 可以   B. 允许   C. 临时支撑到位后 D. 不准
   正确答案：D

16. 预制构件（　　）应及时对构件进行标识，标识要在显眼位置、字迹要清晰、不易脱落、不易褪色。
   A. 脱模前   B. 脱模后   C. 检验完成后 D. 入库前
   正确答案：B

17. 预制叠合楼板的吊装流程中板面筋绑扎之前的工序应为（　　）。
   A. 梁板钢筋对位   B. 梁面筋绑扎
   C. 板缝模板支设   D. 水电管线的铺设
   正确答案：D

18. 预制梁的吊装流程中第一步工序为（　　）。
   A. 支撑搭设   B. 准备、安装吊具
   C. 构件尺寸、编号复核   D. 测量放线
   正确答案：D

19. 预制剪力墙从堆放场地吊至安装现场，由1名指挥工、2~3名操作工配合，调整构件的姿态，吊至楼层上的预留插筋上部（   ）mm时，将墙板内部预埋套筒或波纹管和预留插筋对准、插入。
   A. 50   B. 80   C. 100   D. 200

   正确答案：C

20. 预制构件灌浆前全面检查灌浆孔道、排气孔（   ）。
   A. 是否通畅   B. 数量   C. 方向   D. 管径

   正确答案：A

二、多选题

1. 一般装配式混凝土建筑结构体系可以分为（   ）。
   A. 装配式框架结构   B. 装配式剪力墙体系
   C. 装配式框架—剪力墙结构   D. 装配式砖体结构
   E. 装配式板式结构

   正确答案：ABC

2. 装配整体式混凝土结构由预制构件通过可靠的方式连接，与现场后浇混凝土、水泥基灌浆料形成整体，链接形式表现有（   ）等，将预制构件与现浇部分有效链接，可视为等同现浇，满足建筑结构安全的要求。
   A. 钢筋搭接   B. 钢筋焊接   C. 钢筋绑扎
   D. 浆锚灌浆   E. 灌浆套筒

   正确答案：ADE

3. 根据功能及受力的不同，预制构件可分为垂直构件、水平构件及非受力构件，其中属于水平构件的有（   ）。
   A. 预制剪力墙   B. 预制楼梯   C. 预制阳台板
   D. SP空心楼板   E. 预制夹心保温墙板

   正确答案：BCD

4. 构件生产脱模后应及时对构件进行标识，包括（   ）等，标识要在显眼位置、字迹要清晰、不易脱落、不易褪色。
   A. 构件编号   B. 生产日期   C. 生产班组
   D. 生产厂家名称   E. 楼层

   正确答案：ABDE

5. 预制梁吊装前应检查预制梁的（   ）等。
   A. 编号   B. 方向   C. 吊环的外观、规格、数量、位置
   D. 次梁口位置   E. 生产日期

   正确答案：ABCD

6. 预制构件进场、运输、存放过程的安全要求说法正确的是（   ）。
   A. 预制构件运输车辆进入施工现场，应严格按照指示和要求行驶；不得超速、随意停放

B. 对负责卸载的人员进行交底；预制构件卸载前，指定一名专职安全员对卸载的安全情况（环境、人员配备情况、配合机械到位情况等）进行检查

C. 对预制构件存放支架根据现场的堆放条件就近放置，便于吊装作业，但须征得现场施工人员的认可

D. 预制构件的存放，对相关作业工人做好安全技术交底；对预制构件放置的安全情况进行检查

E. 对预制构件堆放区设置隔离措施，并做好警示标志，防止工人随意进出该场地

正确答案：ABDE

7. 预制构件吊运过程的安全要求说法正确的是（　　）。

A. 根据现场实际情况选择机械型号；对安装好的起重机械，使用前应报有资质的检验检测机构进行监督检验；应做好起重机械的定期检查和维修保养工作

B. 起重机械的操作人员必须取得相应资格证书；使用前，对操作人员做好安全技术交底；对起重机械使用过程进行检查，及时制止违规操作行为

C. 吊索吊具进入施工现场应进行验收，质量合格证书等证明材料应齐全

D. 对现场交叉作业须编制专门的方案或者专门措施

E. 遇到雨、雪、雾天气，或者风力大于 6 级时，不得进行吊装作业

正确答案：ABCD

8. 预制构件安装过程的安全要求说法错误的是（　　）。

A. 对现场吊装作业，编制专项施工方案；专项方案应履行审核审批程序；根据专项施工方案，对相关人员做好安全技术交底工作；加强对吊装作业过程的检查

B. 按照规定设置防护；加强对防护的检查，发现不到位的及时进行整改

C. 在预制构件上的附着点应有详细的设计图；对设计图应报建设单位、监理单位复核通过后方可进行施工

D. 竖向构件的临时固定应按照要求进行设置；固定好后应立即进行下道工序施工

E. 水平支撑系统的搭设应编制专项方案；搭设前应向作业人员进行安全技术交底；搭设完成后应进行验收

正确答案：CD

9. 装配式混凝土建筑的特点有（　　）。

A. 标准化设计　　B. 工厂化生产　　C. 装配化施工
D. 一体化装修　　E. 统一化管理

正确答案：ABCD

10. 预制构件生产厂区安全要求说法错误的是（　　）。

A. 参与生产的人员上岗前，必须接受安全生产制度及安全技术知识教育

B. 生产车间班组长须对所有班组上岗人员进行安全技术交底

C. 暑期进入室外生产作业区的人员可佩戴遮阳草帽，但不得在起吊物下站立或行走

D. 用于吊运的索具、夹具等器具，每周必须定期认真检查，发现安全隐患应及时修复或更换

E. 一切机械设备严格按有关操作规程进行操作,做好经常性的检查保养工作,非操作人员一律不得擅自使用机械设备,电器设备维修保养一律由电工进行,机械停止使用时应切断电源

正确答案:BCD

三、判断题

1. 装配式建筑是用预制部品、部件在工地进行装配而成的建筑。　　　　（　）
   A. 正确　　　　　　B. 错误

正确答案:A

2. 全装配建筑一般可为高层或抗震设防要求较高的多层建筑,其优点是生产效率高,施工速度快,构建质量好,受季节影响小等。　　　　（　）
   A. 正确　　　　　　B. 错误

正确答案:B

3. 装配式框架结构体系按标准化设计,在工厂进行标准化预制生产,现场采用塔式起重机等大型设备安装,形成房屋建筑,该体系适用50m以下的建筑。　　（　）
   A. 正确　　　　　　B. 错误

正确答案:B

4. 信息化技术是推行从构件设计、生产到装饰装修一体化一种装配式建筑的重要工具和手段。　　　　　　　　　　　　　　　　　　　　　　（　）
   A. 正确　　　　　　B. 错误

正确答案:A

5. 预制楼梯属于竖向结构构件。　　　　　　　　　　　　　　　　　（　）
   A. 正确　　　　　　B. 错误

正确答案:B

6. 预制叠合梁可采用对接连接,连接处设置后浇段,后浇段的长度应满足梁下部纵向钢筋连接作业的空间要求。　　　　　　　　　　　　　　　（　）
   A. 正确　　　　　　B. 错误

正确答案:A

7. 构件质量验收应对预制构件的外观尺寸、外观质量以及预留的钢筋、连接套管、线盒等预埋件进行检查。并做好质量记录数据。　　　　　　　（　）
   A. 正确　　　　　　B. 错误

正确答案:A

8. 构件生产企业特殊作业人员必须经过本企业培训后方可上岗。　　　（　）
   A. 正确　　　　　　B. 错误

正确答案:B

9. 预制构件半成品、成品储存和运输中应堆放平整,并根据现场的实际工况决定叠放层数。　　　　　　　　　　　　　　　　　　　　　　　　（　）

A. 正确　　　　　　B. 错误

正确答案：B

10. 预制柱安装前安装操作面应清理干净并抹光平整、光滑。（　　）

A. 正确　　　　　　B. 错误

正确答案：B

11. 可调斜支撑主要用于预制剪力墙的临时固定和垂直度校正。（　　）

A. 正确　　　　　　B. 错误

正确答案：A

12. 灌浆料搅拌时，先在搅拌桶内加入称量好的干料，然后放入定量的水，用手持电动搅拌器充分搅拌均匀。（　　）

A. 正确　　　　　　B. 错误

正确答案：B

13. 叠合板混凝土浇筑时，为了保证叠合板及支撑受力均匀，混凝土浇筑采取从中间向两边浇筑，连续施工，一次完成。（　　）

A. 正确　　　　　　B. 错误

正确答案：A

14. 预制楼梯板吊装，用螺栓将通用吊耳与楼梯板预埋吊装内螺母连接，起吊前检查卸扣卡环，确认牢固后方可继续缓慢起吊。（　　）

A. 正确　　　　　　B. 错误

正确答案：A

15. 预制整体保温外墙板起吊和就位过程中宜设置缆风绳，通过缆风绳引导墙板安装就位。（　　）

A. 正确　　　　　　B. 错误

正确答案：A

16. 预制整体保温外墙板与吊具的分离应在校准定位及临时支撑安装时进行。

（　　）

A. 正确　　　　　　B. 错误

正确答案：B

17. 预制剪力墙斜撑杆以一根调整垂直度，待矫正完毕后再紧固另一根，不可两根均在紧固状态下进行调整。（　　）

A. 正确　　　　　　B. 错误

正确答案：A

18. 构件预制采用定型模板平面施工作业，代替现浇结构立体交叉作业，具有生产效率高、产品质量好、安全环保、有效降低成本等特点。（　　）

A. 正确　　　　　　B. 错误

正确答案：A

19. 装配式建筑施工各种工序可交叉作业，提高施工效率，缩短建造周期。（　　）

A. 正确 　　　　　B. 错误

正确答案：A

20. 装配式建筑设计的标准化和管理的信息化程度高，配合工厂的数字化管理，整个装配式建筑的性价比会越来越高。（　　）

A. 正确 　　　　　B. 错误

正确答案：A

四、案例题

1. 某工程项目地上 8 层，地下 1 层，建筑高度 36.5m。采用装配整体式钢筋混凝土框架结构，采用预制柱、叠合梁、板、楼梯等，首次预制柱、叠合梁、板等吊装严格按要求操作都很顺利，但预制楼梯吊装作业时，预制楼梯从生产厂家运输至工地现场后，因天色较晚，工地塔式起重机繁忙，借空隙时间，工人未经验收直接将预制楼梯吊装至梯段安装位置，第二天检查时发现预制楼梯梯段中部出现一道贯穿裂纹，不得不进行更换，造成经济和工期损失。请根据预制楼梯的吊装要求，回答下列问题：

(1) 预制楼梯吊装时待楼梯板吊装至作业面上（　　）mm 处略作停顿，根据楼梯板方向调整，就位时要求缓慢操作，严禁快速猛放，以免造成楼梯板振折损坏。

A. 100 　　　B. 200 　　　C. 300 　　　D. 500

正确答案：D

(2) 预制楼梯进场需检查的项目包括（　　）。

A. 构件编号
B. 预留埋件、预留孔规格、位置
C. 吊装螺栓规格、位置、有无堵塞
D. 钢筋保护层厚度
E. 外观质量

正确答案：ABCE

(3) 预制楼梯安装前应熟悉图纸，检查核对构件编号，确定安装位置，并对吊装顺序进行编号。（　　）

A. 正确 　　　　　B. 错误

正确答案：A

(4) 预制楼梯基本就位后，根据控制线，可利用撬棍微调，校正。（　　）

A. 正确 　　　　　B. 错误

正确答案：A

2. 某预制构件生产企业，在生产预制叠合梁生产过程中，生产工人在生产时遗漏放置一只吊环，脱模起吊时，在无处置方案的前提下，焊接箍筋作为起吊点，造成起吊时构件掉落报废，所幸未造成人员伤亡。请结合以上事例，根据预制构件生产工序的操作要点回答下列问题：

(1) 关于预埋件安装的要求，说法错误的是（　　）。

A. 根据构件详图，核对预埋件种类、数量、型号
B. 安装时，应依次安装各类预埋件，防止错放、漏放

C. 预埋件必须安装固定牢固,防止在浇捣过程中脱落、偏位

D. 各类预埋件安装完成,班组完成自检后方可浇筑混凝土

正确答案:D

(2) 关于预制构件脱模要求说法正确的有(   )。

A. 构件脱模必须达到设计脱模强度

B. 应根据模具结构按序拆除模具,脱模困难时,可使用振动构件方式拆模

C. 预制构件起吊前,应确认构件与模具间的连接部分完全拆除后方可起吊

D. 预制构件起吊的吊点设置除强度应符合设计要求外,还应满足预制构件平稳起吊的要求

E. 复杂节点,构件生产单位应该提供合理可行的脱模方案

正确答案:ACDE

(3) 预制叠合梁的叠合面处理要求:平整、光滑。   (   )

A. 正确   B. 错误

正确答案:B

(4) 预制叠合梁混凝土浇筑前先检查混凝土的坍落度是否符合要求,并根据构件厚度等参数调整振动器的频率、振捣时间,确保混凝土振捣密实。   (   )

A. 正确   B. 错误

正确答案:A

3. 某装配式工程项目预制剪力墙采用浆锚连接工艺,请根据预制剪力墙灌浆施工要求要点,回答下列问题:

(1) 灌浆料搅拌时间从开始投料至搅拌结束不小于(   )min,搅拌时搅拌叶片不得提至浆液面上,以免带入空气,形成气泡。

A. 1   B. 2   C. 3   D. 4

正确答案:C

(2) 灌浆前应全面检查(   )等项目。

A. 灌浆孔道是否密实   B. 排气孔是否通畅

C. 预制剪力墙连接部位的坐浆密实度   D. 现浇结构部分表面清理情况

E. 接触部位是否有破损

正确答案:BCDE

(3) 预制剪力墙连接部位的坐浆应密实饱满。   (   )

A. 正确   B. 错误

正确答案:A

(4) 构件灌浆孔应分次连续灌注,直至排气孔排出浆液稠度与灌浆口处相同,没有气泡排出。   (   )

A. 正确   B. 错误

正确答案:B

第 12 章 超高层施工技术与安全生产

一、单选题

1. 高位塔式起重机的最低位置的部件（或吊钩升至最高点或平衡重的最低部位）与低位塔式起重机中处于最高位置部件之间的垂直距离不得小于（ ）m。
   A. 1　　　　　　　B. 2　　　　　　　C. 3　　　　　　　D. 4
   正确答案：B

2. 在无载荷情况下，塔身的垂直度允许偏差应为（ ）。
   A. 1/1000　　　　B. 2/1000　　　　C. 3/1000　　　　D. 4/1000
   正确答案：D

3. 在吊物载荷达到额定载荷的（ ）时，应先将吊物吊离地面 200～500mm 后，检查机械状况、制动性能、物件绑扎情况等，确认无误后方可起吊。
   A. 80%　　　　　B. 90%　　　　　C. 100%　　　　D. 110%
   正确答案：B

4. 超高层施工升降机金属结构和电气设备金属外壳均应接地，接地电阻不应大于（ ）Ω。
   A. 4　　　　　　　B. 8　　　　　　　C. 10　　　　　　D. 30
   正确答案：A

5. 超高层施工升降机安装作业前，安装单位应编制施工升降机安装、拆卸工程专项施工方案，由（ ）批准后，报送施工总承包单位技术负责人审查。
   A. 安装单位技术负责人　　　　　　B. 使用单位技术负责人
   C. 建设行政主管部门相关负责人　　D. 监理单位总监理工程师
   正确答案：A

6. 在超高层爬模装置爬升时，承载体受力处的混凝土强度应大于（ ）MPa，并应满足设计要求。
   A. 10　　　　　　B. 15　　　　　　C. 20　　　　　　D. 30
   正确答案：A

7. 关于超高层建筑施工爬模安全技术规定的描述中，错误的是（ ）。
   A. 爬模工程必须编制安全专项施工方案，方案应经专家论证
   B. 爬模装置爬升时不得堆放钢筋等施工材料，非操作人员应撤离操作平台
   C. 遇有五级以上强风、浓雾、雷电等恶劣天气，停止爬模施工作业
   D. 架体爬升时，模板距结构表面不应大于 300mm
   正确答案：C

8. 架体可分段和整体同步爬升，同步爬升控制参数的设定；每段相邻机位间的升差值宜在（ ）以内，整体升差值宜在（ ）mm 以内。

A. 1/100，100　　　B. 1/100，50　　　C. 1/200，50　　　D. 1/200，100

正确答案：C

9. 非标准层层高（　　）标准层层高时，爬升模板可多爬升一次或在模板上口支模接高；非标准层层高（　　）标准层层高时，混凝土按实际高度要求浇筑。

A. 小于，大于　　　B. 大于，等于　　　C. 大于，小于　　　D. 等于，小于

正确答案：C

10. 爬升模板挂钩连接座安装固定应采用专用承载螺栓，挂钩连接座应与构筑物表面有效接触，挂钩连接座安装中心允许偏差应为（　　）mm。

A. ±5　　　B. ±10　　　C. ±15　　　D. ±20

正确答案：A

11. 起重吊装中钢丝绳的绳夹都要拧紧，以压扁钢绳直径（　　）左右为宜，并应将压板式绳夹部分卡在绳头的一边。

A. 1/2　　　B. 1/3　　　C. 1/4　　　D. 1/5

正确答案：B

12. 登高梯子的上端应予固定，立梯工作角度以（　　）为宜，踏板上下间距应符合规定，不得有缺档。

A. 60°　　　B. 65°　　　C. 70°　　　D. 75°

正确答案：D

13. 钢丝绳绳卡在实际使用中受荷（　　）次后，要对绳卡要进行二次拧紧。

A. 1～2　　　B. 2～3　　　C. 3～4　　　D. 4～5

正确答案：A

14. 将两根直径为32mm的钢丝绳进行连接时，应当配备的绳卡数量为（　　）。

A. 3　　　B. 4　　　C. 5　　　D. 6

正确答案：B

15. 将两根直径为19mm的钢丝绳进行连接时，应当配备的绳卡数量为（　　）。

A. 3　　　B. 4　　　C. 5　　　D. 6

正确答案：A

16. 超高层建筑幕墙地面转运时，幕墙单元板块在存放时，码放层数不超过（　　）层。

A. 3　　　B. 4　　　C. 5　　　D. 6

正确答案：A

17. 幕墙板块在进行吊装时，应缓慢将单元板块移动到转运平台上，并悬停，高度小于（　　）。

A. 0.3m　　　B. 0.5m　　　C. 1m　　　D. 1.5m

正确答案：B

18. 临时消防设施应与超高层建筑主体的施工同步设置，临时消防设施的设置与主体结构施工进度的差距不应超过（　　）层。

A. 1　　　B. 2　　　C. 3　　　D. 4

正确答案：C

19. 下列关于超高层建筑灭火器配置的说法中错误的是（　　）。

　　A. 灭火器的配置数量应按现行国家标准《建筑灭火器配置设计规范》GB 50140 的有关规定经计算确定，且每个场所的灭火器数量不应少于 1 具

　　B. 变配电房、设备用房、办公用房、宿舍等临时用房应配备灭火器

　　C. 灭火器的类型应与配备场所可能发生的火灾类型相匹配

　　D. 动火作业场所应配备灭火器

正确答案：A

20. 下列关于超高层建筑临时消防给水系统的说法中错误的是（　　）。

　　A. 临时消防用水量应为临时室外消防用水量与临时室内消防用水量之和

　　B. 临时用房建筑面积之和大于 100m² 或超高层建筑单体体积大于 10000m³ 时，应设置临时室外消防给水系统

　　C. 当超高层建筑（单体）体积大于 30000m³ 时，火灾延续时间不应小于 2h，消火栓用水量不应小于 15L/s

　　D. 室外消火栓与超高层建筑、临时用房可燃材料堆场及其加工场的外边线的距离不应小于 5m

正确答案：C

21. 消防竖管的管径应根据超高层建筑临时消防用水量、竖管内水流计算速度计算确定，且不应小于（　　）。

　　A. DN50　　　　B. DN100　　　　C. DN150　　　　D. DN200

正确答案：B

22. 设置临时室内消防给水系统的超高层建筑，各结构层均应设置室内消火栓接口及消防软管接口，消火栓接口或软管接口的间距不应大于（　　）m。

　　A. 20　　　　B. 25　　　　C. 30　　　　D. 40

正确答案：C

23. 临时用房的建筑面积之和大于 5000m² 时，火灾延续时间不应小于 1h，消火栓用水量不应小于（　　）L/s，每支水枪最小流量不应小于（　　）L/s。

　　A. 10，5　　　　B. 15，5　　　　C. 10，6　　　　D. 15，6

正确答案：B

24. 超高层建筑应在适当楼层增设临时中转水池及加压水泵。中转水池的有效容积不应少于 10m³，上、下两个中转水池的高差不宜超过（　　）m。

　　A. 50　　　　B. 80　　　　C. 100　　　　D. 120

正确答案：C

25. 电梯井口应设置防护门，其高度不应小于（　　）m，防护门底端距地面高度不应大于（　　）mm，并应设置挡脚板。

　　A. 1.5，80　　　　B. 1.5，50　　　　C. 1.8，80　　　　D. 1.8，50

正确答案：B

26. 洞口作业时，应采取防坠落措施，下列说法中正确的是（　　）。

A. 当竖向洞口短边边长小于500mm时,应采取封堵措施;当垂直洞口短边边长大于或等于500mm时,应在临空一侧设置高度不小于1m的防护栏杆,并应采用密目式安全立网或工具式栏板封闭,设置挡脚板

B. 当非竖向洞口短边边长为50～500mm时,应采用承载力满足使用要求的盖板覆盖,盖板四周搁置应均衡,且应防止盖板移位

C. 当非竖向洞口短边边长为500～1500mm时,应采用盖板覆盖或防护栏杆等措施,并应固定牢固

D. 当非竖向洞口短边边长大于或等于1500mm时,应在洞口作业侧设置高度不小于1m的防护栏杆,洞口应采用安全平网封闭

正确答案:C

27. 下列关于防护栏杆的说法中正确的是( )。

A. 当防护栏杆高度大于1.2m时,应增设横杆,横杆间距不应大于600mm

B. 防护栏杆立杆间距不应大于3m

C. 防护栏杆应为两道横杆,上杆距地面高度应为1m,下杆应在上杆和挡脚板中间设置

D. 挡脚板高度不应小于160mm

正确答案:A

28. 交叉作业时,下层作业位置应处于上层作业的坠落半径之外,当上层作业高度$5m < h_b \leq 15m$时,坠落半径应为( )m。

A. 3　　　　　B. 4　　　　　C. 5　　　　　D. 6

正确答案:B

29. 安全防护棚采用木质板搭设时,应搭设双层安全防护棚。两层防护的间距不应小于( )mm,安全防护棚的高度不应小于( )m。

A. 500,4　　　B. 600,5　　　C. 700,4　　　D. 700,5

正确答案:C

30. 停层平台口应设置高度不低于( )m的楼层防护门,并应设置防外开装置。

A. 1.2　　　　B. 1.5　　　　C. 1.8　　　　D. 2

正确答案:C

二、多选题

1. 超高层建筑塔式起重机启用前应检查( )。

A. 定期自行检查记录　　　　　B. 专项施工方案
C. 塔式起重机的备案登记证明等文件　　D. 维修和技术改造记录
E. 建筑施工特种作业人员的操作资格证书

正确答案:BCE

2. 超高层塔式起重机技术档案应包括( )。

A. 制造许可证　　　　　　　　B. 定期维护保养记录

C. 备案证明　　　　　　　　　D. 历次安装验收资料
E. 专项施工方案

正确答案：ABCD

3. 施工升降机安装、拆除时，应满足的基本规定包括（　　）。
A. 对有可见裂纹的构件应进行修复或更换
B. 防坠安全器应在三年有效标定期内使用
C. 钢丝绳式施工升降机，垂直度偏差不大于（1.5/1000）h
D. 当附墙架不能满足施工现场要求时，应对附墙架另行设计
E. 连接件和连接件之间的防松、防脱件不得用说明书规定以外的其他物件代替

正确答案：ACDE

4. 爬模装置出厂前应进行至少二个机位的爬模装置（　　），并提供试验报告。
A. 液压系统试验　　B. 安装试验　　C. 爬升性能试验
D. 疲劳试验　　　　E. 承载试验

正确答案：BCE

5. 爬模专项施工方案应包括（　　）。
A. 工程概况和编制依据　　　　B. 爬模装置设计
C. 爬模说明书　　　　　　　　D. 爬模主要施工方法
E. 爬模试验报告

正确答案：ACD

6. 关于超高层建筑施工爬模拆除安全技术规定的描述中，正确的是（　　）。
A. 在起重机械起重力矩允许范围内，如果分段的大模板重量超过起重机械起重力矩，可以将其再分段
B. 采用千斤顶和提升架的爬模装置，竖直方向分模板、上架体、下架体与导轨四部分拆除
C. 采用油缸和架体的爬模装置竖直方向不分段，进行整体拆除。
D. 最后一段爬模装置拆除时，要留有操作人员撤退的通道或脚手架
E. 爬模装置拆除前，必须清除影响拆的障碍物，清除平台上所有的剩余材料和零散物件

正确答案：ADE

7. 起重吊装作业前，应检查所使用的（　　）等，必须符合安全要求。
A. 物资　　　　B. 机械　　　　C. 滑轮
D. 吊具　　　　E. 地锚

正确答案：BCDE

8. 起重吊装中，绑扎所使用的（　　）的规格应根据计算确定。
A. 吊索　　　　B. 绑扎带　　　　C. 卡环
D. 尼龙绳　　　E. 绳扣

正确答案：ACE

9. 起重吊装前，应对吊装带进行检查的内容包括（　　）。

A. 吊装带表面是否有横向、纵向擦破或割断，边缘、软环及末端件的损坏

B. 吊装带是否有腐蚀，造成表面纤维脱落或擦掉等缺陷

C. 吊装带是否有使用痕迹

D. 缝合处是否平整

E. 吊装带边缘是否有割断缺陷

正确答案：ABDE

10. 幕墙单元吊装机具准备应符合的要求包括（   ）。

A. 应根据单元板块选择适当的吊装机具，并于主体结构安装牢固

B. 吊装机具使用前，应进行全面质量、安全检验

C. 吊具设计应使其在吊装中与单元板块之间不产生水平方向分力

D. 吊具运行采用最大速度，满足工期要求

E. 吊装机具应采取防止单元板块摆动的措施

正确答案：ABCE

11. 幕墙板块起吊和就位应符合的要求包括（   ）。

A. 吊点和挂点应符合设计要求，吊点不应少于 2 个。必要时可增设吊点加固措施并试吊

B. 起吊单元板块时，应使各吊点均匀受力，起吊过程应保持单元板块平稳

C. 吊装升降和平移应使单元板块不摆动、不撞击其他物体

D. 吊装过程应采取措施保证装饰面不受磨损和挤压

E. 单元板块就位时，将其挂到主体结构的挂点上，即可拆除吊具

正确答案：ABCD

12. 超高层建筑应配备临时应急照明的场所有（   ）。

A. 自备发电机房及变配电房　　　　　　B. 水泵房

C. 无天然采光的作业场所及疏散通道　　D. 作业面

E. 超高层建筑室内疏散通道

正确答案：ABCE

13. 下列关于超高层建筑防火管理的说法中正确的有（   ）。

A. 现场的消防安全管理应由施工单位负责。分包单位应向总承包单位负责，并应服从总承包单位的管理，国家法律、法规规定的消防责任和义务应由总包单位承担

B. 施工单位应确定消防安全负责人和消防安全管理人员，同时应落实相关人员的消防安全管理责任

C. 施工单位应针对施工现场可能导致火灾发生的施工作业及其他活动，制订消防安全管理制度

D. 施工过程中，施工现场的安全员应定期组织消防安全管理人员对施工现场的消防安全进行检查

E. 施工作业前，施工现场的施工管理人员应向作业人员进行消防安全技术交底

正确答案：BCE

14. 施工人员进场时，施工现场的消防安全管理人员应向施工人员进行消防安全教

育和培训。消防安全教育和培训应包括（   ）。

A. 施工现场消防安全管理制度、防火技术方案、灭火及应急疏散预案的主要内容
B. 施工现场临时消防设施的性能及使用、维护、修理方法
C. 扑灭初起火灾及自救逃生的知识和技能
D. 报警、接警的程序和方法
E. 应急灭火处置机构及各级人员应急处置职责

正确答案：ACD

15. 下列关于交叉作业的说法中，正确的有（   ）。

A. 交叉作业时，当坠落半径内尚未设置安全隔离措施时，应设置警戒隔离区，人员严禁进入隔离区
B. 处于起重机臂架回转范围内的通道，应搭设安全防护棚
C. 不得在安全防护棚棚顶堆放物料
D. 当安全防护棚的顶棚采用竹笆或木质板搭设时，应采用双层搭设，间距不应小于600mm
E. 超高层建筑外立面施工时，应在二层及每隔五层设一道固定的安全防护网，同时设一道随施工高度提升的安全防护网

正确答案：ABC

16. 下列关于悬空作业的说法中，错误的有（   ）。

A. 悬空作业的立足处的设置应牢固，并应配置登高和防坠落装置和设施
B. 模板支撑的搭设和拆卸应按规定程序进行，可在上下同一垂直面上同时装拆模板
C. 在进行高处拆模作业时应配置登高用具或搭设支架
D. 当安全绳为钢丝绳时，钢丝绳的自然下垂度不应大于绳长的1/30，并不应大于200mm
E. 严禁在未固定、无防护设施的构件及管道上进行作业或通行

正确答案：BD

二、判断题

1. 超高层塔式起重机专项施工方案应由项目部技术负责人审查后，经现场专业监理工程师审批后实施。　　　　　　　　　　　　　　　　　　　　　　（   ）

A. 正确　　　　B. 错误

正确答案：B

2. 超高层塔式起重机内爬升过程中，可以进行塔式起重机的起升、回转、变幅等各项动作。　　　　　　　　　　　　　　　　　　　　　　　　　　　　（   ）

A. 正确　　　　B. 错误

正确答案：B

3. 当遇大雨、大雪、大雾或风速大于13m/s等恶劣天气时，应停止施工升降机安装作业。　　　　　　　　　　　　　　　　　　　　　　　　　　　　　（   ）

A. 正确　　　　　B. 错误

正确答案：A

4. 超高层施工升降机应安装超载保护装置，超载保护装置在载荷达到额定载重量的100%前应能中止吊笼启动。（　　）

A. 正确　　　　　B. 错误

正确答案：B

5. 爬升模板架体或提升架宜先在地面预拼装，后用起重机械吊入预定位置。（　　）

A. 正确　　　　　B. 错误

正确答案：A

6. 爬升模板千斤顶液压系统的额定压力应为8MPa，试验压力应为额定压力的1.5倍。（　　）

A. 正确　　　　　B. 错误

正确答案：A

7. 爬升模板锥体螺母长度不应小于承载螺栓外径的3倍。（　　）

A. 正确　　　　　B. 错误

正确答案：A

8. 爬升模板墙体混凝土浇筑完毕未终凝之前，将支承杆埋入混凝土。（　　）

A. 正确　　　　　B. 错误

正确答案：B

9. 吊装大、重构件和采用新的吊装工艺时，应先进行试吊，确认无问题后，方可正式起吊。（　　）

A. 正确　　　　　B. 错误

正确答案：A

10. 对临时固定的构件，必须在完成了永久固定，并经检查确认无误后，方可解除临时固定措施。（　　）

A. 正确　　　　　B. 错误

正确答案：A

11. 幕墙板块在地面转运时，操作人员根据吊运计划，将存放的单元板块，重新码放，码放层数不超过5层。（　　）

A. 正确　　　　　B. 错误

正确答案：B

12. 幕墙板块转运时，缓慢将单元板块移动到转运平台上，并悬停，高度小于0.5m。（　　）

A. 正确　　　　　B. 错误

正确答案：A

13. 幕墙吊运环形轨道吊安装时，用手拉葫芦和简易支架配合安装电动葫芦，安装完后进行调试运行，自检合格后，报监理单位验收合格后才能使用。（　　）

A. 正确 　　　　　　　　B. 错误

正确答案：A

14. 作业场所应急照明的照度不应低于正常工作所需照度的80%，疏散通道的照度值不应小于 0.5Lx。（　　）

A. 正确 　　　　　　　　B. 错误

正确答案：B

15. 临时消防应急照明灯具宜选用自备电源的应急照明灯具，自备电源的连续供电时间不应小于 60 分钟。（　　）

A. 正确 　　　　　　　　B. 错误

正确答案：A

16. 当超高层建筑的建筑高度＞50m 或体积＞50000m³ 时，火灾延续时间不应小于1h，消火栓用水量不应小于10L/s，每支水枪最小流量不应小于5L/s。（　　）

A. 正确 　　　　　　　　B. 错误

正确答案：B

17. 避难层的地面、顶棚及核心筒墙体洞口应全部封闭，以防火灾发生时烟气进入。（　　）

A. 正确 　　　　　　　　B. 错误

正确答案：A

18. 交叉作业时，安全防护棚和警戒隔离区范围的设置应视上层作业高度确定，并应大于坠落半径。（　　）

A. 正确 　　　　　　　　B. 错误

正确答案：A

19. 安全防护网应外高里低，网与网之间应拼接严密。（　　）

A. 正确 　　　　　　　　B. 错误

正确答案：A

20. 钢结构安装施工宜在施工层搭设水平通道，当利用钢梁作为水平通道时，应在钢梁一侧设置连续的安全绳，安全绳宜采用钢丝绳。（　　）

A. 正确 　　　　　　　　B. 错误

正确答案：A

四、案例题

1. 某超高层建筑施工工地，在进行塔式起重机安装时，当塔式起重机平衡臂及一块配重安装完成后，准备安装大臂时，塔式起重机瞬间往北倾倒，造成塔式起重机上的3 名安装工人受伤，项目部立即将3 名安装工人送往医院抢救，3 名工人经抢救无效后死亡。请根据塔式起重机安全技术规范的有关要求，回答以下问题：

（1）在安装塔式起重机附着框架和附着支座时，各道附着装置所在平面与水平面的夹角不得超过（　　）。

A. 10° 　　　　B. 15° 　　　　C. 20° 　　　　D. 30°

正确答案：A

(2) 超高层塔式起重机在安装前和使用过程中，发现（　　），不得安装和使用。

A. 结构件上有轻微锈蚀的　　　　　　B. 连接件存在塑性变形的
C. 钢丝绳达到报废标准的　　　　　　D. 安全装置不齐全的
E. 次要受力构件存在塑性变形的

正确答案：BCD

(3) 低位塔式起重机的起重臂端部与另一台塔式起重机的塔身之间的距离不得小于2m。　　　　　　　　　　　　　　　　　　　　　　　　　　　　　　　（　　）

A. 正确　　　　　　B. 错误

正确答案：A

(4) 安装附着框架和附着杆件时，应用经纬仪测量塔身垂直度，并应利用附着杆件进行调整，在最高锚固点以下垂直度允许偏差为4/1000。　　　　　　　（　　）

A. 正确　　　　　　B. 错误

正确答案：B

2. 某市一酒店为超高层结构，高度350m，甲施工企业为该工程施工总承包单位。根据施工组织设计，该工程需安装三台施工升降机，甲单位选择了具备相应资质的乙单位负责现场施工升降机安拆工作。乙单位根据工程情况和施工升降机特点编制了安装方案，经甲单位技术负责人审查后，报总监理工程师审批。在安装过程中，一名安拆人员不慎从23层位置发生坠落，经送医院抢救无效后死亡。请根据超高层施工升降机安全技术规范的有关要求，回答以下问题：

(1) 对基础设置在地下室顶板、楼面或其他下部悬空结构上的超高层施工升降机，应对基础支撑结构的（　　）进行验算。

A. 强度　　　　　B. 承载力　　　　　C. 稳定性　　　　　D. 刚度

正确答案：B

(2) 关于施工升降机安全技术规定的描述中，错误的是（　　）。

A. 当电源电压值与超高层施工升降机额定电压值的偏差超过±10%，不得使用施工升降机

B. 超高层建筑施工升降机地面通道，应设置单层防护棚

C. 当遇大雨、大雪、施工升降机顶部风速大于20m/s，不得使用施工升降机

D. 超高层施工升降机每天第一次使用前，司机应将吊笼升离地面1~2m，停车试验制动器的可靠性

E. 操作手动开关的施工升降机时，也可以利用机电联锁开动或停止施工升降机

正确答案：ABE

(3) 当安装、拆卸过程中专项施工方案发生变更时，安装单位技术负责人按使用单位要求更改方案，方能继续进行安装、拆卸作业。　　　　　　　　　　　（　　）

A. 正确　　　　　　B. 错误

正确答案：B

（4）安装作业前，安装技术人员对安装作业人员进行安全技术交底，并由安装作业人员在交底书上签字。（　　）

A. 正确　　　　　B. 错误

正确答案：A

3. 某市一综合体项目为超高层建筑，高度300m，结构形式为框架核心筒，甲单位为该项目施工总承包单位。在施工该工程核心筒结构时，采用了爬升模板。项目部组织有关人员编制了爬模施工方案，经甲单位技术负责人审查后，报总监理工程师审批，并组织进行了专家论证。在施工至33层时，因操作人员未按照方案施工，造成一块模板从高处坠落，但未造成人员伤亡。请根据超高层建筑爬模施工的有关要求，回答以下问题：

（1）采用千斤顶和提升架的爬模装置安装设计的事项有：①提升架预拼装；②爬模安装前准备；③安装提升架和外吊架；④支设模板。正确的安装顺序是（　　）。

A. ②-①-③-④　　　　　　　　　　B. ②-④-①-③
C. ②-④-③-①　　　　　　　　　　D. ①-②-③-④

正确答案：B

（2）爬模安装前应完成（　　）准备工作。

A. 模板板面需刷脱模剂　　　　　　B. 机加工件需加润滑油
C. 在有楼板的部位安装模板时，应提前在下二层的楼板上预留洞口，为下架体安装留出位置
D. 在有门洞的位置安装架体后，应做导轨上升时的门洞支承架
E. 当模板在楼板或基础底板上安装时，对高低不平的部位应作找平处理

正确答案：ABCE

（3）采用千斤顶和提升架的模板应先在地面将平模板和背楞分段进行预拼装，整体吊装后用对拉螺栓紧固，同提升架连接后进行垂直度的检查和调节。（　　）

A. 正确　　　　　B. 错误

正确答案：A

（4）爬升施工应在合模完成和混凝土浇筑后进行垂直偏差测量，如有偏差，应在上层模板紧固前进行校正。（　　）

A. 正确　　　　　B. 错误

正确答案：B

4. 某年12月，北方某市一办公楼项目，建筑高度110m，建筑单体体积25000m³。当地政府在进行消防安全专项检查时，发现该项目未组织新入场的施工人员进行消防安全技术交底，项目消防安全管理制度不完善。后发出安全隐患整改通知单，要求项目部限时整改。请根据超高层建筑施工消防安全技术的有关要求，回答以下问题：

（1）该办公楼项目的临时室外消防用水量应满足，火灾延续时间不应小于（　　）h，消火栓用水量不应小于（　　）L/S，每支水枪最小用水量不应小于（　　）L/s。

A. 1，10，5　　　　B. 1，15，5　　　　C. 2，15，10　　　　D. 2，15，5

正确答案：B

（2）该项目在整改过程中，组织全体施工人员进行消防安全技术交底。关于消防安全技术交底的主要内容，应包括（   ）。

  A. 施工过程中可能发生火灾的部位或环节 B. 应急疏散及救援的程序和措施
  C. 施工现场重大火灾危险源辨识 D. 初起火灾的扑救方法及注意事项
  E. 施工过程应采取的防火措施及应配备的临时消防设施

正确答案：ADE

（3）项目消防安全管理制度包括消防安全教育与培训制度、可燃及易燃易爆危险品管理制度、用火用电用气管理制度、消防安全检查制度、应急预案演练制度。（   ）

  A. 正确   B. 错误

正确答案：A

（4）该项目临时消防给水系统可以不采取防冻措施。（   ）

  A. 正确   B. 错误

正确答案：B

5. 某市一酒店项目为50层超高层建筑，甲施工单位为该项目施工总承包单位，随着工程的进展，甲单位在建筑物外围每隔一段高度，设置了水平防护网，在出入建筑物的通道口设置了防护棚。该工程在施工至37层时，一名作业人员在临边部位进行砌筑作业时，不慎从37层坠落至地面一层，经送医院抢救无效后死亡。请根据超高层建筑安全防护的有关要求，回答以下问题：

（1）安全防护设施宜采用定型化、工具化设施，防护栏应为黑黄或红白相间的条纹标示，盖件应为（   ）色标示。

  A. 黄或白 B. 黄 C. 黄或红 D. 红

正确答案：C

（2）安全防护设施验收的主要内容应包括（   ）。

  A. 防护栏杆的设置与搭设
  B. 预埋件隐蔽验收记录
  C. 攀登与悬空作业的用具与设施搭设
  D. 安全防护用品用具、材料和设备产品合格证明
  E. 设施的节点构造，材料配件的规格、材质及其与建筑物的固定、连接状况

正确答案：ACE

（3）交叉作业时，当上层作业高度 h_b>30时，坠落半径应为6m。（   ）

  A. 正确   B. 错误

正确答案：A

（4）安全防护网搭设时，应每隔3m设一根支撑杆，支撑杆水平夹角不宜小于60°。（   ）

  A. 正确   B. 错误

正确答案：B

第 13 章 信息化技术与安全生产

一、单选题

1. 在施工现场扬尘监测系统中，粉尘 PM2.5 的阈值为（　　）ug/m³。
   A. 400　　　　　　B. 500　　　　　　C. 600　　　　　　D. 700
   正确答案：C

2. 最新研发的智能设备应用—智能安全帽，以（　　）为基础。
   A. 物联网　　　　B. 实名制　　　　C. 智能硬件　　　D. BIM
   正确答案：B

3. 智能摄像监控系统利用视频、网络、通信等先进技术，实时监测施工现场安全生产措施的落实情况，识别率达到（　　）以上。
   A. 70%　　　　　B. 80%　　　　　C. 90%　　　　　D. 95%
   正确答案：C

4. 下面选项不属于智能摄像监控系统应用的是（　　）。
   A. 远程实时可视化办公　　　　　B. 及时发现质量安全隐患
   C. 威慑现场不良企图人员　　　　D. 指导危大工程施工
   正确答案：D

5. 《建设工程安全生产管理条例》明确规定了（　　）作为责任主体之一对建设工程的施工安全负责。
   A. 监理单位　　　B. 施工单位　　　C. 分包单位　　　D. 租赁单位
   正确答案：B

6. 在施工现场扬尘监测系统中，噪声的阈值为（　　）db。
   A. 60　　　　　　B. 70　　　　　　C. 80　　　　　　D. 90
   正确答案：D

7. 下面哪一个不属于常用智能门禁终端设备（　　）。
   A. 身份证识别器　　　　　　　　B. IC 卡读写器
   C. 监控抓拍摄录设备　　　　　　D. 重量传感器
   正确答案：D

8. 下面哪一个不属于常用塔式起重机防碰撞系统构成（　　）。
   A. 显示器　　　　B. 倾角传感器　　C. 湿度传感器　　D. 回转传感器
   正确答案：C

9. 下面哪一个不属于常用塔式起重机吊钩可视化系统构成（　　）。
   A. 摄像头　　　　B. 倾角限位器　　C. 幅度限位器　　D. 高度限位器
   正确答案：B

10. 下面哪一个不属于常用特种设备操作人员身份识别系统识别方式（　　）。

A. 虹膜 B. 人脸 C. IC 卡 D. 按钮

正确答案：D

11. 卸料平台超载报警系统是通过（ ）对卸料平台进行实时监控，一旦发现超载即刻进行声光报警。

A. 重量传感器 B. 倾角传感器 C. 湿度传感器 D. 回转传感器

正确答案：A

12. 用于提示现场施工人员规避尚无完备防护设施的洞口等危险区域，应运而生的一种适用于安全防护的便携式周界防护系统是（ ）。

A. 卸料平台超载报警系统 B. 临边防护缺失报警系统
C. 塔式起重机超载报警系统 D. 塔式起重机防碰撞系统

正确答案：B

13. （ ）可以通过考勤点或关键进出通道口设置的"工地宝"，主动感应芯片发出的信号，记录时间和位置；通过3G上传到云端，再经过云端服务器处理，得出人员的位置和分布区域信息，并绘制全天移动轨迹。

A. BIM-VR 虚拟安全体验馆 B. 施工现场人员健康监测系统
C. 智能安全帽 D. 现场人员门禁管理系统

正确答案：C

14. （ ）通过软硬件结合的方式，实现对工人实名登记、及时记录和掌握工人安全教育情况，实时统计现场劳务用工情况，分析劳务工种配置；监控人员流动情况，监管工资发放，逐步实现不同项目、企业、地域劳务人员信息的共享和互通。

A. 劳务实名制系统 B. 施工现场人员健康监测系统
C. 智能安全帽 D. 现场人员门禁管理系统

正确答案：A

15. （ ）是综合利用视频、网络、通信等先进技术，实现管控的一种科技手段。该系统可以加强建筑工地施工现场安全防护管理，实时监测施工现场安全生产措施的落实情况。

A. 劳务实名制系统 B. 施工现场人员健康监测系统
C. 智能摄像监控系统 D. 现场人员门禁管理系统

正确答案：C

16. 塔式起重机安全监控管理系统基于的技术不包括（ ）。

A. 传感器技术 B. 数据融合处理
C. 无线传感网络 D. 3D打印技术

正确答案：D

17. 安全巡检系统的应用不包括（ ）。

A. 操作简单 B. 精准分析 C. 智能预警 D. 手动表单

正确答案：D

18. 安全巡检系统的特点不包括（ ）。

A. 主观评价 B. 全员参与 C. 快速响应 D. 全员参与

正确答案：A

19. 深基坑监测预警系统功能不包括（　　）。
A. 实时采集　　　　　　　　　　B. 有线传输
C. 数据汇总分析　　　　　　　　D. 超限预警报警

正确答案：B

20. 下列技术不属于信息化技术在设备、设施管理中的运用的是（　　）。
A. 塔式起重机防碰撞系统　　　　B. 特种设备操作人员身份识别系统
C. 施工现场扬尘监测系统　　　　D. 卸料平台超载报警系统

正确答案：C

21. 现场人员智能定位系统应用不包括（　　）。
A. 可结合项目部场地布置模型，分析输出人员轨迹和位置区域信息
B. 及时准确的人员考勤，自动生成个人考勤表
C. 提供人员出勤异常数据，人员异动信息自动推送
D. 监测现场工人的体温、血压和酒精浓度

正确答案：D

22. 智能门禁系统功能不包括（　　）。
A. 工人身份采集　　　　　　　　B. 现场劳务财务数据
C. 刷卡考勤信息采集　　　　　　D. 人员刷卡抓拍留存

正确答案：B

23. 塔式起重机防碰撞系统应用不包括（　　）。
A. 对塔式起重机垂直度进行实时预警　　B. 对塔式起重机风速进行实时预警
C. 保障塔式起重机限位、限幅使用安全　D. 降低塔式起重机维修保养频率

正确答案：D

24. 塔式起重机安全监控管理系统特性不包括（　　）。
A. 安全性高　　B. 功耗低　　C. GIS 可视化　　D. 隐蔽性强

正确答案：D

25. 下面关于塔式起重机吊钩可视化监控系统说法错误的是（　　）。
A. 采用高清红外球形摄像机　　　B. 360 度无死角追踪拍摄
C. 危险状况实时可见　　　　　　D. 消除隔山吊安全隐患

正确答案：D

26. 下面关于吊钩可视化系统，说法不正确的是解决了施工现场塔式起重机司机（　　）的难题。
A. 视觉死角　　　　　　　　　　B. 语音引导易出差错
C. 不安全操作行为　　　　　　　D. 远距离视觉模糊

正确答案：C

27. 下列关于施工现场扬尘监测系统的说法中不正确的是（　　）
A. 施工现场扬尘监测系统集成了物联网、大数据和云计算技术
B. 实现了实时、远程、自动监控颗粒物浓度以及噪声状况

463

C. 数据通过采用3G/4G网络传输，只能在桌面PC机终端访问
D. 监控平台还具有多种统计和高浓度报警功能

正确答案：C

28. 下列关于施工现场深基坑监测预警系统的说法中不正确的是（　　）。
   A. 系统兼容性高，功能强大，可兼容市场上所有类型的传感器
   B. 系统32通道，可支持128个数据采集
   C. 系统具有即插即用的完善的超限报警功能
   D. 系统实时采集前端数据

正确答案：A

29. 下列关于施工现场高支模监测预警系统的说法中不正确的是（　　）。
   A. 高支模实时监测警报系统采用自动化的监测手段
   B. 对高支模的模板沉降、支架变形和立杆轴力实时监测
   C. 可以实现"实时监测、超限预警、危险报警、预防事故、减少损失"的功能
   D. 具有对工人搭设高支模期间违章作业立即报警的功能

正确答案：D

30. 下列关于施工现场现场安全巡检系统的说法中不正确的是（　　）。
   A. 现场安全巡检系统可以对项目和企业的安全状况做详细和深入的查询，生成各类表单、报告、考评排名
   B. 现场问题复查不合格，能立即报警，并通知监理
   C. 领导随时掌握企业和项目部的安全状况，给公司的隐患分布情况、隐患的发展趋势、为大数据的分析提供支撑
   D. 移动端提供海量的隐患清单、危险源清单，大量的学习资料，提高个人能力意识

正确答案：B

二、多选题

1. 以（　　）为特征的智慧工地将彻底改变工程建设安全管理模式。
   A. 信息化技术　　B. FRID　　C. 二维码标识
   D. BIM　　　　　E. 云计算

正确答案：AD

2. 通过物联网信息技术利用（　　）等技术实时上传、汇总。
   A. 移动互联　　B. 数据挖掘　　C. 大数据
   D. 数据分析　　E. 云计算

正确答案：AC

3. BIM-VR虚拟安全体验馆系统相对于传统的安全体验区具有（　　）特点。
   A. 科技应用水平高　　B. 培训成效好　　C. 使用成本高
   D. 安装部署快　　　　E. 更具吸引力

正确答案：ABDE

4. BIM-VR 虚拟安全体验馆系统包括（　　）。
   A. VR 主机
   B. VR 头盔及配套
   C. 现场人员智能定位系统
   D. 现场人员健康监测系统
   E. GCB-BIM 施工现场布置软件

   正确答案：ABCE

5. 施工现场人员健康状态测试仪功能应包括（　　）。
   A. 人员考勤功能　　B. 快速血压检测　　C. 快速酒精检测
   D. 人员定位功能　　E. 视频监控功能

   正确答案：BCDE

6. 劳务实名制系统功能应包括（　　）。
   A. 工人实名登记
   B. 及时记录和掌握工人安全教育情况
   C. 实时统计现场劳务用工情况
   D. 监控人员流动情况
   E. 发放管理人员工资

   正确答案：ABCD

7. 高支模实时监测警报系统主要是对（　　）进行实时监测。
   A. 模板平整度　　B. 模板沉降　　C. 支架变形
   D. 立杆垂直度　　E. 立杆轴力

   正确答案：BCE

8. 门禁的多种通行方案包括（　　）。
   A. 二辊闸　　B. 翼闸　　C. 摆闸
   D. 半高转闸　　E. 全高转闸

   正确答案：BCDE

9. 劳务实名制大数据的内容包括（　　）。
   A. 劳务薪酬体系　　B. 劳动力分析　　C. 劳务工效分析
   D. 劳务用工评价　　E. 工人教育情况

   正确答案：ABCD

10. 塔式起重机防碰撞系统构成包括（　　）。
    A. 回转传感器　　B. 重量传感器　　C. 风速传感器
    D. 可视化监控　　E. 显示器

    正确答案：ABCE

11. 临边防护缺失报警系统可以通过（　　）进行安全预警。
    A. GIS 可视化　　B. 红外对射仪　　C. 压力传感器
    D. 偏位传感器　　E. 声光报警器

    正确答案：BE

12. 施工现场扬尘监测系统可广泛应用在（　　）。
    A. 散货堆场　　B. 水泵房　　C. 码头

D. 混凝土搅拌站　　　　E. 工厂企业有组织排放

正确答案：ACD

13. 高支模监测预警系统构成包括（　　）。
A. 无线倾角传感器　　　　B. 无线位移传感器
C. 无线压力传感器　　　　D. 无线重力传感器
E. 无线声光报警器

正确答案：ABCE

14. 现场安全巡检系统应用包括（　　）。
A. 编制危大工程方案　　　　B. 验算危大工程方案的可行性
C. 确保危大工程方案落地　　　　D. 实施危大工程严格履职管控
E. 跟踪隐患状况快速治理

正确答案：BCDE

15. 智慧工地利用（　　）等技术自动采集各要素的安全动态信息，如人员基本信息数据、起重机械的运行安全数据、工序验收数据等物联网信息技术。
A. FRID　　　　B. 传感　　　　C. 测控
D. 二维码标识　　　　E. 云计算

正确答案：BC

16. 智慧工地需采集各要素的安全动态信息包括（　　）。
A. 人员基本信息数据　　　　B. 管理人员工资数据
C. 起重机械的运行安全数据　　　　D. 进场材料价格数据
E. 工序验收数据

正确答案：ACE

17. 国务院和住房城乡建设部多次发文要求督促工程各方参建主体严格落实工程质量安全生产主体责任，强化施工现场管理，特别要强化对（　　）等危险性较大的分部分项工程的管理，推进信息化技术应用。
A. 临时用电　　　　B. 深基坑　　　　C. 高支模
D. 起重机械　　　　E. 工序验收

正确答案：BCD

18. 工程项目安全事关（　　）。
A. 人民群众切身利益　　　　B. 国民经济投资效益
C. 建筑业可持续发展　　　　D. 业主方投资利益
E. 监理方的获益能力

正确答案：ABC

19. 建筑业要以信息化技术为有效支撑，通过（　　）的深度融合，对建筑业全产业链进行更新、改造和升级。
A. 绿色化　　　　B. 产业化　　　　C. 标准化
D. 工业化　　　　E. 信息化

正确答案：ADE

20. 随着《国务院办公厅关于促进建筑业持续健康发展的意见》（国办发〔2017〕19号）、《建筑业发展"十三五"规划》、《住房城乡建设科技创新"十三五"专项规划》等国家各项政策不断落地，（ ）等信息化技术得到广泛应用。

A. 数字建模　　　　　B. 手机智能　　　　C. 虚拟全息
D. 减弱交互　　　　　E. 人工智能

正确答案：ACDE

三、判断题

1. 建设工程施工安全直接关系到施工从业人员的生命和财产安全，也会影响建筑业可持续的良性健康发展。（　）

A. 正确　　　　　　　B. 错误

正确答案：A

2. 信息化技术就是把建筑数字化、模型化，是建筑实体的虚拟再现，能够详细记录工程从设计到施工以及运维过程中的主要信息。（　）

A. 正确　　　　　　　B. 错误

正确答案：B

3. 施工现场大门口设置门禁系统，未进行或未通过安全教育人员可禁止入场。
（　）

A. 正确　　　　　　　B. 错误

正确答案：A

4. 翼闸通行速度快、限制少，美观度较好。（　）

A. 正确　　　　　　　B. 错误

正确答案：A

5. 半高转闸通行控制能力较强，成本低，环境适应性较强（　）。

A. 正确　　　　　　　B. 错误

正确答案：B

6. 人脸识别能真正解决通行授权保障。（　）

A. 正确　　　　　　　B. 错误

正确答案：A

7. 二维码技术可扩展性强，成本低，携带方便，可以很好地解决人员绑定问题。
（　）

A. 正确　　　　　　　B. 错误

正确答案：B

8. RFID可以实现无障碍通行，对通行无干扰，无源模式成本可控。（　）

A. 正确　　　　　　　B. 错误

正确答案：A

9. 作为总承包单位在工地现场安装远程监控端，既节约成本又能及时掌握工地在建项目的质量、安全物资管控情况。（　）

A. 正确　　　　　　　B. 错误

正确答案：A

10. 群塔防碰撞功能在发现碰撞危险时自动进行声光预警和实时报警，但不能自行停止塔式起重机向危险区域继续运行。（　　）

A. 正确　　　　　　　B. 错误

正确答案：B

11. 变从前的主动管理为被动管理，大幅度减轻人员巡视工作量，为工地现场环境管理，为完成环境空气质量达标打下坚实基础。（　　）

A. 正确　　　　　　　B. 错误

正确答案：B

12. 深基坑工程安全监测预警系统 32 通道，可支持 128 个数据采集，超低功耗，自带电池，可实现 24 小时不间断采集。（　　）

A. 正确　　　　　　　B. 错误

正确答案：A

13. 建筑产业转型升级的"一个方向"也开始明晰——将建筑业提升至现代工业化水平。（　　）

A. 正确　　　　　　　B. 错误

正确答案：A

14. 在施工阶段，通过构建施工安全规则，以 BIM 模型为基础实现不安全设计因素的自动识别，可以帮助设计师和工程师在施工前自动完成对设计不安全因素的识别，并在系统中呈现直观的可视化表达。（　　）

A. 正确　　　　　　　B. 错误

正确答案：B

15. 在设计阶段，通过集成 BIM 与定位技术，实现在设计过程中对作业人员和不安全环境因素的动态追踪与安全预警，有利于现场各方实时进行有效沟通。从而，辅助施工安全管理，减少施工现场安全事故的发生。（　　）

A. 正确　　　　　　　B. 错误

正确答案：B

16. 生产经营单位应当对从业人员进行安全生产教育和培训，保证从业人员具备必要的安全生产知识。（　　）

A. 正确　　　　　　　B. 错误

正确答案：A

17. BIM-VR 虚拟安全体验馆系统是基于施工现场 BIM 模型构建，通过现场 BIM 模型和虚拟危险源的结合，让体验者可以走进真实的虚拟现实场景中，通过沉浸式和互动式体验让体验者得到更深刻的安全意识教育以提升全员的生产安全意识水平。（　　）

A. 正确　　　　　　　B. 错误

正确答案：A

18. 在建设工程中，绝大部分事故是由于物的不安全状态引起的，而绝大部分物的

不安全状态都是由缺乏安全意识所引起的。（　　）

    A. 正确　　　　　　B. 错误

正确答案：B

19. 智能安全帽以物联网＋智能硬件为手段，通过工人佩戴装载智能芯片的安全帽，现场安装"工地宝"数据采集和传输，实现数据自动收集、上传和语音安全提示。（　　）

    A. 正确　　　　　　B. 错误

正确答案：A

20. 现场人员智能定位系统通过信息化系统＋各类智能硬件设备，对工人进场登记、安全教育培训、出勤记录、工资发放、过程奖惩、退场等进行全过程管理。（　　）

    A. 正确　　　　　　B. 错误

正确答案：B

21. 监测终端系统集成了 TSP、PM10、PM2.5、温度、湿度、风向和风速、大气压，降雨量等多个环境参数，每日在线监测 12h，超过报警值时还能自动启动监控设备。（　　）

    A. 正确　　　　　　B. 错误

正确答案：B

22. 劳务管理和现场安全管理一直是建设工程现场管理的难点，很大一部分原因是难以实时追踪现场作业人员的不安全作业行为以及由不安全行为可能造成的不安全的环境因素。（　　）

    A. 正确　　　　　　B. 错误

正确答案：A

23. 劳务实名制管理系统通过"云＋端"、大数据提升项目管理能力，致力于企业集中统筹与企业劳务实名制管理标准化落地。（　　）

    A. 正确　　　　　　B. 错误

正确答案：A

24. 劳务实名制系统通过云端大数据的不断积累，实现对项目、企业劳务用工数据的动态分析，可以分析各项目的实际工效数据，但不可以分析各项目实际用工数据。（　　）

    A. 正确　　　　　　B. 错误

正确答案：B

25. 智能门禁系统可以设定风险预警条件，对于有不良记录的劳务班组设置其禁止进场，一旦发生时及时提醒相关人员。（　　）

    A. 正确　　　　　　B. 错误

正确答案：A

26. 利用监控系统，企业层面监控人员可以直接对施工现场情况进行实时监控，不仅能直观的监视和记录工作现场的施工质量、安全生产情况，而且能及时发现施工的质量、安全事故隐患，防患于未然。（　　）

A. 正确 B. 错误

正确答案：A

27. 通过安装塔式起重机吊钩可视化监控，群塔作业时，通过相应模块实现组网通信，结合变幅、位置信息等，司机可直观全面地掌握周边塔式起重机与本机当前干涉情况。（　　）

A. 正确 B. 错误

正确答案：B

28. 传统塔式起重机监控采取机械限位方式进行超载等危险操作，不能提前预警、检测方式单一、精度难以控制。（　　）

A. 正确 B. 错误

正确答案：A

29. 运用物联网的技术对现场塔式起重机运行使用过程进行过程中进行吊重监控管理及隐患辅助控制，一旦发生吊重超载情况及时进行预警及警报，同时还会通过监控云平台等各种方式通知现场管理人员，及时采取相应措施。（　　）

A. 正确 B. 错误

正确答案：A

30. 塔式起重机配置了吊钩可视化系统，塔式起重机配置了吊钩可视化系统，塔式起重机大臂端部安装了数字式电子记录装置，就像汽车"雷达"一样，可实时采集吊钩工作状况，及时将影像传输至塔式起重机驾驶室，解决了超高层塔式起重机吊距超高、视线存在盲区的问题。（　　）

A. 正确 B. 错误

正确答案：A

四、案例题

1. 劳务管理和现场安全管理一直是建设工程现场管理的难点，很大一部分原因是难以实时追踪现场作业人员的不安全作业行为以及由于不安全行为可能造成的不安全的环境因素。通过政府部门长期以来对劳务实名制的要求，各个建筑工地陆续开始应用，但是作为应用主体的项目部迫切希望将实名制落到实处，能够实时掌握人员在场情况（包含位置、工作内容），利于安排生产，加强安全预警机制，避免出现安全事故。最新研发的智能设备应用—智能安全帽，可以解决以上部分问题。请根据智能安全帽的有关要求，回答以下问题：

（1）智能安全帽是以（　　）为基础。

A. 劳务实名制　　B. 智能门禁　　C. 智能监控　　D. VR技术

正确答案：A

（2）下面关于智能安全帽的应用价值说法正确的是（　　）。

A. 可结合项目部场地布置模型，分析输出人员轨迹和位置区域信息

B. 及时准确的人员考勤，自动生成个人考勤表

C. 提供人员出勤异常数据，人员异动信息自动推送

D. 发放安全帽的同时，关联人员 id 和安全帽芯片，真正实现人、证、图像、安全帽统一

E. 可以通过联网查看自身健康数据

正确答案：ABCD

（3）智能安全帽以物联网＋智能硬件为手段，通过工人佩戴装载智能芯片的安全帽，现场安装"工地宝"数据采集和传输，实现数据自动收集、上传和语音安全提示。
（　　）

A. 正确　　　　　　B. 错误

正确答案：A

（4）服务器数据可提供人员出勤异常数据，区分队伍和工种，可监测人员出勤情况，辅助项目进行人员调配；提供人员进入工地现场长时间没有出来的异常 滞留提醒，辅助项目对人员安全监测。（　　）

A. 正确　　　　　　B. 错误

正确答案：A

2. 建筑业是高劳动强度行业，加班加点现象非常普遍。劳动强度极大，基本没有节假日。农民工流动性强，绝大多数建筑农民工是以工程建设周期为合同周期流动的，年均流动在两次以上，钢筋工、混凝土工、架子工等专业技术工人的流动更为频繁。劳务实名制管理系统通过"云＋端"、大数据提升项目管理能力，致力于企业集中统筹与企业劳务实名制管理标准化落地。请根据劳务实名制系统的有关要求，回答以下问题：

（1）下面关于劳务实名制系统的说法不正确的是（　　）。

A 劳务实名制系统立足项目劳务管理诉求

B. 该系统利用互联网、云技术，实现系统集中部署，项目分布应用，将物理上各自独立的项目部实现信息化整合

C. 实现劳务分包商合格名录共享，实现现场劳务业务数据实时整合，但无法解决黑名单实时共享

D. 通过云端大数据的不断积累，实现对项目、企业劳务用工数据的动态分析

正确答案：C

（2）劳务实名制系统通过信息化系统＋各类智能硬件设备，对（　　）进行全过程管理。

A. 工人进场登记　　B. 过程奖惩　　　C. 工资发放
D. 安全检查　　　　E. 安全教育培训

正确答案：ABCE

（3）进场前、施工中安全教育培训有据可查，未进行或未通过安全教育人员可禁止入场。（　　）

A. 正确　　　　　　B. 错误

正确答案：A

(4) 人脸识别系统能真正解决通行授权保障，但是对环境要求较高，成本较高，通行效率随人数增加急剧下降。   （   ）

A. 正确   B. 错误

正确答案：A

3. 建筑施工环境艰苦恶劣，危险系数高，特种设备型号杂、状况不一，建筑施工企业也面临巨大的设备安全管理困难。尤其是针对特种设备远程实时监控管理难度大：多数施工现场使用的特种设备，多为使用年限长、租赁设备，每个塔式起重机自身状况不一，塔式起重机较分散，管理人员无法远程获取各个塔式起重机作业信息、无法及时针对灾害临界点做出正确决策，各塔式起重机之间也无法进行联动避免群塔碰撞事故。因此，特种设备的远程实时监控、塔式起重机防碰撞功能需求非常强烈。请根据塔式起重机防碰撞系统的有关要求，回答以下问题：

(1) 塔式起重机防碰撞系统通过精密传感器实时采集多项安全作业工况实时数据不包括（   ）。

A. 垂直度   B. 吊重   C. 变幅   D. 高度

正确答案：A

(2) 塔式起重机安全监控管理系统使用的技术包括（   ）。

A. 云技术   B. 传感器技术   C. 嵌入式技术
D. 数据采集技术   E. 数据融合处理技术

正确答案：BCDE

(3) 塔式起重机防碰撞系统监控设备本地存储工作循环18000次以上，数据实时上传至云端并存储，云端采用大数据处理将塔式起重机的历史运行状态直观、形象的反应给监管人员。   （   ）

A. 正确   B. 错误

正确答案：B

(4) 通过安装塔式起重机黑匣子监控设备，群塔作业时，通过相应模块实现组网通信，结合变幅、位置信息等，司机可直观全面地掌握周边塔式起重机与本机当前干涉情况，并在发现碰撞危险时自动进行声光预警和实时报警，并且系统会自行停止塔式起重机向危险区域继续运行。   （   ）

A. 正确   B. 错误

正确答案：A

4. 近年来施工现场塔式起重机事故频频发生，不仅造成人员伤亡，也带来巨大的经济损失。共友自主研发了塔式起重机吊钩可视化安全管理系统，自动聚焦追踪吊钩运作画面，有效预防危险状况。过去塔式起重机司机吊装材料，需要司索、指挥等通过对讲机反复协调、沟通才能作业。即使如此，由于塔式起重机吊距超高以及存在视线盲区，时常发生塔式起重机吊钩钩吊不准或吊钩脱落，导致材料散落，造成安全事故。塔式起重机吊钩可视化监控系统应运而生，请根据塔式起重机吊钩可视化监控系统的有关要求，回答以下问题：

（1）下面关于塔式起重机吊钩可视化监控系统的说法不正确的是（   ）。

A 采用高清红外球形摄像机

B. 通过对塔式起重机变幅和起升高度实时监测

C. 自动计算幅度和高度的距离自动变焦

D. 消除隔山吊安全隐患

正确答案：D

（2）塔式起重机吊钩可视化监控系统应包括（   ）。

A. 摄像头　　　　　B. 幅度限位器　　　C. 高度限位器

D. 液晶显示器　　　E. 力矩限位器

正确答案：ABCD

（3）塔式起重机配置了吊钩可视化系统，塔式起重机大臂端部安装了数字式电子记录装置，就像汽车"雷达"一样，可实时采集吊钩工作状况，及时将影像传输至塔式起重机驾驶室，解决了超高层塔式起重机吊距超高、视线存在盲区的问题。（   ）

A. 正确　　　　　B. 错误

正确答案：A

（4）该引导系统能实时以高清晰图像向塔式起重机司机展现吊钩周围实时的视频图像，使司机能够快速准确地做出正确的操作和判断，解决了施工现场塔式起重机司机的视觉死角，远距离视觉模糊，语音引导易出差错等行业难题。（   ）

A. 正确　　　　　B. 错误

正确答案：A

5. 近年来施工现场由于卸料平台倒塌、坠落造成的事故频频发生，不仅造成人员伤亡，也带来巨大的经济损失。除了在制作卸料平台时需要严格按照设计进行，在项目进行过程中也应对卸料平台的使用管理重点关注，严格要求。卸料平台超载报警系统应运而生。请根据卸料平台超载报警系统的有关要求，回答以下问题：

（1）悬挑卸料平台的钢丝绳，其吊点吊环设置正确的是（   ）。

A. 在平台上设置两个吊点

B. 每根钢丝绳拉索应独立使用一个吊环

C. 钢丝绳拉索可以共用上吊点的吊环

D. 内端和外端钢丝绳卸扣位置应尽量拉大

正确答案：B

（2）悬挑卸料平台上应显著地标明（   ）。

A. 设计负责人　　　B. 容许荷载值　　　C. 平台面积

D. 验收合格牌　　　E. 平台高度

正确答案：BE

（3）卸料平台超载报警系统通过重量传感器进行实时监控，可对卸料平台上现场重量校准，一旦发现超载即刻进行声光报警，同时可同步载重数据到数据库中。APP 移动端可显示在线状态及实时载重数据，并统计最近3天报警数据。（   ）

A. 正确　　　　　　B. 错误

正确答案：B

（4）该监控系统在卸料平台内设置重量传感器，将传感器与显示器及声光报警装置连接，当作业人员在装料过程中超过额定重量时，报警装置会自动发出声光报警，及时提示现场作业人员立即纠正，如持续报警，系统将自动记录违章信息。　　　（　）

A. 正确　　　　　　B. 错误

正确答案：A

第14章　拆除工程

一、单选题

1. 当拆除作业采用双机同时起吊同一构件时，每台起重机载荷不得超过允许载荷的（　　）。
   A. 50%　　　　B. 60%　　　　C. 80%　　　　D. 90%

正确答案：C

2. 对超过一定规模的危险性较大的拆除工程专项施工方案，应按相关规定组织专家（　　）。
   A. 审核　　　　B. 审批　　　　C. 认证　　　　D. 交底

正确答案：C

3. 对有限空间拆除施工，应先采取（　　）措施。
   A. 通风　　　　B. 防毒　　　　C. 检测　　　　D. 防护

正确答案：A

4. 人工拆除施工应（　　）拆除。
   A. 从上至下逐层　　　　　　　　B. 从左向右
   C. 从右向左　　　　　　　　　　D. 从两侧向中间

正确答案：A

5. 对建筑物、构筑物的整体拆除或承重构件拆除，均不得采用（　　）的方法拆除。
   A. 人工　　　　B. 机械　　　　C. 爆破　　　　D. 静力破碎

正确答案：D

6. 拆除工程施工前，必须对（　　）进行书面安全技术交底，且应有记录并签字确认。
   A. 施工作业人员　　B. 安全员　　C. 项目经理　　D. 项目总工

正确答案：A

7. 当遇大雨、大雪、大雾或（　　）风力等影响施工安全的恶劣天气时，严禁进行露天拆除作业。

A. 六级及以上　　B. 七级及以上　　C. 八级及以上　　D. 九级及以上

正确答案：A

8. 施工现场临时用电应采用（　　）系统。

A. TN-S　　B. TN-C　　C. TN-C-S　　D. TN-S-C

正确答案：A

9. 施工现场临时用电应采用（　　）系统。

A. 二级配电、二级漏电保护　　　　B. 三级配电、三级漏电保护

C. 三级配电、二级漏电保护　　　　D. 二级配电、三级漏电保护

正确答案：C

10. 氧气、乙炔瓶跟火源的距离就不小于（　　）。

A. 3m　　B. 5m　　C. 8m　　D. 10m

正确答案：D

二、多选题

1. 拆除工程施工前，应进行现场勘查，调查了解（　　）等分布情况。

A. 地上建筑物　　B. 地下建筑物　　C. 毗邻建筑物、构筑物

D. 地上、地下设施　　E. 地质

正确答案：ABCD

2. 人工拆除施工应遵循（　　）的原则。

A. 从上至下逐层拆除

B. 自两侧向中间拆除

C. 分段进行

D. 不得垂直交叉作业

E. 应按楼板、次梁、主梁、结构柱的顺序依次进行

正确答案：ACDE

3. 爆破拆除设计前，应对爆破对象进行勘测，对爆区影响范围内（　　）等进行核实确认。

A. 地上建筑物　　B. 地下建筑物　　C. 构筑物

D. 管线　　E. 地质

正确答案：ABCD

4. 装药前应对每一个炮孔的（　　）等进行验收。

A. 位置　　B. 间距　　C. 排距

D. 深度　　E. 坐标

正确答案：ABCD

5. 当采用静力破碎剂作业时，施工人员必须佩戴（　　）。

A. 安全帽　　B. 安全带　　C. 防护手套

D. 防护眼镜　　　　　E. 工具袋

正确答案：CD

三、判断题

1. 拆除工程施工前，应签订施工合同和安全生产管理协议。　　　　（　　）
   A. 正确　　　　　　B. 错误

正确答案：A

2. 拆除工程施工过程中，应编制施工组织设计、安全专项施工方案和生产安全事故应急预案。　　　　　　　　　　　　　　　　　　　　　　　　（　　）
   A. 正确　　　　　　B. 错误

正确答案：B

3. 对有限空间拆除施工，应先采取通风措施，经检测合格后再进行作业。（　　）
   A. 正确　　　　　　B. 错误

正确答案：A

4. 当进入有限空间拆除作业时，应采取强制性持续通风措施，保持空气流通。应采用纯氧通风换气。　　　　　　　　　　　　　　　　　　　　　　（　　）
   A. 正确　　　　　　B. 错误

正确答案：B

5. 当拆除管道或容器时，可直接进行拆除施工。　　　　　　　　　（　　）
   A. 正确　　　　　　B. 错误

正确答案：B

6. 当进行人工拆除作业时，水平构件上严禁人员聚集或集中堆放物料，作业人员应在稳定的结构或脚手架上操作。　　　　　　　　　　　　　　　（　　）
   A. 正确　　　　　　B. 错误

正确答案：A

7. 当采用机械拆除建筑时，机械设备前端工作装置的作业高度应不大于拟拆除物的高度。　　　　　　　　　　　　　　　　　　　　　　　　　　（　　）
   A. 正确　　　　　　B. 错误

正确答案：B

8. 当机械拆除需人工拆除配合时，人员与机械应在同一作业面上同时作业。
   　　　　　　　　　　　　　　　　　　　　　　　　　　　　（　　）
   A. 正确　　　　　　B. 错误

正确答案：B

9. 对建筑物、构筑物的整体拆除或承重构件拆除，均可采用静力破碎的方法拆除。
   　　　　　　　　　　　　　　　　　　　　　　　　　　　　（　　）
   A. 正确　　　　　　B. 错误

正确答案：B

10. 孔内注入破碎剂后，作业人员应原地观察等待。　　　　　　　（　　）

A. 正确　　　　　　B. 错误

正确答案：B

四、案例题

1. 2017年7月28日，3名作业人员在某民宅内要把夹层下面房间的墙体全部打通，11时许最后一堵墙被拆除，作业人员在清理建筑垃圾，收拾工具准备收工时，夹层楼板因失去支撑，发生楼板坍塌事故，致2人死亡。经勘查，事故原因是作业人员缺乏必要的专业知识和安全意识，不了解原有加建的混合结构夹层的结构受力特点，在作业过程中直接拆除混合结构夹层下的全部支撑墙体，使混合结构夹层楼板失去支撑而整体坍塌，导致了事故的发生。请回答以下问题：

（1）当拆除（　　）时，应采取有效的控制下落措施。
A. 柱　　　　　B. 梁或悬挑构件　　　C. 墙　　　　　D. 板

正确答案：B

（2）拆除工程应遵循（　　）。
A. 先切断电源、水源和气源再拆除设备管线设施及主体结构
B. 先拆除非承重结构及附属设施，再拆除承重结构
C. 先切断设备管线设施及主体结构再拆除电源、水源和气源
D. 先拆除承重结构，再拆除非承重结构及附属设施
E. 先拆结构，再拆管线

正确答案：AB

（3）拆除工程施工可立体交叉作业。（　　）
A. 正确　　　　　　B. 错误

正确答案：B

（4）对局部拆除影响结构安全的，先拆除再加固。（　　）
A. 正确　　　　　　B. 错误

正确答案：B

2. 2017年8月10日15时许，由某公司负责施工的赤岸镇赤岸初中拆除工程工地，发生一起物体打击事故，造成1人死亡2伤的事故。根据拆除作业有关规定，回答以下问题：

（1）拆除工程施工应按有关规定配备（　　），对各项安全技术措施进行监督、检查。
A. 专职安全生产管理人员　　　　B. 技术员
C. 施工员　　　　　　　　　　　D. 质量员

正确答案：A

（2）建筑的承重（　　），应在其所承载的全部构件拆除后，再进行拆除。
A. 墙　　　　　B. 梁　　　　　C. 板
D. 柱　　　　　E. 门

正确答案：BD

（3）对拆除工程施工的区域，应设置硬质封闭围挡及安全警示标志，任何人不得进入施工区域。（　　）

A. 正确　　　　　　　B. 错误

正确答案：B

（4）当拆除梁或悬挑构件时，应采取有效的控制下落措施。（　　）

A. 正确　　　　　　　B. 错误

正确答案：A